基于5G无线通信的配电网自适应差动保护技术研究与应用

主　编　刘广袤
副主编　李　尊　牛中宏　张少峰

东南大学出版社
·南京·

图书在版编目(CIP)数据

基于5G无线通信的配电网自适应差动保护技术研究与应用 / 刘广衮主编. — 南京：东南大学出版社，2023.10

ISBN 978-7-5766-0874-8

Ⅰ. ①基… Ⅱ. ①刘… Ⅲ. ①配电系统-差动保护-研究 Ⅳ. ①TM773

中国国家版本馆CIP数据核字(2023)第179270号

责任编辑：张万莹　责任校对：徐　潇　封面设计：毕　真　责任印制：周荣虎

基于5G无线通信的配电网自适应差动保护技术研究与应用

Jiyu 5G Wuxian Tongxin de Peidianwang Zishiying Chadong Baohu Jishu Yanjiu yu Yingyong

出版发行：东南大学出版社
社　　址：南京市四牌楼2号　邮编：210096　电话：025-83793330
出 版 人：白云飞
网　　址：http://www.seupress.com
电子邮箱：press@seupress.com
经　　销：全国各地新华书店
印　　刷：广东虎彩云印刷有限公司
开　　本：787 mm×1092 mm　1/16
印　　张：20
字　　数：500千字
版　　次：2023年10月第1版
印　　次：2023年10月第1次印刷
书　　号：ISBN 978-7-5766-0874-8
定　　价：79.00元

编委会

前　言

配电网自动化是要实现配电网设备半自动或全自动安全运行。由于我国配电网自动化工作起步较晚，相应的技术政策、标准等还较少，加之分布式电源大量接入配电网，配电网已经从单向无源成为双向流动的有源网络，更是缺乏完善的统一的管理模式，能解决供电可靠性差和电能质量低等一系列问题。

配电网自动化是电力系统现代化发展的必然趋势，也是国家能源局未来重点关注的行动计划之一。在电力行业中，DTU 设备是配电网自动化系统中的开关监控装置，能在光纤通信支持下配合配电子站、主站实现配电线路的正常监控和故障识别、隔离和非故障区段恢复供电，在电力行业有着一定成熟的应用。

我国配电网线路主要采用三段式过流保护作为主保护，三段式过流保护分为电流速断保护，限时电流速断保护，定时限过电流保护等类型。其中电流速断保护是不能保护线路全长的，在线路较短或运行方式变化较大时，很可能不能实施保护；限时电流速断保护是不能作为相邻元件（下一条线路）的后备保护的，且受系统运行方式的影响很大；定时限过电流保护工作时间长，而且越靠近电源端其动作时限会越大，对靠近电源端的故障不能快速切除。

随着配电网拓扑结构的日益复杂，以及大量分布式电源的接入，三段式过流保护方式存在无法兼顾快速性和选择性要求，以及定值整定困难等问题，发生越级跳闸和大范围停电事件的风险越来越高。传统基于光纤通道的 DTU 纵联电流差动保护采用基于基本电流定律的保护原理，具有良好的选择性、速动性及灵敏性，能不受系统方式潮流的影响，能够快速准确定位和隔离故障，但是光纤通道建设存在周期长、成本高、施工难度大、通道利用率低、保护配置不灵活、外力破坏风险大等缺点，无法适应分布式电源日益增多的接入电网需求，这影响了差动保护在配电网中的推广和应用。

4G 移动通信技术在商业上取得了巨大的成功，宣告了移动互联网时代的到来，并且改变了人们的生活。与此同时，差动保护对通信的要求非常苛刻，要求授时达到 10 μs 以内，时延达到 15 ms 以内，但 4G 无法满足需求。电力物联网需要构建互利共赢的能源互联网生态体系，5G 的技术特性，能够满足加快数字电网、构建开放共享、全面保障消纳、满足创新驱动的需求。

随着 2019 年工信部 5G 商用牌照发放、运营商 5G 商用套餐的发布，我国已正式开始进入 5G 商用时代。与 4G 网络相比，5G 网络具有体验速率更快、连接数密度更高、空口时延更低的特点。目前,5G网络的建设正在全国如火如荼地进行,5G网络的技术标准、行业政策、产业链、设备形态、网络建设策略及运营策略等都在快速更新迭代和完善中。5G承载网是连接5G核心网元之间、核心网与无线网之间的重要网络,而建设一张高速、可靠、低时延、可切片管控的5G承载网是5G网络建设成功的关键。用5G解决配网差动保护问题,是所有电网人的心愿和使命。

本书从配网应用场景和网络架构变化新需求出发,解释了5G差动DTU能够解决配网目前面临的窘境。在书中编者详细分析5G在网络架构、网络带宽、业务流向、切片与时延等方面解决承载网的新需求。本书基于5G的网络整体架构标准,利用5G网络切片的低时延、高精度授时等特性,对如何快速实现配网线路区段或配网设备的故障判断及准确定位的方法进行了论证。这将解决传统2G、3G、4G无线通信技术无法满足配网安全隔离需求,且存在信息处理效率低、工作时延高、光纤建设维护成本高等现实问题,用5G自适应差动保护技术实现配电网故障的实时判断及准确定位,大大缩小故障停电范围,缩短停电时间,提升配网抗毁能力,为新型电力系统建设真正赋能。

本书所述的基于5G无线通信的配电网自适应差动保护技术在国网三门峡供电公司进行了实践论证,具备坚强可靠、智能自愈、透明开放、经济高效、安全性更高等特征。

1)坚强可靠

体现在发生故障与扰动时,能有效隔离,避免大面积的停电事故,并能保持对区域的整体供电能力。在受到自然灾害、极端气候影响,外力破坏等造成供电中断时,能够自动及时恢复供电,其具有完备的多重网络与信息安全防护手段,确保运行不受计算机病毒渗透与破坏。

2)智能自愈

自愈是智能电网坚强特性的延伸。当配电网设备或者局部区域发生故障后,系统能够独立地、迅速地通过DTU自身边缘计算、评估、分析、隔离或恢复进行自愈,并对故障元件进行隔离,且将对用户用电的影响降到最低。这是智能自愈特性的完美体现。

3)透明开放

基于5G无线通信的配电网自适应差动保护技术采用分层、分布式系统架构,配电终端间通过对等通信机制,构建开关的故障信息、接收到的相邻开关的故障信息逻辑关系、GOOSE信息这些信息相互印证,完全可以不依赖配电主站,独立实现对配电网故障精确定位,快速切除隔离,自动恢复供电。

4)经济高效

基于5G无线通信的配电网自适应差动保护技术具备分布式馈线自动化功能,由嵌入5G模组的配电终端和差动系统组成,可以不依赖配电主站,能直接通过配电终端之间建立5G通道,利用5G网络本身的高速度、高可靠性、低时延等特点,就可实现配电终端之间的GOOSE信息快速交互,馈线的故障能够快速被定位、切除、隔离以及非故障区域能恢复供电的功能,并将处理过程及结果上报给配电自动化主站。相比传统方式,它能更加合理地配置资源,减小损耗并提高利用效率。

5)安全性更高

满足配电分布式安全防护总体要求,利用了5G网络高强度、安全隔离的网络切片技术优势，辨识业务安全分区属性，将不同业务映射到不同的网络切片及其他措施，这将进一步推动配电自动化业务制定高等级的安全策略并满足安全保障需要。

本书对电力物联网和5G在配网自适应差动保护技术方面的介绍，突出了总体概念，对5G的新功能和电力通信业务进行了全面和具体的分析，提出的针对配网的解决方案具有一定的专业性和可操作性，希望能够为电网行业相关人员了解电力物联网和5G关键技术、网络架构、规划方法、融合方案等提供一定参考。

编 者

2022年7月

目　录

1 配电物联网状态评估与故障分析

1.1 电力物联网的特征

电力物联网能有效地将人工智能和移动互联网相结合，现在更是将“云大物移智链边”7种先进技术进行结合，实现对电力系统设备、各环节管理和运维的人机交互互联、状态实时全面感知，应用灵活且处理高效，为智能且坚强电网进行了数字化赋能。

电力物联网的特征是能使业务流、能源流、数据流有效整合统一，在电网应用中能满足用电可靠性和智能自愈的发展需求。垂直行业对通信和物联网有很大的需求，垂直行业转型升级的前提是需要由电网进行引领，才能催生更多新业态和创新应用，从而能推动全社会的数字经济发展。

智能电网和物联网特征相似、本质相通，都需要用通信手段将传感信息、智能控制运用起来。特别在5G时代，智能电网能提供全新的网络架构和多则十倍以上的4G峰值速率、千亿级的连接能力、毫秒级的传输时延，能有助于将工商业各垂直行业深度广泛地融合。对电网而言，智能电网更是为增强基础设施的智能测量控制水平提供了解决方案。

1.2 配电自动化物联环节的相关规定

1.2.1 配电物联网的定义

传统配电自动化将设备、信息通信等采用计算机一次架构进行有效信息集成，一定程度实现监测控制、故障的快速隔离。配电自动化系统具有数据采集、监控、故障处理、故障隔离、故障转移和恢复供电（自动重合闸）及其他分析应用的功能，这些对于提高供电可靠性有很大益处。但这种使用自动重合闸装置的方式不能判断故障的属性是永久性，还是暂时性，就有可能在重合闸后带来不成功（即送电后再次跳闸），依据相关运行资料统计，使用传统自动重合闸装置的成功率在60%左右。可见，传统配电自动化的方式在故障的处理时间和处理质量上还有很大提升空间。

配电物联网是要在配电各环节广泛配置感知能力、计算能力、执行能力、通信能力的传感装置，通过安全的网络，实现对配电节点的泛在化感知，通过去网络中心化（相当于添加网络激励层），能实现更多的强隐私保护，更加可信、更加可控的万物互联。在趋势上，数据传输将实现无线化、应用实现智能化，这将有利于将配电网基础设施、环境、人员等形成一个整体，这个整体能进行相互感知、相互识别、有机通信和控制，这种物理实体之间的自我标识、泛在感知、协同互动、智能处理模式，对于配电网运维检修工作的智能化、信息化将是一个很大提升。

1.2.2 传统配电系统结构

传统配电自动化系统是由配电开关监控终端（功能上能监测电能参数、开关状态、接地故障、相间故障等参数，能执行主站下发指令，对故障隔离或恢复供电）、配电子站（组网面设置的中间层）、信息交换总线（是为安全跨区信息传输，基于信息机制的中间连接件）、配电主站等组成。

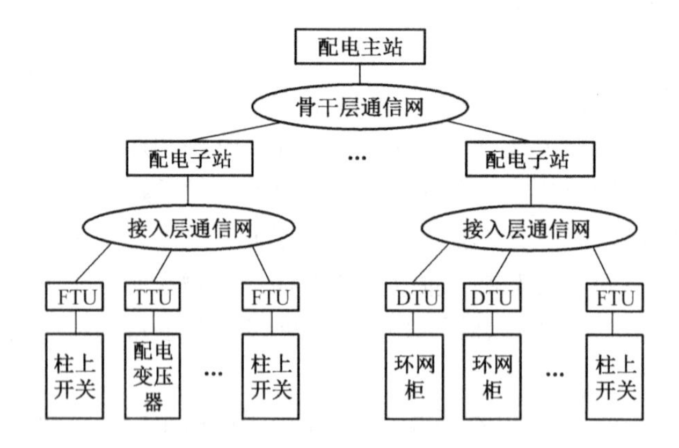

图 1-1　配电自动化系统典型结构

1）配电开关监控终端

它是安装在配电网的各远方监测和控制单元的总称，能完成数据采集、通信和控制的功能，主要有 FTU（配电开关监控终端）、DTU（数据传输单元）、TTU（配电变压器监测终端）等类型。核心 DTU 能用于对低压变电站、开关站、开闭所、电缆分界室、环网柜、配电室等场所进行监控，能识别馈线故障，能实现对多条线路的采集、故障检测、故障分段定位，与主站或子站配合能对故障进行隔离、故障控制、复电，能有效提高供电可靠性。

2）配电子站

配电子站处于配电自动化的中间层，也是基础单元重要的组成部分，它起到承上启下的作用，对配电设备和配电网的信息进行采集、监控和控制，它能够对实时运行数据进行处理和分析，通过信息通道（有线、无线）将信息送达主站系统，同时接收并传达主站的控制指令，从而完成对配电网的控制操作。目前配电主站主要部署在 35 kV/110 kV 变电站，可分为监控功能型、通信汇集型这两种类型的子站，监控功能型子站能对辖区配电开关监控终端的数据进行采集处理和控制，通信汇集型子站能对辖区配电开关监控终端数据进行汇总、处理及转发。

3）信息交换总线

它是配电自动化主站系统和其他业务系统之间通信数据标准化的交互纽带。其遵循

IEC 61968 系列通信协议，是能够支持安全跨区信息传输的中间件，它能有效实现数据的源端统一，能实现系统间自动同步、数据共享及应用集成，避免信息孤岛的问题。

4）配电主站

配电主站一般部署在调度中心，能实现对整个配电网采集数据的汇总、监控、分析应用（信息展示、信息集成、运行管理），能够很好地为调度生产运行和故障抢修提供指导服务。目前最新配电自动化主站系统依据安全、可靠、标准化的原则进行建设和开发，针对配电业务的管理需求要实现全业务精益化管理的提升。

1.2.3　配电自动化安全要求

配电自动化业务要符合《电力监控系统安全防护总体方案》和《配电监控系统安全防护方案》的要求，要坚持“安全分区、网络专用、横向隔离、纵向认证”的原则，要强化内部网络、物理、主机、数据和应用安全，要加强边界防护。要做到调度自动化系统边界、配电自动化系统跨区边界、安全接入区边界都要有电力专用横向单向安全隔离措施。安全接入区和通信网络边界要采用安全接入网关，以保障对数据链路的双向身份的认证和有效数据加密。管理信息大区和无线网络接入边界要采用硬件防火墙、数据隔离组件、加密认证来进行三重防护。新型配电终端可以采用内置安全芯片的方式，来对通信链路保护、身份认证、业务数据进行加密。

电力二次系统安全防护策略可以吸收安全防护技术的最新成果，依据电力系统的特点，可以综合采用更先进实用的计算机和网络安全技术，如隔离技术、公钥技术、证书技术等，形成电力二次系统安全防护的更好的总体策略。电力二次系统安全防护总体策略可以概括为四个部分，即安全分区、网络专用、横向隔离、纵向认证。

（1）安全分区：依据各业务的重要性及一次系统的影响程度划分为四个安全区。Ⅰ控制区、Ⅱ非控制生产区、Ⅲ生产管理区、Ⅳ管理信息区，系统按划分原则置于相应的控制区，重点保护实时控制等关键业务，要采用认证、加密等有效防护。

（2）网络专用：专用网络有独立 IP 地址空间，不和其他网络共享资源（物理隔离），能通过多协议逻辑隔离的 VPN（虚拟专用网络）来保障各级安全区的纵向互联，且只在相同安全区进行，避免安全区纵向交叉，使得运行更稳定，且安全保密性更好。

（3）横向隔离：横向隔离是将不同网络进行隔离，特别对于生产控制系统、管理信息系统和办公系统达到物理隔离。这种单次传输能使各业务系统得到有效的保护。

（4）纵向认证：指数据包加密后才能传输。这种认证、加密、访问控制的方式，能对生产控制数据的传输起到很好的保护。

1.2.4　配电自动化通信要求

配电自动化对于通信的要求可以总结为如下七点：

第一，要具备抵抗恶劣气候的可靠性，如在雷电、雨雪、狂风、太阳辐射等天气下，通信要能抗电磁干扰，误码率也要尽可能低。

第二，要考虑通信费用的经济性，要寻求费用和技术先进性的最佳平衡点，另要充分利用已有的主网资源，合理进行整体规划，避免重复投资。初期投资和将来运行维护费用都要综合考虑。

第三，要考虑传输速率能满足远端设备采集的海量数据能及时传输，不会信道阻塞，造成系统崩溃，还要考虑系统升级带来的影响。

第四，要具备双向通信能力，实现终端能上传数据，主站能下发控制指令。

第五，要具备在停电和故障情况下的通信能力，传统电力线作为通道通信方式，在隔离和复供电情况下，就有可能遇到很大麻烦。当然也有些如FTU等设备具备备用电源，也能够保障在停电时设备的运行。

第六，由于配网设施庞大，传感器必然是海量增加，通信系统组网要灵活，以便于随时进行扩充。

第七，要便于操作及维护，配电设备原则上要装于室外电线杆上，安装和维护要容易和方便。

具体分项要求如下：

(1) 业务类型及协议

配电自动化分遥测、遥信、遥控三类业务，通信协议有IEC 101、IEC 104两种协议。IEC 101具备平衡式和非平衡式两种传输方式，一般用于串口传输。平衡式用于主站和子站都可作为启动站，是“问答＋循环”模式。非平衡式只能用于主站启动站，是问答式规约。IEC 104是将IEC 101用TCP/IP协议进行传输的方式，其以以太网为载体，模式为平衡模式，报文帧分I帧、S帧、U帧三类。

(2) 业务工作周期

① 遥信能采集并传送各种保护、开关量信息。能测量开关位置信号、保护装置的动作信号、变压器内部故障综合信号、通信设备运行状况信号。遥测要能远采集并能传送运行参数，包括变压器无功/有功功率、线路有功功率、母线电压及线路电流相关信息。当遥测和遥信发生突发业务时，要能通过事件触发上行业务。遥信动作正确率(不误动的概率)要不小于95%。

② 遥控要能远程控制，并让终端接受及执行遥控命令的能力，特别是分合闸。遥控功能常用于断路器的合、分和电容器以及其他可以采用继电器控制的场合。一般要求遥控的动作正确率不小于99.99%，当发生突发业务时，能及时让主站启动下行业务。

③ 主站总召周期要在1～60 min内，终端时钟同步周期要小于60 min。

(3) 业务带宽

配电终端接入速率要求如下：

① 光纤方式：192.2 Kbit/s以上(可写作Kb/s)。

② 其他方式：2.4 Kbit/s以上。

(4) 业务时延

配电自动化业务容忍的最大时延要求，按业务类型及接入方式可进行如下划分：

① 遥测(模拟量终端至子站/主站单向)：光纤时延＜2 s，载波时延＜3 s，无线时延＜30 s。

② 遥信(状态量终端至子站/主站单向)：光纤时延＜2 s，载波时延＜30 s，无线时延＜60 s。

③ 遥控(命令由配电子站/主站传输到终端单向)：选择、执行或撤销传输时延≤2 s。

1.3 配电差动保护系统

1）概况

差动保护是把被保护的每个电气设备看成一个节点，正常情况下，流进被保护设备的电流及流出的电流相等，差动电流等于零。如当节点设备出现故障时，流进被保护设备的电流和流出的电流不相等，差动电流就会大于零。当大于保护装置的整定值时，保护装置报警并会做出保护出口动作，会将设备的相应断路器跳开，使故障设备电源断开。

随着配电网分布式电源被大量接入，配电网故障电流等级和潮流方向发生了很大变化，传统的三段式过流保护已经难以满足配电网故障隔离需求，在快速性、可靠性、灵敏性等方面面临巨大挑战。传统光纤差动保护可以用于配电网的故障处理，为差动保护提供一个解决方向。但是敷设光纤成本较高，且难以解决配电网点无光纤全覆盖的问题。目前光纤差动保护类业务主要在 35 kV 以上的主网开展，由于配电网线路总里程更长，其光缆覆盖率无法做到和主网一样的程度，所以配电网光纤差动保护业务更是只有少量实施，差动保护对于保护装置之间必要的实时快速通信提出较高要求，传统 2G、3G、4G 也并不能满足。

2）系统架构

配电网差动保护业务对时延的要求比对精准负荷控制的要求更高，是电网公司关键的物联网业务，目前主要通过光纤承载。有线方式的差动保护在成本、难度、灵活性等方面先天不足，线路覆盖率低，线路故障隔离存在很大盲区。通过无线方式实现配电网差动保护将具有重大的经济和社会价值。配电网差动保护无线承载的难点，主要包括不确定的网络通道会引起的算法改变如何处理、同步如何实现及安全如何优化等。基于 5G 的配电网差动保护系统架构如图 1-2 所示。

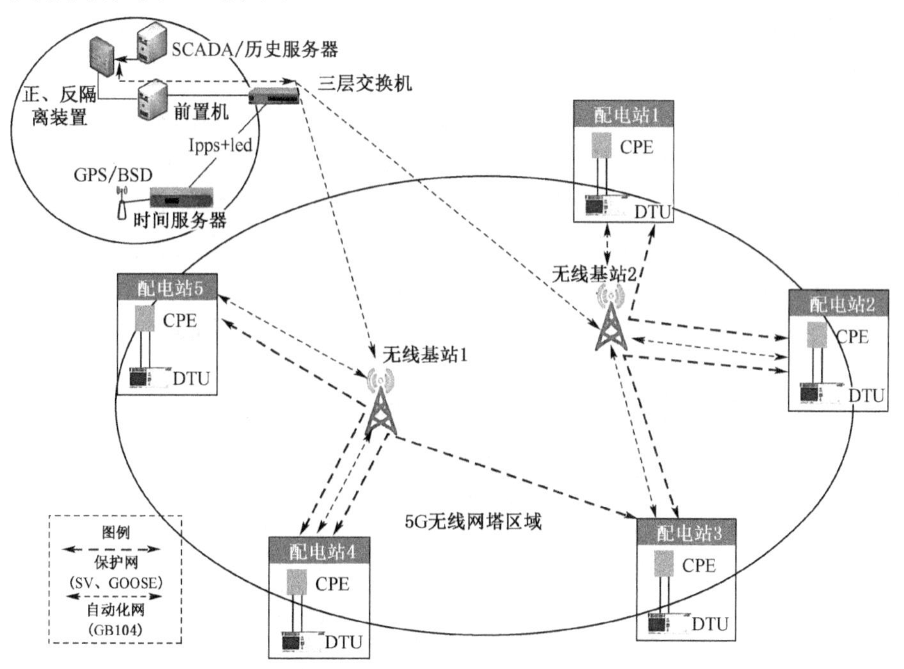

图 1-2 基于 5G 的配电网差动保护系统架构

3）通信要求

为保证差动保护的判断及时准确，并保证差动电流为同一时刻采样值，即需要严格保证差动电流的时间同步。因此差动保护对保护装置DTU之间的通信时延和可靠性提出很高的要求，时延要小于12 ms，时延抖动要求要在30 μs以内，时间同步精度：小于10 μs，可靠性：大于99.999%。

1.4 精准负荷控制要求

1）业务概述

随着直流送电规模日益扩大以及单回高压输电容量进一步提高，新能源的接入，电网“强直弱交”的状况日渐明显，电网系统调频能力呈现下降趋势，频率不稳定，配网安全面临严峻挑战，研究新状况下新的精准负荷(Precise load)控制方式很有必要，能对电网整体控制频率稳定贡献力量。

精准负荷控制属于电网Ⅰ区需实时控制的业务，对数据安全及网络安全都有非常高的要求，其要通过确定一部分非核心、非重要负荷在紧急状况下切除，保障关键的、不可中断的客户用电，从而保障电网设备安全及重要客户的可靠用电。在传统负荷控制模式下，只能通过人工计算负荷切除线路和数量，电网的需求是能够自动识别重要负荷和重要民生负荷，能依据下达任务自动完成切除。

2）系统结构

精准负荷控制系统要能够以可中断负荷为具体控制对象。在电网需要时，系统要能根据控制量精准匹配，并可中断负荷对其进行快速控制，能重点解决电网故障初期，省际联络线功率超用、频率快速跌落、主干通道潮流越限、电网旋转备用不足等问题。

精准负荷控制的通信对象，包括接入层电力用户的计量装置、配电室分路开关和骨干汇聚层各级上联汇聚站点。根据控制响应时间要求分为：毫秒级、秒级和分钟级三类。

通过将量测信息加入模型，系统能获取配网设备的潮流分布，能够有效统筹电网资源和负荷的配置，提高电源、电网用户负荷互动互济能力，能为配网运行负荷供电路径精准“画像”。通过将线路重过载问题分析细化(如到馈线段层级)，系统能在网络拓扑中定位单个设备的运行状态，从而实现所有设备的运行状况在一张图内显示，为优化、调整评估方案起到关键作用。精准负荷控制系统结构如图1-3所示。

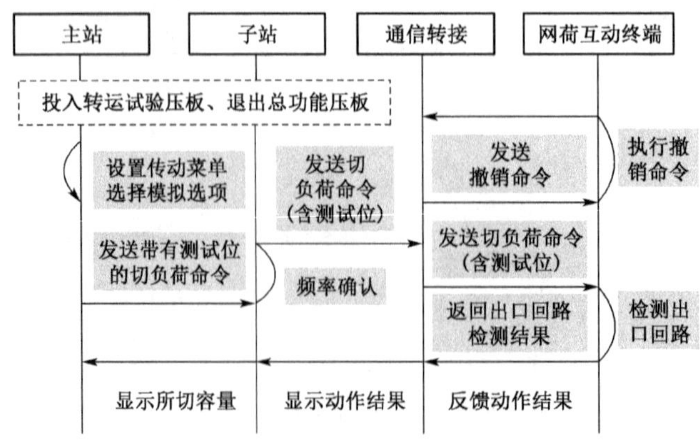

图1-3　精准负荷控制系统结构

3）安全要求

精准负荷控制系统其安全防护要符合《电力监控系统安全防护规定》、《关于印发电力监控系统安全防护总体方案等安全防护方案和评估规范的通知》、《全国电力二次系统安全防护总体方案》等安全防护方案和评估规范的通知要求，应独立成网，专网专用。

4）通信要求

① 业务工作周期：采用遥测方式。业务采集周期为 80 ms。

② 业务带宽（分两种）

a. 毫秒级：28 Kbit/s。

b. 秒级和分钟级：48.1 Kbit/s。

③ 业务时延（含业务终端动作）

a. 毫秒级系统<650 ms（毫秒级精准控制系统中，从精准控制子站至互动终端的通道时延应不超过 50 ms）。

b. 秒级系统<8.7 s。

c. 分钟级系统<5 min。

1.5 配电网馈线自动化的技术原理及使用

1.5.1 配电网馈线自动化常规架构

配电网馈线自动化技术从结构上来说，主要由主站、FTU、DTU、负荷开关、高级应用配置等系统组成。系统故障检测、故障处理、系统重建等都是由主站系统来统筹实现的。当FTU 系统识别到某处故障时，其会通过系统内部的通信将故障位置及故障信息上传到主站系统中，主站系统内的计算机会根据所属位置的故障类型、负荷情况、运行方式等统一进行计算与分析，求解出最优的解决方案。在核实比对无误后，主站系统发出指令，指挥相应的修复系统进行工作。

在主站系统内，还存在根据工作内容及工作方式划分的电力传输子系统，这些子系统具备与主站系统相同的检测、分析、诊断和自动修复等功能，且当主站发生故障时，能替代完成通信、自动配电等功能，这样就能降低因设备故障产生的停电事故。

1.5.2 配电网馈线自动化故障处理的常规原理

馈线自动化技术简称 FA，其基本功能就是在系统发生故障时，可以利用物理开关的结构能切断电源。最开始是采用电流保护切除馈线故障的方式，随着对可靠性要求的提高，出现了通过重合闸方式来隔离故障。目前采用集中控制式的远方馈线自动化方式。目前主流光纤通信方式能最大限度地减小局部故障对系统整体产生的影响，并利用主站快速的分析能力和故障处理能力在几分钟内实现故障的计算、处理，在理想状态下是可以在十几分钟之内实现恢复供电的。这种光纤馈线自动化由三部分组成：电流保护切除故障、FTU故障隔离、FTU 对非故障区域恢复供电。这要求保护装置快速通信，协同动作。

馈线自动化是配网自动化十分重要的一环，需要积极完善馈线自动化，才能提升配网的自动化水平。完善馈线自动化的意义为：(1)能确保供电的可靠性。通过馈线自动化，能减少配网在运行期间发生的故障。确保电力供应的稳定和可靠性，要有相应的后备保护和馈线保护相配合。(2)降低故障的检修时长。当配网运行过程中出现故障时，馈线自动化能降低故障的检修时间，减少用户的等待时长。(3)提升电能的质量。应用馈线自动化技术对电力设备进行及时检测，实时发现设备存在的问题，从而对运行方式及时进行优化，确保电能的质量。对于电网公司来说，配电网馈线自动化的意义远不止于此，这是实现自动化发展的重要一步，也是电网行业可持续发展的基础。

配电网作为直接面向终端用户的电网末端，在“发→输→配→用”的环节中起着传输、分配电能的作用，是用户对用电感受最直接和最重要的一个环节。电力用户对用电的依赖越来越强，提升供电可靠性和质量成为配网的工作重点。因此，配网的自动化水平高低，处理故障的能力及响应时间是重要的考核指标。提升配网自动化水平，不仅可以提高电网的供电可靠率，还可以提高用户的用电满意度。

配电网馈线自动化的工作流程分为故障诊断和故障识别这两个工作阶段。故障处理是其最主要的功能，相较于传统配电系统反时限电流保护、三段电流保护、重合闸的工作形式，馈线自动化技术更具可靠、灵活和及时性。如电流保护馈线在故障时，会将整条线路切掉，并不考虑对非故障区域的恢复，这就使得供电不可靠。重合闸方式故障隔离时间较长，多次重合闸对负荷有影响。馈线自动化能够对线路瞬时故障或永久故障等进行及时处理，能避免一刀切断电源带来的系统震荡影响，能降低对系统的二次损坏。

馈电系统故障自动检测系统的工作流程分为三个阶段：以配电终端为基础进行故障识别、子系统中心进行初步分析处理、主站系统整合数据进行集中处理。如果子站系统不能成功实现故障部位的隔离，那么相关信息上报就会到主站系统进行计算、整体调度和集中处理。

目前主流的配电网馈线自动化有主站集中型(有全自动和半自动型)、就地重合型、用户分界型和智能分布型 4 种模式。

1.5.2.1 主站集中型馈线自动化常规原理

当线路发生故障时，主站系统依据配电终端上报的故障告警信息，结合变电站的保护动作信号、开关分闸等相关信息进行综合比对判断，确定故障类型和故障区段，发出动作指令断开故障点两侧开关，遥控合上进线主断路器供电，实现故障区段隔离和非故障区段供电恢复。主站集中型馈线自动化故障处理的特点是主站生成故障隔离策略，故障处理时间短，自动化程度高。其缺点是依赖主站，信息通信和信息采集不完整。

以图 1-4 为例说明主站集中型馈线自动化故障处理工作过程。

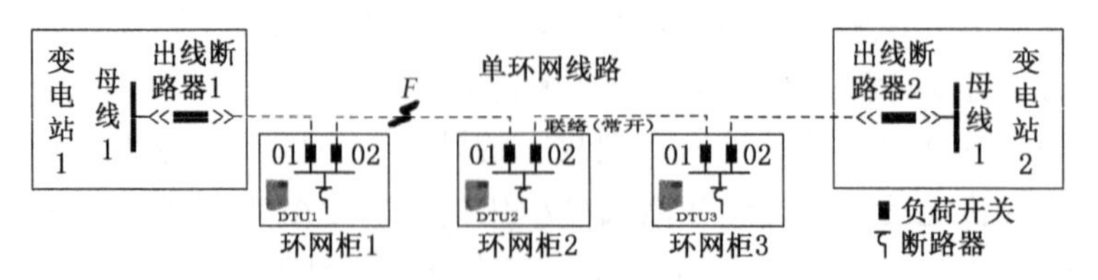

图 1-4　主站集中型馈线自动化故障处理原理图

整个过程分为四步：

第一步，当图中 F 点产生永久性短路故障时，环网柜 1(DTU1)、环网柜 2(DTU2)的配电终端分别上报信息。变电站出线 1 的断路器进行保护跳闸。

第二步，主站收到变电站出线断路器 1 开关变位信息(事故信号)和两个 DTU 终端上报信息后，将故障点锁定在环网柜 1 与环网柜 2 之间。

第三步，主站遥控发出分闸指令，分别分开环网柜 1 的 02 间隔开关、环网柜 2 的 01 间隔开关，将故障区段隔离开来。

第四步，开关隔离成功后，主站遥控发出合闸指令，首先遥合变电站出线断路器 1，实现电源侧的非故障停电区域恢复供电。接着遥合环网柜 2 的 02 间隔联络开关，实现负荷侧的非故障停电区域恢复供电。

主站集中型馈线自动化依托自动化主站实现故障集中研判、负荷调配合理、非故障区域转供优势明显、准确性高。对于架空电缆混合线路故障处理流程相同，具备网架普适性。

1.5.2.2 就地重合型馈线自动化常规原理

在变电站馈出线首端和线路适当的分段处安装负荷开关，就能通过自动化终端的电压时间来进行逻辑判断，从而对短路故障的电压时间型馈线进行处理；通过终端高频暂态零序方向判据，从而实现单相接地故障选线隔离；通过零序电压突变实现单相接地故障选段隔离；通过闭锁恢复(逻辑复归、按钮复归、远方复归)及联络转供恢复非故障区段供电，实现信息上送自动化系统。

(1) 单相接地故障处理

配电线路发生某点接地故障时，变电站(小电流系统)接地报警，如图 1-5 所示；线路首端选线 FS1 开关进线主断路器保护跳闸就地选线，分段开关失压分闸，如图 1-6 所示；选线开关延时后 FS1 第一次重合，选段开关依次延时合闸，如图 1-7 所示；开关依次合到故障点，前端选段开关 FS2 会跳开(检测到故障点两侧失压)，这时直接切除接地故障；FS2 和 FS3 重新实现闭锁合闸(将故障点隔离开来)，如图 1-8 所示；联络开关 LS 合闸，从而恢复非故障区域供电，如图 1-9 所示。

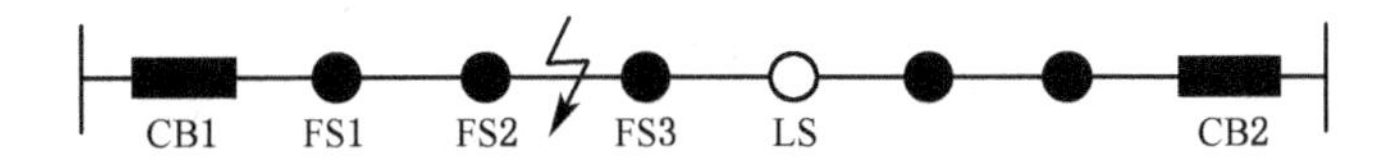

图 1-5 配电线路发生单相接地故障

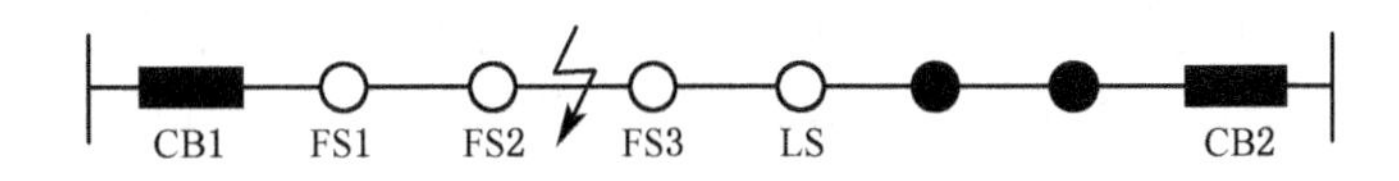

图 1-6 线路首端选线开关选线跳闸

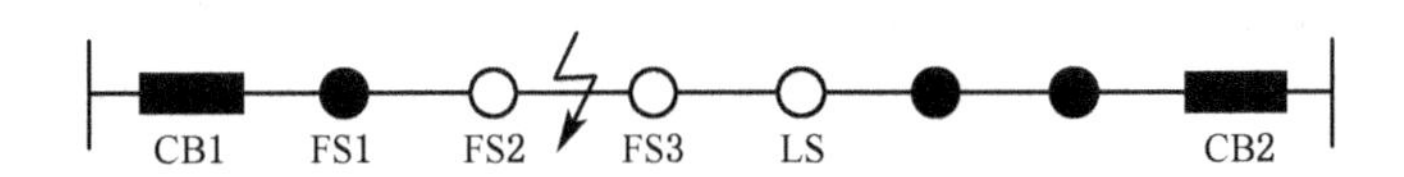

图 1-7 选线与选段开关配合合闸

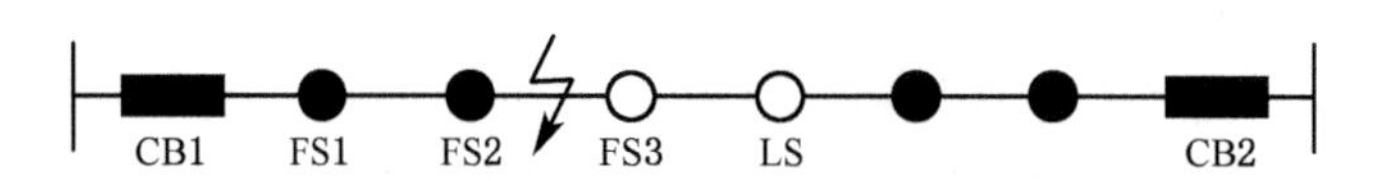

图 1-8　选段开关跳闸切除故障

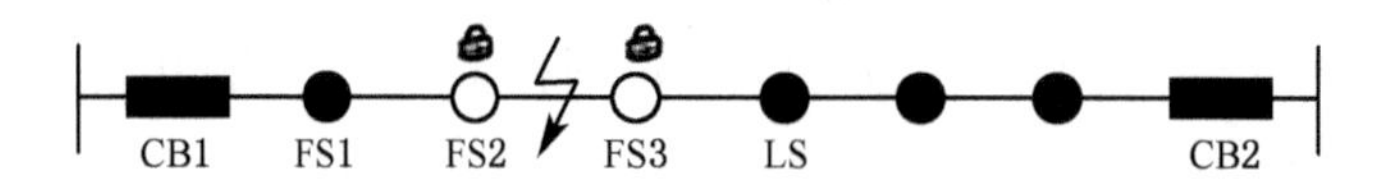

图 1-9　联络开关合闸恢复非故障段供电

(2) 相间短路故障处理

如发生短路故障，变电站开关（断路器）满足极差时间（UO 越线），保护不动作，FS1 保护直接跳闸，分段开关通过与 FS1 二次重合闸协同配合，依据电压时间逻辑，自动定位需要隔离故障的区间，从而恢复非故障区域供电。

对于电压时间型重合装置，可以不依赖主站，不需要整定定值，但需要两次重合闸才可恢复对非故障区域供电。

对于电压电流型重合装置，是在电压时间型基础上增加电流判断依据，同样不依赖主站，能够定位故障点，需要整定定值，能够提供故障信息类型，故障处理更快。

1.5.2.3　用户分界型馈线自动化常规原理

在分支及用户出线侧都加装用户分界断路器，当分支及用户侧发生短路、接地故障时，分界断路器能依据检出的故障信息，自动发挥选线、选段、联络点功能，会直接分闸切除故障点。

(1) 电缆线路故障处理

以图 1-10 为例，说明电缆线路用户分界型馈线自动化故障处理工作过程。

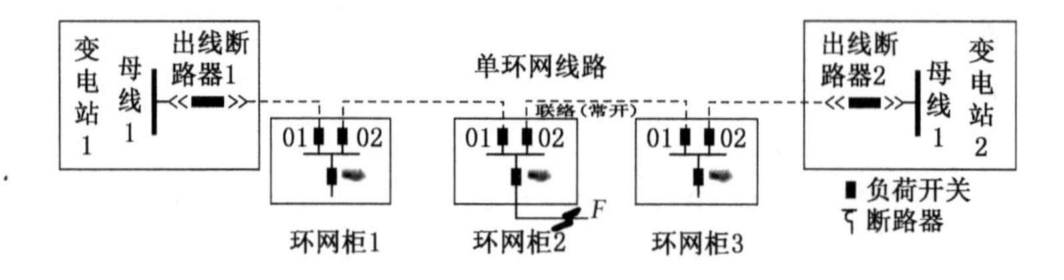

图 1-10　用户分界型馈线自动化故障处理原理图(电缆线路)

当 F 点发生永久性短路故障时，环网柜 2 上的出线间隔保护装置会检测出故障信息，不依赖主站能直接控制断路器分闸切除故障，从而不影响主干线及其他用户供电。

(2) 架空线路故障处理

以图 1-11 为例，说明架空线路用户分界型馈线自动化故障处理流程。

当 F 点发生单相接地或相间短路故障时，控制器会检测出故障信息量，FB0003 分界断路器会直接切除故障，从而不影响主干线及其他用户。(CB1 为架空线路，线路分界开关是断路器。)

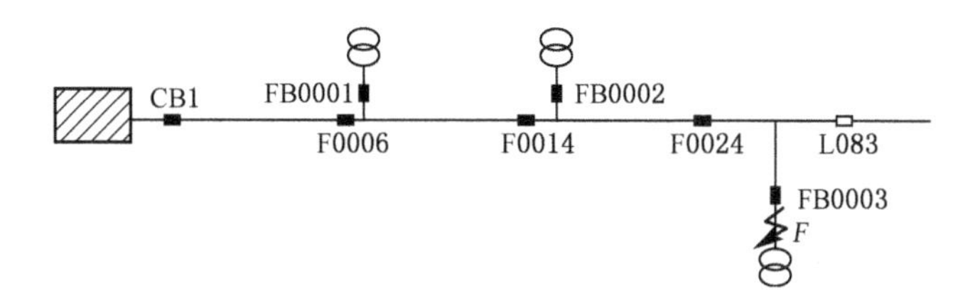

图 1-11 用户分界型馈线自动化故障处理原理图(架空线路)

1.5.2.4 智能分布型馈线自动化常规原理

故障处理过程可以不依赖主站参与,在发生故障时,通过相邻配电终端对等通信网络交换故障信息,快速判断故障区间,对故障进行快速隔离和非故障区域恢复供电,将故障处理结果上报到配电主站。这种故障处理快速,停电范围小,不需要极差配合。缺点是逻辑复杂,系统测试成本高,现场还无合适手段测试。

以图 1-12 为例,说明智能分布型馈线自动化故障处理原理。

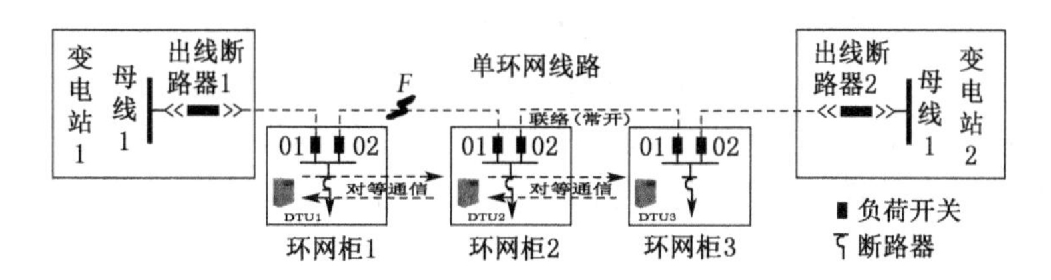

图 1-12 智能分布型馈线自动化故障处理原理图

当 F 点产生永久性短路故障时,变电站出线断路器 1 保护会跳闸,DTU1 依据检测到的环网柜 1 中 01,02 有故障电流信息,通过其他 DTU 信息交互,经智能分布逻辑判断,故障点应在环网柜 1 和环网柜 2 之间。DTU1 分闸所属环网柜 1 的 02 开关、DTU2 分闸所属环网柜 2 的 01 开关,完成故障隔离。DTU2 合闸环网柜 2 的 02 开关,恢复故障后段供电。故障区间前段的恢复供电由变电站出线断路器重合闸或遥控完成。

馈线自动化应能通过配电终端相互通信,实现对单相接地故障和相间短路故障类型的快速定位、隔离以及非故障段的快速恢复送电。

以上几种传统配电网馈线自动化类型均有各自的适用场合和范围限制,出于整体考虑,需要在不同的使用场景对这几种类型的馈线自动化进行相互配合使用,才能便于发挥各自的优势,从而保证配电系统的运行安全可靠。

1.5.3 配电网馈线自动化的分析方法

随着用户对电的量和质的需求不断增加,配电网的建设规模也在不断扩大,在庞大的配电系统中,每一个环节都有可能发生无法预料的故障,这都会严重影响整个配电网系统的供电。供电服务要能够稳定进行,供电效率要提升,要先做好母线单相接地、小电流接地、负荷线路单相接地等故障的防范。这些故障可能单独出现,也可能多种故障混杂出现,其他因素如故障信号不完备、信息丢失、虚假信息、现场不可避免的条件变化等,这些在传统馈线自动化下运维人员是难以把控的，会造成严重的缺相故障、线路烧毁，进而影响电网的安全。特别是随着新能源并网持续增加及系统中固态变压器等设备的大量投入使用，原有保护配置方案及整定原则逐渐不再适用或受到了严峻的挑战。

分布式电源的故障特征是由故障期间的控制策略决定的，这和传统的同步发电机组不同，如果分布式电源故障电流低，持续提供故障电流的能力就会弱，就会导致原有配电网三段式电流保护整定原则不再适用。

传统的配电网保护配置方案不能有效适应配电网结构的变化，配电网迫切需要电流差动保护这类具有绝对选择性的快速性保护方案，光纤差动不受串补影响，能可靠反映高阻接地故障，但受制于网架结构和通道条件等原因，应用还十分有限。替代传统三段式电流保护，5G 自适应 DTU 将是一个良好选择，5G 通信特有的精准授时、管道切片技术，能够为无线差动保护提供解决方案，提升配网故障隔离和自愈能力。

传统配电网馈线自动化主要工作流程分为故障诊断与故障识别两个工作阶段。

1.5.3.1 故障诊断处理流程

馈线自动化技术的主要功能之一是故障处理，其主要通过智能集中与智能分布相结合的方式来实现。这和以往的重合闸形式相比，更加可靠、灵活，能依据电网参数和结构的实时情况，在线进行故障诊断，并能根据掌握故障的变化情况，对包括馈线线路故障，永久、瞬时故障，一环多次、多线路等多种形式在内的故障，进行在线实时处理，能有效避免重合闸操作方式对线路的震荡及冲击损害。

配网故障的诊断原则为：以配电网终端作为基础进行故障检测，分别以子站和主站作为中心，子站为区域的控制中心，主站为集中管理的中心。子站负责所属区域的馈线故障查询、分析、定位确定、信息上报，以及采取及时有效隔离、恢复供电措施，当子站无法对故障部分实现完全成功隔离时，其会将故障上报到主站，由主站负责协调、计算、下发处理方案。馈线自动化技术实现流程具体如下：

（1）由子站发出故障信息和处理结果传达到主站，使主站实时掌握故障情况。

（2）子站如果经分析计算，得出所属区域不能独立实现故障恢复和配电网重构，需要由主站协调多子站共同完成操作，那么子站上报后，主站将使用多子站联动处理机制消除故障。

（3）故障处理需要依据故障实际状况，选取适当的干预或复核机制，如划定哪些小型故障可由系统自主排除故障，划定哪些复杂故障需要采用自动及人工复核方式联合干预。

（4）在联合干预模式下，系统根据故障诊断等进行计算，从其提供的多种故障排除备选方案中，操作人员选取最佳方案，并让系统执行选取的故障排除、隔离、恢复供电方案。

1.5.3.2 故障自动化识别技术

配电终端识别故障类型与信号数据，以采样电流瞬时值作为故障的判别依据。

当线路出现相间短路时，配电终端会采样到瞬变且大于电流限值的情况，这样就能作为故障的判定依据，通常能在故障出现的 30 ms 内给出判定，为制定故障处理方案提供了宝贵的先决时间。

当出现单相接地故障时，接地点零序功率分量会与正常状态出现相位相反的状况，非故障相的点位电压会超过故障点位电压 1.5 倍以上，这样就能及时判定和识别单相接地故障。然而我国大多数配电网都采用中性点不接地，所以零序分量幅值就会小，显然通过这种方式判断单相接地故障其准确率难以保证。

针对这种情况，馈线自动化系统一般能利用拉赫开关排除的方式进行故障的判定。另可采取在主站程序中增设开关操作序列提示，来提升单相接地故障的判定准确性。

1.5.4 配电馈线自动化技术的应用

1.5.4.1 FTU 和 DTU 的故障处理

自动终端系统中重要的功能单元是 FTU 和 DTU 采集装置，其分布在整个配电网的各个部位，能对所属位置的电压、电流等进行实时采集，并将收集到的数据上传到子系统的数据分析中心，通过计算分析能够及时发现电路中的故障，并能将故障的性质、类型、破坏程度等信息上传到主系统。简而言之，终端在故障检测和解决的过程中，扮演着执行和一线工作人员的角色，是 FA 系统中的重要一环，对异常信号的敏锐识别及数据的实时传达，是保证故障检测、识别效果的关键。

1.5.4.2 架空线路的故障处理

由于空间、地面情况等方面原因，很多输电线路并不是在地表或是地下进行铺设的。传统的架空线路的故障检测都需要在发生短路或断电以后人工进行分区域的检测，这将耗费大量人力、物力，且工作人员的安全难以保障。利用配电网馈线自动化系统就能很好地解决这些问题。当架空线路某段出现故障时，所属柱上的 FTU 检测装置可以通过与子站、主站等进行协同作用，实现对故障的定位，对故障类型、原因等的分析，且能将检测及分析结果呈报总控制室的运维人员，以便采取进一步的措施。故障(信息)位置的检测由 FTU 完成，FTU 系统、子站系统和主站共同完成故障的分析和供电恢复策略，并以指令发布。以某架空线路为例，其线路上的两条手拉手架空线供电来源如都来自同一所变电站，这样包括联络、分段在内的所有开关，都是由同一个配电子站负责监控，这样包括故障隔离、供电恢复等操作都由该子站所完成。如果这两条手拉手架空线路不是由同一所变电站提供供电，那么这两条架空线路就由不同系统子站分别监控，并分别由不同子站负责架空线路的故障处理、恢复供电等操作。

1.5.4.3 过程中的时间分配

电力系统常见的故障可以归纳为两种：永久性故障与主干线路故障。以架空线路为例，当发生永久性故障时，相关的变电站系统会立即对其进行断电保护动作，并尝试进行通电。此过程系统大约分配 3～5 s 的时间。如果在这段时间内通电不成功，那么系统判断配电网出现了主干线路故障。

配电网馈线自动化系统的子站承担对变电站的保护动作信息和跳闸信息等故障信息的收集功能。在对故障位置进行定位时，系统所分配的时间大约为 1 s。如果采用 RTU 技术对采集到的信息进行转发，系统分配的时间大约为3～5 s。由主站实施供电恢复时间大约在3～6 s，给予每个开关的恢复时间只有2 s左右，大多数情况下只需恢复1～3个开关，就可实现供电恢复。

这样利用配电网馈线自动化技术，就能实现故障的监测、定位以及隔离、供电恢复，整个过程大约需要几分钟的时间就可以完成，极大地提高了配电网故障的检修效率和修复质量。例如：某市供电项目，在2013年就实现了配电网馈线自动化技术的改造应用，当地夏季连续40℃以上的高温天气，配电网事故不断，传统的配电网检修方式，需要对线路故障逐个进行排查，大约需要消耗2 h，而有了改造后的配电网馈线自动化技术，对于管理的多条馈线自动化线路中的故障，从故障原因的判断、故障隔离、电力恢复，全程不到1 min自动完成，这有效地降低了经济损失，提升了客户的满意度。

配电网馈线自动化技术是我国电力系统先进技术的典型，大幅地提升了电力故障的修复速率及修复质量，将电力故障带来的损失降到了最低，为经济发展及民众生活水平提供了很好技术支持。我们应该立足于我国的电力系统建设实际现状，针对目前配电网馈线自动化系统中还存在的问题进行查漏补缺，运用更科学和实用的手段，促进和完善配电网馈线自动化技术的全面发展。

1.6 有源配电网评估体系及自愈、抗毁技术研究

在全球化石能源资源日趋枯竭、大气污染和气温不断上升的多重危机背景下，传统化石能源发电方式已限制了人类未来可持续发展。可再生能源发展越来越受到各国政府的重视，尤其风电和光伏行业近年发展迅速。据统计，截至2021年，我国可再生能源发电装机规模突破10亿kW。其中水电、风电装机规模均超3亿kW；新能源年发电量已经突破1万亿kW·h大关；抽水蓄能电站累计装机规模达到3 479万kW；新型储能累计装机超过400万kW；新增电能替代电量大约1 700亿kW·h；电动汽车充电设施达到250万台左右。当分布式电源大量被接入中低压配电网时，可再生分布电源的间歇性及随机性，将加剧配电网中电压、频率的波动，这些不确定性因素严重影响配电网的功率平衡、安全运行以及用户的供电可靠性和电能质量。

当这类含源负荷点大量接入时，整个配电网系统架构被动地发生全新变化。传统的单电源辐射式的网络会演变为多电源联合供电的双向潮流网络，这会给配电网的运行、控制带来很大风险。因此，已有的配电网风险评估方法难以继续适应未来发展趋势，因此，我们很有必要在计及多种不确定因素的情况下，对有源配电网的评估体系及自愈抗毁技术展开研究，以适应未来的趋势。

1.6.1 用电可靠性的评估方法体系

国内在配电网供电可靠性评估方面做了大量工作且进步明显，目前我国采用面向系统的供电可靠性评估指标体系，统计范围仅计及（公共连接点）中高压用户，但随着电网的发展，这套评价指标的局限性愈发体现出来：

第一，由于非线性负荷接入、低压线路设施故障和复电信息传达等因素，用户感受到的

电力可靠性，要远低于供电公司发布的指标，用户体验需提升。

第二，没有涵盖电能可用度的传统评价指标体系，不能满足供电企业对配电网精细化管理及售电企业对售电市场深度开发的新需求。

第三，目前的供电可靠性评估，不能适用于主动配电网的运行控制，需要更精细化、更贴近用户需求的可靠指标。

目前现有的用电可靠性研究工作，主要集中于可靠性统计范围向低压用户拓展的可行性方法探索，方法主要有概率统计、故障模拟等，国内尚缺乏用电可靠性的统一定义、指标体系及评估方法，我们需要从多层面提出新的方法见解，以利于对用电可靠性概念的进一步延伸。

1.6.1.1　分布式电源对用电可靠性的影响

(1) 用电可靠性的概念

随着配电网向主动配电网、智能配电网、能源互联网的方向发展，用电侧的特性悄然发生了诸多改变：

① 要满足用户侧电源接入的无功规划：需要依据分布式能源(DG)的特性，从静态、动态两方面进行合理的无功综合配置，而静态无功配置需要考虑在 DG 都不出力的极端状况下，配电线路能对无功补偿电容器的需求进行合理规划，进而能抑制 DG 接入前后出力变化，能避免短期内节点电压波动。

② 要满足用户侧电源接入储能容量配置：DG 出力的波动性会引起电压波动，尤其是接入点的电压波动会很剧烈，另外为能保障 DG 孤岛供电的能力，需要用户侧配置一定的储能装置。DG 的接入容量越大，所需的储能容量和最大输出功率也越大。

欧美国家广泛采用 IEEE Std 1366TM—2012，统计范围涉及每个用电用户。依据我国1991 年原能源部颁发的《供电系统用户供电可靠性统计办法》的定义，供电可靠性是指供电系统给用户持续供电的能力。随着目前用户侧特性的变化，供电可靠性统计范围和指标体系的局限性凸显如下：

① 没有考虑用户侧的电源设备。

② 没有计及敏感用户对电能质量的特殊需求，如果电能质量未达标，敏感设备也无法正常使用。

③ 将用户当作负荷点，没有考虑大用户内部的电气架构及用电设备。

④ 没有适用于电动汽车、储能和可控负荷等灵活变化负荷的可靠性评估指标。

针对如上供电可靠性的局限，用电可靠性需体现：在一定期间内，用户及用电设备需要获取到能够满足其电能可持续性和电能质量需求的电能量的能力。其中，常规负荷要求持续不间断的电能具有可用性；灵活可控负荷要求某个灵活的时间段内能够获取到所需的电能量；敏感负荷需要在特定的一个或几个电能质量指标达到要求。不同敏感负荷的要求各异，要依据用户或设备的需求进行差异化的用电可靠性评估。用电可靠性的评估范围如图 1-13 所示。

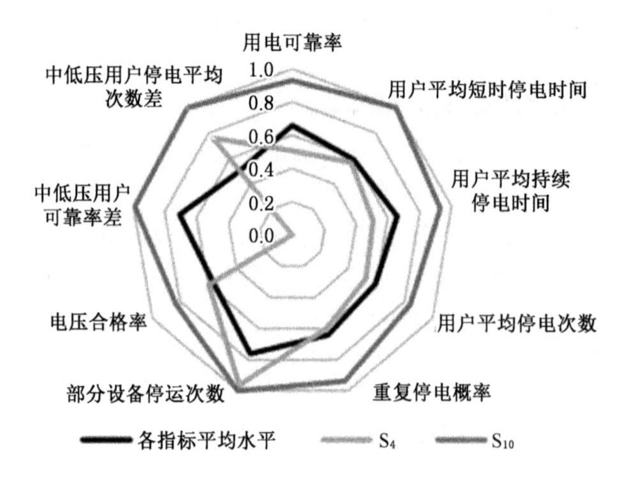

图 1-13　用电可靠性的评估范围

如果从电网供电的角度出发去评估供电可靠性，那么需研究从发电端至用户计量收费点之间的可靠性问题。但如果从用户侧的角度出发去评估供电可靠性，那么需研究电网计量收费点之后用户(设备)用电的可靠性问题。发电、输电、变电、配电等各供电环节的安全运行，是用户用电可靠的基础。另外，用电可靠性还会计及用户侧电源设备、用电设备特性和用户内部结构等要素。我们需要建立一套全新用电可靠性评价指标体系，包括用户侧指标和对比指标，并能全面准确地从用户侧电能的持续性、电能可用度、低压配电网可靠性等多个方面评价用户用电的真实可靠性。

(2) 分布式电源对用电可靠性的影响

伴随着智能电网、主动配电网和能源互联网的快速发展，DG 凭借其环保、灵活、安全的优势，得到了广泛的应用发展。DG 大规模接入电网给电力系统的规划、运行、控制等都带来了很大冲击。对配电网用电可靠性的影响而言，DG 有利也有弊。

DG 对用电可靠性的提升作用主要体现在：

① 在电网正常运行状态下，安装地点和装机容量合理的 DG，能够缓解电网设备的过载情况及网络阻塞，能提高配电网的供电能力，同时降低电力设备的运行压力。

② 当配电网发生故障时，DG 作为后备电源能与储能装置协同配合，通过微电网孤岛的运行方式向附近用电供电，能减少用户的停电次数及停电时间，能够有效提高用户的供用电可靠性。

③ 配电网中电压暂降的问题近年日益突出，已严重影响用户侧用电设备正常运行所需的电能质量。具有低压脱扣功能的断路器在配网中广泛使用，低压脱扣器由于对电压暂降十分敏感，当发生电压暂降时，低压脱扣器会在 10 ms 左右动作。但由于低压脱扣器不具备自动合闸功能，需要等相关人员确定脱扣原因后，才能再手动合闸，而电压暂降往往会导致装有低压脱扣器的用户发生停电事故。

目前世界范围内大多数国家的 DG 并网要求 DG 具备低电压穿越能力，当接入点出现电压暂降时，在一定合理电压范围内，DG 要能保持并网运行，且要发出更多无功来支撑电网的电压恢复。因此，只有具备良好低电压穿越能力的 DG，才能够避免低压脱扣器因电压暂降误动作,而导致用户停电事故,从而提升用电可靠性水平。

1.6.1.2 基于 AHP-熵权法的用电可靠性综合评估方法

该方法可以从两个方面说明:

(1) 用电可靠性评价指标体系

依据用电可靠性的内涵、评估范围和有源配电网的特性,可从如下五个方面构建用电可靠性的指标评估体系:

① 电网供电可靠性的指标

发电、输电、变电、配电等供电环节运行的安全可靠性,是用户用电可靠的基础和前提,在用电可靠性的评估中必须计及供电可靠性。当前国内外均广泛采用的配电网供电可靠性指标体系,基本可划分为:持续停电指标、损失电能量指标、瞬时停电指标三大类,其主要从停电频率、停电时间、损失电量、可靠率四个方面来对供电可靠性评价。

电网的瞬时停电可能会导致用户侧持续停电,如前文提到的低压脱扣器的问题,待电网恢复供电或扰动消失后,由于脱扣器没有自动合闸功能,用户侧合闸恢复用电往往会依赖现场驱动,特别是断电损失大的工业用户,往往会与供电公司确认电网已经恢复正常后,才会合闸恢复生产。由此,在进行用电可靠性的评估时,采用平均停电次数、平均停电时间及年均缺用电量,这三个指标来反映电网供电可靠性水平是恰当的。

② 用户侧电能质量的指标

配电网向智能配电网和主动配电网的发展趋势,一方面会使配电网中分布式电源的装机容量不断上升,其附带的电子装置对配电网电能质量的影响也会越来越大,另一方面,用户侧的敏感用电设备越来越多,电能的质量也会逐渐无法满足敏感用户的用电需求。另外,随着售电市场改革的逐渐深化以及用户对用电体验需求的提高,在有源配电网用电可靠性的评估中,对出现频次高且对用户影响大的电能质量因素进行考核,也势在必行。因此,用电可靠性评估指标体系中有必要加入电压合格率、电压暂降次数这两个指标,来反映用户侧的电能质量实质。

③ 用户侧电源的指标

DG、储能设备、电动汽车等电源设备在用户侧不断得到推广应用,未来,用户用电不可能完全依赖于电网供电。尤其是在未来建立的能源互联网时代,能源互联网的泛在互联性、对等开放性、多源协同性、即插即用性,都将释放出用户作为电力供应主体的积极性和主动性,越来越多的用户将集电力生产和消费于一体。因此,有必要提出 DG、储能渗透率、储能容量占比指标,以此来反映用户侧分布式电源、储能等对用户可靠用电的支撑能力状况。

④ 基于用户负荷量的指标

用电可靠性的评估要面向用户,而不同电压等级和不同负荷类型的用户负荷量会相差很大。居民用户数量多但是单个用户负荷量小,工业用户数量较少但是负荷量会很大。如果用用户数求取平均值的方法,来计算配电网供电可靠性指标(如平均停电次数、平均停电时间等)容易掩盖工业负荷的可靠性问题。工业负荷用电量大,创造的经济效益高,其敏感设备也较多,工业用户对用电可靠性的要求就会比居民用户高。

因此，本书提出基于用户负荷量求取平均值的可靠性评估。包含单位负荷停电次数、单位负荷停电时间。通过将基于负荷量的指标和基于用户数量的指标进行相互对比，就可对配电网薄弱环节进行初步判断。如果平均停电次数指标优于单位负荷停电次数，就表明配电网用电量小的用户数量多且可靠性水平高，而用电量大的用户数量少且可靠性低。依据这两类指标的对比，就能为配电网改造建设以及投资决策提供依据。

⑤ 面向灵活负荷的指标

传统负荷与可削减负荷、可平移负荷、电动汽车等为代表的灵活负荷，在用电特性和用电需求上不一样，灵活负荷允许在电网负荷高峰或出现可靠性事故时，能削减负荷或将负荷转移到其他时段。灵活负荷虽然参与激励型需求响应能够获取一定的经济补偿，但如果过度地进行负荷响应，则会给用户的生产、工作带来很大不便，有可能会对用户造成重大经济损失，并会一定程度上降低用户的用电体验及满意度。因此，有必要设计面对灵活负荷的用电可靠性指标，用来反映灵活负荷参与激励型需求响应的程度状况。用电可靠性的指标体系架构如表1-1所示。

表1-1　用电可靠性的指标体系架构

指标类别	指标名称
反映电网供电可靠性的指标	平均停电次数 平均停电时间 年均缺用电量
反映用户侧电能质量的指标	电压合格率 年均电压暂降次数 单位负荷停电次数
基于用户负荷量的指标	单位负荷停电次数 单位负荷停电时间
反映用户侧电源的指标	DG渗透率 储能渗透率 储能容量占比
面向灵活负荷的指标	年均响应次数 年均响应时间 年均削减负荷量

(2) 用电可靠性综合评估方法

有源配电网用电可靠性评估的指标内容较多，且在不同的评估目的及应用环境，用电可靠性的评估方式也都会有所区别。从供电部门、售电公司的需求出发，研究有源配电网用电可靠性的指标综合量化评估，能为供电部门找到电网薄弱环节、规划建设和为售电公司制定售电服务指导等提供决策依据。

对于供电部门及售电公司而言，不同地区的配电网状况带来的侧重点也会不同。如果不考虑评估主体的主观能动需求，用电可靠性的综合评估将会失去价值。依据评估主体的主观决策，要先采用层次分析法(Analytic Hierarchy Process，AHP)对用电可靠性各项评估指标进行主观赋权。层次分析法将等待评估的对视为一个系统，按照分解—对比—判断—综合的思路来进行决策，这是一种分层系统化的分析方法。层次分析法能够将评估主体的需求，用数字化、系统化、信息较少的定量数据进行表达，这是一种典型的层次权重分析的方法。

用电可靠性的综合评估除了设置主观权重外，还应依据待评估对象的指标数值来确定客观的权重，用以规避评估主体在权重确定时点判断上的误差，以避免导致指标权重失衡。我们采用熵权法来确定指标的客观权重。熵权法能通过包含的信息量的多少，来确定指标权重，其计算简便，有效使用客观指标数值，就能够使所赋予的指标权重合理。最后，将通过层次分析法算出的主观权重及熵权法得出的客观权重进行优化组合，使主客观权重融合，得到的用电可靠性的综合评估结果，既能满足评估主体的主观意愿，又尊重了指标数据的客观规律。

1.6.1.3 可靠性提升的措施

有源配电网用电可靠性的提升措施，可以从供电可靠性、电能质量、用户侧电源等方面发力，措施如下：

（1）提升配电网的供电可靠水平

① 合理规划配电网：要以满足负荷增长、提高配电网的可靠性为目标，做好负荷的精准预测、合理安排电源点与网架的规划建设，且要对系统进行薄弱环节评估，找到更具可靠性的线路改造方案。

② 降低电网元器件的故障率水平：要努力提升电网元器件质量，及时更换老旧元器件，以提高电网元器件对自然灾害的风险抵御能力。

③ 提高电网的可靠性水平：通过提高配电网的绝缘化水平，能有效预防外力破坏导致的停电事故发生，同时要充分利用好配电网综合自动化系统。

④ 提升配电网的运维管控能力：通过提升停电应急处理水平和能力，能够加强安全用电宣传和用电安全检查，能够合理安排状态检修，能有效实行分层分区无功电压控制，能加强对用户设备的监督和指导，这样就能平衡分配新接入用户负荷。

（2）规范用户侧电源的接入及运行要求

① 用户侧电源接入的综合无功规划要具备适应性：要依据分布式能源的特点，从静态、动态两方面来进行合理的无功配置，如静态无功配置就要考虑在 DG 都不出力的极端状况下，配电线路对无功补偿电容器的需求，进而对抑制 DG 接入前后出力产生的变化进行规划，从而避免短期内节点电压波动。

② 用户侧电源接入的储能容量配置要具备适应性：当 DG 出力的波动性引起电压波动，特别当接入点的电压波动剧烈时，为了保障 DG 能孤岛供电的能力，应在用户侧配置合适的储能装置。简而言之，DG 的接入容量越大，所要配置的储能容量和最大输出功率也会越大。

1.6.2 有源配电网自愈技术研究

1.6.2.1 自愈的理念

“自愈”这个概念,指物体在不良状态或者是病态情况下,能利用外力或者自身免疫能力来抵抗不良状态,并能够恢复到正常状态的过程能力。随着电力系统的发展,其体量日趋庞大,传统运维方式面临很多难以高效应对的问题,在这个过程中就会出现各种不正常状态。为了能进一步提高电力系统的可靠性,满足电网高效运维需求,世界各国学者在相关领域都在积极开展研究。在1999年,美国电力科学研究院及美国国防部在发布的“复杂交互网络与系统”计划中,第一次提出了电网自愈的概念,其提出要通过研究新手段或者新技术,使国家基础设施(包括电网)具备抵抗内外部威胁,具备自愈的能力。综合概括来说,电网自愈是指依托先进的信息技术及电力系统工程技术,通过相互协调作用,使得电网具备自我监测、预防、修复、恢复的能力,从而增强电网的安全防御能力、输电能力。随着智能电网概念的提出,自愈能力逐渐成为智能电网运行控制的典型特征及核心技术要求。自愈是一个广义上的概念,其在系统的不同运行状态时,会有不同的实际表现状况。其要具备发现早期故障隐患的能力,同时要具备一定的自愈能力,其结构要优化、布局要合理、能灵活互动地适应主动配电网的需求。其能通过即插即用的方式来消纳多种新能源,能高水平地保障供电可靠性和电能质量。

电网运行状态可以依据运行特点、所受外部冲击的严重程度不同,分为五种状态,正常状态、脆弱状态、故障状态、故障后状态、优化状态。这五种不同状态之间的转换及对应控制策略如图1-14所示。

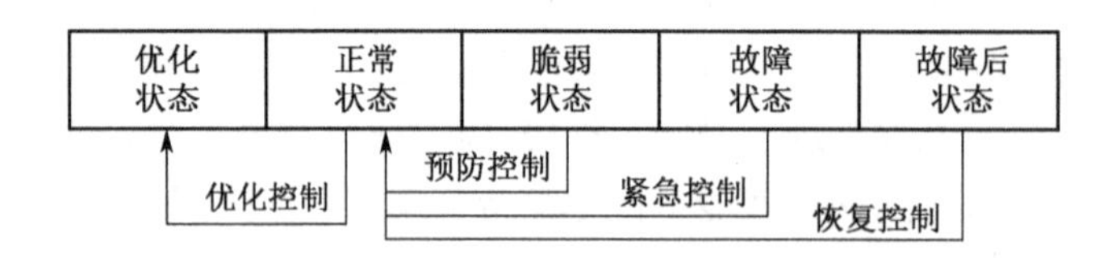

图1-14 运行状态转换及对应控制策略

当电网处于正常状态时,自愈的主要目标是在满足安全性及稳定性的条件下,促使系统优化运行,从而提高经济性并降低故障风险。当系统处于脆弱状态时,自愈的目标则是能够发现系统中潜在的安全隐患,并预防隔离及排除隐患,使系统能回归正常状态,从而避免故障发生。当系统处于故障状态时,自愈的目标则是要求能快速切除故障,并能够明确知道故障类型和故障位置。当系统处在故障后状态时,自愈的目标则是要保证非故障区域负荷供电的可靠性,要通过快速故障修复,尽量缩短故障系统恢复到正常状态的时间。

总体来说,电网自愈的目标是要保障系统供电可靠性,这对于和用户直接连接的配电网系统来说尤其重要。电网自愈要保证电网系统能及时发现、预防、隔离各种潜在故障及隐患,能优化系统运行状态并能够有效应对系统内外发生的各种扰动,能够抵御外部故障冲击,要具备在故障情况下能维持系统连续稳定运行,并能自主修复故障且快速恢复供电,要能通过减少人为对电网运行的干预,降低扰动、故障对电网及用户的影响。

1.6.2.2 自愈体系架构

电网自愈是高级智能电网自动化的核心需求，是对传统自动化技术延伸拓展而发展产生的新技术。电网自愈体系架构如图 1-15 所示。

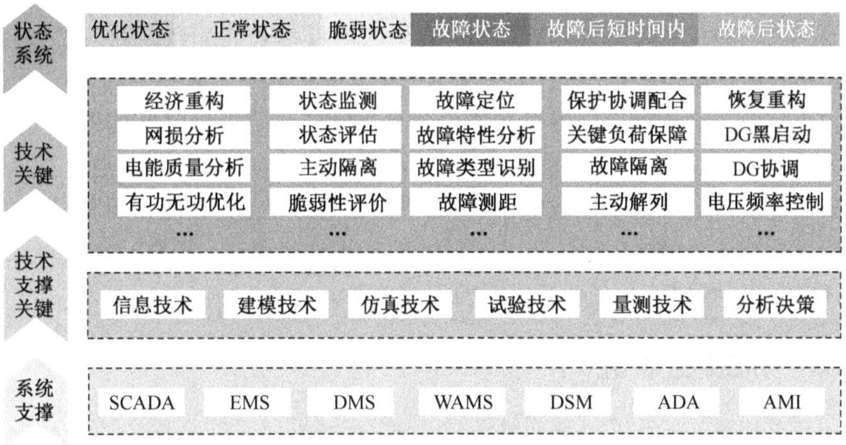

状态系统：优化状态　正常状态　脆弱状态　故障状态　故障后短时间内　故障后状态

技术关键：

经济重构	状态监测	故障定位	保护协调配合	恢复重构
网损分析	状态评估	故障特性分析	关键负荷保障	DG黑启动
电能质量分析	主动隔离	故障类型识别	故障隔离	DG协调
有功无功优化	脆弱性评价	故障测距	主动解列	电压频率控制
…	…	…	…	…

技术支撑关键：信息技术　建模技术　仿真技术　试验技术　量测技术　分析决策

系统支撑：SCADA　EMS　DMS　WAMS　DSM　ADA　AMI

图 1-15　电网自愈体系架构

电网自愈技术需要依托目前已有的数据采集与监视控制系统(SCADA)、能量管理系统(EMS)、用电信息采集(AMI)等自动化系统，还需要利用新的信息通信技术、新的建模仿真技术、新的高级量测技术及新的在线智能分析与决策等进行支撑。

电网自愈涉及技术较为广泛，包含优化控制中的重构、网损分析和电能质量分析等技术，协调配合、隔离故障技术，关键负荷保障技术，电网主动解列技术，故障隔离清除后网络的恢复重构和 DG 协调控制、DG 黑启动等技术。

1.6.2.3 故障自愈技术分类比较

配电网故障自愈能力，需要有自动故障定位、隔离、非故障区段供电恢复等技术支撑，这也就是馈线自动化。以通信或主站等条件划分，配电网故障自愈有就地控制型、集中控制型、分布控制型三种实现方案。

就地控制型是无需与主站通信，故障后就地处理，即由(变电站线路出口处的)断路器和(馈线上的)负荷开关，按预先设计的故障处理顺序依次动作，从而实现故障隔离和非故障区段供电恢复。该方法的投资较小，易于实施，目前我国的配电网中有应用，但任何位置故障都会使整条馈线短暂停电，这种方法的局限性是仅适用在对供电质量要求不高的区域。若在有源配电网中使用此方法，需要在故障后能先将 DG 切除，这不利于 DG 在故障后支撑电压。

集中控制型是由主站收集到馈线终端的故障信息，接着根据预设的算法、配网拓扑结构进行故障定位，最后通过配电网主站遥控或手动操作等方式，来完成故障自愈。此方法能够全面监测配电网整体信息，适用于结构复杂的有源配电网，但其建设与维护主站的成本较高。此外，信息在终端与主站间的来回传递，会导致故障自愈处理速度较慢，会增加

DG 在故障后并网运行难度。

分布控制型需要依赖全线安装断路器,其能利用馈线终端间的信息对等通信,能实现馈线故障定位、隔离、非故障区段供电恢复。此方法能直接切除故障区段,能避免故障点上游区段停电。馈线末端的联络开关也能在数秒内收到合闸信息,使故障点下游区段迅速恢复供电。目前这种方式能大大缩短故障后的停电范围和停电时间,但是由于智能终端、通信网络(光纤铺设)的成本较高,以及现有馈线往往不具备全线配备断路器的条件,分布式馈线自动化在现有配电网中应用较少。

为了防止三段式电流保护中各级开关配合问题所导致的越级跳闸问题,配电网中使用了负荷开关(不具备切断故障电流能力)而不是断路器作为馈线开关,其与分布控制型配合使用能切断额定负荷电流以及过载电流,使配电网具有灵活、可靠性。随着科技的发展,智能终端设备及无线通信网络(特别 5G 的特性)的成本逐步降低,有源配电网的分布式故障自愈技术,将比其他两种技术有着更广阔的应用前景。

1.6.3 抗毁性研究

1.6.3.1 抗毁性(Invulnerability)的意义

电力系统是很复杂的系统,其结构中存在着很多固有的薄弱环节,系统在受扰动或处于非正常运行状态时,那些“脆弱源”就会被激发出来,即使局部的故障,也会引发连锁效应导致故障大范围蔓延,最终会产生大停电事故,这就是连锁故障。为提升电力系统的稳定性与可靠性,有必要开展电网抗毁性研究,从而降低大停电产生故障的风险。

电网抗毁性是电力系统安全的一个新概念,是指系统抗干扰、容错、抵御连锁故障的一种能力。当抗毁性下降导致连锁故障时,继而会引发大规模停电事故。研究表明,大范围停电初期是由局部故障引发的,在扩散时会形成连锁故障。电网结构缺陷会导致电网的脆弱性不断上升、抗毁性不断下降,从而引发局部小规模故障蔓延,有研究将系统这些固有缺陷称为系统脆弱点,其中包括:弱环节、弱节点(线路)等。外部扰动会导致抗毁性下降,而扰动源就包括自然灾害、人为因素、设备故障、保护控制故障、过负荷等原因,这些内外因素可统称脆弱源。

抗毁性研究的关键是分析连锁故障发生、发展的过程,从而揭示出电网脆弱源的产生机理。电力系统的拓扑结构已经决定了能量交互、流动的方式、路径,设备层和拓扑层相互作用,其彼此的影响是抗毁性变化的内因,稳定性劣化会引发连锁故障爆发,这是抗毁性下降的结果。

随着新能源的大规模开发与接入配电网,可再生能源和传统能源的互济、融合成为配电系统发展的一个重要趋势。分布式发电装置和柔性可控负荷(电动汽车、储能电站等)广泛接入配电网系统中,配电网正吸纳全新的、多层级、综合能源子系统,朝着互联耦合、拓扑更复杂化的方向发展。提升电源的多元化及拓扑的复杂化,这需要提高新能源的消纳能力。面对已经改变的传统无源配电网“发、输、配、用”单向传输电能模式,我们要向“源、网、荷、(储)”互动的有源配电网模式转变,面对集电能产生、存储、输送、分配、消费于一体的复杂系统,我们要积极面对能源安全、可靠、稳定、高效利用的新要求。

相比无源配电网，有源配电网的潮流方向、电压降落和支路功率都有较大的变化，终端用户对配电网运行状态的影响会越来越大，不确定因素也在随之不断增加，主要体现在：

(1) 负荷分布具有不确定性。负荷分布不确定性是配电网系统所固有的特征，有源装置（如分布式发电装置、储能装置等）及可移动负荷（如电动机车、电动汽车和电动船等），在时间（可再生能源发电的间歇性使用）、空间（如充电桩所在位置）、行为（有源装置和可移动负荷充/放电）等多个维度上随机性强，这加剧了配电网负荷分布的不确定性。

(2) 拓扑演化不确定性。电网拓扑结构在短时间尺度内是固定的，但在长时间尺度内会处于动态不断演化的状态。这些技术特征和运行模式决定电网拓扑结构的演化，如无源配电网采用单侧电源供电，会发展形成辐射状拓扑结构，但随着分布式发电装置、储能电站和柔性负荷等各种有源装置的广泛接入，配电网潮流就从单向变为双向，拓扑结构向着更复杂网络结构演化、发展、演变，我们要采用新方法适应这种多源运行模式。驱动配电网演化的因素多且复杂，如分布式电源出力具有间歇性，同时并网位置具有随机性，这会导致拓扑结构演化发展具有不确定性。

负荷分布和拓扑演化的不确定性，已成为有源配电系统的一个重要特征，对系统稳定性及运行可靠性造成两个方面不利影响：一是负荷分布不确定性，会引发局部过负荷、电压会失稳，从而导致系统稳定性劣化；二是拓扑演化的不确定性，会导致网架结构复杂度进一步提升，与不确定的负荷分布共同作用，这会加剧潮流分布的不确定性，加大系统的稳定和可靠运行的风险。

传统配电网负责电能分配，处于电力系统的终端，可以看作无源电网，当输电网发生停电故障后，无源配电网也随之会断电，其抗毁脆弱性就呈现出来。当无源配电网演化成为有源配电网，在设备层和网络层之间的多层交互耦合、故障机理与演化机制更为复杂，脆弱环节识别、抗毁性分析更加复杂。

1.6.3.2 基于复杂网络理论抗毁性研究

复杂网络理论是通过计算拓扑结构特征参数来研究网络结构特性的。“小世界”网络特征是复杂网络理论最重要的发现，在 1998 年，Watts 和 Strogatz 在《自然》杂志上，发表了《“小世界”网络的群体动力学行为》论文，第一次揭示了电网拓扑结构复杂性的特征，并从方法论角度提供了新的途径。

“小世界”网络具有较高聚类系数及较小平均路径长度的特点，这有利于信息、能量和故障等在网络上快速及大范围传播。高聚类系数能说明节点间集聚程度较高，在发生故障时能在连接的节点间传播，其传播范围和聚类系数正相关。较小平均路径说明非相邻节点距离较短，一旦发生故障，将会很快传播到非相邻节点。这说明具有“小世界”网络特征的电网的抗毁性较低，网络中的节点或者线路发生故障时，由于节点间平均路径较小，这很可能很快引发连锁反应，将故障传播到较远的非相邻节点，从而导致大面积电网连锁故障。

无标度（无尺度）网络特征是复杂网络理论的另一个重要发现，节点的度分布要满足幂指数分布，也称幂律分布。研究指出，无标度（无尺度）网络产生的两个重要原因为：网络增长性和择优连接性。当网络中不断有新节点加入，同时新加入的节点优先和网络中度值更大的节点连接，就产生马太效应。它们和大量节点相连接，成为网络中枢节点和集散节点，这会影响网络连接性及拓扑特性。如果这些高度值节点遭到打击，将降低全网完整性和连通性。

复杂网络理论认为网络会遭受两种形式攻击：随机攻击及蓄意攻击。随机攻击是随机任意选取网络中节点进行攻击，而蓄意攻击则是有预谋地攻击网络中高度值节点目标。无标度（无尺度）网络对随机攻击具有较好的抗毁性，即当网络中部分低度值节点，由于遭到攻击被从网络中移除后，不对网络造成很大程度的影响。但无标度（无尺度）网络对于恶意攻击却表现出固有的脆弱性，即当少量高度值节点被攻击而被移除时，会导致网络连通性下降。

研究拓扑抗毁性要以网络拓扑结构为对象，当网络中节点（或者边）遭遇故障（或者被攻击）被移出网络后，剩余网络能维持固有性能。对量化的拓扑抗毁性发生故障后产生的损失进行研究，找出拓扑结构中的“脆弱环节”，从而才能增强拓扑抗毁性。不同配电网拓扑抗毁性分析的方法不同，首先要计算出电网拓扑结构特征的初始值，接着要按照预先设定的故障模式移除若干节点（或者边），接着计算故障后的拓扑结构新指标，再分析删除节点（或者边）比例和拓扑结构指标故障前后所产生变化关系，最后作为故障造成网络性能损失及评估拓扑抗毁性的依据。拓扑抗毁性评估流程如图 1-16 所示。

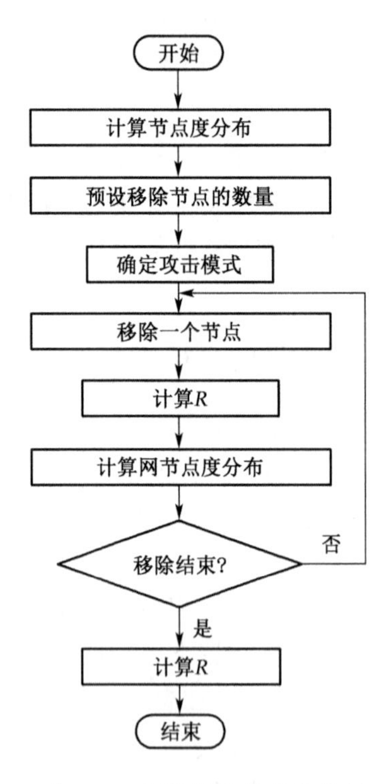

图 1-16　拓扑抗毁性评估流程

1.6.3.3　连锁故障模型抗毁性研究

（1）基于自组织临界理论的连锁故障模型

电力系统中的潮流分布处于动态变化状态中，当系统中潮流出现异常的分布或者转移，如分布式电源出力不断被提升，高于消纳能力时会引发潮流转移到其他线路，当超过其他线路的承载能力时就会发生跳闸事故。当电网抗毁性劣化程度接近临界状态时，局部跳闸故障就会通过复杂的传递蔓延机制，产生类似"沙堆崩溃"的大规模故障，从而产生大范围断电大事故（即连锁故障）。这种临界状态是一种自组织临界状态。自组织临界性是复杂系统在不同的驱动因素下，通过系统内部作用到达临界的状态。用如图 1-17 所示的沙堆模型说明，向一个沙堆缓慢添加沙粒，随着沙粒的不断添加，沙堆坡面就会不断变陡，沙堆崩塌的风险就会不断提升，崩塌前的临界状态就称做"自组织临界态"。沙堆模拟了一个复杂系统，这个系统在外界驱动（外部沙粒增加）及内部因素共同作用下，逐步逼近到临界状态。

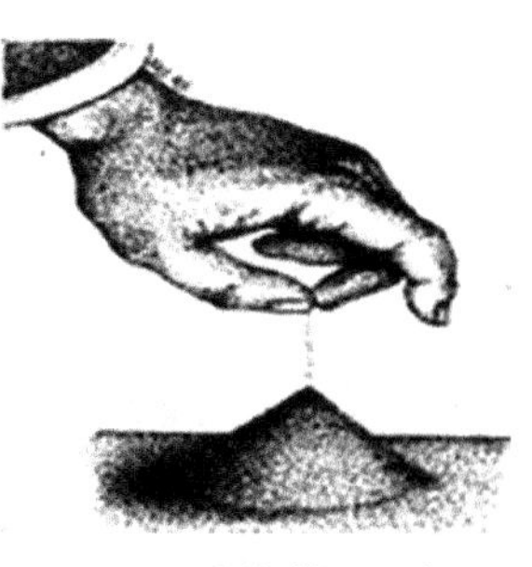

图 1-17　沙堆模型示意图

（2）连锁故障模型与抗毁性评价指标

抗毁性是随着电网结构、运行状态演化，不断变化的一个复杂的过程。OPA（ORNL-PSerc-Alaska）理论认为配电网是较长时间尺度内的渐变性的发生过程。级联失效故障理论认为电网较短时间内能达到自组织临界状态，会提升连锁故障的风险，当系统发生源发故障后，如某些元件被移除出网络后，系统负荷会进行重新的分配，这可能导致某些线路（或元器件）的负荷超过线路所能承载的极限，从而形成新的开断故障，最终形成连锁故障。

如上分析，连锁故障是电网抗毁性劣化所最终造成的极端结果，要搭建连锁故障模型，并且开展抗毁性分析评估，才可以更深入及全面地揭示配电网抗毁性劣化的机理及原因。如图 1-18 所示为连锁故障模型流程图。

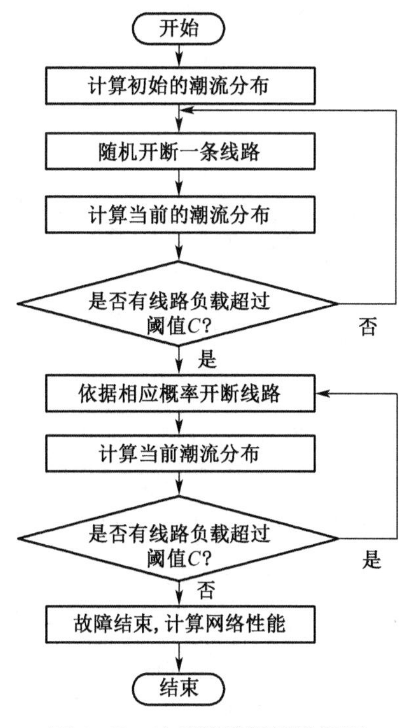

图 1-18　连锁故障模型流程图

1.6.3.4　柔性、交直流相互依存混合电网抗毁性研究

柔性、交直流混合电网(简称交直流混合电网)可将交流电网和直流电网优势相结合，这已成为有源配电网的发展趋势。在物理关系上，交、直流电网处在同一个能量输送网络之中。在作用关系上相互依存、彼此影响，这属于典型相互依存网络。由于交直流电网交互影响、彼此依存的关系，故障不是仅在孤立网络中传播，如交流侧发生故障，可能仅只在交流网络中发展，同时也可能会蔓延到直流侧，故此，抗毁性和运行稳定性也相互影响，这种相互依存关系不仅是提升配电网络性能的契机，也是影响交直流混合电网抗毁性的关键。

(1) 相互依存网络理论及其在抗毁性研究中的应用

相互依存的网络理论起源于复杂网络理论，是其理论思想的延伸。复杂系统是由大量子系统耦合而成，子系统之间会存在错综复杂的作用关系，复杂网络可视为由多个互相作用的子网络耦合而成。如当两个(或两个以上)子网络系统，彼此间存在复杂耦合的作用关系，从宏观视角看这些网络都属于一个网络，可以称之为相互依存的网络。

这种相互依存关系会存在于很多复杂系统中，相互依存的关系是能实现复杂功能的基础，同时也会增加故障传播的风险。以电网和通信网为例，当通信网发生故障时，必然会导致和其连接的电网受到影响，当电网发生停电故障时，必然波及通信网络，故障会借助网络间的相互依存关系快速扩散开来。如果通信网与电网间没有这种相互依存关系，这种互相影响的故障风险才会更低。如图1-19所示为典型的相互依存网络逻辑关系。

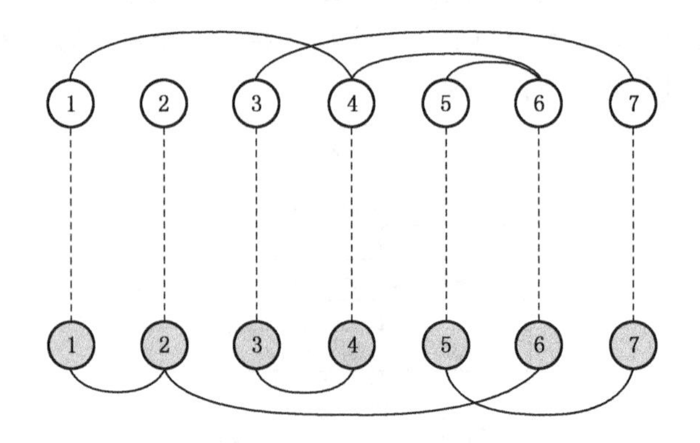

图1-19　相互依存网络逻辑关系

图1-19中，白色节点网络与灰色节点网络分别为两个内部存在复杂连接关系的子网络，实线代表子网络节点之间的连接关系，虚线是子网络之间相互依存关系。相互依存关系表现为：若1号灰色节点已经失效，与之对应1号白色节点也会失效。由于存在相互依存关系，子网络间的故障传播机理与孤立网络中存在差异。

直流配电技术近年来得到快速发展，交流配电技术也被广泛应用，但短时间内很难被直流配电技术所取代。故此，如能将交直流技术有机结合，那么便能在保留现有交流技术优势的基础上，充分发挥直流技术优势。交直流混合电网网架结构可归纳为：单端辐射型、单端环型、多端辐射型、多端环型结构。如图1-20所示为典型交直流混合配电网拓扑结构示意图。

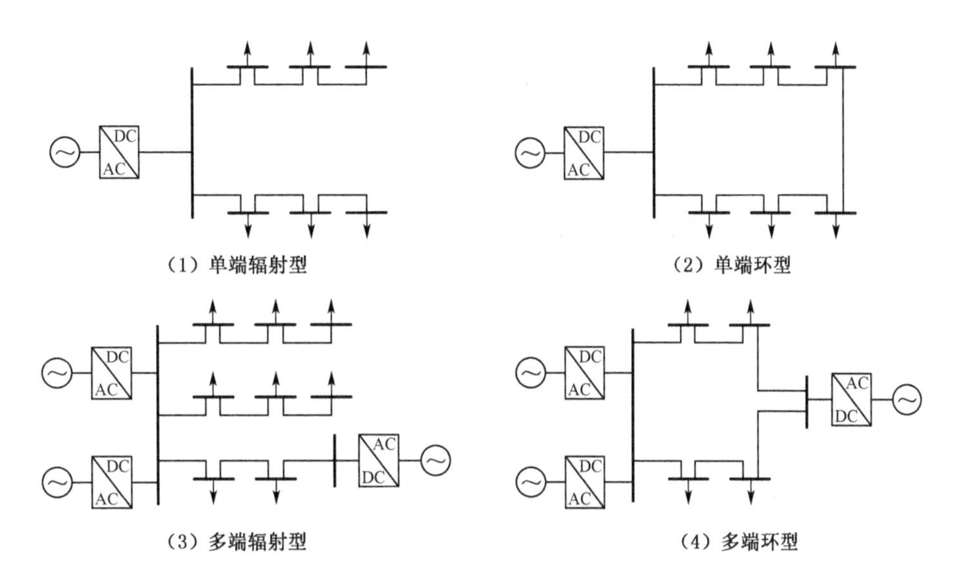

图 1-20 交直流混合配电网拓扑结构示意图

交直流混合配电网属于“部分-对应”结构：交流电网节点的数量大于直流电网节点数量，每个直流电网节点可以通过换流装置连接交流电网一个节点。

交直流混合的配电网中，交直流网的网络拓扑特征等会存在显著的差异，会存在相互依存关系，这增加了抗毁性研究的复杂性；另一方面，这种相互依存关系，对交直流混合配电网保护策略与抑制故障蔓延能力，提出了严峻挑战。提升网络抗毁性，需要我们能够识别网络结构中的“短板”，即脆弱源，通过改善脆弱环节提升抗毁性。

我们在本书中探究了差分全局对时技术、采样点插值同步法技术，基于 PT 识别和 GOOSE 通信的智能分段式开关故障识别隔离技术、基于断路器及负荷开关混合搜索技术，不仅解决了多端线路差动数据同步问题，也通过降低完全依赖主站处理的问题，改善了配电网的抗毁能力。

2 5G 关键技术及承载方案

2.1 5G 发展概况及特点概述

2.1.1 5G 发展的概述

2.1.1.1 5G 技术及标准化的研究进展

近年来，许多国家都在积极地开展 5G 的研究工作，如欧洲的 METIS、iJOIN、5GNOW 等研究机构，日本的无线工业及商贸联合会等，韩国的 5G 论坛，还有其他的一些国际组织，如 WWRF、GreenTouch 等也都在积极地进行 5G 方面的研究工作。国际移动通信(IMT)组织专门成立了 IMT－2020（5G），从事 5G 方面的标准化工作。5G 标准的制定主要由 3GPP(《第三代伙伴计划协议》)负责，在其组织结构中，项目协调组(PCG)为最高管理机构，负责全面协调，如组织架构、时间计划、工作分配。技术方面由技术规范组(TSG)负责完成。

我国在 1G、2G 发展过程中是以应用为主，处于引进、跟随、模仿的阶段。但从 3G 开始，我国初步融入世界发展格局。如大唐集团和西门子就共同研发了 TD－SCDMA，成为全球三大标准之一。在 4G 研发上，我国更是有了自主研发的 TD－LTE 系统，并成为全球 4G 的一个主流标准。在 5G 方面，我国政府、企业、科研机构等各方更是前沿布局，已经在全球 5G 的标准制定上掌握了绝对话语权。中国 5G 标准化[IMT－2020(5G)]研究提案，在 2016 世界电信标准化全会(WTSA16)第六次全会上获得通过形成决议，这表明我国 5G 技术研发已走在全球前列。此外，由我国主导的软件定义网络(SDN)、加强垃圾信息治理、一致性和互操作性测试、ITU－T 议事规则、主席和副主席任命规则等五项修订决议也在会议上获得了批准，这都在关键时刻推动了 5G 标准化进程。

《中国制造 2025》提出了要全面突破 5G 技术，要突破"未来网络"核心技术和体系架构发展；"十三五"规划纲要也提出要积极推进 5G 发展，布局未来网络架构，到 2020 年启动 5G 商用。在 2013 年，国家工信部、发改委和科技部等成立了"IMT－2020(5G)推进组"(以下简称推进组)，推进组负责协调、推进 5G 技术研发试验工作，并要与欧美日韩等国家建立起 5G 交流与合作机制，以推动全球 5G 的标准化和产业化进程。推进组先后发布了《5G 愿景与需求白皮书》《5G概念白皮书》等研究成果。这明确了5G的技术场景及潜在技术和关键性能指标等，其部分指标也被国际电信联盟(ITU)纳入制定的5G需求报告中。

华为也在5G新空口技术、组网架构、虚拟化接入技术、新射频技术等方面取得重大突破，其中华为的Polar码方案，已经成为5G国际标准码方案，这极大地提振了我国5G引领标准的信心。

3GPP是国际权威的3G技术规范机构。3GPP的会员包括3类：组织伙伴、市场代表伙伴、个体会员。3GPP的组织伙伴包括欧洲的ETSI、日本的ARIB、日本的TTC、韩国的TTA、美国的ATIS、印度的TSDSI、中国通信标准化协会(CCSA)7个标准化组织。3GPP标准内部组织主要包括项目合作组(PCG)和技术规范组(TSG)两类，具体的技术工作是由各个TSG工作组来完成的。目前，3GPP有4个TSG工作组，分别负责EDGE(增强型数据速率GSM演进技术)无线接入网(GERAN)、无线接入网(RAN)、系统和业务(SA)、核心网与终端(CT)。

3GPP标准组织在2016年启动5G标准立项研究，当时将5G标准进程划分为两个阶段：第一阶段是到2018年9月，完成R15标准制定，能满足5G初期迫切的商业部署需求。第二阶段是到2020年3月，3GPP完成R16标准制定，要满足全部IMT-2020 (5G)提出的5G网络发展目标及应用用例的需求。5G标准制定需要满足4G系统的兼容性要求，特别是在5G网络部署初期，4G核心网必须能支持5G基站的接入。3GPP 5G标准化进展如图2-1所示。

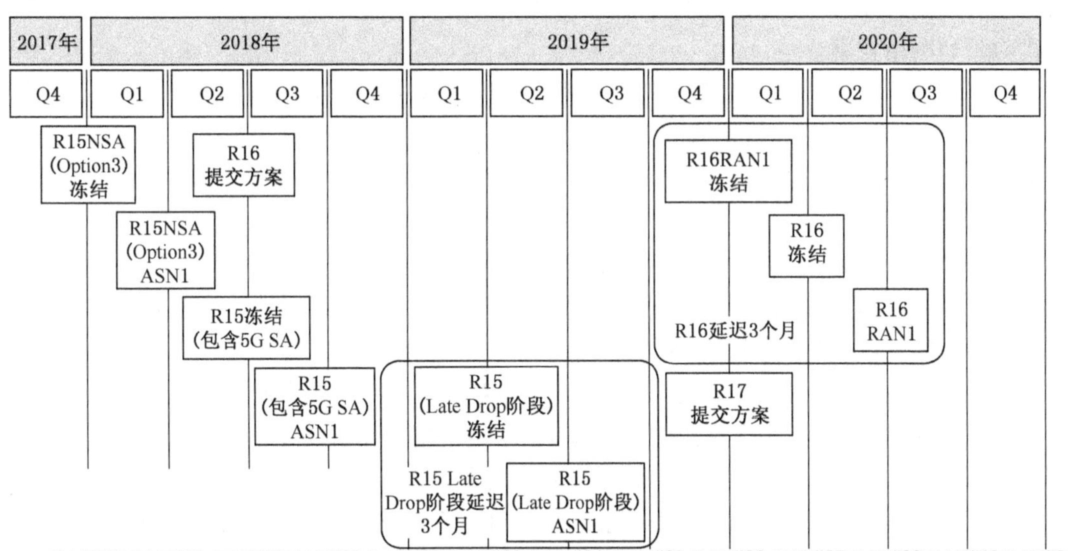

图2-1 3GPP 5G标准化进展

(1) R15协议

R15是真正可商用的5G阶段标准的第一个基础版本，它定义了非独立组网(NSA)、独立组网(SA)，支持eMBB和uRLLC功能特性，满足市场最迫切的应用标准需求。它也分为3个阶段，具体内容如下。

① 早期版本:非独立组网(NSA)的规范,此版本在2018年3月已冻结。

② 主要版本:独立组网(SA)的规范,此版本在2018年9月已冻结。

③ 延迟版本:2018年3月,在原有的R15 NSA与SA的基础上,进一步拆分,包含了考虑部分运营商升级,5G需要的其他迁移体系结构,版本在2019年3月冻结。

(2) R16协议

R16是5G二阶段标准版本,受R15版本冻结时间延迟的影响,3GPP在2020年7月发布5G的第二个增强版本R16。R16主要关注垂直行业应用和整体系统的提升,主要功能包括面向智能汽车交通领域的5G通信技术(Vehicle to Everything,V2X),在工业IoT、uRLLC增强方面,这推进了5G NR能力,如时间敏感联网等,包括授权频谱辅助接入与独立非授权频段的5G NR,以及和其他(包括定位、MIMO增强、功耗改进等)系统的提升与增强。

全球5G标准第三个版本R17,在2019年12月被3GPP批准研究范畴。目前讨论工作区里的R17潜在方向包括以下几点。

① 52.6 GHz毫米波以上频率:原R15定义的FR2毫米波频段上限定为52.6 GHz,R17要研究52.6 GHz以上频段的波形。

② NR Light:针对中档NR设备的运作进行优化设计。例如移动测试中心、工业无线传感器、可穿戴设备等。能降低UE复杂性、能降低NR光设备能耗。

③ 小数据传输优化:小数据包、非活动数据传输优化。能支持在非活跃状态下进行上行小包的数据传输,如对微信、应用推送这类小包数据业务,能降低功耗,减少信令的开销,减少时延和网络效率。

④ Sidelink增强:Sidelink是设备到设备直联通信采用的技术,R17要进一步探索研究在V2X、商用终端、紧急通信领域的应用案例,实现网络覆盖内外场景下的终端间的广播、组播、单播通信能力,并实现这几个应用中的最大共性化,这其中包括有FR2(大于6 GHz)频段的部分。

⑤ 多SIM卡操作:研究采用多用户识别卡(双卡单通状况需求)操作时对RAN的影响。要从标准层面进行规范并提升终端的性能,重点要解决双卡同时寻呼的冲突问题,及一卡传输、另一卡寻呼彼此冲突的问题。

⑥ 定位增强:工厂和校园定位,如IoT、V2X定位、3D定位,要实现厘米级精度,其中包括延迟和可靠性要提升。在工业物联网场景,R17定位精度要求误差小于20 cm,定位的时延要求能小于10 ms。R17要通过优化差分定位降低终端及基站收发时延的影响,能支持多路径信号测量并上报,辅助信息发送等要提高到达角和离开角的测量精度。R17要通过定义按需发送定位导频信号,从而降低定位测量的请求和回应时间、终端测量时间、测量Gap激活时间等的时延。R17要通过支持RRC非激活状态的终端定位测量、信令、流程等降低功耗,并能支持GNSS定位的完好性判决增强与A-GNSS定位增强,从而实现更优的全球导航卫星系统(GNSS)的辅助定位性能。

⑦ NR多播/广播:驱动来自V2X和公共安全应用。要解决在遇到突发情况时,能让特定位置的海量用户同时接收到预警或者通知。要通过建立架构,支持不同级别的服务,并能灵活进行网络部署和操作。组播/广播能用空口技术实现与现有单播系统灵活复用

共存。

⑧ 覆盖增强：是对极端覆盖，包括室内与更宽广区域的通信问题，要专注增强特性，包括增强的多接收和发射点部署及增强多波束，从而提升信号探测容易性、灵活性、覆盖性。

⑨ 非陆地网络 NR：NR 支持 P 星通信相关标准化。要能实现卫星网络等非地面网络与 5G 的融合，从而能立体化地实现网络覆盖。规定了上下行时频偏补偿调整、传输时序关系增强、HARQ 增强、基于位置的移动性管理增强等。

⑩数据收集增强：包括自组织网络及最小化路测增强，这样采集数据可实现更智能。

⑪ NB-IoT 和 eMTC 增强：NB-IoT 的覆盖目标是 MCL164dB，其覆盖增强主要是通过提升上行功率谱密度及重复发送来实现。eMTC 的覆盖目标主要是 MCL155.7dB，其功率谱密度与 LTE 相同，覆盖增强主要是通过重复发送及跳频来实现。NB-IoT 和 eMTC 都采用了重复发送的方式来增强覆盖。两者通过上下行控制信息和业务信息，能在更窄的 LTE 带宽中发送，在相同发射功率下 PSD 的增益会更大，从而降低接收方的解调要求。

⑫ IoT 和 uRLLC 增强：为了进一步提升支持垂直行业应用的能力，R17 持续在时延可靠性层面进行增强，如增强 HARQ-ACK 的反馈、支持高精度子带 CQI 的反馈、终端内复用和优先级排序，并在非授权频段支持增强的网络物理控制应用。

⑬ MIMO 增强：要结合 FDD 系统 DL/UL 信道空域时的延域互易性特征，设计出高性能低复杂度的高分辨率的 Type-Ⅱ码本。

⑭ 统一接入与回传增强。

⑮ 非授权频谱 NR 增强。

⑯ 节能增强：支持连接态终端 PDCCH Skipping 和搜索空间组进行切换，能优化降低终端监听 PDCCH 的时机，且能支持 RLM/BFD 测量放松，从而能够获得终端节能。对于空闲态终端，要支持寻呼早指示 PEI 和临时 TRS 辅助同步的技术，以优化终端检测寻呼信息的功耗。

(4) R18 协议

根据 3GPP 的计划，R18 的相关工作在 2022 年启动，在 2023 年 12 月前完成。3GPP 也将 R18 开启的阶段称为 5G-Advanced，即 5.5G。

2.1.1.2　5G 网络商用部署进展

我国 5G 技术研发试验在 2016 年 1 月就全面启动，由 IMT-2020 (5G)推进组进行牵头，分关键技术验证、技术方案验证、系统方案验证三个阶段推进实施。为推进 5G 商用的进程，国家发改委国内三大运营商在 2018—2020 年同步开展为期 2 年的、5G 规模组网建设和应用示范试验工作，试点城市涉及珠三角、长三角、京津冀区域的一些主要城市。

到 2019 年 10 月，中国三大运营商的 5G 商用预约用户总数已经突破 1 000 万。在 2019 年中国国际信息通信展览会上，中国工业和信息化部和三大运营商举行了 5G 商用启动仪式，中国移动、中国电信、中国联通也在同年 11 月正式公布 5G 套餐。三大运营商在 46 个城市首批正式开启 5G 商用，这标志着中国正式进入 5G 商用时代。到 2019 年底，我国已部署 5G 基站数超过 13 万个。

2020 年 2 月 21 日，中共中央召开会议，部署统筹做好疫情防控和经济社会发展的相关工作，会议指出：推动生物医药、医疗设备、5G网络、工业互联网等加快发展。这标志着我国决定加快推进5G建设速度。

次日，工业和信息化部在北京召开加快推进5G发展并做好信息通信业复工复产工作电视电话会议，会议强调：要加快5G独立组网建设步伐，切实发挥5G对"稳投资"、带动产业链发展的积极作用。这些会议为我国5G建设指明了方向，明确了5G建设的总要求和意义。闻令而动，到2021年6月末，我国5G基站数量达到96.1万个。

中国移动通信集团联合国网山东省电力公司在2022年启动5G电力专网建设，深入开展了5G与电网技术融合应用项目。项目聚焦"双碳"背景下能源电力转型变革需求，以5G技术赋能新型电力系统，成功在电力打造"一张网、12大场景、30万应用"的5G规模化电网应用标杆工程。它们与中国信通院、中国电科院等开展多项5G行业标准编制，解决5G规模化应用的一些技术标准问题。这些项目和标准是5G赋能山东数字强省建设，助力新型电力系统发展的新成果。

2.1.1.3 主要国家5G发展情况

全球电信运营商都积极开展5G测试，美国、韩国、日本、中国等国家已经率先启动5G商用服务。自2018年6月5G(R15)标准正式公布，5G商用进程在不断加速推进，截至2022年我国5G基站总数已超过200万个。2019年8月，全球移动供应商协会发布的5G数据显示：全球已经有32个国家实现5G商用；全球共有39家无线网络运营商宣布或推出兼容3GPP的5G服务。到2022年10月，全球已有230多家运营商推出了5G商用服务。

(1) 美国5G发展情况

2018年10月1日，威瑞森电信(Verizon)宣布在美国4个城市推出5G Home(家庭)服务；2018年12月21日，AT&T公司宣布在美国十几个城市正式推出3GPP标准的"5G+"服务。AT&T公司和Verizon公司都是在毫米波频段上来建设5G，由于毫米波频段高、覆盖范围小，只在热点城市进行覆盖，无法做到全国性5G网络覆盖。T-Mobile公司在2019年12月推出低频段5G服务。斯普林特公司(Sprint)和T-Mobile公司通过合并的方式弥补了5G频谱缺失，缩小农村地区的数字化鸿沟并积极在推动5G发展。

(2) 韩国5G发展情况

韩国在2018年6月拍卖了3.5 GHz和28 GHz频段，以便支持韩国早期推出的5G移动业务。在2018年2月，韩国冬季奥运会进行的试点演示，就是对早期5G投资和试验的展示。当时测试的KT网络速度为20 Gbit/s，延迟时间低于1 ms。2018年12月1日零点，韩国三大移动通信运营商SKT、KT、LG U+共同宣布韩国5G网络正式进行商用，韩国成为全球第一个使用5G的国家。截至2019年10月底，韩国作为全球首个开始大规模商用5G的国家，5G用户数量已经突破了400万。网络连接速度测试服务商Ookla在2021年公布的一份Speed Test Intelligence调查报告显示，韩国凭借着492.48 Gbit/s的领先下载速度，赢得了全球5G网络下载速度第一的位置。

(3) 欧盟5G发展情况：主导标准推进

欧盟在2012年9月就启动了"5G NOW"研究课题，主要面向5G物理层进行技术研究。同年11月，欧盟计划投资2700万欧元，启动"METIS" 5G研发项目。2016年9月，欧盟正式公布了5G行动计划，意味着欧盟进入5G试验和部署规划阶段。其明确的时间表为：2018年开始预商用测试；到2020年，各欧盟成员国至少要在其一个城市提供5G服务；到2025年，各成员国要在其城区和主要公路、铁路沿线提供5G服务。

但相关调查表明，虽然欧洲各国都在兴冲冲部署5G基站，但是商用5G服务少之又少，而且运营商在欧洲部署计划不仅要遵守各国规定，还需要遵守欧盟的各种审查，这是漫长的过程，而这些限制使得5G基站以及硬件设施建设更为缓慢。

(4) 日本5G发展情况：重视战略性基础设施

在2018年12月，日本软银集团公开了在28 GHz频段的5G通信实测实验情况，日本总务省(MIC)同年发布了基础设施共享指导方针，并决定发放5G 3.7 GHz、4.5 GHz和28 GHz三个频段，其中，28 GHz是频宽最大的频段。日本总务省希望运营商能为整个国家及时、广泛地推出5G服务。基于各运营商的5年期5G网络部署计划，日本总务省在2019年4月向NTT DaCoMo、KDDI、软银和Rakuten Mobile颁发了牌照。为配合支持2020年日本东京奥运会和残奥会的举行，日本各运营商在东京等地进行5G商用启动仪式。

日本总务省2022年4月公布的数据显示，日本5G网络已覆盖到30%左右的人口。为了尽快缩小与其他先进国家间的差距，软银集团宣布了一项350亿日元的计划，这笔资金将应用到5G网络的建设与推广。随着投资的不断加码，日本计划能够在2026年实现97%的覆盖率。

(5) 中国5G发展情况

中国的5G建设进入快车道是在2017年，“第五代移动通信技术”(5G技术)首次被写入到我国《政府工作报告》，这体现出中国对于发展5G的坚定决心。2019年6月6日，工业和信息化部正式向中国移动、中国电信、中国联通、中国广电四家企业颁发了5G的牌照，这标志着我国进入5G商用时代，同年就有40多个城市相继开通了5G商用网络。取得牌照后，中国电信和中国联通都表示要“共建共享”，中国电信表示将继续践行“创新、协调、绿色、开放、共享”的发展理念，以高质量发展为目标，来开展5G网络建设，积极探索和推进5G网络的共建共享，以降低网络建设和运维成本，确保优质网络质量及丰富应用服务。中国联通也表示，将继续坚持高质量的网络建设之路，加快5G商用步伐，推进5G网络的共建共享。

以我国山东省为例，2022年山东加快深入推进数字强省建设，积极布局5G等数字基础设施。2022年，山东省全行业5G投资超过100亿元，累计建成开通5G基站16.2万个，实现了山东16个地市全覆盖，已能面向电网全业务场景开展业务。

2.1.1.4 5G发展与应用趋势

(1) 云计算和云存储成为常态

5G以其高速率、大容量、低时延的特点，将改变现有互联网在终端设备计算的模式。5G能将存储和计算都放置在“云”上，因此云计算和云存储将成为常态的计算模式。这种趋势，使得5G和“云”将成为未来信息化发展的主要变革因素。

(2) 智能终端形态变化

随着存储和计算都在“云”和“雾”(“雾”计算泵云计算的延伸概念，指数据、处理的应用程序集中在网络边缘的设备中，而不是几乎全部保存在云中）中完成，智能终端的形态会向多样化发展。尤其是未来智能终端，在人机交互中就能执行显示结果和完成数据采集的功能，这样就只需要保留前端必要的有限元器件，也能以轻便舒适的穿戴设备（如VR眼镜）的形态存在，VR智能终端将迎来大规模变化和爆发。

（3）互联网将向“3.0”进化

互联网1.0形态以单向的信息传输为主，人如果离开个人计算机，即与互联网断开。互联网2.0是指人们通过智能终端完成双向传输，随时“在线”完成创作内容，消费内容。互联网3.0是指人们借助5G网络，进入未来AR/VR为界面的互联网。人们可以通过本能感官直接和虚拟世界交互，人沉浸在互联网中，在虚拟世界生活与工作。

（4）信息媒介发生巨大的变化

5G时代，人机交互的方式将演变为虚拟世界和现实世界叠加在一起，出现“虚实相间、时空穿越”的新形态。这与以往任何媒体传播形式都有着很大不同，人们获取信息的形式变成“事件信息直接到人”，人们能直接“沉浸在现场”，这样传统意义上的“媒介”就消失了，人和信息的交互就发生划时代的变革。

（5）人类活动将在虚拟中度过

由于目前人们把主要注意力和时间都倾斜到虚拟世界，这样大多数活动就会搬到虚拟世界，一场从“数字化生存”到“向虚拟世界移民”的铺天盖地的浪潮正在向我们袭来。

（6）VR和物联网将全面融合

人们沉浸在虚拟世界中，工农生产等改造或操控现实世界的事务将如何处理？“万物互联”能将VR界面（虚拟）与现实全面融合，人类在虚拟世界中能与虚拟对象进行互动，通过物联网能直接操控真实世界，做到足不出户而决胜于千里之外。当人们沉浸在虚拟世界中时，传统意义上的所有的定义（身份、财富……）都将被重构，新业态将带来比过去所有对社会的变革总和还要大得多的颠覆。

从以上趋势中不难看出，5G时代借助现实世界的万物互联与虚拟世界链接，将在平台技术、内容应用等方面对整个生态带来巨大的变化。

2.1.2 5G标准化进程及频率规划

2.1.2.1 国际5G标准化进展

根据3GPP早先公布的5G网络制定标准，5G整个网络标准主要分两个阶段完成，分别为R15标准阶段和R16标准阶段。

第一阶段：R15 5G标准

2017年12月，R15版本的非独立组网（NSA）标准冻结。非独立组网是一种过渡方案，主要以提升热点区域的带宽为其主要目标。其依托4G基站和核心网来工作，标准相对简单。2018年6月完成独立组网的5G标准（SA），支持增强移动宽带和低时延高可靠物联网，并具有网络接口协议。这也就是我们所说的第一阶段标准（第一版标准）。SA具备所有5G的新特征，包括网络切片、边缘计算等，这有利于发挥5G的全部能力。这个阶段标准冻结后，意味着5G产业化全面进入冲刺阶段。

R15是5G第一版成型的商用化标准，它与后续推进的R16标准，有一定的协同性。R15能支持5G三大场景中的增强型移动宽带(eMBB)和超可靠低时延(uRLLC)两大场景。而海量机器通信(mMTC)场景标准定义，是后续的研究，R15中不包含。R15重点关注在新空口(波形、编码、参数集、帧结构、大规模阵列天线等)、网络架构[NSA、SA、两级结构演进到集中式单元(Centralized Unit, CU)/分散式单位(Distributed Unit, DU)]切分等，并重点聚焦在eMBB场景。

第二阶段:R16 5G标准

R16 5G标准于2019年12月完成，该阶段的完成能满足国际电信联盟ITU的全部要求，是较完整的5G标准。

为了预留更多的时间确保3GPP各种工作组之间充分协调，以及保证网络与终端、芯片之间更完善的兼容性等，2018年12月，在3GPP RAN第82次全会上，3GPP决定将R15 Late Drop版本的冻结时间推迟到2019年3月，ASN.1完成时间顺延至2019年6月，同时R16的冻结时间也相应推迟至2020年3月，均比原计划推迟3个月。不过，NSA和SA标准不受影响，也不影响5G的部署。

第三阶段:R17 5G标准

2022年6月，在匈牙利布达佩斯召开的3GPP RAN第96次会议上，5G R17标准宣布冻结，标志着5G第三个版本标准正式完成。这证明移动生态系统具有的强大韧性，并为R18及未来版本演进奠定了基础。

中国在R17标准制定中，提交了60%的技术提案，牵头了50%的项目，守牢了5G领跑优势，为全球标准统一贡献了中国智慧。

2.1.2.2 中国5G标准化进展

中国积极推进5G标准化进展，力争在5G标准化工作中占据领导地位。IMT-2020(5G)推进组于2013年2月由工业和信息化部、国家发展和改革委员会、科学技术部联合推动成立，其聚合了移动通信领域“产、学、研、用、量”力量，有力推动了第五代移动通信技术研究，并开展了广泛国际交流与合作。

我国5G商用三年多以来，5G技术也在不断发展。在关键技术创新方面，5G芯片、移动操作系统等有代表的关键核心技术和国际先进水平的差距持续缩小。在技术标准方面，我国参与标准制定的公司数近40家，累计贡献5G核心设计文稿数超5 000篇，占比超30%。

2021年4月，国际标准化组织3GPP明确5.5G的正式名称为5G-Advanced(简称5G-A)，这意味着5G-A的产业愿景和技术方向基本达成共识。

2022年6月6日，中国移动和华为等66家产业界公司，发布了5G-Advanced端到端产业样板、《5G-Advanced新能力与产业发展白皮书》，推进5G-Advanced进入产业构建阶段。

在“中国移动5G-Advanced双链融合产业创新成果发布会”上，中国通信标准化协会副理事长兼秘书长闻库表示:5G-Advanced作为5G的升级版，其标志性的泛在万兆和千亿联接能力，将成为支撑数字经济发展的中坚力量。希望产业链加快研制5G-Advanced

技术标准，推动相关产品及产业发展成熟。

2.1.2.3 全球5G频率资源规划

无线通信频率是最重要的资源之一，3GPP 已经指定了 5G NR 能支持的频段列表(包括两大频率范围)，即 FR1 与 FR2。5G NR 频率见表 2-1。

表 2-1 5G NR 频率

频率范围名称	对应频率范围/MHz	最大信道带宽/MHz	说明
FR1	450～6.0	100	Sub-6 GHz 频段
FR2	24.25～52.6	400	毫米波频段

3GPP 为 5G NR 定义了较灵活的子载波间隔，不同的子载波间隔对应其不同的频率范围。5G NR 子载波间隔见表 2-2。

表 2-2 5G NR 子载波间隔

子载波间隔/kHz	频率范围	信道带宽/MHz
15	FR1	50
30	FR1	100
60	FR1,FR2	200
120	FR2	400

5G NR 频段分为 FDD、TDD、SUL、SDL。SUL 和 SDL 是补充频段，其分别代表上行和下行。5G NR FR1 (Sub-6 GHz)频段见表 2-3。

表 2-3 5G NR FR1 (Sub-6 GHz)频段

频段号	上行/MHz	下行/MHz	带宽/MHz	双工模式	双工间隔/MHz	备注
n1	1 920～1 980	2 110～2 170	2×60	FDD	190	
n2	1 850～1 910	1 930～1 990	2×60	FDD	80	
n3	1 710～1 785	1 805～1 880	2×75	FDD	95	
n5	824～849	869～894	2×25	FDD	45	
n7	2 500～2 570	2 620～2 690	2×70	FDD	120	
n8	880～915	925～960	2×35	FDD	45	
n20	832～862	791～821	2×30	FDD	41	下行低于上行
n28	703～748	758～803	2×45	FDD	55	
n38	2 570～2 620	2 570～2 620	50	TDD	—	
n41	2 496～2 690	2 496～2 690	194	TDD	—	
n50	1 432～1 517	1 432～1 517	85	TDD	—	

（续表 2-3）

频段号	上行/MHz	下行/MHz	带宽/MHz	双工模式	双工间隔/MHz	备注
n51	1 427～1 432	1 427～1 432	5	TDD	—	
n66	1 710～1 780	2 110～2 200	70+90	FDD	400	上/下行带宽不同
n70	1 695～1 710	1 995～2 020	15+25	FDD	300	上/下行带宽不同
n71	663～698	617～652	2×35	FDD	46	下行低于上行
n74	1 427～1 470	1 475～1 518	2×43	FDD	48	

5GNR FR2(毫米波)频段见表 2-4。

表 2-4 5G NR FR2(毫米波)频段

频段号	上行/MHz	下行/MHz	带宽/MHz	双工模式	双工间隔/MHz
n257	26 500～29 500	2 650～29 500	3 000	TDD	—
n258	24 250～27 500	2 425～27 500	3 250	TDD	—
n260	37 000～40 000	3 700～40 000	3 000	TDD	—

目前，全球最有可能优先部署的 5G 频段为 n77、n78、n79、n257、n258 和 n260，即 3.3 GHz～4.2 GHz、4.4 GHz～5.0 GHz 和 26 GHz/28 GHz/39 GHz。

2.1.2.4 中国 5G 频率资源规划

根据工信部的方案，我国 5G 承载频段为 Sub－6 GHz 的中频，包含在此次标准的频段范围内，工业和信息化部发布通告，正式规划 3 300 MHz～3 600 MHz、4 800 MHz～5 000 MHz 作为 5G 系统的工作频段，其中 3 300 MHz～3 400 MHz 频段原则上仅限室内使用。

中国各大通信运营商 5G NR 试验频率资源的分配见图 2-2。

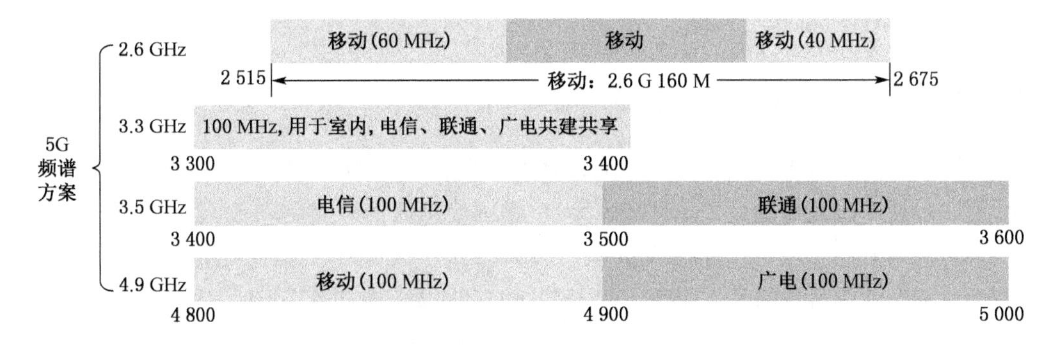

图 2-2 中国三大通信运营商 5G NR 试验频率资源的分配

注：内含与 4G 频段 2 555 MHz～2 655 MHz 的 100 MHz 重合，其中，中国联通退出 2 555 MHz～2 575 MHz 的 20 MHz 带宽、中国电信退出 2 635 MHz～2 655 MHz 的 20 MHz 带宽，其余 60 MHz 带宽已被中国移动持有。

5G 频段的比较见表 2-5。

表 2-5　5G 频段的比较

类别	2.6 GHz(n41)	3.5 GHz(n77 或 n78)	4.9 GHz(n79)
覆盖能力	较好	较差	差
产业链成熟度	落后	领先	落后
现有室分系统	支持，可升级	不支持，不可升级	不支持，不可升级
高铁、隧道等场景	现有泄漏电缆支持该频段	现有泄漏电缆不支持，不可升级	现有泄漏电缆不支持，不可升级
国际漫游支持率	低	高	高

按此方案，中国移动将能获得较多的频率资源，其已在 2.6 GHz 频段部署了大量的 4G 基站，且现有室分系统和电缆支持 2.6 GHz 频段，因此一旦产业链成熟，那么中国移动 5G 网络的建设会相当顺利。但是 2.6 GHz 和 4.9 GHz 频段产业链成熟度却相对落后，中国移动需要投入更多的时间和力量，才能促进产业链的成熟。其规划 2 515 MHz～2 615 MHz (100 MHz)用于部署 5G，在 4 800 MHz～4 900 MHz(100 MHz)的 5G 频段，或将用于 5G 补热、专网等。

中国电信[3.5 GHz 频段(3 400 MHz～3 500 MHz)]和中国联通[3.5 GHz 频段(3 500 MHz～3 600 MHz)]获得了国际主流频段，其产业链成熟度较为领先，但是他们的 3.5 GHz 频段覆盖能力相对较差，且现有的室分系统和电缆不支持该频段。故其 5G 网络建设将面临更大的挑战。

经工业和信息化部同意，中国联通、中国电信和中国广电能够共同使用 3.3 GHz 频段(3 300 MHz～3 400 MHz)，其中，中国电信和中国联通的 5G 频段是连续的，两家公司已宣布将基于3 400 MHz～3 600 MHz 连续的 200 MHz 带宽，共建共享 5G 无线接入网。

中国移动和中国广电也宣布共享 2.6 GHz 频段的 5G 网络，并按 1∶1 比例共同投资，共同建设 700 MHz 5G 无线网络。

2.1.3　5G 性能试验进程

IMT-2020 (5G)推进组 5G 技术试验分为两步实施，分别是技术研发试验与产品研发试验。其中，技术研发试验(2015—2018 年)由中国信息通信研究院牵头，各运营企业、设备企业、科研机构共同参与。产品研发试验(2018—2020 年)由中国信息通信研究院、国内运营企业、设备企业及科研机构共同参与。IMT-2020 (5G)推进组完成了 5G 研发大部分的测试。关键技术验证(2015 年 9 月—2016 年 9 月)：已完成单点关键技术的样机性能测试。技术方案验证(2016 年 6 月—2017 年 9 月)：已完成融合多种关键技术的、单基站性能的测试。系统验证(2017 年 6 月—2018 年 10 月)：5G 系统组网技术的性能测试，5G 典型业务的演示，并完成 NSA 测试和 SA 测试，在 2018 年第四季度最终完成终端测试。

IMT-2020 (5G)推进组组织了电信设备商、芯片商、运营商等完成三个阶段的测试。到 2019 年 1 月，5G 第三阶段测试基本完成，基站与核心网设备达到预定要求。IMT-2020

(5G)推进组在北京召开了5G技术研发试验第三阶段总结会议。在这次大会上，IMT-2020 (5G)推进组公布了5G技术研发试验第三阶段的测试结果。该测试结果显示，5G基站与核心网设备均能够支持非独立组网及独立组网模式，主要功能达到预期，符合商用要求。

从整体而言，5G基站与核心网设备在此时已达到商用要求。针对后续5G发展，要加快推进5G网络建设进程，积极去探索5G融合应用，另要加强国际合作交流，才能打造开放共赢的产业生态格局。

IMT-2020 (5G)推进组在这之后陆续推进产品研发试验、推进终端芯片测试验证、2.6 GHz频段的数字室分设备测试验证、5G增强和毫米波技术研发试验、5G应用和垂直行业融合以及创新测试验证等工作。

1) 推进终端芯片测试验证(支持NSA和SA)

IMT-2020 (5G)推进组在完成设备测试后，工作重点是推动终端芯片能支持NSA和SA。

参与测试的5G芯片厂商包括华为、高通、联发科、紫光展锐4家；参与测试的系统厂商有华为、中兴通讯、中国信科、爱立信、上海贝尔、三星6家，测试NSA和SA两种组网架构，测试的频段是3.5 GHz和2.6 GHz两个主力频段。

终端芯片测试分成两个部分：一是测试终端芯片本身；另外是测试芯片和系统之间的互操作。推进组在2018年12月版本的3GPP R15的基础上开展了具有室内功能NSA和SA的测试，还包括频段带宽和帧结构，以及无线接口层一到层三的各协议，对调度的灵活性也进行了验证。在外场测试环节，各厂商在外场进行了小规模的试验，对吞吐量、时延、多业务的成功率及长时间的保持性等方面，做了全面系统的测试。

在参与测试的几款终端芯片中，华为海思的Blong5000、联发科的Helio M70能支持SA和NSA两种网络模式，高通的骁龙X50仅支持NSA，紫光展锐的测试。

经过几个月的调试优化，参与测试的这几家芯片都能实现理论峰值80%以上的传输性能。在室内测试中，在3.5 GHz频段，下行峰值在NSA模式和SA模式下都处于1.3 Gbit/s～1.5 Gbit/s；在2.6 GHz频段，下行峰值在NSA模式和SA模式下基本处于1.5 Gbit/s～1.8 Gbit/s。各芯片在NSA模式下，都实现了LTE/NR下行分流，且NSA和SA的下行峰值基本相当。

在上行传输性能测试中，在3.5 GHz频段，在NSA模式下的峰值实测在170 Mbit/s以上；在SA模式下峰值能进一步提升到270 Mbit/s以上。在2.6 GHz频段、NSA模式下的峰值实测在130 Mbit/s以上；SA模式下的峰值能够进一步提升到160 Mbit/s以上。在SA模式下，上行能够实现分流，传输速率可以得到明显的提升。

芯片在外场条件下，能实现千兆级别的数据下载及百兆级别的数据上传。3.5 GHz NSA性能测试中，各芯片下行峰值吞吐量普遍能在1.0 Gbit/s～1.4 Gbit/s；上行峰值吞吐量能在100 Mbit/s～170 Mbit/s。3.5 GHz SA性能测试中，各芯片下行峰值吞吐普遍能在1.0 Gbit/s～1.4 Gbit/s，上行峰值吞吐量普遍能在240 Mbit/s～280 Mbit/s。

互操作测试需要业务长时间保持测试。终端在长时间内连续进行业务操作，通过持续调整参数和优化算法，其切换性能及平均吞吐量均会明显提升。从测试的性能来看，各个芯片在外场的测试普遍能达到360 Mbit/s～760 Mbit/s的平均吞吐量，这将是未来用户实际使用的感知水平，且切换成功率能达到100%。

2）推进2.6 GHz频段以及数字室分设备测试

IMT－2020（5G）推进组在2018年10月批准2.6 GHz实验频段。从2018年下半年到2019年，推进组开始推进2.6 GHz频段和数字室分设备的成熟度。面向2.6 GHz的技术特点，推进组统一用5 ms周期帧结构，制定统一的试验规范；组织开展2.6 GHz功能、射频、外场组网性能的测试。经测试，2.6 GHz基站设备功能、网络性能达到与3.5 GHz频段相当的水平。

面向室内覆盖场景，系统设备厂商研制了数字化室分系统，典型100 MHz带宽、4T4R。IMT－2020（5G）推进组组织开展了3.5 GHz频段数字室分设备功能、射频指标和组网性能的测试，验证了5G数字室分系统改善室内覆盖、提升室内容量的能力。

3）分阶段推进5G毫米波技术研发试验

IMT－2020（5G）推进组也很关注5G毫米波技术研发试验工作。已完成毫米波关键技术研究工作，并在2019年8月基本完成了相关的规范制定，并开展了毫米波关键技术测试，形成了毫米波应用模式和发展策略。在2020年，推进组继续开展了毫米波基站功能、射频和组网性能的测试、毫米波终端芯片的测试、毫米波器件的测试，推动了毫米波和器件的研发工作。毫米波这一沧海遗珠，必将能满足用户对网络性能及时延的极致苛求。

4）推动5G应用与垂直行业融合创新

IMT－2020（5G）推进组还重点推动5G应用与垂直行业的融合创新。在第一段阶段，推进组推动LTE V2X标准的制定，形成完善的产业链，包括芯片、终端、车载设备。在2019年的重点方向是推动LTE V2X的规模化商用部署。当前，IMT－2020（5G）推进组中的5G应用组已经完成部分5G行业的应用需求、解决方案、示范应用验证工作。5G应用组已经涉及公安和新媒体、电子信息制造业等方面的需求与解决方案的研究工作，并发布了相关的技术研究成果。在5G产业发展的过程中，我们需要进一步促进5G终端芯片的成熟。在行业应用方面，IMT－2020（5G）推进组会推动5G在中国进行商业应用。

2.1.4　5G网络架构及关键特性

2.1.4.1　网络架构简述

3GPPSAWG2定义了5G网络架构和相关的业务流程。5G网络由于业务特性的原因，其相对于4G网络有很大的变化。其中，5G核心网体现出两大特点：一是DC化；二是分级架构。5G无线网络将基带单元(Base Band Unit，BBU)分解为集中式单元(Centralized Unit，CU)与分布式单元(Distributed Unit，DU)两个部分，这使得5G时代的无线网络比4G更加灵活，也更加复杂，具体的网络架构详见图2-3。

(1) 三级DC架构：按业务特性，能在不同位置部署逻辑网元，从而支持DC内和DC间资源共享，能跨地域形成一张网。

(2) DU和CU分离：将BBU按照功能分为DU和CU两个物理部分，部署也更加灵活。

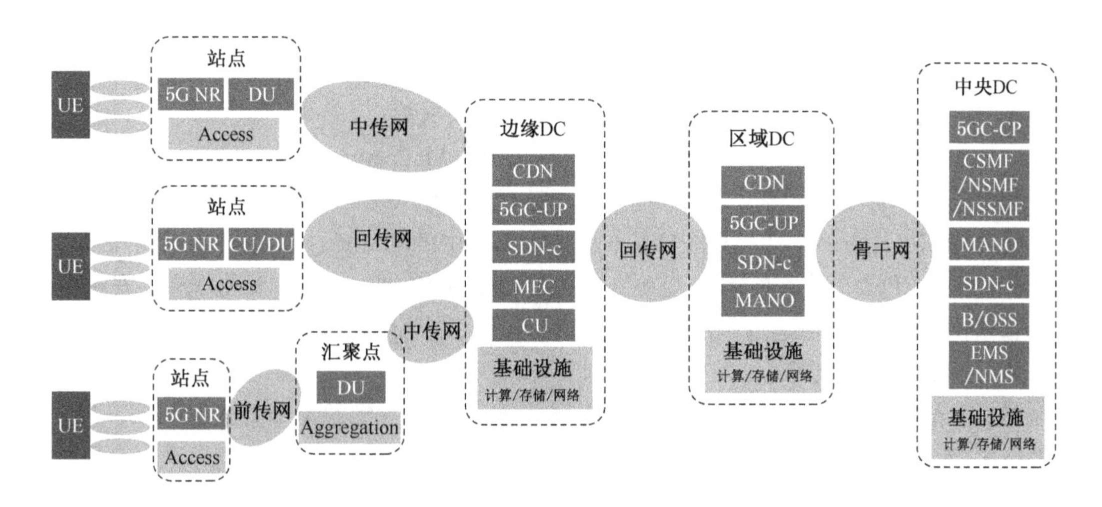

图 2-3 5G 网络架构

(3) 射频拉远单元(Remote Radio Unit, RRU)和天线合一为有源天线单元(Active Antenna Unit, AAU):AAU/DU/CU 灵活部署,可满足业务多样化需求。

5G 网络架构是按照控制、转发、分离的基本原则设计的,按照网元的基础功能,可以分成控制面、用户面(或数据面)两个部分。其中,用户面负责对用户报文进行转发、处理,主要包含基站的转发功能和(一个或多个)用户面功能。控制面网元则主要负责对用户设备执行接入鉴权、移动性管理、会话管理、策略等进行控制,如果能融合部署网元,就能降低网元和外部接口的数量,同时也能降低网络的复杂性。

5G 网络架构的控制面功能,是基于服务化原则来进行设计的。每个核心网的控制面网元对外,能提供基于 HTTP 协议的服务化接口。控制面网元之间,通过互相调取对方的服务化接口(MME 和 AMF 的融合部署)来进行通信。这些服务化调用关系,能通过标准化的顺序或者参数组合在一起,最终形成对 5G 网络集中融合部署,这样各种业务流程就被平稳控制。5G 网络架构在非漫游场景下,以服务化形式表示,如图 2-4 所示。

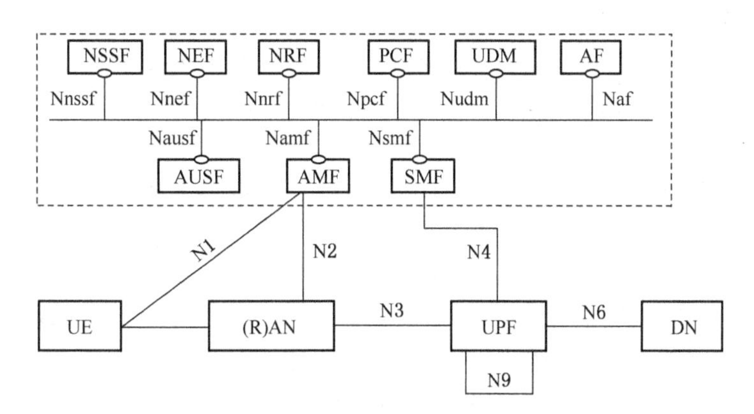

图 2-4 非漫游场景下的 5G 网络架构(服务化接口形式)

5G 系统主要网元与功能如下:

(1) 应用功能(Application Function, AF),3GPP 规定 AF 代表应用和 5G 网络其他控制网元进行交互,包括提供业务 QoS 策略需求及路由策略需求等。这会影响 SMF 对 UPF 的选择(或者重新选择),并能控制用户流量路由到 DN 决策。

(2) 接入与移动性管理功能(Access and Mobility Management Function, AMF),负责用户的接入和移动性管理等。AMF 的功能复杂,要作为 NG - RAN 接入到 NG - Core 的门户中,要提取分散在 SGW - C、PGW - C 和 MME 中的 4G 演进型分组核心网(Evolved Packet Core, EPC)来接入控制和移动。其主要功能包括:非接入层(NAS)信令安全的终结、用户的注册(RM)、可达性(在空闲模式 UE 可达)、移动性管理(MM)、N1/N2 接口信令传输和接入鉴权和授权等。

(3) 接入网(Access Network,AN),5G 接入网包括下一代的无线接入网(NG - RAN)及进行连接 5G 核心网的非 3GPP 的接入。

(4) 鉴权服务器功能(Authentication Server Function, AUSF),包含接入鉴权、授权,接入的优先级等功能,能对用户接入 5G 网络鉴权。

(5) 数据网络(Data Network, DN),指用户设备快速接入的某个特定的数据服务网络,这是确定性的敲门砖,能快速切入 ToB 市场,并能对多场景进行覆盖。DN 在 5G 网络中由数据网络名称(DNN)来进行标识,公网专用能充分满足如电网等主流行业的应用,一体化 BSS/OSS 贯通,能智能化全网运维,也能为企业灵活定制自主服务。

(6) 网络开放功能(Network Exposure Function, NEF),面向 AF 提供 5G 网络的能力及事件的 8 个标准开放服务功能。包含事件监控、参数配置、QoS、设备触发、PFD 管理、背景流量、流量引导和策略计费这些服务能力。

(7) 网络存储功能(Network Repository Function, NRF),提供 5G 网络中网元的注册(SCP 实例的 SCP 配置文件)及发现(NF 实例或 SCP 提供相关的 NF)能力。

(8) 网络切片选择功能(Network Slice Selection Function, NSSF),提供网络切片的选择能力,负责判断为用户设备提供何种网络切片以及由哪个 AMF 来提供服务。

(9) 策略控制功能(Policy Control Function, PCF),负责用户设备接入策略和 QoS 流控制策略(用户设备的访问选择和 PDU 回话)的生成。

(10) 会话管理功能(Server Management Function, SMF),是负责与分离数据面交互、创建、更新对用户设备会话的会话管理,并能对与用户面功能网元会话环境进行管理的功能单元。

(11) 统一数据管理(Unified Data Management, UDM),对用户进行签约管理(包含认证数据)或者接入授权及鉴权信息生成等。

(12) 统一数据存储(Unified Data Repository, UDR),提供签约数据、策略数据和能力开放相关数据的存储能力。具备生成 3GPP AKA 认证凭证、用户标识处理、基于签约数据的访问授权、支持用户隐私保护标识(SUCI)的反隐藏、签约管理、支持外部参数设置等。

(13) 非结构化数据存储功能(Unstructured Data Storage Function, UDSF),能支持对各类网元的非结构化(NF)的数据存储和检索。部署时可以选择将 UDSF 与 UDR 并置。

(14) 用户设备(User Equipment,UE),用户所使用的终端设备。

(15) 用户面功能(User Plane Function, UPF),负责用户报文(数据包)的路由转发、识别和业务处理、动作及QoS策略执行等功能。能对上行链路流量验证、能对上行和下行链路传输及分组标记，下行数据包缓冲及下行数据通知触发。

在上述服务化架构中，每个核心网控制面网元，能对外提供以它们名字命名的服务化接口，从理论上讲，每个网元的服务化接口都能被其他任何外部网元调用。但在5G架构中，出于流程、协议及安全考虑等原因，使得要调用任意一个特定服务化接口关系，往往会被识别为点对点的连接关系。如SMF的服务化接口理论上能被AMF、AF所调用，根据Rel-15/16的流程设计，却不能被AUSF不相关的网元任意调用。

5G网络架构定义了如何能体现服务化接口的性质，又能清晰描述与接口调用的约束关系，要基于服务化的表现形式实现。可以用服务化架构图和点对点架构图两种方式，只是这两种在同一个5G网络架构的表现形式不同罢了。服务化架构图能通过5G核心网控制面网元对外提供服务，但是点对点架构图在(当前3GPP发布的版本定义)标准化流程中是通过网元和网元之间的标准化调用关系体现出来的。同样，点对点架构图中的服务化接口名称与服务化架构图中服务化接口名称是一致的。这是经过具体实例检测的结果。如，AMF和SMF之间调用的N11接口，是分别用Namf与Nsmf这两个服务化的接口，来进行具体体现的。点对点接口形式的非漫游场景下的5G系统架构如图2-5所示。

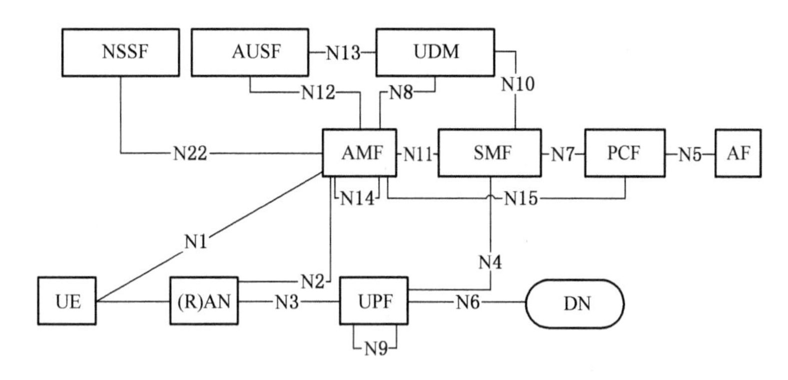

图2-5　非漫游场景下的5G系统架构(点对点接口形式)

5G核心网网元功能分布与4G相比的一个重要变化是，其移动性管理和会话管理采用分离设计。在4G网络中，MME和Serving GW/PDNGW的移动性管理和会话管理功能，在5G网络架构中被重新分解及分配，并指定由AMF和SMF分别来进行实现。5G网络为何将移动性管理和会话管理进行分离?

其主要原因包括：

(1) 将5G网络接入控制的基本流程中，只有剥离出会话管理，某些IoT类终端才能通过网络控制面进行通信，而不需要一直维持会话状态。AMF和SMF的分离，有助于实现(移动性管理和会话管理)上行及下行数据传输及通知触发，能够独立管理及维护。

(2) 在网络切片架构下，终端是能同时接入到多个切片的。此时，多个网络切片的移动性管理是以UE为粒度来进行的。如果将其功能进行分离设计，由于会话管理是按切片粒度进行的，就能实现更灵活的网络部署。

(3) 在不同的部署场景中，AMF和SMF的部署位置会有所不同，功能上的设计分离，能更有利于将这些功能按需部署。

在3GPP定义的Rel-15/16标准协议中，UE、AN、UPF不支持服务化的接口。AMF和SMF只能作为控制面与UE、AN、UPF的接口网元，能作为传统点对点接口（N1、N2和N4）使用。如当UE从归属的公共陆地移动网（Public Land Mobile Network，PLMN）漫游到达并拜访PLMN时，UE的用户面是拜访PLMN终结还是应该由PLMN终结？漫游场景能分为漫游地路由（Local Breakout）、归属地路由（Home Routed）这两种场景。在漫游场景中，拜访PLMN（VPLMN）和归属PLMN（HPLMN）之间，是要通过各自所属的安全边缘保护代理（SEPP）进行服务化接口的互联，从而实现跨PLMN控制面接口的消息能过滤和拓扑隐藏。Local Breakout场景下的5G系统架构的不同接口形式如图2-6所示。

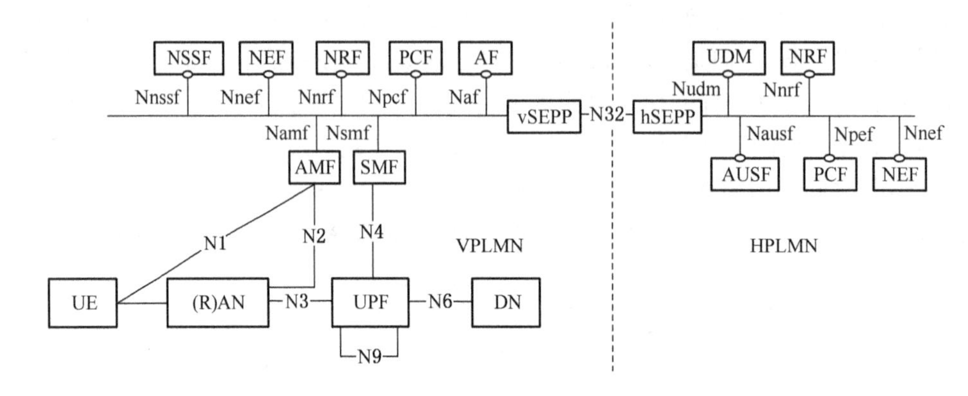

图2-6　Local Breakout场景下的5G系统架构的不同接口形式

Home Routed场景下的5G系统架构的不同接口形式如图2-7所示。

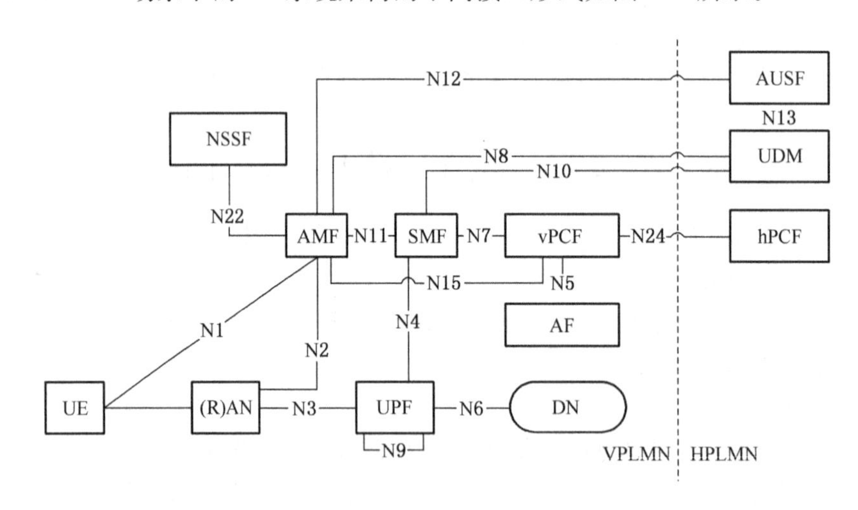

图2-7　Home Routed场景下的5G系统架构的不同接口形式

在云化部署环境中，大部分控制面网元通过虚拟化的形式运行。5G核心网和传统4G蜂窝网络架构相比，需要更多地考虑如何在允许网元动态（实例化）和去实例化的前提下，能实现对用户上、下行数据的高效存储和维护。5G核心网有一套专门设计基于UDSF和UDR的数据存储架构，来解决这个问题。

以 UDSF 作为非结构化的数据库为例，就能够用于存放任何网元的内部数据。UDSF 的接口的定义如图 2-8 所示。

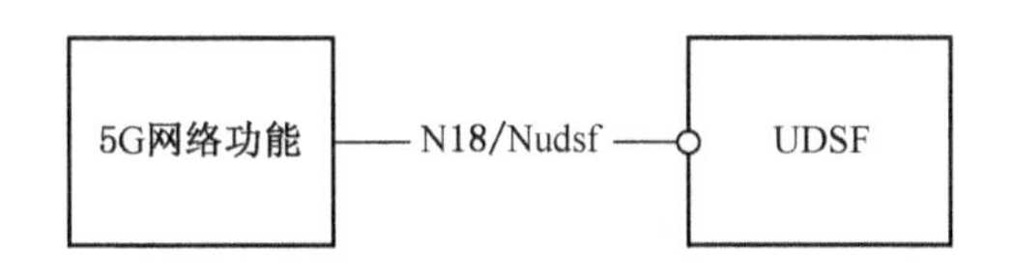

图 2-8 UDSF 的接口定义

UDSF 存在的作用是实现同一厂商的设备之间的共享存储，实现高效的信息共享能力，并能实现网元从有状态业务服务转变成无状态服务，而状态数据迁移到对应的“有状态数据服务”中。不同厂家设备的私有协议、内部处理逻辑、信息存储方式各不相同，目前很难实现对不同厂家内部信息进行完全标准化。尽管 UDSF 的数据接口协议是标准化的，但其中传递的具体信息会是不同厂家私有的信息，这就不能被标准化。不同的网元可以共享同一个 UDSF，也能使用厂商自己特定的 UDSF，这是个可选项，其能支持非结构化数据存储及检索。如果除了非结构化信息以外，网络中还存在太多结构化(如 3GPP 标准定义的签约数据、策略数据)的信息，仍可以通过对外开放从 AF 中进行获取。对于这一类具有两种类型数据的存储，3GPPUDR 给予了存储结构化数据的方案。UDR 通过标准化接口与 UDM、PCF、NEF 相连。UDR 的接口定义如图 2-9 所示。

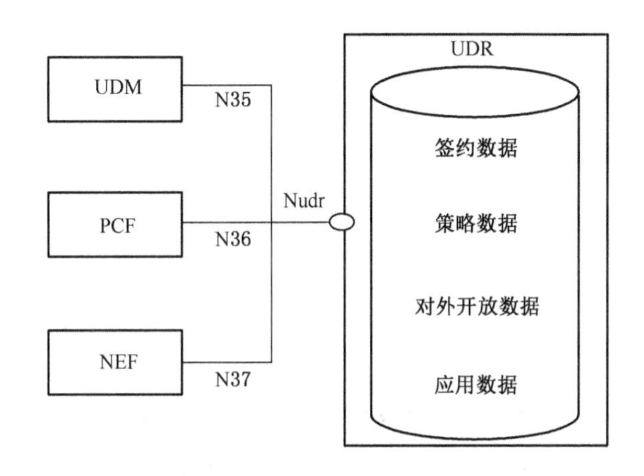

图 2-9 UDR 的接口定义

由图 2-9 可知，UDR 中主要提供四类数据的存储，具备统一数据仓库的功能：

(1) 签约数据；

(2) 策略数据，能用于 PCF 进行策略决策，便于网络访问统一数据仓库订阅信息并便于实体执行；

(3) 对外开放数据，在身份验证、密钥核对一致时，能用于 NEF 对外开放给第三方；

(4) 应用数据，用于存储 AF 提供给网络的应用相关信息。

无论是 UDSF 还是 UDR，作为数据存储设备，都能通过集中的数据存储或者分布式的数据存储，实现维护的复杂性和存储性能的平衡，这就使部署更灵活。

2.1.4.2 5G网络架构基本特性一览

2.1.4.2.1 移动性管理

5G网络为了保证用户的泛智接入能力，系统架构能够固移融合无缝体验，允许AMF同时为3GPP和非3GPP接入网提供服务。在4G网络下，当终端通过非授信的(Non-3GPP)网络接入到核心网时，是通过ePDG网元直接连接到网关的，这就不能对接入和移动性进行管理。5G UE使用的3GPP和Non-3GPP接入网采用PON组网，这时就属于同一个网络(PLMN)，就可由相同的AMF为UE做移动性无缝管理服务。

为实现固移融合，使用户易部署、易维护、省成本、安全可靠性高、灵活性和环境适应性高，5G网络在3GPP和非3GPP接入网下为UE分配和使用相同的临时身份标识及引入新的UE连接管理状态和灵活服务请求流程给予了定义。

UE标识网络对UE进行移动性管理涉及UE的身份标识，在5G网络中使用到的身份标识有：

(1) 永久身份标识，具有全球唯一性，全网都据此标识来识别用户身份。为了与演进型分组核心网(Evolved Packet Core, EPC)通用，3GPP接入时使用IMSI(三部分组成，移动国家码、移动网络码、移动用户标识码)，在Non-3GPP接入时使用NAI。

(2) 永久设备标识，全球唯一标识的设备。

(3) 临时身份标识，由核心网临时分配，用来替代在网络上传输身份标识，防止被攻击者跟踪到用户位置及活动状况，以保障安全。

具体使用流程和方法如下：

1) 注册、连接状态的管理

(1) 注册状态

UE的注册状态有2种，分别是已注册状态(RM-REGISTERED)和去注册状态(RM-DEREGISTERED)。

UE在接收业务数据之前，首先要完成UE网络的注册。当UE处在“已注册状态”后，注册状态会保存到UE和AMF。对于在“已注册状态的”UE，AMF还会保存UE的“移动性管理”上、下报文。当UE没有在网络注册时，就是“去注册状态”(RM-DEREGISTERED)，此时UE无法通过网络进行通信。若是以往在网络中注册过的UE，则UE会识别为“去注册状态”，AMF仍然能存储UE的部分“移动性管理”的信息，这便于简化后续注册的流程。

对于同时通过3GPP接入及非3GPP接入的UE，其接入对应的注册状态管理是相互独立的。

(2) 连接状态

当UE“注册”到网络后，下一步是对UE进行连接管理(CM)，主要涵盖管理UE和AMF之间(NAS)信令连接的建立及释放。NAS信令连接由两部分组成，一部分是UE与接入网络间的连接，另一部分是对UE的AN与AMF间的连接。

UE与AMF之间的(NAS)信令连接的状态可分2种类型，分别是空闲状态(CM-IDLE)和连接状态(CM-CONNECTED)。与注册状态的管理类似，对于3GPP接入和非

3GPP 接入,连接状态的管理是相互独立的。

当 UE 处于空闲状态时,UE、AN 间的连接、AN、AMF 间的 N2 连接以及 AN、UPF 间的 N3 连接都会被释放。图 2-10 描述了 CM - IDLE 状态下 UE 的 N2/N3 和 5G - AN 连接状态。

UE 发送初始“NAS”消息时,“空闲状态”会转变为“连接状态”。当 UE、AN 建立了信令连接后,UE 就能进入连接状态。对于 AMF 来说,当 AN 和 AMF 之间建立 N2 连接后,AMF 视同 UE 进入连接状态。图 2-10 描述了 CM - CONNECTED 状态下 UE 的 N2 和 5G - AN 连接状态。

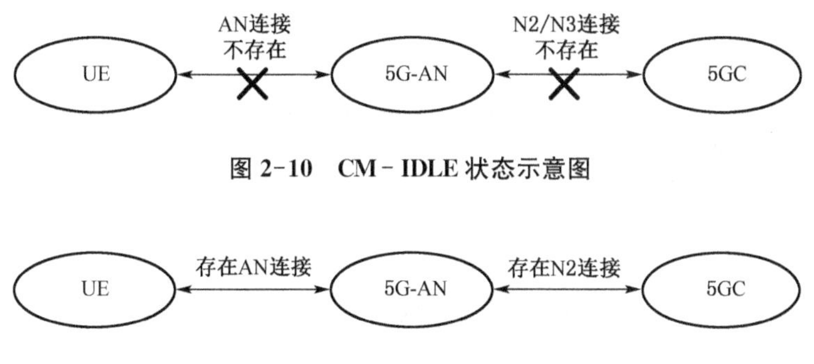

图 2-10 CM - IDLE 状态示意图

图 2-10 CM - CONNECTED 状态示意图

UE 从空闲状态转变到连接状态,可通过服务请求或注册流程来实现。在 5G 系统中,为了能按需释放空口资源,同时又能避免走复杂的流程,针对 3GPP 接入的 UE 新引入了一种连接态的无线资源控制非激活的子状态,简称 RRC Inactive 状态。

NG - RAN 能释放处在 RRC Inactive 状态的、UE 的空口连接资源。此时 UE 可以在 NG - RAN 配置的区域内移动且无须通知 NG - RAN。一般来说,AMF 可以向 NG - RAN 节点订阅 UE 转换为 RRC Inactive 的通知消息,否则 AMF 不会感知 UE 是否处在 RRC Inactive。在这一状态下,最后一个服务 UE 的 NG - RAN 节点,要负责维护和该 UE 对应的上下文、N2 连接和 N3 连接。图 2-11 描述了 RRC Inactive 状态下 UE 的 N2、RRC 连接状态。

图 2-11 RRC Inactive 状态示意图

AMF 向 NG - RAN 节点提供 RRC 非激活态辅助信息(RRC Inactive Assistance Information, RIAI),辅助 RAN 节点判断 UE 是否可以从连接状态变为 RRC Inactive。其中,RIAI 包括为 UE 配置的注册区域、周期注册更新定时器、UE 标识索引值、UE 特定的非连续接收周期、能激活“仅终端发起的连接”等。值得注意的是,即便 AMF 提供了此信息,还需 NG - RAN 节点进行本地策略确定是否需要将 UE 变为 RRC Inactive 状态。

当 NG - RAN 节点确定需要将 UE 变为 RRC Inactive 时,NG - RAN 节点通知 UE 关于 RRC Inactive 的信息。NG - RAN 节点向 UE 提供的 RRC Inactive 信息见表 2-6。

表 2-6　NG-RAN 节点向 UE 提供的 RRC Inactive 信息

信息名称	介绍
RAN 通知区域(RAN Notification Area, RNA)	NG-RAN 节点根据 UE 注册区域,确定 RNA 应包含 UE 的注册区域
寻呼时段(Paging Occasion)	NG-RAN 节点在设置寻呼时段时,会结合 UE 特定的非连续接收周期和 UE 标识索引值来生成
周期性 RNA 更新(RAN Notification Area Update, RNAU)定时器	RAN 节点根据周期性注册更新定时器来确定周期性 RNA 更新定时器的值,周期性注册更新定时器对应的时间长度大于周期性 RNA 更新定时器的值
UE 上下文在 RAN 侧的索引值	UE 在下一次恢复 RRC Inactive 连接时,向 RAN 提供此信息,用于 RAN 定位到 UE 的上下文

(3) 状态间的转换

UE 在不同状态之间的转换及移动性管理流程如图 2-12 所示。

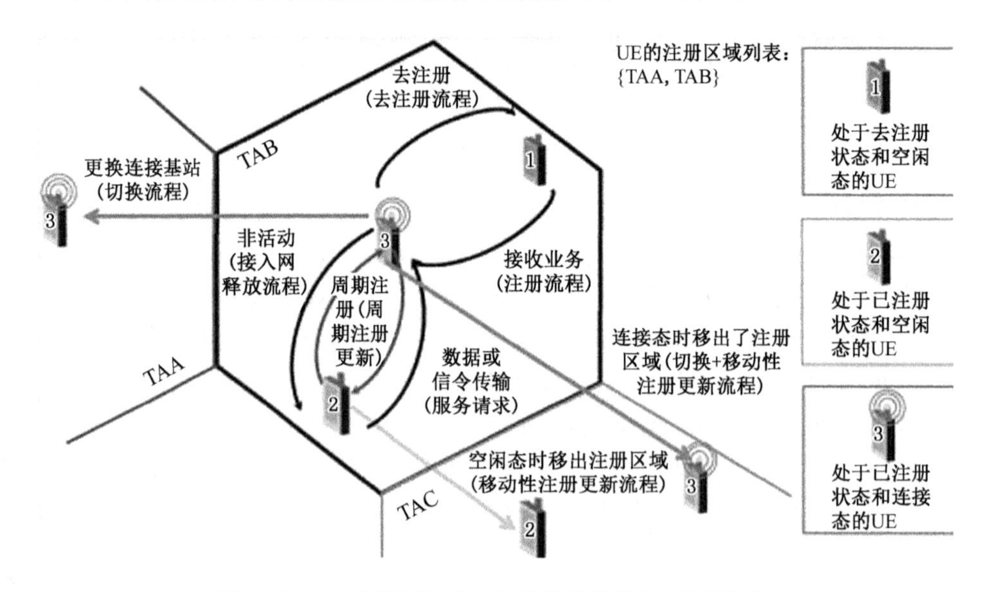

图 2-12　UE 在不同状态之间的转换及移动性管理流程

去注册状态的 UE,在接收业务之前会通过初始注册(Initial Registration)流程注册到选定的公共陆地移动网(PLMN)。在已注册状态下,UE 通过移动性注册更新方法,来更新 UE 的位置信息、周期注册更新、通知网络 UE 处于活动状态。当 UE 需要退出注册网络时,UE 或 AMF 应执行去注册(Deregistration)流程。另外,当 UE 超过了某个预设时间仍未联系网络,AMF 认为 UE 不再活动,AMF 将执行隐式的去注册,同时 UE 进入去注册状态。

当 UE 已注册到了网络但处在空闲态时,如果数据需要向 UE 发送或者 AMF 有下行信令,AMF 会发起网络侧触发的服务请求(Service Request)流程,同时触发对 UE 的寻呼流程。当 UE 接收到网络的寻呼,或 UE 有上行信令或数据需要发送时,UE 需要执行服务请求流程进入连接态。处于连接态的 UE,当 AN 信令连接被释放时,UE 进入空闲状态。

UE由于移动等原因需要发起切换流程更换连接到的基站。

2）可达性管理

如前所述，空闲状态的引入，能够节约终端的功率消耗，但这会导致网络无法获知UE的确切位置。当UE处于空闲状态时，UE的位置跟踪要通过网络对UE进行可达性管理。可达性管理负责检测UE是否可达，并为网络提供UE的位置。可达性管理是通过寻呼UE及对UE进行位置跟踪来实现的。

UE和AMF在注册过程中，要协商相关UE的可达性。针对空闲态的UE，具体有两种可达性的类别。一种是当UE处于空闲态时，要能允许向UE发送下行数据或信令。对于该类别的UE，网络能够以TA的粒度获知到UE的位置，并且AMF可以对UE进行寻呼。另一种是当UE处在空闲状态时，不允许向UE发送下行数据或信令（MICO模式）。当UE处于MICO模式时，网络仅在UE处于连接态时才能向UE发送下行数据。当UE处于空闲状态时，网络无法寻呼联系UE。

（1）UE的可达性管理

可达性管理是从空间和时间两个维度进行。从空间的角度看，网络通过注册区域管理处在空闲态下的UE的活动范围。在这活动范围内，UE能自由移动，且无须就可达性管理的原因去和网络交互。从时间的角度看，网络通过周期性注册定时器管理处在空闲状态下的UE，对定时器到期的UE可以通知网络并可达。

为了使得UE能在管理注册状态下可在区域范围被发现，3GPP标准特意定义了注册区域（Registration Area，RA）这一概念。AMF在注册过程中能向UE提供注册区域信息，注册区域有完整的跟踪区。当UE显示在空闲态时，AMF以注册区域的粒度来感知UE的位置。当有下行数据或信令需要发送到处在空闲态的UE时，AMF在注册区域的范围内，会针对UE进行寻呼。当UE被移出注册区域时，UE主动发起移动性注册流程。在该过程中，AMF会根据UE的最新实时位置，给UE分配新的注册区域。在注册过程中，UE从AMF处接收用于周期性注册更新定时器的值。当已注册的UE处在空闲状态时，UE启动周期性注册定时器。如超时后，UE会进行周期性不断注册，以向AMF表明其可达。如果UE在周期性注册定时器超时，且处于网络覆盖范围外，那么UE在下一次返回覆盖范围时，需要执行注册这个过程。当处于注册状态的UE转变到空闲态时，AMF为UE运行一个移动可达定时器，其时长略大于分配给UE的周期性注册定时器的值。

通过终端可达性管理请求过程，能获取终端可达性管理信息的网元实体，能实现请求接入或移动性管理功能。如果AMF中UE的连接状态转变为连接态，AMF则会停止运行移动可达定时器。如果移动可达定时器超时，AMF则会判断UE不可达。当移动可达定时器到期时，由于AMF不知晓UE是否暂时性不可达（UE可能只是暂时移动到覆盖不好的位置），因此不会立即去注册UE。在移动可达定时器超时的情况下，AMF才会清除寻呼处理指示位（Paging Proceed Flag，PPF），即标识UE不可达，从而不触发对UE的寻呼，并启动隐式去注册定时器（Implicit detach timer）。如果在定时器超时之前，UE已经变为连接状态，则AMF会停止隐式注册定时器，并将寻呼处理指示位（PPF）置位。反之，在隐式注册定时器超时以后，AMF会发起UE的隐式去注册。不同（隐式、移动）定时器到期时AMF内UE状态的变化如图2-13所示。

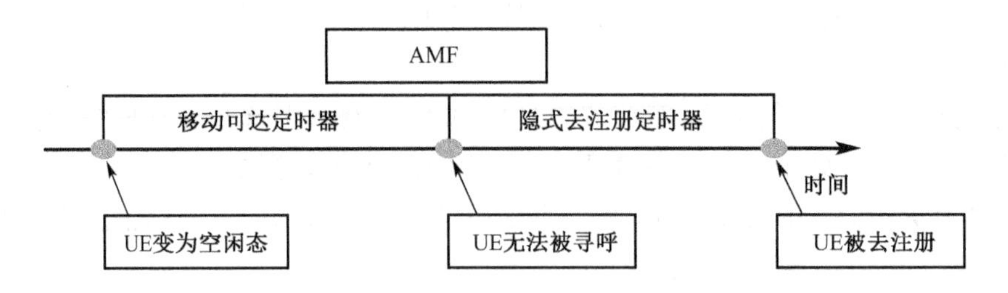

图 2-13　不同定时器到期时 AMF 内 UE 状态的变化

UE 的连接状态和可达性之间关系紧密。如对于连接态 UE,网络可以准确获知其位置。但是当 UE 移动时,会触发切换流程或 UE 的位置上报流程,这样会导致额外的信令开销。

UE 状态的维护成本,随可达性管理的精细程度的增加也会同步增加,考虑在它们之间找到平衡点是很重要的。

当处于 MICO 模式的 UE 注册到网络时,网络只知道在网络里 UE 有注册,但不知道 UE 具体在哪里。对 UE 来说,只要在周期注册了定时器,到期后会再发起周期的注册。对注册到了网络但不处于 MICO 模式的 UE 来说,当 UE 处于空闲时态时,网络用 RA 级别就能知道 UE 的位置范围。网络和 UE 此时就需要处理,由于移动性注册是在 UE 移出了 RA 时才触发的,以及周期注册也是在定时器到期之后引发的。

当 UE 在连接态的时候,网络就知道 UE 连接了 NG－RAN 节点,当 UE 更换连接的 NG－RAN 节点时,网络和 UE 就要开始处理相关的移动性注册和切换流程。若当网络开始向 NG－RAN 的节点订阅了 UE 的小区位置,而且 UE 需更换驻留的小区时,NG－RAN 节点除了处理移动性注册和切换流程之外,还能通过 N2 的消息上报 UE 的最新驻留小区的信息。

UE 可达性和它涉及的状态维护流程见表 2-7。

表 2-7　UE 可达性及涉及的状态维护流程

UE 可达性级别	UE 状态维护涉及的流程
CN 级别(MICO)	周期注册
RA 级别	周期注册/移动性注册
RAN 节点级别	切换流程/移动性注册
域区级别	位置上报/切换流程/移动性注册

从表 2-7 中可以知道,可达性级别中的粒度越粗的话,维护 UE 状态的流程相对来说就触发得不那么频繁。但对应的网络只能用较粗的粒度才能知道 UE 的具体位置信息,因此,针对 UE 寻呼的范围就越来越大,成本就会越来越高。

此外,UE 状态维护的成本和 UE 移动的速度也有着一定关系,UE 移动的速度如果越快的话,从位置更新信令的角度来说,状态维护成本就会越高。

例如,静止的 UE(如机房内的设备)就不需要涉及移动性注册,移动后才会触发移动性的注册。但移动速度较快的 UE(如车辆或高铁内的乘客)的切换流程,或者移动性注册的触发，都会更加频繁。

话务模型的业务，也会影响寻呼的信令成本，在空闲模式下的下行数据，或者信令触发会越频繁，需要的寻呼信令的成本也会越多。

因此，在确定了UE的可达性和状态时，就要考虑UE的能力、移动性的模式、话务的模型等很多因素，才能找到一个信令负载的平衡点。

(2) RRC Inactive的可达性管理

为了管理在RRC Inactive状态中的UE，标准和空闲态相似，都定义了用在NG-RAN管理里的RNA。

RNA是由小区、TA或者RAN节点构成的。NG-RAN利用RNA的粒度感知在RRC Inactive状态里的UE的位置。

当下行的数据或者信令发送到了NG-RAN时，NG-RAN就会在RNA的范围里进行寻找。

当在RRC Inactive状态里的UE进入了一个不属于这个UE的RNA的小区时，UE将会对RNA进行更新，这样NG-RAN就可以依据UE最新的位置等一些信息，来为UE分配一个新的RNA。

如果当UE处在RRC Inactive状态时，并且它最后驻留的NG-RAN收到了来自UPF的UE下行的数据，或者是来自AMF的UE下行的信令，这时NG-RAN会在RNA相对应的小区里对此UE进行寻呼。

如果当RNA包含着相邻NG-RAN的小区，那么NG-RAN的节点就可以向相邻的NG-RAN节点发送用来寻呼的消息。

RRC Inactive的可达性管理状态，如图2-14所示。

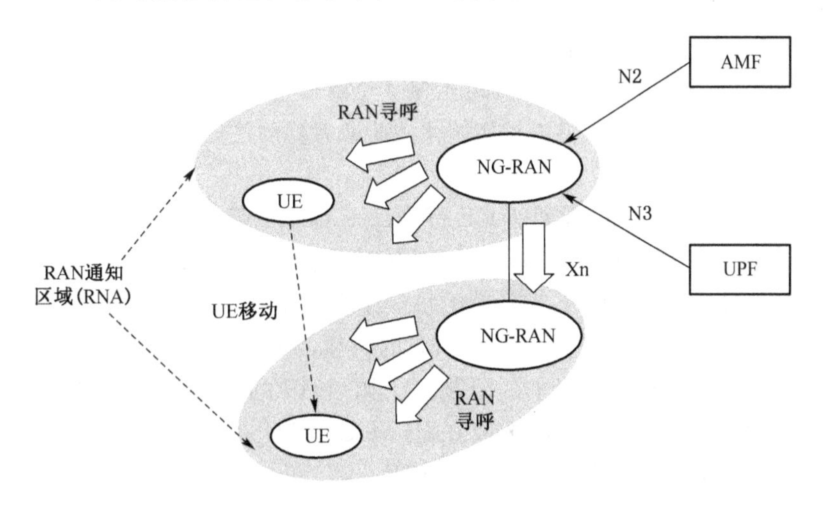

图2-14 RRC Inactive状态的可达性管理

当UE处在RRC Inactive状态时，会由NG-RAN节点来管理UE的可达性。当NG-RAN节点的指示UE变为了RRC Inactive的状态时，NG-RAN节点就为UE配置周期性的RNA更新定时器(Periodic RNAU timer)。

UE在接收消息后，会进入到RRC Inactive的状态，并开始启动此定时器。若当周期性的 RNA 更新定时器超时，在 RRC Inactive 状态里的 UE 将执行 RNA 的更新流程，然后向 NG－RAN 表明，它仍然可达。

若当 NG－RAN 节点维护周期性的 RNA 更新定时器要到期时，NG－RAN 的节点会发起 AN 释放的流程。NG－RAN 节点也可以向 AMF 提供 NG－RAN 节点，在 UE 最后一次接触到了当前所经过的时间(Elapsed time)时，AMF 会准确地计算其用来维护 UE 连接状态时的移动可达定时器的值。

若当 AMF 接收到了 RAN 所发起的 UE 上下文的释放消息时，就指示了 UE 不能达到的运行时间，那么 AMF 就要根据从 RAN 那里收到的运行时间和正常可达的定时器的值，来推断移动可达定时器一个新的值。

AMF 更新移动可达定时器的示意图，如图 2-15 所示。

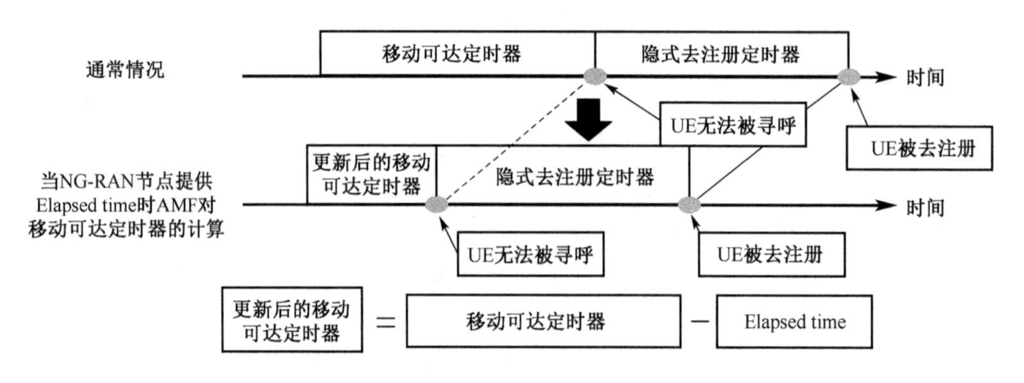

图 2-15　AMF 更新移动可达定时器示意图

(3) MICO 模式

某些特殊的 UE 可能会仅存在上行数据(或者它的下行数据是紧邻着上行数据而传输下发的，也就是“上行拉下行”)。5G 网络定义了 MICO 模式，也能针对此种类型的 UE 来进行移动性的管理优化，UE 还可以在初始化注册或者移动注册的更新过程中，指示它进入到 MICO 模式。

AMF 会基于本地的配置、预期的 UE 行为、UE 指示的偏好、UE 签约的信息和网络策略等信息，判断出 UE 是否被允许进入到 MICO 模式，并且将注册接受(Registration Accept)消息告知 UE。AMF 和 UE 在后续的每次注册过程中，都要重新协商 MICO 的模式。

当 UE 在 MICO 模式中并处于空闲状态的时候，AMF 的寻呼不会对 UE 发起，所以 UE 的注册区域不受寻呼区域大小的限制。比如 AMF 的服务区域为整个 PLMN，那么 AMF 就能将“All PLMN”作为注册区域分配给 UE。因此在这种情况下，UE 若在 PLMN 区域内移动，就不会触发移动性的注册更新流程。

当 UE 在 MICO 模式中并处于空闲状态时，AMF 会认为 UE 始终不能到达。这时，AMF 就不会因为需要向 UE 发送下行的数据或者信令触发寻呼等流程。

只有当 UE 处于连接状态时，AMF 才会认为此 UE 可以到达。处于 MICO 模式并在空闲状态的 UE 不需要寻呼侦听，此时 UE 连接状态变化的触发条件是：

第一，UE 的变更(比如配置变更)必须更新它在网络里的注册；

第二，周期性的注册更新定时器会超时；

第三，待处理的上行数据或者信令。

在MICO模式中的UE，如果它的注册区域不是“All PLMN”，那么UE在发起数据或者信令传输的时候，就会判断它是否在注册的区域内，若不在，UE则会首先进行移动性的注册更新。

3）按需的移动性管理

不同的UE会具有不同的通信特征。网络就能根据UE的这些通信特征来进行对应的移动优化管理，也就是进行按需的移动性管理。

按需的移动性管理包括两方面：即移动性限制（Mobility Restriction）和移动性模式（Mobility Pattern）。当通过移动性的限制时，运营商就能将网络中的一些区域，设置为特定禁止的一组UE接入。

通过移动性的模式，运营商就能确定UE的通信特征，然后为它设置比较合适的移动性管理的方案，比如设置合适的跟踪区域等。

（1）移动性限制

移动性限制的主要目的是要限制UE移动的相关处理及业务接入。它的作用范围包括UE和NG－RAN节点及核心网。一般来说，移动性限制只适用于3GPP的接入及有线接入，但其他类型的非3GPP接入就不适合了。

当UE处于连接状态时，核心网就会向接入网提供移动性的限制列表（Mobility Restriction List），然后由NG－RAN节点和核心网来进行移动性限制的处理。

当UE处于空闲状态或者RRC Inactive的状态时，UE侧会根据核心网所提供的信息，执行服务区域的限制（Service Area Restriction）和禁止区（Forbidden Area）的处理。

当UE处于连接状态时，核心网在移动性的限制列表中，并向AN提供移动性的限制。移动性限制中包含了服务区域限制（Service Area Restriction）、禁止区域（Forbidden Area）、RAT限制（RAT Restriction）及核心网类型的限制（Core Network Type Restriction）等。

核心网会根据UE的签约、位置及本地的策略信息来确定移动性限制。移动性限制可能会因为上述原因的变化而变化。Non－Allowed Area或Allowed Area还会由PCF所处的UE位置等信息，进行进一步的调整，更新了的服务区域限制还可以在注册的过程或UE的配置更新过程中进行。

网络在提供服务区域的限制时，不会向UE Allowed Area和Non－Allowed Area同时提供。网络如果向UE提供了Non－Allowed Area，那么不在PLMN列表中的TA就会被认为是属于Allowed Area。

如果服务区域的限制和禁止区域两者定义的区域发生了冲突，要优先参照禁止区域中的定义内容。

服务区域的限制可包含多个或一个完整的TA，也可包含PLMN中的所有TA。服务区域的限制包含在UDM储存里的UE的签约数据，也能由TA标识或者其他的地理信息（例如，经纬度、邮政编码等）来表示。如果使用了地理的位置信息，在向RANPCF和UE发送服务区域的限制信息之前，AMF首先会将地理位置的信息映射到TA上。在注册的过程中，如果AMF里没有UE的服务区域所限制的上下文，AMF就从UDM中获取其中信息，并且能够通过PCF对其进行进一步的调整。网络还可以通过通用的UE配置更新流程，来更新服务区域的限制信息。

当AMF为UE分配的服务区域限制的大小有限(即仅包含一个或多个完整的TA)，AMF向UE所提供的服务区域限制中，包含的Allowed Area是可以预先配置的，也能是AMF动态分配的(比如，随着UE位置的改变，而进行动态的TA控制)。

当AMF为UE分配的服务区域限制中，包含PLMN的所有TA时，如果UE在Non-Allowed Area/Allowed Area，AMF为它分配的注册区域应该就由属于Non-Allowed Area/Allowed Area的TA组成。

AMF以TA的形式提供服务区域的限制时，这个服务区域的限制就可以是UE签约数据中完整列表存储的一部分，也可以在注册流程中，由PCF向UE提供。

AMF还可以通过“最大允许的跟踪区域数”来限制UE侧的服务区域内限制的大小(该限制阈值不会发送给UE)。当Allowed Area和“最大允许的跟踪区域数”一起使用的时候，“最大允许的跟踪区域数”则表示在Allowed Area里可以包含TA的个数，若当“最大允许的跟踪区域数”和Non-Allowed Area一起使用时，那么“最大允许的跟踪区域数”就表示在Non-Allowed Area以外，Allowed Area可以包含的最大TA的个数。

(2) 移动性模式

移动性模式描述了UE的移动性的特征，其由不同的参数组成，其中包括：UE能力、移动速度的类别和业务的特征等。移动模式的AMF，可以用在表征和优化UE移动性的概念中，AMF可根据UE的移动性、签约情况、网络本地的策略和在UE辅助信息中的一个或多个确定并且更新UE的移动性模式。

UE移动性的统计，可以是历史或预期的UE移动轨迹。AMF还可以依据移动性的模式来优化UE，比如注册区域的分配。

4) 移动性管理的关键流程

(1) 注册流程

在需要接入到5G网络来进行业务的数据交互时，UE就会发起注册的流程。主要包括以下几种注册的类型：

① 当UE初始注册到5G的系统时，就会发起初始类型的注册，这是初始类型的注册。

② 当UE在连接或空闲状态，并且移出了原注册区域的范围，或者在UE需要更新协议的参数或者能力时，以及UE想获取局域的数据网络的相关信息等情形时，就会发起移动类别的注册流程，这就是移动类型的注册。

③ 当AMF向UE所提供的周期性注册的更新计时器到期时，UE就会发起周期性的注册更新的流程，这是周期性的注册更新。

④ 用作UE请求的紧急业务，就是紧急注册。

基本的注册流程，如图2-16所示。

第一步：UE要向AMF发送注册请求的消息。消息里要包含AN的参数和注册请求NAS的消息，还有可选的UE Policy Container信息等。RAN会根据AN的参数选择

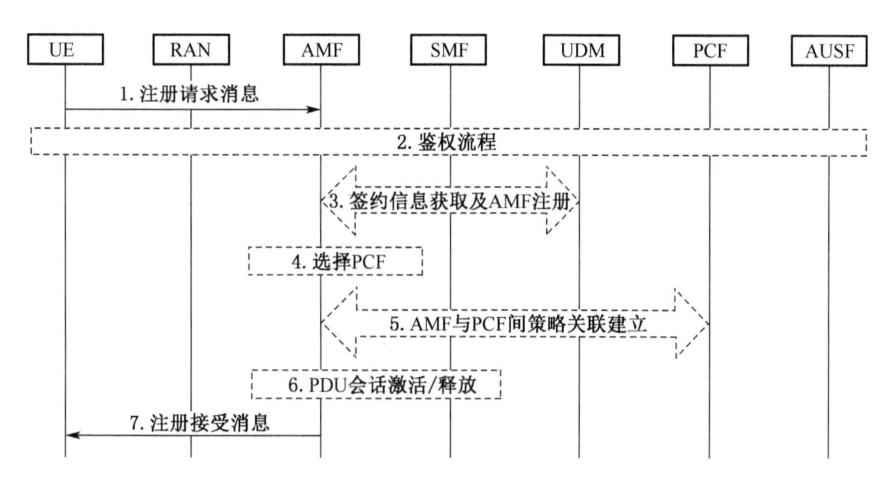

图 2-16 基本的注册流程

AMF 后，然后会向对应的 AMF 发送 N2 的消息，消息中包含注册请求的 NAS 消息等。

第二步：鉴权流程。其中就涉及了 AUSF 的网元选择和 UDM 网元的选择等流程。在 AUSF 的网元对 UE 的鉴权通过了之后，AUSF 就会将 UE 安全的上下文提供给 AMF。

第三步：获取签约信息和注册 AMF。如果网络为了 UE 的 3GPP 接入而选择了提供服务的新的 AMF，那么，新的 AMF 此时就需要把它注册到 UDM。若 AMF 没有 UE 的签约数据，那么 AMF 会通过调用 Nudm - SDM - Get 的服务获取相关的数据，在获取了 UE 的签约数据后，AMF 就能为 UE 建立上下文。

第四步：AMF 会为 UE 选择 PCF。

第五步：AMF 和 PCF 之间建立策略关联，其中包括 UE 控制的策略和接入/移动性的管理策略。

第六步：协议数据单元会话的激活或者释放的流程。如果注册请求的消息携带了 List of PDU Sessions to Be Activated，那么 AMF 会对相应的 SMF 发送消息，从而建立用户面的资源。针对 UE 侧的本地释放或者网络不支持的 PDU 会话，AMF 则会触发对应的 PDU 会话释放的流程。

第七步：注册接受的消息。AMF 会向 UE 发送注册成功的消息，消息内包含了网络侧 UE 分配的参数。

上述注册的流程中，包括了移动性注册、初始注册、周期性的注册更新以及紧急注册的相关步骤。在此值得注意的是，针对第二步所描述的鉴权流程，当且仅当 UE 进行初始的注册，并且没有可用的安全上下文时才会执行。

(2) 系统内的切换流程

处于连接状态的终端，它的周围环境或者业务，也可能会随着时空的变换而产生相应的变化，5G 系统也会随之改变连接着终端的基站。具体来说，切换可能是由以下的原因所造成：在当前终端所在的位置上，新基站所提供的信号强度比原驻留基站在某种程度上更优秀；或者原驻留基站的负载比较高，需要进一步的负载均衡；或者当前终端由于某些特定的业务而触发，处于连接状态的终端驻留基站的改变过程就被称为切换(Handover)。

5G 系统的切换方式，可分为 Xn 切换模式和 N2 切换模式两种，原驻留的 UE 基站在确定了需要切换的目标之后，会第一时间确定两者之间是否存在 Xn 的连接。当两者之间不存在 Xn 的连接，或者源基站判断的切换需要改变为 AMF 终端提供业务的时候，就会采用基于 N2 接口的切换流程。

Xn 和 N2 的切换流程，都可以分为准备阶段和执行阶段。

准备阶段：

第一步：源基站和目标基站会建立转发的隧道；

第二步：目标基站为 UE 当前的 PDU 会话建立相关的资源。

执行阶段：

第一步：源基站的 UE 指示要接入到目标的基站；

第二步：核心网网元（或者同时包含的基站）建立相关上下文。

接下来，将针对无用户面重分配的 Xn 切换和基于 N2 接口的切换过程，分别来进行介绍。

针对无用户面重分配的 Xn 切换流程，如图 2-17 所示。

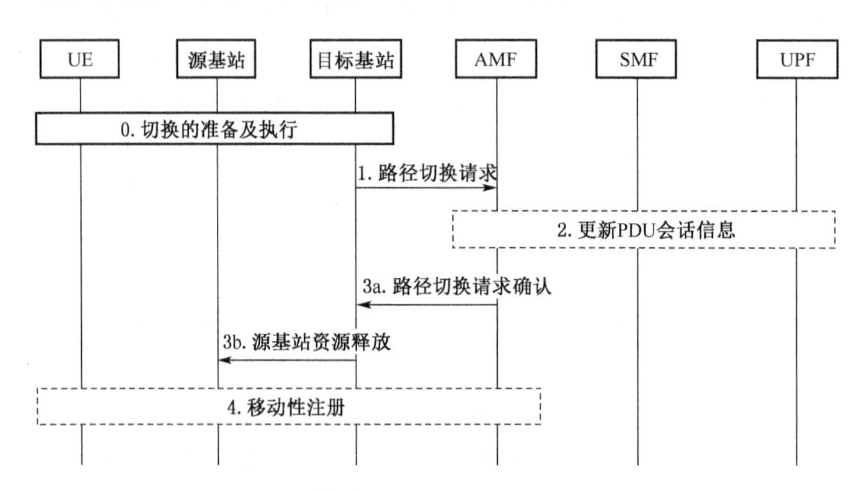

图 2-17　无用户面重分配的 Xn 切换流程

在切换步骤执行之前，源基站和目标基站进行切换的准备工作。源基站需要将诸如目标小区标识、接入层配置、UE 能力、QoS 流和数据无线承载（Data Radio Bearer，DRB）的映射关系、PDU 会话上下文等信息发送至目标基站。目标基站会对 UE 进行准入控制，并根据支持的切片确定接收/拒绝某些 PDU 会话。目标基站根据接收的信息建立相关资源并向源基站发送确认消息。

源基站向终端发送 RRC 重配置消息，指示终端进行切换。消息中包含目标小区标识、新的小区临时标识和目标基站安全算法信息等。终端在收到此信息后执行切换操作，并向目标基站发送 RRC 重配置完成消息。

步骤 1：在空口切换完成后，目标基站通知核心网将 N3 路径切换到目标基站。具体来说，目标基站向 AMF 发送路径切换请求（Path Switch Request）消息，其中包含：切换成功的 PDU 会话及其 N2 信息，切换失败的 PDU 会话及其 N2 信息，UE 位置信息。

步骤 2:AMF 根据切换成功/切换失败的 PDU 会话的 ID,通过本地存储的 UE SM 上下文,找到对应的 SMF,并通知其更新相关的 PDU 会话的信息,其中包括 SMF 重新建立 RAN 与 UPF 之间的 N3 连接。

步骤 3:AMF 响应路径切换,触发源基站 RAN (S-RAN)侧资源释放。

步骤 4:如果满足了移动类型的注册更新条件(例如,UE 移出了注册区域),UE 会在切换完成后发起移动类型的注册更新。

在执行切换步骤后,要针对已切换成功的 PDU 会话(注意:UPF 如果需要改变,SMF 就会第一时间选择 UPF,并且更新相关的 UPF 信息),但如果其中有的 QoS Flow 建立失败,SMF 就会发起 PDU 会话的修改流程。

针对切换过程失败的 PDU 会话,SMF 则会根据具体的原因,执行 PDU 会话释放或者去激活的流程。

针对 N2 的切换流程,如图 2-18 所示。

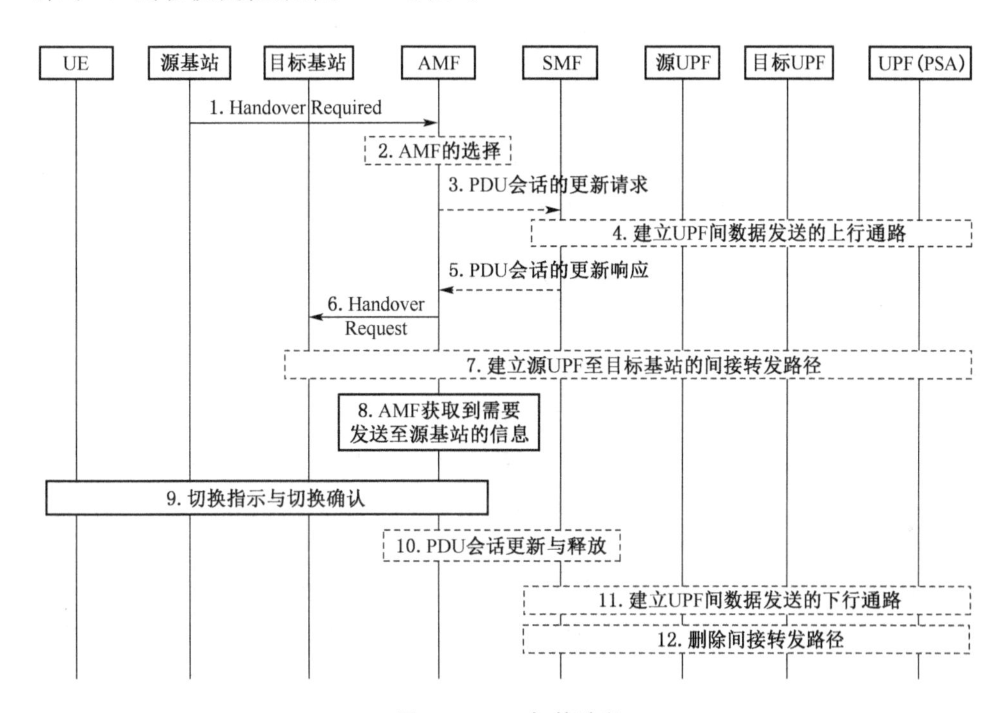

图 2-18 N2 切换流程

准备阶段:

和 Xn 接口的切换类似,切换步骤在执行之前,源基站和目标基站还有核心网需要做以下准备:

① 建立上行传输的用户面资源切换。

② 建立下行的转发隧道。

准备阶段的主要流程如下:

① 源基站要向源 AMF 的网元发送 Handover Required 的消息,消息内包含目标基站的标识,还需要对 PDU 会话信息进行切换,然后发送到目标基站的容器(Container)信

息等。

② AMF会根据目标基站的标识信息来判断是否继续为UE提供服务。若无法继续服务，AMF(S-AMF)就会选择新的AMF(T-AMF)。S-AMF会利用源基站中的消息内容(包括UE上下文的信息)建立请求消息，然后发送到T-AMF中，此后T-AMF会根据消息还有相对应的PCF来建立关联。

③ AMF会根据需要PDU会话的信息进行切换，然后结合自身能够服务到的切片，对应地向SMF发送消息，来更新相对应的PDU会话。

④ SMF确认了对应的PDU会话能否被切换，与此同时，SMF会根据UE所在的位置，检查是否需要插入新的UPF，在此之后，SMF会建立在UPF间的上行通路。

⑤ SMF会根据PDU会话建立的成功与否，来向AMF发送相关的N2 SM的信息，以及失败的原因值。

⑥ AMF会将源基站发送的容器和N2 MM/SM的信息通过Handover Request发送到目标基站。目标基站为相对应的PDU会话建立相应的连接资源，并返回到PDU会话在RAN侧对应的N3信息中，然后针对建立成功了的PDU会话，至此在RAN与UPF间的上行传输的路径就建立成功了。

⑦ 如果在建立会话时间接转发了路径，那么SMF和对应的UPF就需要分别地进行交互，建立S-UPF到T-RAN的间接转发路径。S-RAN到S-UPF的路径会在执行的过程中建立。

⑧ AMF获取到需要发送到源基站的信息，其中就包括PDU会话建立的信息、用来转发的S-UPF的信息等。

执行阶段：

执行阶段的主要流程如下：

① 在接收到了AMF关于切换的信息之后，源基站会指示UE进行切换。在UE与新小区同步完成后，UE向目标基站发送切换确认消息，完成空口的切换。此后，基站会告知AMF切换成功。

② 如果T-AMF由于切片的原因而无法支持某些PDU的会话，那么T-AMF会触发PDU会话的释放流程。针对其他的PDU会话，T-AMF则会更新PDU会话在SMF处的信息。

③ SMF和相应的UPF进行交互，然后建立下行数据所发送的通路。

④ SMF要删除对应的间接转发的隧道。

(3) 服务请求流程

服务请求流程的主要目的是，为了在连接状态里的UE能够激活某个PDU的会话，或者可以把在空闲状态里的UE转换为连接状态，并且可以有选择地激活某个PDU的会话，从而可以让它接收下行或者发送上行的数据及信令。

针对网络侧及UE侧发起的业务，服务请求的流程可以进一步地分为：UE侧触发及网络侧触发的服务请求流程。

针对UE侧触发的服务请求流程，如图2-19所示。

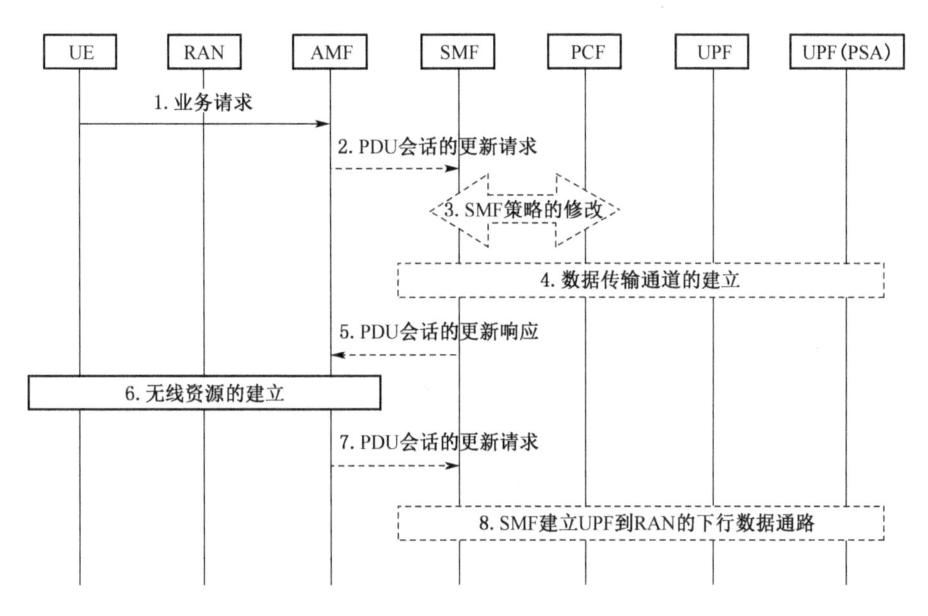

图 2-19 UE侧触发的服务请求流程

第一步:UE 要向 AMF 发送服务请求的消息。服务请求的消息中包含需要激活的 PDU 会话标识和所需要的参数。

第二步:AMF 要根据在本地存储的会话标识和 SMF 的映射关系,来调用所选择的 PDU 会话服务,然后触发会话的更新。

第三步:在 SMF 和 PCF 中,会话管理的策略连接要及时更新,会话策略规则在 PCF 的决策中获取。

第四步:SMF 管理着 UPF 所建立的数据传输通道。SMF 根据是否需要删除旧的 UPF,来确定是否需要建立数据的间接转发通道。

第五步:SMF 要返回会话服务里的响应消息。

第六步:AMF 向 RAN 发送 N2 的请求,在请求中,RAN 要建立无线资源。此后 RAN 通过 RRC 的重配置消息,建立与 QoS Flow 对应的 DRB。

第七步:在获得了 RAN 的返回信息之后,针对每个 PDU 的会话,AMF 会将接收或者拒绝了的 QoS Flow 信息以及 RAN 的 N3 隧道信息,通过会话服务来通知对应的 SMF。

第八步:SMF 建立从 UPF 到 RAN 的下行数据的通路。

如图 2-20 所示为网络侧触发的服务请求流程。

第一步:当 UPF 接收到下行数据的时候,需要根据 SMF 的指示在本地缓存下行数据,并向 SMF 发送数据然后通知消息,或者直接将下行数据发送到 SMF 处。

第二步:当 SMF 接收到 UPF 所发送的下行数据,或者在 UPF 发送的数据通知到消息后,SMF 找到对应数据的 PDU 会话,以及 QoS Flow 的信息。此后,SMF 就能调用 AMF 所提供的 N1N2 消息传输请求服务,传输请求中会包含 QoS 的信息和隧道的信息等。

如果服务请求的流程因为核心网的网元(例如:LMF、SMF、SMSF 等)需要建立和 UE

的 NAS 连接，或者向 UE 发送 N1 消息才能触发，那么，N1N2 消息的传输请求服务中就会包含 N1 的消息。

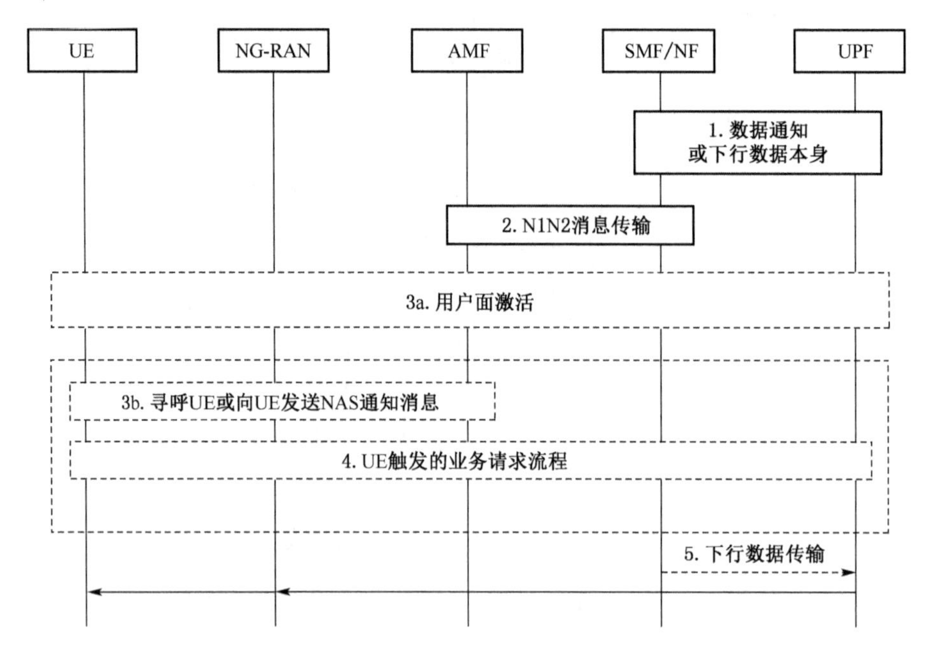

图 2-20　网络侧触发的服务请求流程

第三步(1)：如果此时的 AMF 从 SMF 处接收到了 PDU 会话的标识，而且 UE 对于这个 PDU 会话所对应的接入类型处于连接状态，那么 AMF 就会发起用户面激活的过程。

第三步(2)：如果此时的 AMF 从 SMF 处接收到了 PDU 会话的标识，而且 UE 对于这个 PDU 会话所对应的接入类型是空闲状态，那么 AMF 就可能发起对 UE 的寻呼流程，但如果 AMF 发现，UE 在另一个接入的类型上是连接状态，那么 AMF 就可能通过 NAS 通知的消息来通知 UE 发起服务请求的流程。

第四步：UE 在接收到了第三步(2)的相关消息之后，就会发起 UE 所触发的业务请求流程。

第五步：完成下行数据传输流程。

(4) 接入网的释放流程

接入网的释放流程主要用在释放 AN 和 UE 的信令连接、AN 和 AMF 的 N2 连接以及 AN 和 UPF 间的 N3 连接。此流程可能会由以下原因触发。

① 由 AMF 原因触发：原因可能是 AMF 发生了未知的错误，或者 UE 在空闲状态中进行了注册还不需要激活用户面，又或者 AMF 在本地存储的和注册更新的 UE 相关的计时器到期等。

② 由 NG-RAN 原因触发：原因可能包括 NG-RAN 发生了未知的错误、无线的连接失败、用户面的激活和移动的限制等。

如图 2-21 所示为接入网的释放流程。

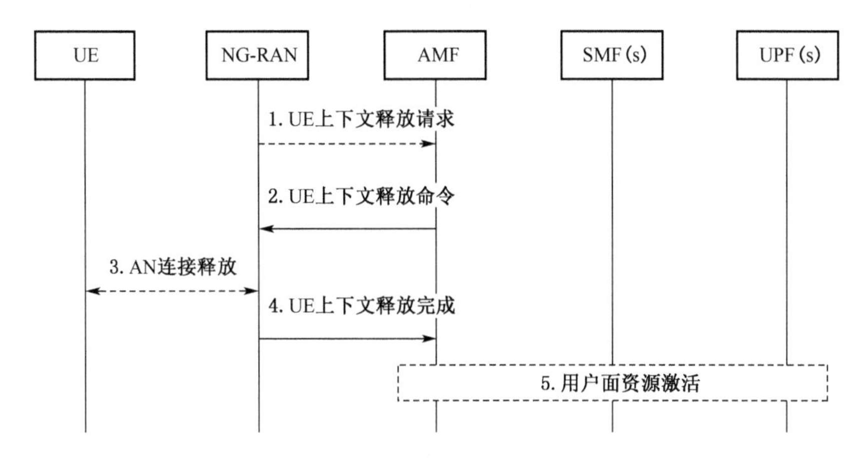

图 2-21 接入网释放流程

第一步:当 NG-RAN 确定需要释放 UE 上下文的时候,NG-RAN 就向 AMF 发送 UE 的上下文释放请求,在请求中包含了 PDU 会话和原因值的 ID。

第二步:当 AMF 向 NG-RAN 发送了 UE 上下文释放命令的消息时,消息中包含了原因值。如果这个时候是 NG-RAN 所发起的释放,那么,第一步中的原因值相同。

第三步:如果 UE 和 NG-RAN 的 AN 连接,现在仍处于由 AMF 决策的 AN 释放,那么 NG-RAN 此时会释放和 UE 之间的 AN 所连接。

第四步:NG-RAN 会通过 AMF 发送 UE 的上下文释放,然后完成消息确认的释放。根据具体的释放原因进行分析,在消息里可以包含 PDU 会话的 ID 和 UE 的位置信息等内容。

第五步:根据接收的 PDU 会话 ID,AMF 和其对应的 SMF 进行交互,能够方便将其对应的用户面的资源激活。

(5) 去注册流程

去注册流程用于 UE 告知网络,它已经不再需要接入 5G 系统,或者由网络告知 UE,UE 也无法再次接入到网络。

具体原因包括 UE 关机和签约的信息改变等。去注册流程中可以分为 UE 所发起的去注册流程、网络发起的去注册流程两类。

如图 2-22 所示为 UE 发起的去注册流程。

第一步:UE 要向 AMF 发送去注册请求的 NAS 消息,在消息中包含了 UE 的 5G-GUTI 和去注册的原因值,还有去注册对应的接入类型等一些信息。

第二步:如果在网络中,UE 建立了与其对应 PDU 会话的接入类型,那么 AMF 就要调用对应的 SMF,用作释放 PDU 会话的服务。此后 SMF 和 UPF 释放交互对应的上下文信息。

第三步:针对 PDU 会话,如果在其中存在动态的策略和计费控制的规则(Policy and Charging Control,PCC),那么 SMF 也要和 PCF 进行交互,以此终结 SMF 和 PCF 针对 SM 策略所关联的关系。

第四步:SMF 调用了 UDM 的去注册和取消订阅的服务,方便在 UDM 中删除 SMF 相

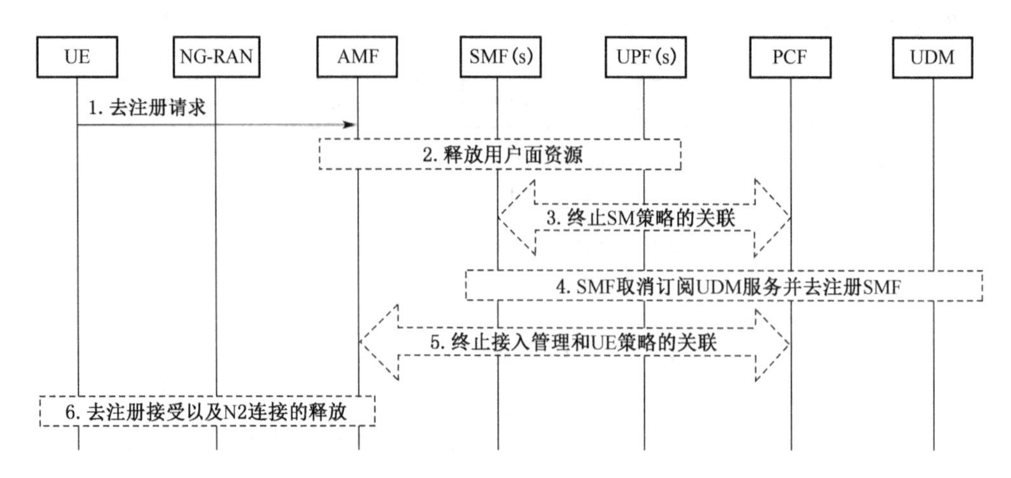

图 2-22 UE 发起的去注册流程

关的信息。

第五步:如果除了要去注册接入的类型以外,针对此 UE 不存在其他的接入类型,那么 AMF 会和 PCF 分别进行交互,用来终结 AMF 和 PCF 针对移动管理和 UE 策略的关联关系。

第六步:根据要去注册的类型,AMF 会向 UE 发送要去注册的消息。如果和对应的 N2 存在连接,AMF 就会将这个 N2 连接进行释放处理。

如图 2-23 所示为网络发起的去注册流程。

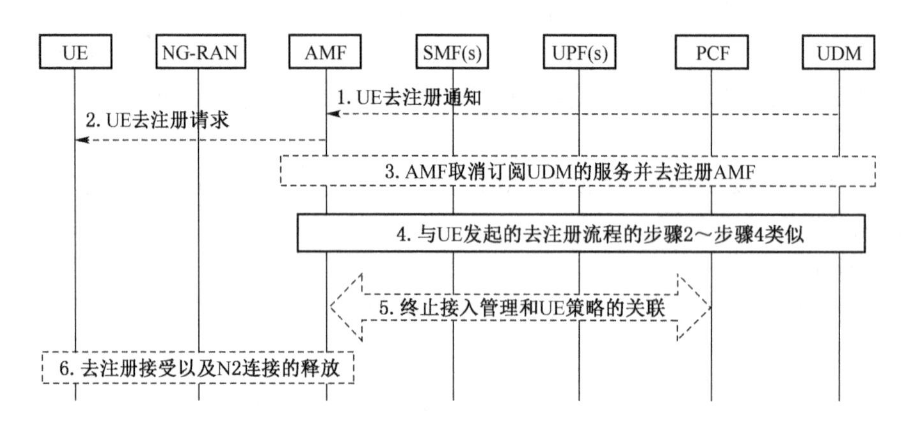

图 2-23 网络发起的去注册流程

第一步:UDM 如果需要删除在 UE 中的注册信息以及 PDU 会话,会通过去注册的通知消息来告知 AMF。消息内包含了去注册的原因值和接入类型等一些信息。

第二步:AMF 要向 UE 发送去注册的请求消息。

第三步:AMF 需调用 UDM 的去注册服务以及取消订阅,在 UDM 中能够删除和 AMF 相关的信息。

第四步:此后 SMF、AMF、PCF、UDM 之间的交互,和 UE 发起的去注册流程的第二步到第四步相似。

第五步:如果除了要去注册的接入类型以外,针对此 UE 不存在其他的接入类型,那么

AMF会和PCF分别进行交互，用来终结AMF和PCF针对移动管理和UE策略的关联关系。

第六步：根据要去注册的类型，AMF可能会向UE发送去注册的接受消息。如果存在对应N2的连接，AMF会将此N2连接进行释放处理。

移动性管理是5G网络针对UE的可移动性及功率受限的特点，用于维护用户的位置来传输数据的基本机制。

除了4G网络已经支持的连接及注册状态管理和相应的转换流程之外，5G网络还要通过引入RRC Inactive状态、MICO模式以及移动性的按需管理等特性，从而能针对不同特点的UE，来支持更加多样化的移动性管理。

2.1.4.2.2 会话管理

5G的会话管理(NAS-SM)，负责为终端和数据网络之间的用户平面建立连接及管理PDU会话。3GPP规范会使会话管理的设计更加灵活，以此支持各种5G的用例，比如，会话管理如何支持不同的PDU会话协议的类型、处理会话和服务连续性的选项如何不同，以及用户平面架构如何灵活。

但由于网络带宽和空口频谱等的限制，网络总传输的资源很有限。为了有效地传输有限的资源，要高效并合理地保障网络，对不同的用户业务流的传输能力，还需要无线网络提供对网络到用户的每一条数据的传输连接控制的能力(其中包括：连接的建立，资源的分配、调整和释放，还有对生命周期的控制)，这样，网络传输资源就能有效地使用。在5G的网络里，这种连接关系就被称为PDU的会话(Protocol Data Unit Session，PDU Session)。

PDU会话是一个比较抽象的概念，表示由UE经过AN和UPF到DN中间的逻辑连接。每个PDU会话都分配有独立的会话标识，还有5G网络管理着PDU会话的释放和建立过程。

为了让5G网络和数据网络之间进行通信，UE首先需要发起建立一个或者多个的PDU会话。在此过程中，网络就要为此PDU会话分配用户面的传输资源，其中包括建立该PDU会话相对应的空口资源和核心网的传输隧道资源，从而才能打通UE到UPF之间的传输通道。

在此之后，用户的报文就能通过此会话相对应的用户面传输资源，在UE和数据网络中间进行传输，并实现流粒度的QoS策略控制。

在一般情况下，每个IP类型的PDU会话都会被分配一个IPv4地址和IPv6的前缀，但是在某些特定的分流场景里，一个PDU会话也很可能被分配多个IPv6前缀。

在4G网络中，类似PDU会话的概念，被称为PDN连接(Packet Data Network)。和4G网络的PDN连接相比，5G的PDU会话则会支持更多的会话类型，从而满足在垂直行业业务中更多场景的会话管理需求。

具体来说，5G网络支持如下五类PDU的会话类型：

第一种：IPv4会话，能用在承载IPv4的协议报文。

第二种：IPv6会话，能用在承载IPv6的协议报文。

第三种：IPv4v6(双栈)会话，能用在承载IPv4或IPv6的协议报文。

第四种：Ethernet(以太网)会话，能用在承载以太网的帧报文。

第五种：非结构化会话，能用在承载非结构化的报文，其中包括非标准化的协议，或者是对于5G网络来说，协议未知的协议报文。

1）会话的用户面协议栈设计

如图2-24所示为5G用于PDU会话传输的用户面协议栈。

在5G网络中，PDU会话里的报文在端到端的传输过程中，需要遵守该协议的栈。根据AN类型的不同，UE和AN之间可以采用接入不同的协议栈。AN和UPF之间，还有UPF和UPF之间的核心网的用户面，要采用GTP-U的协议进行隧道转发。

UE和接入网之间的协议层和核心网GTP-U协议层以上的承载，是UE到锚点UPF的PDU层。

PDU会话还要根据类型的不同，PDU层的具体实现，可以是IPv6协议报文、IPv4协议报文、以太网帧或者非结构化的用户报文。并根据部署的差异，5G-AN和锚点UPF之间还可能存在一个或多个中间UPF(Intermediate UPF, I-UPF)。

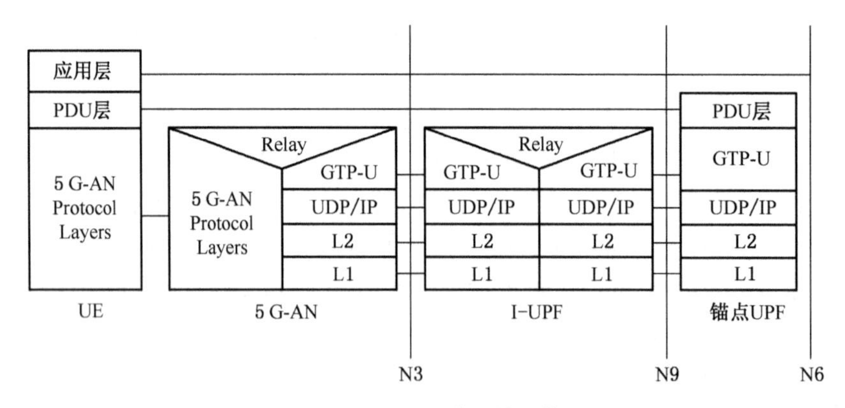

图2-24　5G用户面协议栈

2）会话连续性保障

在4G网络中，PDN的连接总是在一个特定的PDNGW上锚定的，而在PDN连接的生命周期中，与PDN连接相对应的IP地址或者前缀都是保持不变的，用来满足会话的连续性。

为了满足不同应用的业务连续性的需求，5G网络针对PDU会话设计了三种不同的会话和业务连续性模式(Session and Service Continuity mode, SSC mode)。

如图2-25所示为5G里定义的三种SSC mode。

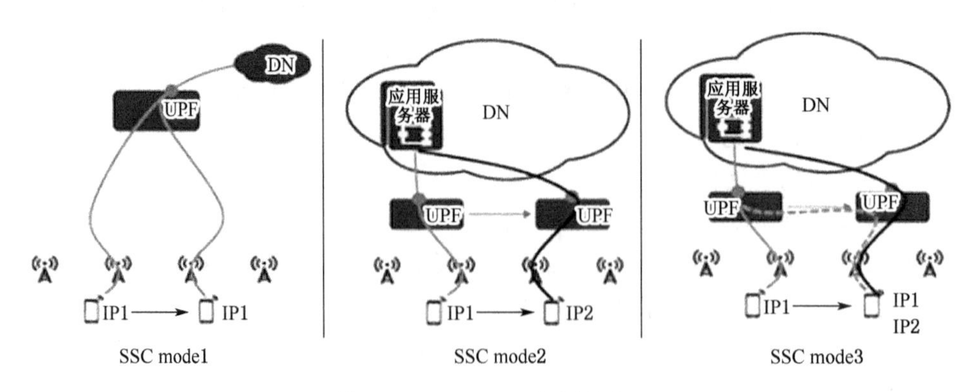

图2-25　SSC mode场景示意图

(1) 在 SSC mode1 模式里的 PDU 会话，能够提供会话的连续性。和 4G PDN 的连接相似，在会话生命周期里，UPF 作为用户面的锚点保持不变，而对于 IP 类型中的 PDU 会话，UE 的 IP 地址或者前缀也都保持不变。一般来说，这种 PDU 会话的锚点，UPF 都会部署在较为集中的位置，主要是应用于 IMS 语音等对连续性有着较高要求的典型业务。

(2) 在 SSC mode2 模式里的 PDU 会话，不能为 UE 保证业务的连续性。因为当网络判断锚点 UPF 是否需要改变时，网络就会触发释放当前的 PDU 会话，然后指示 UE 来建立一个新的 PDU 会话，并且在建立新的 PDU 会话过程中，选择新的锚点 UPF，让新会话的路由路径明显优化。这种 PDU 会话主要是针对网页浏览和具有缓存能力的视频点播，还有允许短暂连接中断的典型业务等。

(3) 在 SSC mode3 模式里的 PDU 会话，能够为 UE 提供业务的连续性服务，但不会提供会话的连续性，和 SSC mode1 不同的是，业务流的锚点 UPF 能够发生改变。网络指示 UE 要建立一个新的 PDU 会话，在新的 PDU 会话建立过程中，本地锚点 UPF 就要选择更为优化的路由。在新的 PDU 会话建立一定时间以后，就会释放旧的 PDU 会话。在这个过程中，UE 的 IP 地址及前缀尽管会发生变化，但是，由于 UE 在任一时刻至少有一个 PDU 会话能接入该 DN，因此，它仍然可以保持业务的连续性。建立 PDU 会话的这种方式，也被叫做“先建后断”(Make-Before-Break)。

PDU 会话中的 SSC mode，在 PDU 会话的生命期内是不会发生改变的。一个 PDU 会话要采用哪种 SSC mode，是由 UE 的请求以及用户的签约、运营商的策略共同确定的，而 UE 上的配置，由运营商所提供的 SSC mode 选择策略决定。

当某一个应用启动的时候，UE 会根据 SSC mode 的选择策略确定与该应用对应的 SSC mode。如果当 UE 现有的 PDU 会话可以满足以上应用的 SSC mode，那么 UE 还能利用现有的 PDU 会话，传输以上应用的数据报文。若不满足，UE 则发起会话的建立流程，然后携带请求的 SSC mode，用来建立满足以上应用 SSC mode 需求的 PDU 会话。

在 SMF 从 UDM 获取到的签约数据里，包括允许的 SSC mode 列表、针对 DN 和单网络切片所选择辅助信息的默认 SSC mode。

当 SMF 收到 UE 发送的会话建立请求时，SMF 会根据以上的信息来判断是否可以接受该会话的建立请求。当 SMF 拒绝了 UE 的会话建立请求时，SMF 会向 UE 发送原因值和允许的 SSC mode。UE 再根据收到的原因值还有允许的 SSC mode，以及 SSC mode 选择策略里面的其他规则，可能会重新尝试请求建立 PDU 会话。当 UE 选择的 SSC mode 不在允许的列表中时，SMF 会选择默认 SSC mode 来作为此 PDU 会话的 SSC mode。

3) *以太网类型会话与非结构类型会话*

在 5G 网络中提供了非结构化的会话类型(Unstructured PDU Session Type)还有传输以太网的会话类型(Ethernet PDU Session Type)数据报文的能力，以此来支持包括工业网络在内的垂直行业的业务场景。对于以太网类型的 PDU 会话，为了更加支持以太网帧的传输，锚点 UPF 和 SMF 就需要扩展支持以下功能：

(1) 锚点 UPF 要检测 UE 发出的上行以太帧里的源地址，也就是 UE MAC 地址。

(2) SMF 需要指示 UPF 所上报 PDU 的会话中所使用的 UE MAC 地址。

(3) 若锚点 UPF 接收到了下行 ARP 或者 IPv6 邻居请求(Neighbour Solicitation)，此

时，为了避免把这个消息广播给所有的UE，锚点UPF能够基于本地的缓存信息(即UE IP与UE MAC的映射关系)，来应答上述的请求消息，或者将ARP的报文转发到SMF进行处理。

在N6的接口上，运营商的配置，确定了以太网帧的转发方式：

(1) 当锚点UPF接收到了下行的以太网帧时，如果PDU的会话和N6接口是一对一的对应关系，那么N6的接口就可以通过专用隧道实现。在这种场景下，锚点UPF只需要转发以太帧而不用感知UE MAC地址。

(2) 当锚点UPF接收到了下行的以太网帧时，如果PDU会话和N6接口是多对一的对应关系，那么锚点UPF就需要感知UE MAC地址，以此来确定下行的以太网帧所对应的PDU会话，并且通过此PDU会话，将以太网帧发送到UE中。

对于非结构化类型的PDU会话，N6接口可以采用点对点的隧道传输数据。以使用了基于UDP或IPv6封装的点对点隧道为例，非结构化类型的PDU会话，其实现数据传输的过程如下：

(1) SMF为PDU会话分配IPv6前缀。该IPv6前缀仅用于在N6接口执行隧道转发并用于标识下行报文所对应的PDU会话，因而不需要通知UE。

(2) UPF作为UE和DN中间的透明转发节点，对于上行的非结构化报文，锚点UPF为其封装IPv6前缀，并通过N6的隧道将它转发到DN。对于下行的非结构化报文，它的目的IP就要和PDU会话的IPv6前缀对应，UDP端口号为3GPP定义的UDP端口号。锚点UPF对接收到的报文解封装，根据IPv6前缀确定该下行报文对应的会话，然后通过该PDU会话转发至UE。

在应用启动的时候，UE会根据会话类型而选择策略，确定应用所对应的会话类型。基于应用所对应的会话类型，UE就能判断是否已经存在或满足该应用的会话类型中现有的PDU会话。如果存在，UE就需要重用现有的PDU会话，传输此应用的数据报文即可；否则，UE会发起会话建立流程，并携带请求的会话类型，以此建立满足上述应用会话类型中的新PDU会话。SMF会根据本地的策略和UE签约的信息来确定是否接受该请求的会话类型。

4) 会话管理的关键流程

(1) 会话建立流程

PDU会话(或简称“会话”)就是建立流程为UE创建了一个新的PDU会话，并分配UE和锚点UPF之间端到端用户面的连接资源。

如图2-26所示为PDU会话建立的流程。

由于移动性管理和会话管理采用分离的设计，5G网络里的UE在第一次注册网络的时候，并不能直接完成会话的建立，而是要由UE在注册完成后，按需触发会话才能建立。当应用发起了网络通信的时候，UE会根据应用相对应的URSP规则或者本地配置来决定是否需要触发下述的会话建立流程，来为应用建立端到端的用户面传输资源。

第一步：UE向AMF发送会话建立的请求消息。会话建立的请求消息中，包括了会话类型、会话标识、DNN、S-NSSAI、SSC mode等会话需建立的参数。UE还可以根据应用所对应的URSP规则，来确定以上会话在建立请求消息时部分的请求参数。

第二步：SMF的选择。AMF会根据DNN和S-NSSAI以及签约数据等，为会话选择合适的SMF。对于UE在同一个DN及切片里建立的多个会话请求来说，AMF会尽量选择一样的SMF，来减少为同一个UE服务的SMF的数量。

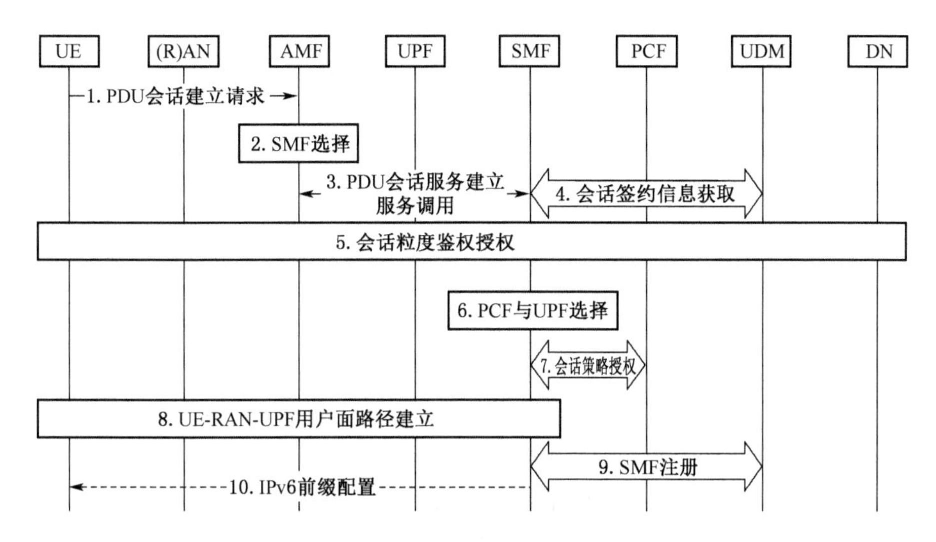

图2-26 PDU会话建立流程

第三步：AMF要调用选择的SMF会话服务，以此触发会话的建立。

第四步：SMF会从UDM中获取到会话管理的签约数据，其中包括用户允许的SSC mode、默认会话参数值、会话类型以及签约中会话聚合最大的比特率等信息（Session Aggregate Maximum Bit Rate，Session-AMBR）。

第五步：SMF和DN中的第三方鉴权的授权计费服务器，也就是认证、授权和计费，可对会话进行二次的鉴权和授权。

第六步：SMF会为该会话选择PCF和UPF。

第七步：SMF和PCF要建立会话管理的策略连接，并获取会话策略的规则。

第八步：SMF要建立UE、AN和UPF之间的端到端用户面的连接。在此过程中，SMF要通过AMF和AN向UE发送会话以此建立接收消息，其中包含选择的SSC mode、S-NSSAI、选择的会话类型及DNN等。

第九步：SMF要向UDM进行注册，UDM会记录该会话所对应的SMF标识。

第十步：SMF要为UE分配IPv6的前缀。当会话类型是IPv6或者IPv4v6时，SMF就会生成RA消息，为该会话携带所分配的IPv6前缀，再通过用户面发送到UE。

(2) 会话修改流程

如图2-27所示为会话修改的流程，在4G中，关于PDN连接的修改是按照承载的粒度进行的，其中包括专有的承载激活、承载的修改以及承载去激活的流程。和4G不同的是，5G里的会话修改是按照QoS Flow的粒度进行的。通过会话修改的流程，网络能够执行会话中QoS Flow的增加、修改和删除。

第一步：PDU会话的修改可能会由多种不同的事件触发，其中包括：

① UE的触发，比如UE请求的增加、删除及修改QoS Flow。

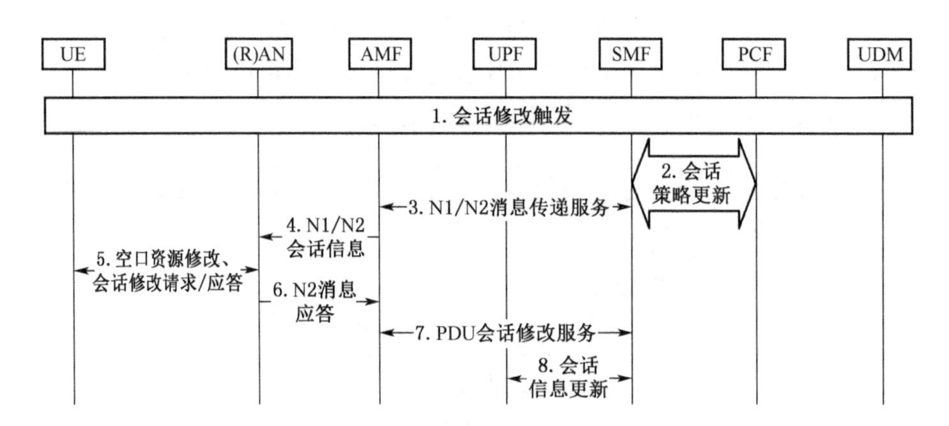

图 2-27　会话修改流程

② PCF 的触发，比如 PCF 基于内部或者外部状态的修改而发起策略的更新。

③ UDM 的触发，比如跟会话相关的签约数据会发生更新。

④ SMF 的触发，比如 SMF 基于本地的策略触发修改、增加和删除 QoS Flow。

⑤ AN 的触发，比如当 AN 在判断某些 QoS Flow 的 QoS 特性，而无法被满足或者可以重新满足的时候，AN 也可以通过发起会话的修改流程来通知网络。

第二步：如果会话的修改导致了 SMF 需要重新请求会话的策略时，那么 SMF 和 PCF 之间就要更新会话管理策略。

第三步：SMF 调用 AMF 的 N1 或者 N2 消息来传递服务，将更新的 N1 还有 N2 接口的会话信息发送给 AMF。其中，N1 的会话信息中包含了发送给 UE 的 QoS 规则，N2 的会话信息中包含了发送给 AN 的 QoS 配置文件。

第四步：AMF 将通过 N2 的消息、从 SMF 中获取的 N1 或 N2 的信息发送给 AN。

第五步：AN 会根据接收到并更新的 QoS 参数，发起空口资源的修改流程，然后更新此次会话的修改所涉及的空口资源。与此同时，如果 AN 从 SMF 接收到了 N1 消息，AN 就将该 N1 消息发送给 UE。

第六步：AN 向 AMF 发送 N2 的应答消息，其中包含接收的 QFI 列表及拒绝的 QFI 列表。

第七步：AMF 会调用 SMF 会话更新的服务，并将从 AN 获取的信息发送到 SMF。

第八步：若需要，SMF 会通过 N4 接口，将新的会话信息（比如更新了的 QoS 参数）更新到 UPF 中。

（3）会话释放流程

PDU 会话的释放流程用于释放会话相关的传输资源，如图 2-28 所示。

第一步：和 PDU 会话修改的流程类似，释放 PDU 会话也会由多种不同的事件触发，包括：

① UE 会发起 PDU 会话的释放。

② PCF 会根据策略而发起 PDU 会话的释放。

③ AMF 的发起。AMF 可以在 UE 上维护的会话状态与 AMF 上维护的会话状态不同步时触发。

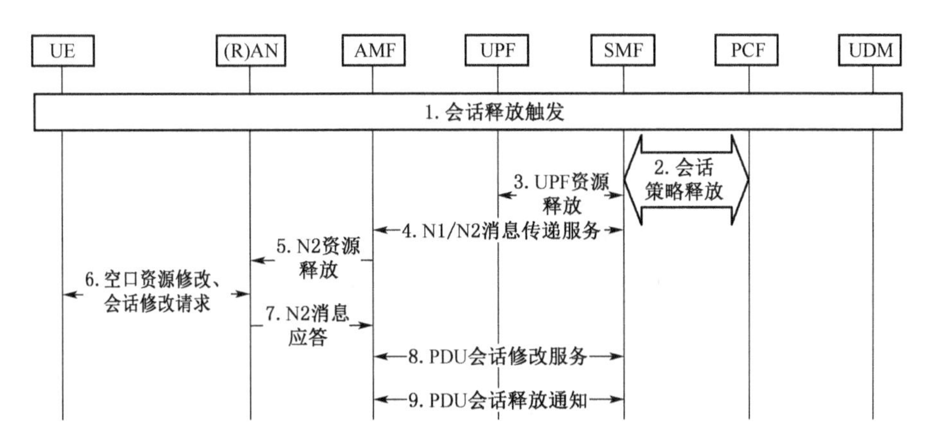

图 2-28 会话释放流程

④ AN 的发起。当 AN 上 PDU 会话的相关资源都被释放时，例如 PDU 会话的所有 QoS Flow 都被释放，AN 会发起 PDU 会话释放流程。

⑤ SMF 的发起。若 SMF 收到了 DN－AAA 的授权终止请求和 UDM 的签约更新请求以及本地配置的策略触发等，SMF 也会发起 PDU 会话释放的流程。

第二步：如需要，SMF 会发起和 PCF 的会话管理策略的释放。

第三步：SMF 通过 N4 的接口释放在 UPF 上的会话资源。

第四步：SMF 会调用 AMF 的 N1 或 N2 的消息传递服务，将 N1 或 N2 接口的会话释放消息发送到 AMF。

第五步：AMF 将通过 N2 的消息、从 SMF 中获取的 N1 或 N2 的信息发送给 AN。

第六步：AN 将会话释放的请求消息发送到 UE，该 PDU 会话分配的空口资源也被释放。

第七步：AN 向 AMF 发送 N2 的应答消息。

第八步：AMF 调用 PDU 会话的更新服务，把从 AN 接收到的应答消息发送到 SMF。

第九步：SMF 将 PDU 会话释放的通知发送给 AMF，然后释放 AMF 上的会话相关的绑定关系。

(4) 会话的选择性去激活流程

PDU 会话选择性的激活和去激活是 5G 中新引入的特性。对于已经建立的 PDU 会话，5G 网络可允许选择性地去激活某个 PDU 会话的用户面连接，也就是释放该会话的空口资源以及 N3 隧道的连接，但是要同时保持 SMF、AMF、PCF 等网元之间控制面的信令连接。

PDU 会话中的选择性去激活流程，如图 2-29 所示。

第一步：PDU 会话的去激活可能会由以下事件所触发，包括：

① 在切换的流程中，由于目标 AN 拒绝了某 PDU 会话里的所有 QoS Flow，导致此 PDU 会话切换失败。

② 对于要访问 LADN 的 PDU 会话，AMF 会向 SMF 发送通知，并告知 UE 已经移出了 LADN 的服务区域。

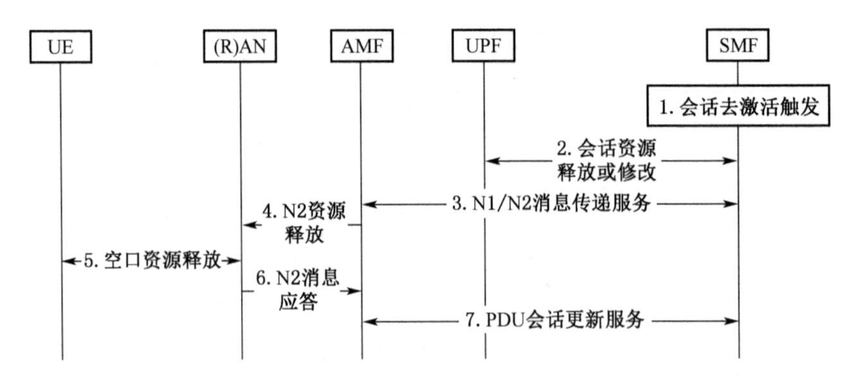

图 2-29　会话的选择性去激活流程

③ AMF 向 SMF 发送通知，告知 UE 已经移出了允许区域(Allowed Area)。

第二步：SMF 通过 N4 的接口，释放或者修改 UPF 上的会话资源。

第三步：SMF 调用 AMF 中 N1 或 N2 的消息来传递服务，再将 N2 接口的会话释放消息发送给 AMF。

第四步：AMF 将通过 N2 的消息及从 SMF 中获取的 N2 的信息发送给 AN。

第五步：AN 会释放该会话所对应的空口资源。

第六步：AN 向 AMF 发送 N2 的应答消息。

第七步：AMF 调用 PDU 会话的更新服务，将从 AN 所接收到的应答消息发送给 SMF。

对于去激活的会话，能通过 UE 或者网络所发起的服务请求流程来激活 PDU 会话。该过程和 4G 里的 UE 或者网络发起的服务请求流程相同。不同点在于，在 5G 中可以实现选择性地激活某个或某几个 PDU 会话，但 4G 中 UE 只能激活所有 PDN 用户面的连接。

(5) 会话的二次鉴权流程

在 PDU 会话建立的过程中，UE 在 DN 网络里的身份可以由运营商或者第三方所部署的 DN - AAA 来进行 PDU 会话粒度的认证或授权。SMF 会根据本地策略来判断能否对 PDU 会话的建立进行认证或授权。如果 PDU 会话认证及授权失败，那么 SMF 会拒绝 PDU 会话的建立流程。

PDU 会话的二次认证或授权的流程，如图 2-30 所示。

步骤一：SMF 根据需要选择 UPF，并建立 SMF 和 DN - AAA 之间的路径。

此 UPF 只是用在 SMF 和 DN - AAA 之间的信息转发，可能和 PDU 会话的锚点 UPF 不同。当 DN - AAA 处于 5G 网络中时，SMF 也会和 DN - AAA 直接通信。

步骤二：SMF 向 DN - AAA 发送鉴权或者授权的请求。

步骤三：DN - AAA 和 UE 通过 SMF 进行 DN 的鉴权过程。SMF 通过调用 AMF 的 N1 或 N2 的消息传递服务，然后将这部分的鉴权消息用 NAS 消息的方式在 UE 和 SMF 之间传递。

步骤四：鉴权通过之后，DN - AAA 就向 SMF 提供授权的数据(DN Authorization Data)，以及 PDU 会话中的 IP 地址或 IPv6 前缀。

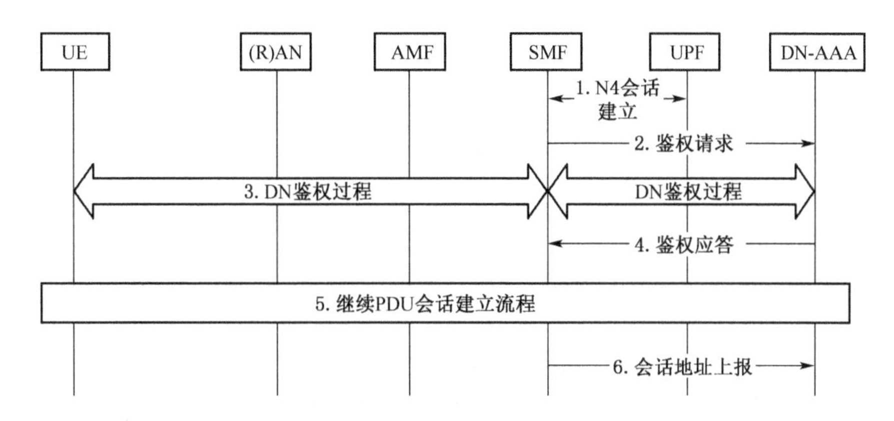

图 2-30 PDU 会话的二次认证或授权的流程

授权数据至少要包括下面的一个：

① DN Authorization Profile Index，用来获取 SMF 或者 PCF 上本地配置的策略还有计费的控制信息。

② 对于以太网的会话，其中还包括会话允许的 MAC 地址列表以及允许的 VI AN 标志。

③ DN 授权的会话聚合最大比特率(Aggregate Maximum Bit Rate，AMBR)。

步骤五：SMF 要继续后续的 PDU 会话建立流程。

步骤六：在会话建立完成后，根据 DN－AAA 的订阅指示，SMF 就能将会话里的 N6 路由信息、IP 地址以及 UE MAC 地址等，通知给 DN－AAA。从而 DN－AAA 在任何时候，都能发起对会话的重认证、撤销以及更新 PDU 会话的授权。最后 SMF 根据 DN－AAA 的请求，释放或者更新 PDU 的会话。

会话管理是 5G 网络控制用户报文传输的基础机制。5G 的会话管理，在继承 4G 会话管理机制的基础上，可进一步增强业务及多种会话类型，还有会话连续性的支持能力模式，用来支持更加多样化的业务类型，其中包括垂直行业的业务。此外，5G 的会话管理和移动性管理也进行了分离式设计，可以用来支持更加灵活的网元功能的部署。

2.1.4.2.3 服务质量

在 2021 年 9 月 14 日，中国联通研究院和广东省分公司，携手合作伙伴发布了《中国联通两级结构演进到集中式单元(Centralized Unit, CU)BE－Net 3.0：5G 确定性服务质量保障体系白皮书》。2021 年初，中国联通就发布了两级结构演进到集中式单元(Centralized Unit, CU)BE－Net 3.0 新型的数字基础设施计划，并明确地提出要全面推动网络从提供“尽力而为”的连接向提供内生确定性服务转变的理念。白皮书就基于这个理念进一步地，从网络能力到业务感知，再到应用服务以及服务保障这“四个层面”提出了构建 5G 确定性服务质量的保障体系的目标愿景及架构，并且针对各层面还提出了核心技术的发展和关键能力的建设方向，其中包括：

① 通过网络切片、DetNet、URLLC 以及 5G＋TSN 等一些网络技术及专属网络资源，形成能够提供更加确定及稳定的时延、带宽、可靠性还有安全隔离等多维度的确定性指标

的网络能力。

② 通过业务或者资源感知和监控、KPI评估、智能决策和配置，以及自动化和定位等一些技术来增强网络和业务的协同感知，提供确定性的业务能力。

③ 通过快速业务订购、自动建模以及业务灵活性和网络指标的转化体系，并且结合能力开放等一些手段来满足差异化的需求，以此提供实现高效满足各行业中不同应用场景的、确定性应用服务的能力。

④ 通过构建流程的标准化，包括组建服务保障团队、现场保障和远程代维等一些流程，以此提供确定性服务的保障能力。

在服务质量(Quality of Service，QoS)中，描述了一组服务的需求，网络必须满足这些需求，才能确保数据在传输中的适当服务级别。5G网络需要支持多样化的差异化业务传输，比如视频、网页浏览，移动支付、工厂自动化控制等，这些不同的业务，所需要的服务质量也是不同的。例如，在视频业务中需要较大的带宽，但自动化的控制业务，一般则需要较高的可靠性和较低的时延。

5G网络基于QoS框架，运营商能针对不同的业务而提供不同的QoS保证。

1) QoS框架

在5G网络里，服务质量流(QoS Flow)是在PDU会话中能够进行端到端的QoS控制的最细粒度。每个QoS Flow在使用服务质量流标识(QoS Flow Identifier，QFI)的时候，在一个PDU会话中QFI是唯一的。而在一个PDU会话中，具有相同QFI用户面的数据包，在传输时的处理方式(比如调度和准入门限)也是相同的。5G网络的QoS框架，如图2-31所示。

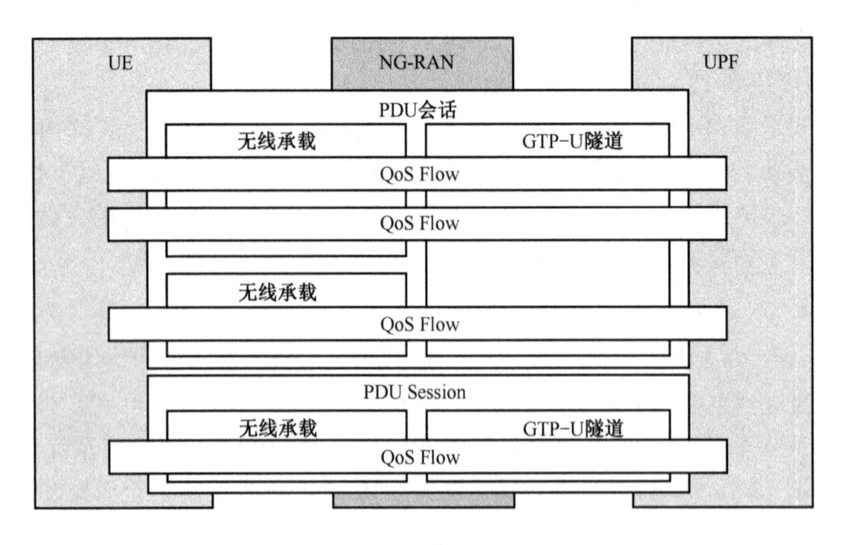

图2-31 5G网络的QoS框架

在5G中，每一个UE可以建立一个或者多个PDU会话。在每个PDU会话中，至少存在一个QoS Flow。在3GPP接入的情况下，NG-RAN会为每个PDU会话建立一个或者多个无线承载(Radio Bearer)，其中包括一个默认的无线承载，而每个无线承载，只能服务于一个PDU会话。无线承载是在空口分组处理中的最小粒度，每个无线承载会为报文转发提供相同的处理。NG-RAN需要为不同的报文转发处理QoS Flow建立单独的无线承载，也能将属于同一个PDU会话里的多个QoS Flow绑定到同一个无线承载中。

对于非结构化的PDU会话类型来说，每一个非结构化类型的PDU会话，只能支持建立一个QoS Flow。而每个QoS Flow都和以下三种信息互相关联，用来实现端到端的QoS控制：

(1) SMF给AN提供QoS的配置文件(QoS Profile)。

(2) SMF给UE提供一个或者多个QoS规则(QoS Rule)以及QoS Flow级的QoS参数。

(3) SMF给UPF提供一个或者多个上行和下行报文的检测规则，以及所对应的QoS执行规则。

2) QoS参数

(1) QoS Flow粒度的QoS参数

5G QoS框架，支持保证带宽的QoS Flow和非保证带宽的QoS Flow。对GBR QoS Flow而言，网络需要预留资源来保证其带宽，但对于Non-GBR QoS Flow是不需要预留资源的。

QoS Flow中的QoS控制，主要是由和它关联的QoS参数确定的。

不同类型QoS Flow的QoS参数，见表2-8。

表2-8 不同类型QoS Flow的QoS参数

QoS Flow类型	QoS参数
Non-GBR QoS Flow	5QI、ARP、RQA(可选)
GBR QoS Flow	5QI、ARP、GFBR、MFBR、Notification Control(可选)，Maximum Packet Loss Rate(可选)

说明：
(1) 5QI：5G QoS Identifier，即5G服务质量标识。
(2) ARP：Allocation and Retention Priority，即分配与预留优先级。
(3) RQA：Reflective QoS Attribution，即反射QoS属性。
(4) GFBR：Guaranteed Flow Bit Rate，即保证流比特率。
(5) MFBR：Maximum Flow Bit Rate，即最大流比特率。
(6) Notification Control：通知控制。
(7) Maximum Packet Loss Rate：最大丢包率。

(2) 聚合的QoS参数

除了之前介绍的QoS Flow级别的QoS参数外，网络还定义了聚合级别的QoS参数来对资源进行使用控制。其主要目的就是限制用户可以使用最大的带宽。

UE聚合的最大比特率(UE Aggregate Maximum Bit Rate，UE-AMBR)，能限制一个UE里的所有Non-GBR QoS Flow聚合的带宽，RAN会根据Session-AMBR来签约UE-AMBR或者PCF所提供的UE-AMBR计算并且进行控制。

Session-AMBR会限制一个特定的PDU会话中的所有非GBR QoS Flow聚合的带宽。其中，UE负责控制上行的Session-AMBR，锚点UPF负责控制下行的Session-AM-

BR并验证上行的Session-AMBR。对于有多个锚点的PDU会话来说，上行和下行的Session-AMBR都汇聚在多个锚点UPF上进行控制，同时下行的Session-AMBR，在锚点UPF中也会进行控制。

2.1.4.2.4 策略控制架构

策略控制的架构，在整个通信网络架构中是“神经中枢”，用来制定各种复杂的策略决策。随着业务类型越来越丰富，这个神经中枢也变得越来越发达。从早期的计费和QoS的控制等，逐渐引入了业务流接入技术中的控制和业务链的控制功能。在5G网络里，又进一步增加了对UE策略和接入与移动性管理的控制策略。

5G网络策略的控制分类，如图2-32所示，其中主要分为，接入和移动性管理的策略控制、UE的策略控制和会话的策略控制三大类，这三类策略就由PCF分别提供给UE、AMF和SMF来进行具体的执行。

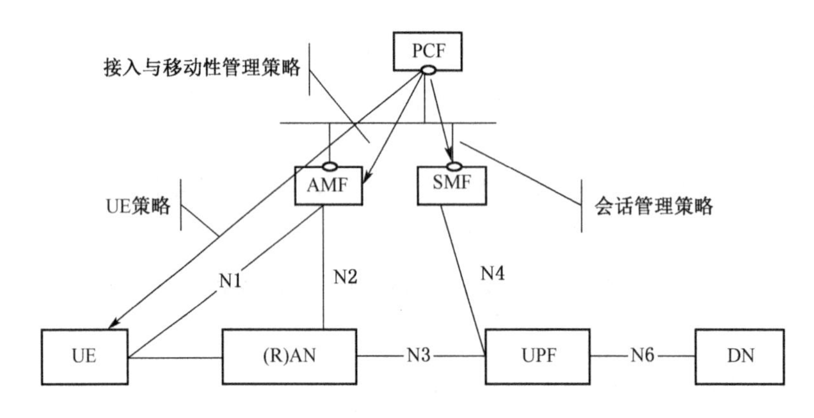

图2-32 5G网络策略控制分类

2.1.4.2.5 语音

数据业务虽然驱动了5G的演进，但是语音业务在运营商这里，是重要的业务之一。和部署4G网络一样，5G的商用部署，首先也要确定如何提供语音业务。

考虑到4G基于LTE的语音业务(Voice over LTE，VoLTE)或IP多媒体的子系统(IP Multimedia Subsystem，IMS)均已商用部署，为了实现语音业务的平滑演进，5G语音方案的重点是，考虑如何基于已部署的4G VoLTE或IMS网络加以演进。从长远角度来看，VoNR对5G语音方案来说，是唯一的终极解决方案。但是，不同的运营商也需要根据自身网络的特点，在不同的发展阶段中，选择所对应的语音解决方案。语音解决方案如下：

(1) EPS Fallback方案(4G支持VoLTE，5G不支持VoNR)：考虑到5G在早期部署时，会暂时无法支持VoNR，和4G语音的解决方案相似，需要考虑如何退回到已部署的4G VoLTE，然后快速提供5G的语音服务，这就是EPS Fallback方案。

(2) VoNR方案(4G支持VoLTE，5G支持VoNR)：考虑到5G的覆盖需要经过一段时间才能到达或者超过4G的覆盖，还需要支持VoNR以及VoLTE的相互操作，以此来确保语音业务的连续性。VoNR语音呼叫的建立流程和VoLTE UE语音呼叫的建立流程基本一样，都只需要将4G网络中的eNB和演进型分组核心网(Evolved Packet Core，EPC)替换成5G网络里的NG-RAN和5GC就行了。

(3) VoNR+3G的单一无线语音通话连续性(Single Radio VoiceCall Continuity, SRVCC)方案(4G不支持VoLTE或者4G还未部署,5G不支持VoNR):考虑到少量的未部署4G VoLTE或者还未部署4G的运营商,希望通过3G的电路域来提供语音的连续性,可能会需要考虑VoNR和3G网络电路域的相互操作。

如果5G网络支持VoNR或者EPS Fallback,那么UE就能通过5G网络在IMS上进行网络注册的流程,否则UE就会在4G或者2G、3G上进行网络注册。

2.1.4.2.6 融合组网及互操作

由于在5G网络部署的初期5G网络覆盖不完善,此时需要4G网络的覆盖来补充数据业务的覆盖,以此保障用户业务的连续性,因此,5G的融合组网和互操作,是运营商在部署5G网络时,需要重点考虑的问题之一。

5G融合组网及互操作主要包括5G融合组网及互操作架构、有N26接口场景下的互操作过程和无N26接口场景下的互操作流程。5G融合组网以及互操作方案作为保障5G业务连续性的重要手段,按照AMF网元和MME网元之间是否存在N26接口,总体上能分为两大场景:

(1) 在支持N26接口的情况下,UE只能执行单注册。

(2) 在不支持N26接口的情况下,UE既可以执行单注册,还可以执行双注册。

在5G的Rel-15和Rel-16阶段中,5G只支持和4G之间的相互操作,而不支持和2G、3G之间的相互操作。

2.1.4.3 服务化架构

下一代移动网络(Next Generation Mobile Networks, NGMN)组织并发布的5G白皮书中,对于5G网络的部署和运维以及管理提出了许多要求。其中有一点是:5G网络需要提供灵活、高效且快速地引入新业务及新技术的能力,来适应未来的市场需求。

一种新业务的引入,通常会要求网络能支持新的能力。运营商要在网络中构建这种新能力,可能会部署新的设备,也会将现有的网络能力整合,从而形成新能力,后面一种对于运营商来说,显然更为经济。因此,网络功能的定义与粒度能否足够灵活并通过现有的功能来灵活整合,以此实现新的网络功能,才是5G网络架构设计中的重要关注点。

5G系统为用户提供了不同业务的接入服务。从网络视角看,接入服务包括了多方面的属性,比如安全认证、移动性以及连接的可靠性等,每一种接入的属性对应着5G系统的某一种功能模块。比如:在移动过程中,用户如何保持业务的不中断,并依赖于网络移动性和会话管理功能。

为了实现5G架构的灵活且可扩展,就需要将5G系统里的整体功能,合理地拆分成若干的功能模块,并用功能模块的粒度来部署。这些从5G讨论的一开始就成了众多运营商的共识。回顾4G网络的核心网(EPC)架构来看,网元功能的组合复杂,而且存在功能重叠,无法做到为某一种特定的业务类型,来定制控制功能的组合。

所以,所有不同的业务,将共同用一套逻辑控制的功能,众多控制功能里的紧耦合性和网元间接口的复杂性会给网络运维业务的上线带来很大的困难,其灵活性不能够支撑5G

时代的多业务场景。

关于5G核心网架构的讨论，在初期有一个概念就被一直提到：Cloud Native，它的意思是指，充分利用云基础的设施及平台服务，能在云环境下构建、运行及管理云化软件的新的系统实践范式，并且在IT行业里已经有了诸多的商用案例。基于Cloud Native的电信云化网络，有几大关键技术：微服务解耦、无状态设计及轻量级的虚拟化和生命管理周期的自动化。其中，“微服务解耦”是将某种系统的功能定义成“服务”，而在服务之间能够互相解耦。每一种服务都可以单独部署，且方便扩容，业务简单，同时还能够通过灵活的组合，来帮助新业务快速上线。由此可以看出，“微服务解耦”的理念是非常贴近网络功能模块化的思想的。

5G核心网的架构，借鉴了“微服务解耦”的设计原则，并将5G网络里的移动性和会话管理业务功能，设计成独立的功能模块，在模块之间彼此弱耦合，再基于开放的应用程序接口(Application Programming Interface，API)，以服务化的方式通信，用服务治理的框架进行服务模块的注册、发现和编排管理，通过服务化的模块灵活组合并独立升级，支持新业务快速上线。

5G网络的核心网控制面是基于服务的架构。5G网络中定义了若干种网络功能(Network Function，NF)，而每一种NF的“能力”会通过服务的方式对外呈现。具体来说，NF会通过服务化接口，向任何允许使用这些服务的其他NF来提供服务，每一种NF都可以对外提供一种或者多种服务。

5G服务化架构的模型，如图2-33所示。

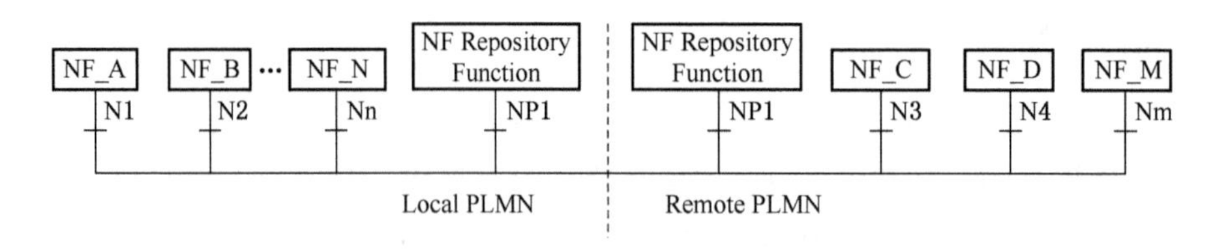

图2-33 5G服务化架构模型

1）服务化架构的重要概念

(1) 网络功能，NF (Network Function)。

(2) NF服务，NF service。

(3) NF服务操作，NF service operation。

(4) NF服务使用者，NF (service) consumer。

(5) NF服务提供者，NF (service) producer。

一个完整的“服务”方法可以表示为：Nnf type(网元类型)- NF service(服务名称)- NF service operation(服务操作)。比如，NRF提供的NF Management service，其中的一个服务操作就为“NF Register”，完整的表示为“Nnrf - NF Management - NF Register”。

2）服务化架构的接口协议

服务化架构接口的协议栈，如图2-34所示。

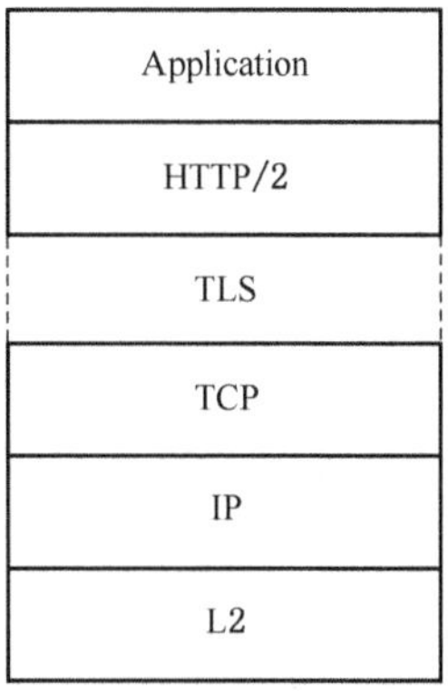

Application
HTTP/2
TLS
TCP
IP
L2

图 2-34 服务化架构接口的协议栈

在应用层(Application)中采用的是JSON协议,遵从了IETF RFC 825910,并能扩展支持3GPP定义里的参数。

在应用层之下的是HTTP/2协议,遵从IETF RFC 754011。

在传输层协议中的是传输控制协议(Transmission Control Protocol, TCP),能支持安全传输层协议(Transport Layer Security, TLS)安全加密。5G网络要求在NF之间通信,必须有加密的措施,如果在网络中没有采用其他的安全机制,那么必须使用TLS来对消息进行加密传输。

总之,服务可以基于虚拟化的平台进行快速地部署和弹性地扩缩容。

2.1.4.4 网络切片

网络切片是5G网络架构需引入的关键特性之一,所以对于5G网络的架构设计、部署形态以及商业模式都存在着深层次的影响。

5G网络切片是在需求和技术的共同驱动下所产生的。

从需求角度来说,5G网络的目标市场包括:海量物联网(mIoT)、增强移动宽带(eMBB)以及超高可靠的低时延通信(URLLC)等一些差异化的业务。这些场景对于网络功能的实现还有部署都提出了差异性很大的需求,若采用传统的单一网络,会很难同时适应各种不同的用例,若部署在多个独立的物理网络,那么运营商部署成本会大大增加。因此,为了能够基于统一的硬件平台,来支持各种不同多样化的用例,5G网络需要在支持硬件资源的共享基础上实现对功能、业务、传输、安全及运维等多维度的逻辑隔离。

从技术演进的角度来说,虚拟化、云计算和软件化的演进方向越来越明确,已经成了5G网络设计中的重要基础技术。网络功能的虚拟化(NFV)和软件定义网络(SDN)的逐渐普及能为网络功能的模块化、组件编排和管理、网络资源的动态配置及高效调度提供很强大的技术支撑。

因此,在网络统一的基础设施上,为了让不同的应用场景能提供相互隔离的网络环境,并且按照各自的需求灵活地定制网络功能及特性,能够切实保障不同业务的QoS需求,由此,5G网络切片应运而生。

1）网络切片的定义与标识

一个网络切片里，包括了传输网、接入网及核心网等完整逻辑网络功能。

网络切片是利用网络中的存储、计算、传输等相关资源和功能来进行隔离的技术手段。不同的网络切片可能会部署在不同的功能网元（比如安全管理、计费管理、策略控制管理、移动性管理等），以此实现不同的性能要求（比如移动性、时延、速率、可靠性等），或者对特定用户群提供支持（比如漫游用户、政府职员、虚拟运营商等）。

一个网络切片是由 S－NSSAI 来标识的。其中的 S－NSSAI 包括 SST 及 SD 两部分。

（1）Slice/Service Type（SST）是切片或业务类型，用来描述切片在特性和业务中的特征，比如 URLLCe、MBB 类型等。

（2）Slice Differentiator（SD）是切片差异化的标识。这是一个可以通用的标识，用来区分具有相同的 SST、特征不同的网络切片。有一种典型的使用场景是 SD 能表示用于该切片所属的租户。

为了实现在漫游的场景下，不同的运营商对于用户的网络切片需求的理解一致，就有必要定义一些标准化的网络切片的类型值，见表 2-9。典型的 3GPP 标准化网络切片的类型就有 URLLC 切片、eMBB 切片、V2X 切片和 mIoT 切片。

表 2-9　标准化切片类型

切片/业务类型	SST 值	特性
eMBB	1	支持传统的移动宽带业务及其增强
URLLC	2	支持超低时延高可靠业务
mIoT	3	支持海量物联网终端业务
V2X	4	支持 V2X 业务

若一个 S－NSSAI 里只包含了标准化的 SST，则该 S－NSSAI 就可以标识一个标准化的网络切片。若一个 S－NSSAI 能同时包含 SST 和 SD，或只有非标准取值的 SST，则该 S－NSSAI 就可以标识一个非标准化的网络切片。所以，标准化的 S－NSSAI 能适用于所有的 PLMN，而非标准化的 S－NSSAI 在 PLMN 内部只能唯一标识一个网络的切片。

多个网络切片用网络切片选择辅助信息（Network Slice Selection Assistance Information，NSSAI）作为标识，NSSAI 即是一组 S－NSSAI 的集合。5G 网络里的 NSSAI，可以是 Requested NSSAI（UE 请求中接入的网络切片的集合）和 Allowed NSSAI（在网络中允许 UE 接入的网络切片集合）等。

5G 网络中，除了网络切片还引入了网络切片实例的概念。网络切片的实例就是一个网络切片的具体实例化的部署。值得注意的是，网络切片和网络切片的实例之间的关系并不是一一对应的。根据运营商的运营或者部署的需要，网络切片和网络切片实例，是多对多的映射关系，即一个网络切片实例就可以关联一个或者多个 S－NSSAI，一个 S－NSSAI 还可以关联一个或者多个网络切片的实例。在同一个 S－NSSAI 内关联的多个网络切片的实例，可以部署在同一个跟踪区，也可以在不同的跟踪区部署。

原则上来说，不同切片之间的网元，最好是独立部署的，从而达到最佳的切片隔离性。

但是对于一个UE来说，由于某些UE的业务需求的复杂化，一个UE能够同时接入一个或者多个网络切片。但由于大部分UE具有移动性的管理属性，比如可达性、位置等，都是用UE，而不是切片作为粒度来控制的。因此，这部分的网络功能，就需要在切片之间共享。这一部署的需求也直接地影响了5G系统架构的设计。

在网络切片的部署场景下，不同的5G网元功能和切片部署都存在着一定的区别：

(1) 网络切片的专有功能。比如，会话管理的网元SMF和用户面的功能UPF，主要负责的是，建立承载于某个具体的网络切片上实例的PDU会话，所以，SMF和UPF都可以部署为网络切片的专有功能，从而，可以实现不同的网络切片之间的SMF及UPF相互隔离。

(2) 网络切片的共享功能。如上所述，对于具有支持多切片接入能力的智能UE，为实现对这一类UE的统一接入控制，以及移动性管理的复杂度，这多个网络切片就需要共享同一个AMF网元，为该UE提供服务。同样地，负责着UE签约管理的UDM和控制着UE粒度策略的PCF等，切片间也是可能共享的。

(3) PLMN粒度网元。在5G网络的核心网侧，引入独立网元的网络切片的选择功能(Network Slice Selection Function, NSSF)来作为PLMN粒度中的集中部署网元，UE接入的网络切片由此可以实现灵活选择。NSSF不仅能感知到PLMN里每个AMF的切片能力，还能按需地根据运营商的要求及网络的拥塞情况或者本地的策略，按照TA的粒度对网络切片的可用性进行动态调整。

(4) 多粒度部署的网元。部分网元的功能具有多重的粒度，运营商会根据不同的粒度来进行部署，以此最大化地实现切片隔离。以NRF为例，在5G网络中对以下三种粒度的NRF网元支持部署：

① PLMN粒度的NRF网元：负责发现PLMN粒度的网元或者发现跨PLMN的网元。

② 切片具有共享粒度的NRF网元：负责发现切片共享功能的网元，比如发现和选择AMF网元。

③ 切片具有专有粒度的NRF网元：负责发现网络切片实例中的网元。如果AMF网元需要发现某一个S-NSSAI对应的网络切片实例中的网元，比如PDU会话建立的流程，AMF网元就可以请求切片粒度中的NRF网元，来发现目标网元。

2) 网络切片的关键流程

(1) 网络切片的注册接入

在初始注册，或者移动性的注册过程中，UE对一个或多个网络切片需要完成注册。这个过程主要包括确定UE在该注册区内、允许接入的一个或者多个切片(Allowed NSSAI)，以及这一个或多个网络切片的AMF能够选择合适的服务。

在Rel-15或16中，切片的部署需要保证在UE的注册区中，切片的支持能力也一样。也就是说，在UE没有移出当前注册区以前，一般情况下，是不需要考虑Allowed NSSAI是否会发生变化的。值得注意的是，由于3GPP的接入技术和非3GPP接入技术的注册流程和注册区是分开处理的，所以Allowed NSSAI的确定，也是基于此接入技术的。

网络切片里的注册接入流程示意图，如图2-35所示。

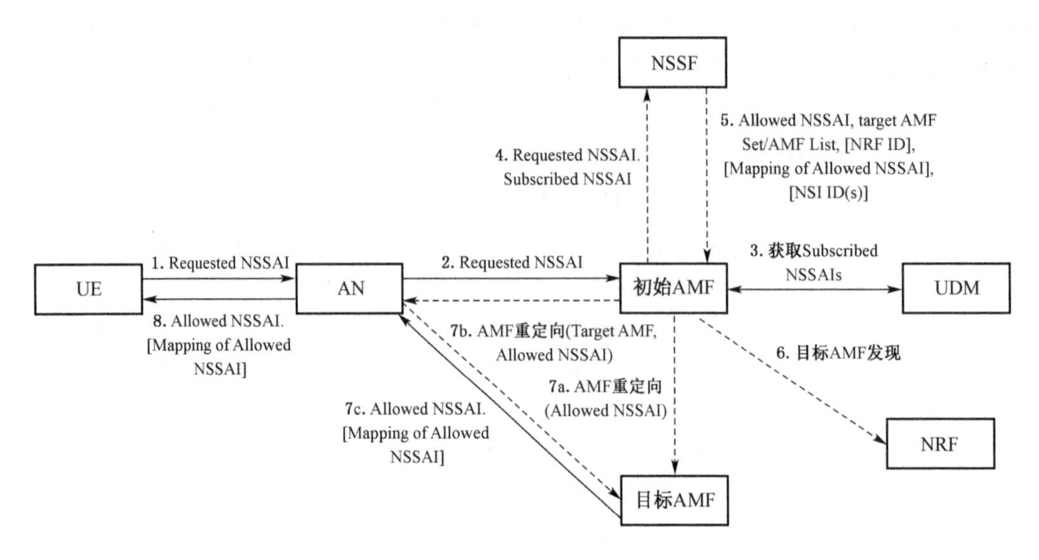

图 2-35　网络切片的注册接入流程示意图

第一步：确定 Requested NSSAI。当 UE 注册到一个 PLMN 时，UE 在 AS 及 NAS 层都是可以携带 Requested NSSAI 的，Requested NSSAI 能用于指示该 UE 的请求接入网络切片的集合。UE 还可以根据不同的场景，来灵活决定 Requested NSSAI。

我们列举以下几种情况来说明 UE 如何确定 Requested NSSAI：

① 当 UE 存储中有发送 Requested NSSAI 所使用的接入类型所对应的 Allowed NSSAI 时，UE 会将该 Allowed NSSAI 或者其子集，作为本次的 Requested NSSAI。

② 当 UE 存储中有发送 Requested NSSAI 所使用的接入类型所对应的 Allowed NSSAI 时，UE 会将该 Allowed NSSAI 或者其子集，再加上一个或者多个 S-NSSAI 作为本次的 Requested NSSAI。其中，这一个或者多个的 S-NSSAI 是可以包含在 Configured NSSAI 中，但不包含在 Allowed NSSAI 里面的 S-NSSAI。

③ 当 UE 中没有与该 PLMN 对应的 Allowed NSSAI 时，UE 会将该 PLMN 对应的 Configured NSSAI 或者其子集，作为本次的 Requested NSSAI。

④ 当 UE 中没有与该 PLMN 对应的 Configured NSSAI，也没有 Allowed NSSAI 时，UE 会将 Default Configured NSSAI，作为本次的 Requested NSSAI。

第二步：接入网需要根据接入层（Access Stratum，AS）所提供的 Requested NSSAI 和 UE 临时的标识，来选择正确的 AMF 网元。在选择的过程中，AS 中所包含的临时标识的优先级，会高于 Requested NSSAI。

如果 UE 在与 AS 建立连接时同时携带了 Requested NSSAI 和临时标识，接入网的网元会优先根据临时的标识选择 AMF。若无法根据临时的标识来选择合适的 AMF，就根据 Requested NSSAI 进行 AMF 的选择。若该 UE 和接入网在建立连接的时候，既没有携带 Requested NSSAI，也没有携带临时的标识，那么接入网的网元就将 UE 的注册请求转发到默认的 AMF 网元上。

第三步：初始的 AMF 会从 UDM 中获取用户签约的 S-NSSAI 信息。

第四步：接入网所选择的初始 AMF 网元接收到了 UE 请求的 Requested NSSAI 之后，

若该AMF可以满足Requested NSSAI,那么AMF会进一步地根据UE请求的Requested NSSAI、UE签约的切片类型、UE当前所在的位置、UE归属的PLMN,以及与其他接入类型所对应的Allowed NSSAI等一些综合因素,来决定与当前接入技术相对应的Allowed NSSAI。

如果该AMF无法满足Requested NSSAI,那么AMF网元在查询NSSF网元时,会请求NSSF网元为UE确定Allowed NSSAI和AMF。其中,NSSF网元地址可以配置在AMF网元上。

第五步:NSSF会根据AMF网元所发送的Requested NSSAI、UE当前的位置、UE归属的PLMN、签约的切片类型,还有其他接入类型相对应的Allowed NSSAI和AMF网元的切片能力等一些综合因素,来决定当前接入技术所对应的Allowed NSSAI和Mapping of Allowed NSSAI,以及可以为Allowed NSSAI服务的AMF Set,还有目标AMF网元和Rejected S-NSSAI(s)等信息。基于运营商的配置,NSSF还可以在注册的流程中确定每一个S-NSSAI所对应的网络切片粒度的NRF网元,可以用来实现网络切片里的网元发现。NSSF会将网络切片的选择结果一并发送到当前的AMF网元。

第六步:如果NSSF将目标AMF网元当前所在的目标AMF Set,发送到了当前的AMF网元,该AMF网元就会根据目标AMF Set请求NRF网元,来发现目标AMF网元。

第七步:初始AMF网元会支持基于网络切片的选择结果,触发将UE重定向到目标AMF上来。考虑到切片之间的隔离性会有所不同,AMF重定向的流程会通过两个AMF间的直接交互来实现,或者直接通过接入网来实现。

第八步:AMF会根据Allowed NSSAI来确定UE所在的注册区域,来保证在Allowed NSSAI中的任一S-NSSAI在注册区域范围内都能被接入。

AMF将Mapping of Allowed NSSAI、Allowed NSSAI、从PCF网元里获取的注册区域、Rejected S-NSSAI(s)、URSP信息以及其他信息发送到UE。AMF会同时通过N2的消息,将Allowed NSSAI通知接入网。接入网侧感知Allowed NSSAI能对切片资源实现差异化的调度和管理。

(2) 漫游场景的支持

在漫游场景下,端到端的网络切片是由归属域的切片和拜访域的切片一起来实现的。为了简化运营商之间的交互,归属域与拜访域之间的网络切片映射,是基于漫游协议来确定的。

当UE初始注册到了网络切片时,UE会基于配置信息来确定Requested NSSAI中的S-NSSAI和HPLMN的S-NSSAI的映射关系,还将该映射关系提供给了网络。

网络切片在选择流程中,UE的Allowed NSSAI不仅需要确定,还要根据漫游协议来确定Allowed NSSAI中的S-NSSAI和HPLMN的S-NSSAI的映射关系。其中,基于运营商的策略及配置,归属域和拜访域之间网络切片的映射关系,可以由AMF确定或者NSSF确定,而Allowed NSSAI会由拜访域NSSF或者AMF确定。

在PDU会话的建立过程中,当UE根据URSP里的规则,确定应用所对应的HPLMN S-NSSAI以后,UE还需要根据本地配置的归属域和拜访域之间的网络切片映射关系,进一步确定此HPLMN S-NSSAI相对应的VPLMN S-NSSAI,该VPLMN S-NSSAI同时还要包含在UE从网络里获取的Allowed NSSAI中。

在漫游场景下，归属域和拜访域之间网元的发现，是该PLMN通过NRF的部署来实现的。Home Routed场景中的SMF选择，其中就包括VPLMN SMF网元的选择和HPLMN SMF网元的选择这两部分，如图2-36所示，其中，VPLMN SMF网元的选择可以参考LBO场景中的VPLMN SMF选择机制，而HPLMN SMF选择的机制取决于运营商之间签订了漫游协议，以及NSSF网元的部署情况。

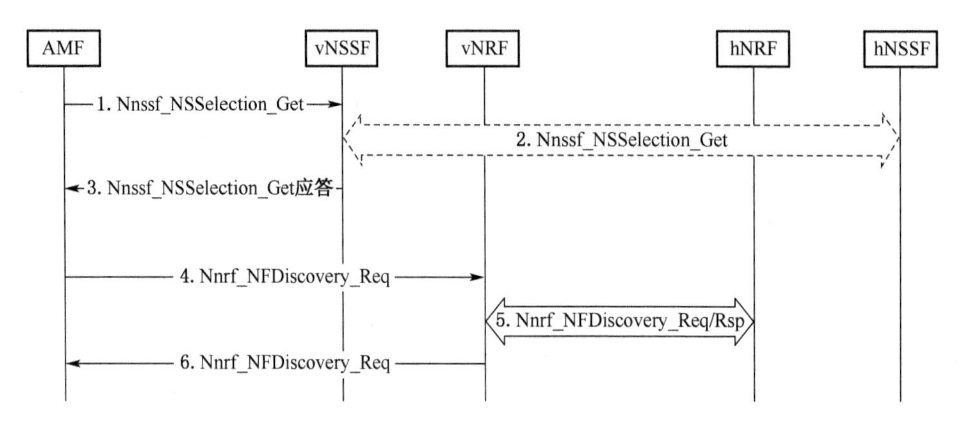

图2-36 Home Routed场景下的SMF选择

实现方式具体有以下的两种：

① 如果VPLMN和HPLMN同时部署NSSF网元，那么HPLMN SMF的选择就会由不同PLMN的NRF网元和NSSF网元来共同实现。

若AMF无法确定HPLMN在网络切片实例中，能进行用于网元发现的NRF网元，那么AMF会首先通过VPLMN NSSF网元然后请求HPLMN NSSF网元，来确定该HPLMN S-NSSAI相对应的HPLMN NSI ID，还有该HPLMN NSI ID所对应的目标HPLMN NRF网元。其中，此HPLMN S-NSSAI是和该PDU会话关联的HPLMN S-NSSAI。

基于HPLMN S-NSSAI和对应的HPLMN NSI ID，AMF会通过VPLMN NRF网元来请求HPLMN NRF网元，用来确定HPLMN在网络切片实例中的HPLMN SMF网元。

② 若HPLMN没有部署NSSF网元，或者在两个PLMN的NSSF之间也没有接口，VPLMN的AMF网元就会通过本地的配置，获取HPLMN NRF的网元地址，以进一步地发现HPLMN SMF网元。

网络切片是5G网络的关键特性，运营商能基于此构建可定制、可隔离的逻辑网络，同时它也为关键技术构建了基础。

2.1.4.5 边缘计算

在4G和之前传统的移动网络架构及部署中，用户面的设备基本都是遵从树形的拓扑部署。上行用户的报文会经过基站然后回传网络，最终通过集中部署的锚点网关，接入到数据网络。4G集中部署示意图，如图2-37所示，这些锚点网关一般都会部署在网络里比较高的位置，比如大区的中心机房等。

在这种部署方式下，业务报文的流量都集中在少数的网关和对外的出口上，网络拓扑则相对简单，方便运营商在锚点处能进行集中的业务管控和报文的处理。

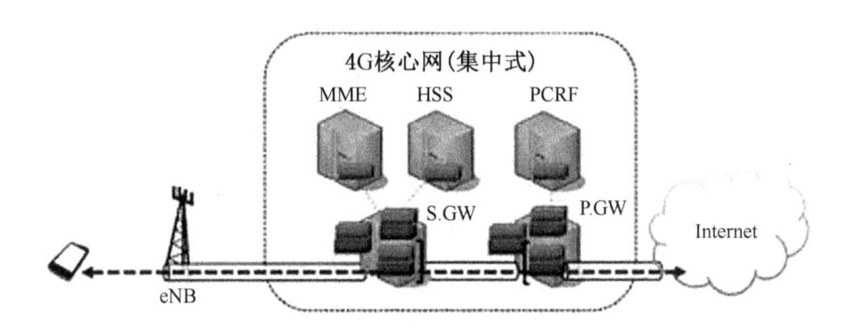

图 2-37　4G 集中部署示意图

随着 4G 网络的广泛部署，移动互联网也取得了巨大的成功，并逐渐成为用户接入互联网的重要途径之一，这也带来了移动业务的流量爆炸性的增长。传统的集中式锚点部署方式，对这种快速增长的移动业务流量模型的支撑越来越难。一方面，在集中式部署锚点网关的网络中，增长的流量最终会集中到网关以及核心机房处，对回程网络带宽、机房吞吐量和网关规格提出了越来越高的要求。另一方面，从接入网再到锚点网关的长距离回程网络和复杂的传输环境，也导致了用户在报文传输时的较大抖动和时延。

在这些背景下，业界就提出了边缘计算(Edge Computing，EC)的概念。边缘计算能将用户面网元以及业务处理的能力下移到网络边缘，能实现分布式业务流量的本地处理，能够避免流量的过度集中，对核心机房还有集中网关的规格需求也大大降低。同时，边缘计算也能缩短回程网络的距离，用户报文的端到端传输时延和抖动得以降低，这也使得超低时延业务的部署成了可能。

业界对于边缘计算中所指的网络边缘的具体位置还没有达成明确的共识，边缘计算部署示意图，如图 2-38 所示。值得注意的是，随着部署位置的降低，机房环境、部署条件和资源利用的效率都会变差。所以，边缘计算并不是越低越好，而是在用户体验和部署成本之间需要取得一定的平衡。比如，将网关和业务从大区的中心下移，部署到城域网络的边缘，可以覆盖一个或者多个城区的范围。

1）与边缘计算相关的国际标准

从 4G 的控制、转发再到分离的讨论开始，边缘计算在业界一直都是个热点话题。从早期的标准化方面就可以看出，ETSI 在 2014 年 12 月，成立了移动边缘计算(Mobile Edge Computing，MEC)的工作组，从而进一步对边缘计算的平台标准化工作进行展开。

ETSI 移动边缘计算系统参考架构，如图 2-39 所示。

除了 ETSI 移动边缘计算 ISG 的标准化工作以外，边缘计算在 5G 的低时延、大带宽场景下广泛部署的可能性也需要考虑。在 5G 网络架构设计之初，3GPP 也对边缘计算部署场景有着大力的支持。

5G 网络的架构对边缘计算的支持，主要是由以下几个方面实现：

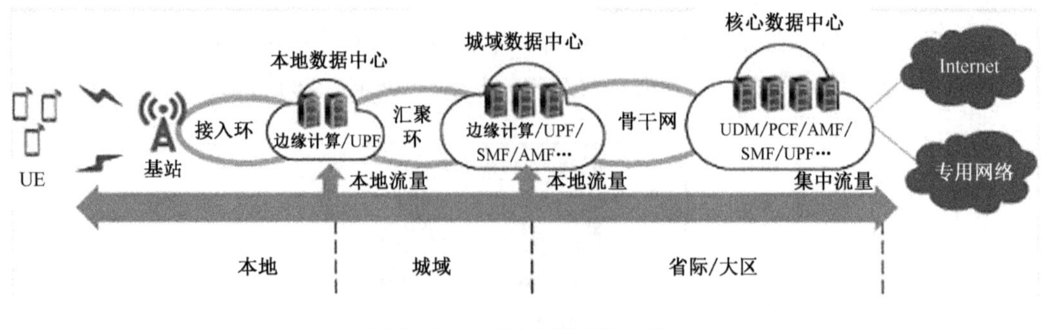

图 2-38　边缘计算部署示意图

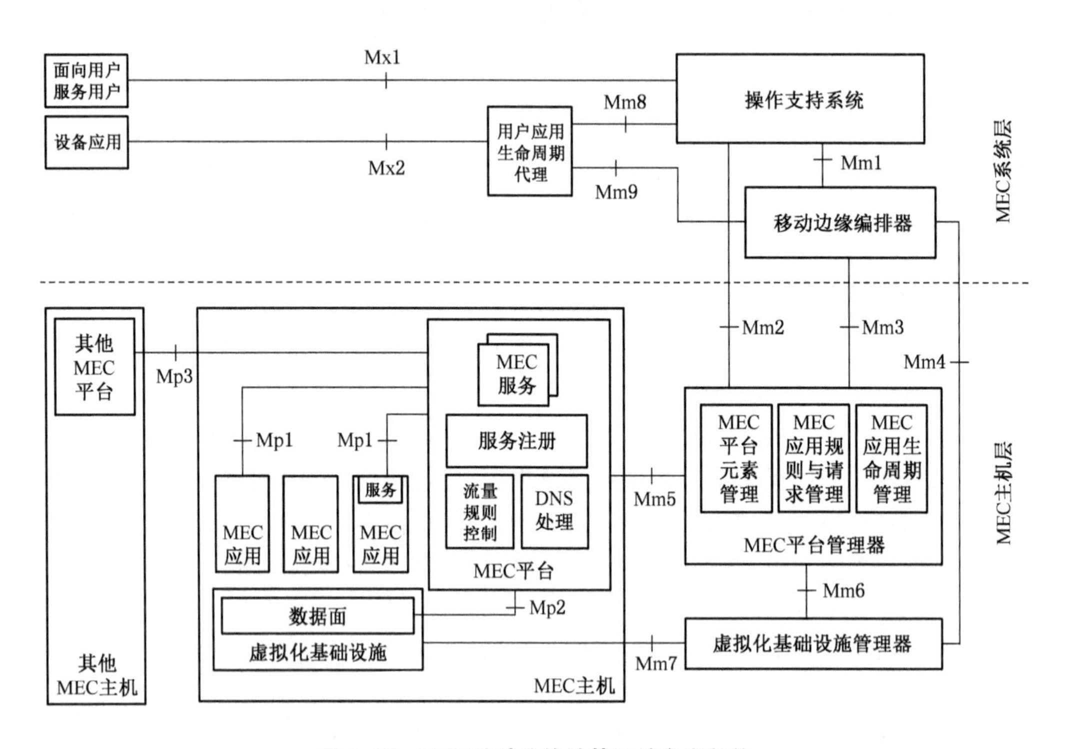

图 2-39　ETSI 移动边缘计算系统参考架构

(1) 基于 SSC mode2 和 SSC mode3 的切换锚点。通过锚点和 UE 的迁移同步,用户业务还可以通过最近的锚点网关将部署接入,在边缘计算平台上的本地服务器,从而可以实现会话对边缘计算平台的传输支持。

(2) 基于上行分类器(Uplink Classifier, ULCL)和分流点(Branching Point,BP)业务的分流方案。除了 SSC mode 定义的会话锚点的 UPF 切换之外,5G 系统还支持在同一个会话中能通过分流技术,来实现特定业务流的接入边缘计算平台的能力。

(3) EC 和网络的交互。EC 作为 AF、SMF 和 NEF,通过事件上报机制,来实现 UPF 及应用的同步迁移协同。

(4) LADN 是一类特殊域的数据网络(Local Area Data Network, LADN),只提供有限范围内的覆盖。

2）5G 网络对边缘计算的支持

（1）本地业务的分流

本地业务分流的主要目的是在保持集中锚点的前提下，根据业务的特征，将一些能够在本地网络中终结的业务，从较低的位置分流到本地部署的 DN 里面，从而能够降低这些业务的端到端时延，还能降低对骨干网络的负载。

本地业务分流，可以通过以下两种方式来实现：

① 基于 ULCL 业务的分流。ULCL 是在 AN 和锚点 UPF 之间部署的一种 UPF 网元，能根据 SMF 提供的上行报文的特征（比如目的 IP 和端口号）等，对 UE 所发送的上行报文进行分类处理，再将符合特征的上行报文，直接发送到本地部署的 DN 里。

由于 UE 侧总会用锚点 UPF 来分配 IP 地址，因此，基于 ULCL 的分流对 UE 来说是透明的。ULCL 和本地部署的 DN 中间，可能还要部署一个本地的锚点，以此来实现和本地部署 DN 接口。

② 基于 BP 业务的分流。BP 也是在 AN 和锚点 UPF 之间部署的一种 UPF 网元，这种分流是基于 UE 发送给报文的源 IP 地址来实现的。

因此，在基于 BP 业务分流的方案中，本地分流的业务流会在上行采用特定的源 IP 地址。当 UE 用户面的路径上插入了 BP 时，网络同时会给 UE 分配新的 IP 前缀地址，BP 的方案只适用于 IPv6 的会话。基于 ULCL 与 BP 的两种分流方案，如图 2-40 和图 2-41 所示。需要特别强调的是，在图中本地部署的 DN 和远端的 DN，实际上是同一个 DN，只是部署在不同位置，它们的 DNN 也都是相同的。

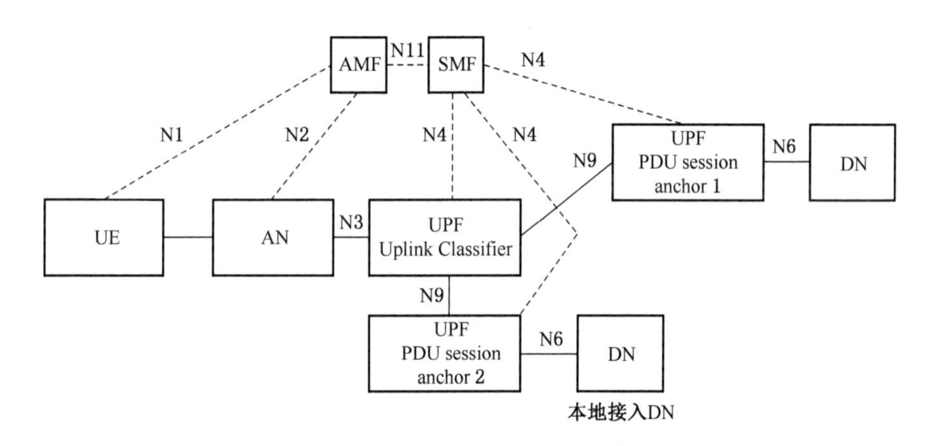

图 2-40 基于 ULCL 的本地分流方案

在通常情况下，ULCL/BP 的插入、删除及移动都是由于 UE 移动或者业务触发而导致的。尽管如此，ULCL/BP 同时也是 I-UPF 里的一种，但特别需要注意的是，ULCL/BP 的插入、删除及移动，和基本的 I-UPF 中对应的操作流程是有不同之处的。

I-UPF 里的上述操作，会在 UE 切换及服务请求等流程中直接完成，但是 ULCL/BP 的这些操作，往往还伴随着本地锚点的插入、删除和移动等。因此，SMF 会在 UE 相应的切换、服务请求触发流程完成后，才会独立执行对应的 ULCL/BP 操作。

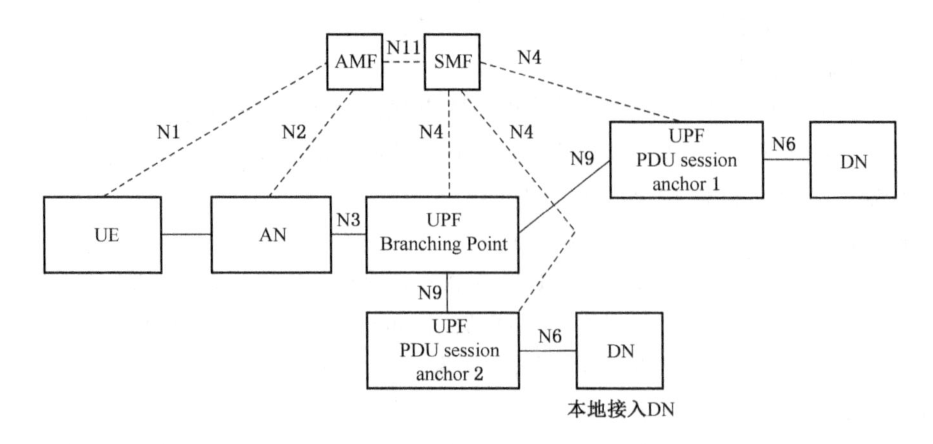

图 2-41　基于 BP 的本地分流方案

(2) 边缘计算系统和 5G 网络的交互

由于时延和部署等一些原因,边缘计算系统和 5G 网络往往都存在一定的协同关系,来支持端到端的路由及移动性优化等特性。

在现有的协议中,边缘计算系统和 5G 网络之间的交互是由 AF 来实现的。

但需要注意的是,在 EC 的部署环境下,AF 具体映射的是 EC 系统中的哪一部分功能,目前还没有标准的结论。

AF 主要提供了以下两个方面的功能:

① 通过 NEF 或者 PCF,给 5G 网络提供与业务流的本地路由相关的信息,来支持 SMF 选择更为合适的执行路由转发、UPF 和锚点切换等。

② Early Notification 和 Late Notification 的订阅。Early Notification 和 Late Notification,这两种都是 SMF 向 AF 发送通知事件的方式。这个通知事件的主要目的,是将 UPF Relocation 事件传递给边缘计算系统,让边缘计算系统能够与应用的迁移同步触发。其中,Early Notification 发生在 UPF 的迁移之前,而 Late Notification 发生在 UPF 路径生效之前或迁移完成之后。

AF 与网络之间的通知机制,如图 2-42 所示。

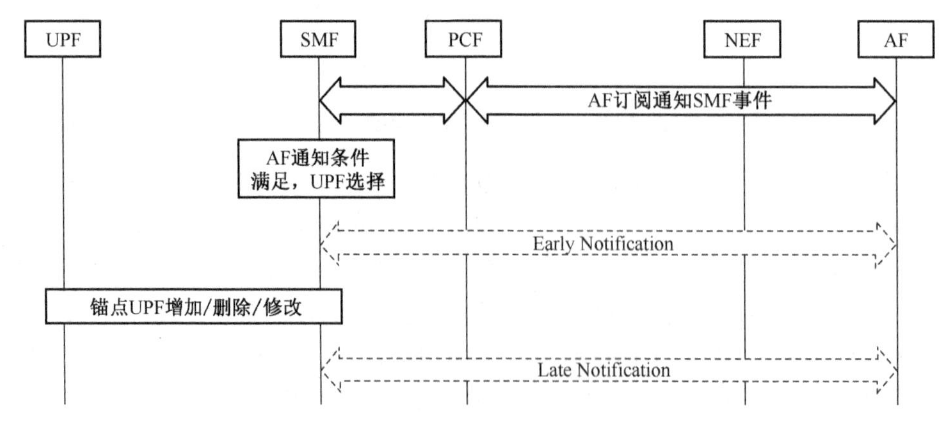

图 2-42　AF 与网络之间的通知机制

当迁移的目标UPF被SMF选择之后，如果AF已订阅了Early Notification，那么SMF就会马上向AF发送通知的事件，然后根据AF所在的订阅事件中，是否包含等待AF应答的指示，然后决定是否立即执行后续的UPF迁移，或者等待AF的应答后，再执行迁移。

如果AF已订阅了Late Notification，那么SMF会根据等待AF应答的指示，然后决定是在新的UPF路径被激活之前通知AF并且等待应答，还是在完成了UPF迁移之后再通知AF。

边缘计算在5G网络中是支持低时延和大流量业务的关键技术之一。

在5G网络中所提供的边缘计算能力，可以将部分业务直接承载到本地的边缘计算平台上实现，从而降低用户业务的时延和骨干网流量的负载。

2.1.4.6 网络智能化

近些年来，随着机器学习算法的日渐成熟，以及计算机的硬件计算能力有所突破，大数据和人工智能技术的成果也得到了极大提升，为实现5G网络的智能化，提供了无限可能性。

在2017年2月的Rel-15阶段，5G网络架构中引入了网络数据分析的功能（Network Data Analytics Function，NWDAF），并且定义了网元负载的数据分析结果，可是从未涉及5G的智能网络框架。于是，在2017年4月的Rel-16阶段，3GPP SA2为此专门成立了5G网络自动化（Enabler of Network Automation for 5G，eNA）的立项，能够进一步系统性地梳理5G的智能网络架构和更丰富的应用场景。

5G的智能网络架构《Rel-16 3GPP标准协议TS 23.288131》在2019年6月正式发布，它的内容主要包括：基于NWDAF的整体框架和关键流程，以及NWDAF能提供的数据分析结果。

1）网络智能化的整体框架

基于NWDAF的5G智能网络架构，如图2-43所示。

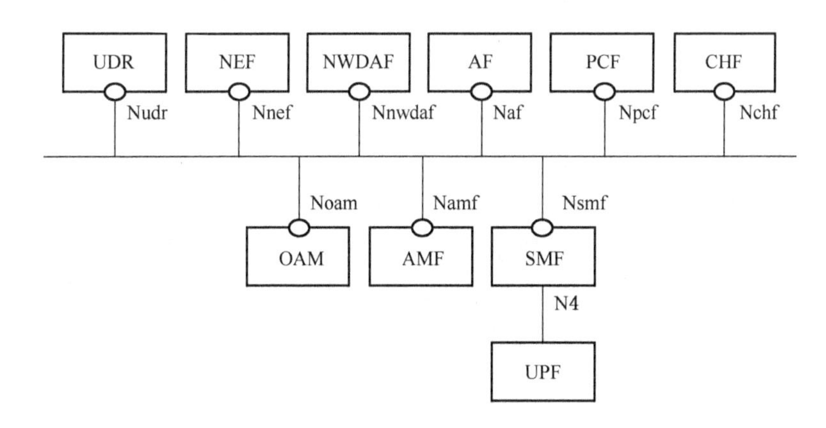

图2-43 基于NWDAF的5G智能网络架构

从逻辑的架构来看，作为5G网络架构中的一部分，NWDAF通过和核心网的网元还有OAM网元之间的交互，能实现数据的收集和分析并反馈。

（1）数据的收集：基于事件的订阅，NWDAF可以从OAM、核心网网元等进行数据收集。

(2) 数据的分析结果反馈:NWDAF 可以按需向 PCF、OAM 等不同的网元分发数据的分析结果。

从部署的角度来看,在同一个 PLMN 中,可以存在一个单独的 NWDAF 实例,或者多个 NWDAF 实例。

5G 的网络架构还可以支持 NWDAF 作为中心功能的网元部署,也能作为分布式功能的网元部署,或者将这两种方式结合起来,NWDAF 实例也能作为某一个网元的子功能实现。

数据收集示意图,如图 2-44 所示。

基于事件的订阅,NWDAF 可通过 Nnf 的服务化接口,从 5G 核心网的网元收集数据。此外,NWDAF 还能通过调用 OAM 的服务,从 OAM 收集数据。

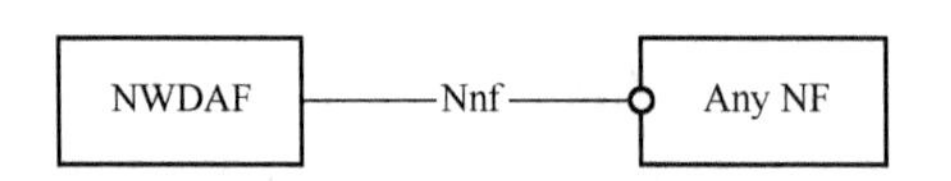

图 2-44 数据收集示意图

当 NWDAF 从不同的网元收集到了数据时,所采用的服务见表 2-10。

表 2-10 用于 NWDAF 从不同网元收集数据的服务

网元	服务
AMF	Namf_EventExposure
SMF	Nsmf_EventExposure
PCF	Npcf_EventExposure
UDM	Nudm_EventExposure
NEF	Nnef_EventExposure
AF	Naf_EventExposure
NRF	Nnrf_NFDiscovery
	Nnrf_NFManagement

Rel-15 5G 的网络架构引入了 NWDAF,并且定义了网元负载数据分析的结果。

Rel-16E-UTRANC(eNA)课题进一步地定义了 5G 的智能网络架构,并且打通了管理面、控制面还有应用服务器,实现了数据的收集。同时,也定义了业务体验数据的分析结果、终端移动性数据的分析结果、UE 异常的分析结果等相关数据的分析结果。

2.1.4.7 超高可靠低时延通信

超高可靠的低时延通信(Ultra Reliability and Low Latency Communication, URLLC)是一种 5G 面向垂直行业及一些苛刻业务场景的主要使能技术。

(1) 智能制造。它是面向产品的全生命周期,通过智能化的人机交互、感知、执行和决策技术,来实现制造过程、设计过程和制造装备的智能化,其中还包括控制间通信(C2C 通信)、运动控制、移动机器人还有工业 AR 等。这些工控的场景对通信的时延和可靠性等指标都极其敏感，在一些苛刻的场景下，会要求端到端时延必须低于 1 ms，可靠性要高达 6 个 9(99.9999%)到 8 个 9(99.999999%)。

(2) 无人驾驶。例如叉车、铲车等，以及一些机场港口/码头/园区的摆渡车、工程机械的远程驾驶或控制、高速公路上的无人驾驶货车或者编队行驶、无人驾驶的出租车等。这些交通工具都具有较高的移动速度，同时对安全性的要求也很高。较高的移动速度对通信系统意味着时延要更低，会以此在确定的移动距离内，完成指令的执行和传输。因此，无人驾驶就是典型的高可靠、低时延的需求场景。

(3) 智能电网。由于智能电网的应用(比如：分布式馈线自动化和精准负荷控制)，对系统端到端的反应时间要求极高，所以，对传输指令的时延及可靠性要求也相当苛刻。典型的端到端传输时延要达到 10 ms 左右，可靠性要达到 5 个 9 到 6 个 9。

(4) 实时类游戏和 Cloud ARNR。这种业务的主要需求是低时延和大带宽，用来提升用户的应用体验。

以上的应用，对传输网络的共同需求主要体现在时延和可靠性上。一般来说，URLLC 业务中的时延要求会达到 10 ms 及以下，而可靠性的要求中，丢包率达到或者低于 10^{-5}。

低时延和高可靠从系统的设计角度来看，是两个互相影响的指标。如果只考虑一个指标，一般通过比较简单的技术手段就可以实现。如果只考虑高可靠却没有考虑低时延的要求，那就可以通过应用层的重传机制来实现高可靠。如果仅考虑低时延，而没有高可靠的要求，只传输即可以了。但是很多高价值的业务，都是需要同时满足高可靠和低时延要求的，这就给系统的设计提出了很苛刻的挑战。

1) 超高可靠的传输

网络的可靠性，主要包括网络本身设备和路径的可靠性，对于 99.999%或 99.999 9% 的可靠性需求来说，如果采用的是单链路传输，那就对传输路径上的单个处理节点设备可靠性的要求非常高。

另外，若传输网不支持时间的敏感网络(Time Sensitive Network, TSN)或者确定性网络(Deterministic Network, DetNet)等传输技术，在单链路的情况下，由于并行流的出现，在传输网的交换机上也会出现短期微观粒度的堵塞，从而导致报文的传输超过时延的阈值，进而造成业务的可用性降低。

基于现有的设备和链路的可靠性，单链路的传输是很难满足 5 个 9 或者 6 个 9 的可靠性。业界中比较常见的做法是：采用双路传输方式，来降低对单点可靠性的高需求，比如：IEEE TSN 网络通过 802.1CBI'9 中定义的帧复制消除可靠性的功能，来实现多路的冗余传输，以保证业务的高可靠性需求。

同样在 5G 网络里，为了避免单链路而导致的可靠性问题和偶发性的微拥塞现象，也定义了三种不同的通过冗余链路的传输来实现超高可靠性的传输方案。

(1) 基于冗余会话的高可靠传输

冗余会话传输方案，如图 2-45 所示。

基于双连接(Dual Connectivity, DC)冗余会话的传输方案，采用双 PDU 会话来传递冗余报文的方式，可以实现传输的高可靠性。

UE 采用 DC 的方式连接到两个 RAN 的节点上，然后通过不同的 RAN 节点与不同的

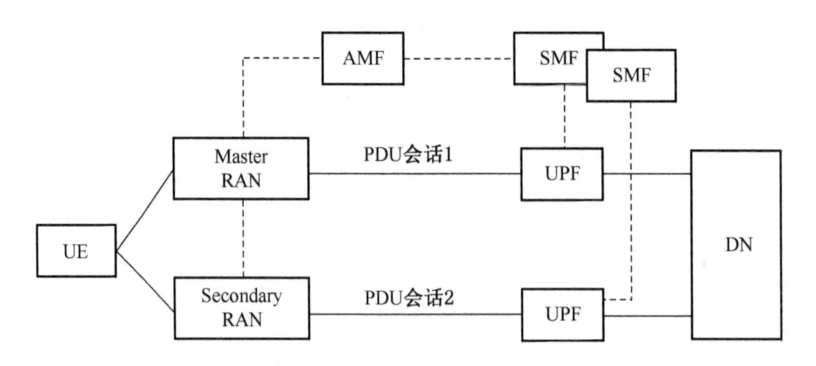

图 2-45　冗余会话传输方案

用户面锚点 UPF1、UPF2 建立两个 PDU 的会话。

基于这两个 PDU 会话，5G 网络会为 UE 提供两条独立冗余的路径，用于传输相同的报文。

冗余会话传输方案的实现，关键是要保证两个会话能够分别选择不同的 RAN 节点和 UPF 节点。这样不仅考虑到了控制面的可靠性，还能分别为两个会话选择到不同的 SMF。这些选择都可以通过 UE 在建立会话时提供的不同 DNN 和 S-NSSAI 组合及网络配置来实现。

具体而言，在 UE 上首先可以配置两个不一样的 URSP rule，把应用层所发送的冗余报文，分别映射到不同的 DNN 和 S-NSSAI 组合中。从而让 UE 在发起会话的建立时，能分别携带不同的 DNN 和 S-NSSAI。AMF 也会根据 DNN 和 S-NSSAI 组合及本地配置，来决定是否为这两个会话选择不同的 SMF。

SMF 也同样地会根据本地配置来选择不同的 UPF。SMF 基于 PDU 会话关联的用户签约信息、S-NSSAI 和 DNN 还有本地策略，在确定要支持冗余的传输后，会通过会话粒度的冗余序列号参数(Redundancy Sequence Number, RSN)向 NG-RAN 表达 PDU 会话中用户面的冗余传输需求。

NG-RAN 节点会根据 SMF 指示的 RSN 参数和本地配置确定需要提供用户面冗余的传输资源，NG-RAN 则会根据需要为 UE 建立 DC 的连接，然后根据 RSN，分别为这两个会话选择 RAN 侧的节点，再将两个会话分布在不同的 RAN 节点上，就能使两个会话在 RAN、UPF 的传输之间互相独立。

(2) 基于冗余业务流的高可靠传输

冗余业务流传输方案，如图 2-46 所示。

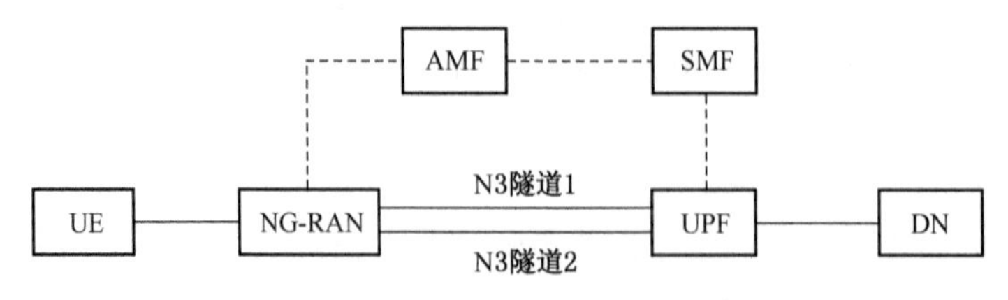

图 2-46　冗余业务流传输方案

对于一些场景来说，在考虑了空口分组数据汇聚协议(Packet Data Convergence Protocol, PDCP)层的冗余传输、控制面自恢复(Resilience)等技术的基础上，端到端可靠性的瓶颈可能会存在于回程网络(Backhaul Network)上。由于回程网络的距离和部署的复杂性，在单个 N3 隧道的可靠性就可能无法满足 URLLC 业务的需求。在这种情况下，冗余传输可以部署在锚点 UPF 和 NG-RAN 节点之间，通过为单个电源分配单元(PDU)会话建立两个独立的 N3 隧道，来提高回程网络的可靠性。

为了保证两个 N3 隧道通过分离的传输层路径传输，在隧道信息中要提供不同的路由信息，如不同的 IP 地址或不同的网络实例(Network Instance)，结合网络部署配置，最终将这些路由信息映射(Mapping)到不同的传输层路径上。

在建立 URLLC 的 QoS 时，若 SMF 是基于授权的 5QI、NG-RAN 节点的能力和运营商的配置等信息，决定对该 QoS 流执行 N3 冗余传输，那么 SMF 能通过 N4 接口和 N2 信息分别通知锚点 UPF 及 NG-RAN 节点，并能够在 NG-RAN 和 UPF 上同时分配两个独立的隧道信息，以便创建冗余的 N3 传输隧道。

对于锚点 UPF 从 DN 接收到该 QoS 流的每个下行数据包，锚点 UPF 对报文进行复制，分配相同的 GTP-U 序列号，用于冗余传输。这些报文通过将两个冗余的 N3 隧道分别发送给 NG-RAN 节点。NG-RAN 节点再根据 GTP-U 序列号对报文进行去重后转发给 UE。对于 NG-RAN 从 UE 收到的该 QoS 流的每个上行数据包，NG-RAN 节点对报文会进行复制并分配相同的 GTP-U 序列号，锚点 UPF 根据 GTP-U 序列号对报文进行去重后转发给 DN。

在 NG-RAN 和锚点 UPF 之间，还可以分别插入两个 I-UPF 支持 N3 和 N9 的冗余传输，这种场景下 I-UPF 仅转发上下行报文，报文的复制、去重都是由 NG-RAN 和锚点 UPF 来执行。

(3) 基于传输层冗余的高可靠传输

传输层的冗余传输不是在 N3 接口建立冗余 GTP-U 隧道，而是通过在 UPF、NG-RAN 之间提供两条冗余的传输层路径来实现冗余传输。SMF 在会话建立过程中会选择一个支持传输层冗余传输的 UPF 作为会话锚点 UPF，在该 UPF 和 NG-RAN 之间会建立一条 N3 GTP-U 隧道。对于下行数据传输，锚点 UPF 在 N3 GTP-U 隧道上发送下行数据包，在传输层复制下行数据，NG-RAN 在传输层对下行数据报文进行去重后发送给 UE。对于上行数据传输，NG-RAN 在 N3 GTP-U 隧道上发送上行数据包，在传输层复制上行数据，锚点 UPF 在传输层对上行数据报文进行去重后会转发给 DN。传输层冗余传输机制在 3GPP 暂未标准化。具体采用什么样的标准化或非标技术暂由网络部署方自行决定。

2) PDB 分解

包时延预算(Packet Delay Budget, PDB)定义了 UE 与锚点 UPF 之间的数据包时延的上限值，该端到端 PDB 由核心网的包时延预算(CN PDB)和空口的包时延预算(AN PDB)组成，其中，CN PDB 是指 RAN 节点和锚点 UPF 之间的时延预算，AN PDB 是指空口传输的时延预算。

在实际网络部署中，出于不同的业务需求及部署环境的限制，运营商会选择不同的锚点 UPF 部署位置。如部署在比较高的位置，以使锚点 UPF 有更广的覆盖区域；也可以部署在离RAN很近的位置来节省CN PDB,增大AN PDB从而便于RAN侧灵活调度无线资源。在5G以前的网络中,时延预算在核心网与空口之间的分解是相对固定的。对于低时延业务,由于端到端PDB非常苛刻,需要在网络中进行精密的控制和协调。端到端PDB分解示意图如图2-47所示。

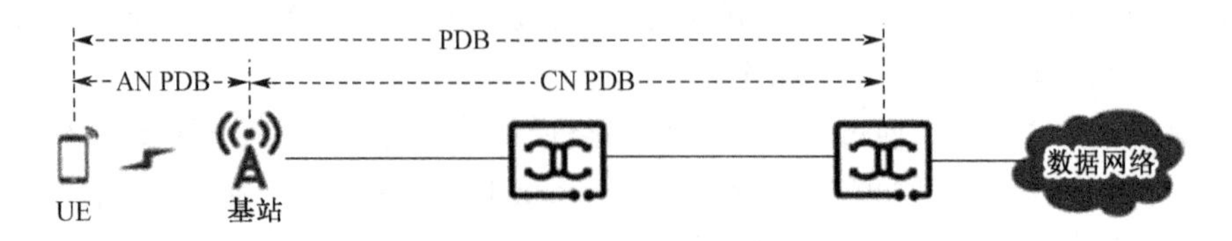

图2-47 端到端PDB分解示意图

5G支持基于网元部署位置的动态PDB分解方案,即针对低时延GBR5QI,在SMF或NG-RAN节点上,针对不同的锚点UPF和NG-RAN节点组合配置CN PDB。如果配置在SMF上,SMF在QoS流建立或在QoS流的动态CN PDB值发生变化(如切换或插入I-UPF)时,将动态CN PDB值发送给NG-RAN节点。基于接收到的CN PDB,NG-RAN可以更为精确地估算出空口可用的AN PDB,以实现更为精准的调度。

3) QoS监测

由于URLLC业务对QoS具有较高的要求,为了保证实际应用时具有低时延和可靠性,网络需要能够及时感知链路质量变化。通过对报文时延的实时测量,可以实现对URLLC业务的QoS可视化管理,提供切片服务等级协议(SLA)实时检测能力、超高可靠QoS闭环警告能力,同时提升流量变现能力。核心网QoS监测主要可以通过流粒度的监测及节点粒度的监测来实现。

(1) QoS流实时QoS监测

QoS流粒度时延监测是基于实际的报文业务在锚点UE和锚点UPF中间进行的。上行或者下行的数据包时延会由UE及NG-RAN节点之间的上行或者下行的数据包时延,以及锚点UPF及NG-RAN节点之间的上行或者下行数据包时延所组成。

SMF会通过PDU会话而建立或修改流程,并向锚点UPF发送在QoS流里的QoS监管策略。基于接收到的QoS监管策略,锚点UPF发起NG-RAN节点与锚点UPF之间的数据包时延测量,NG-RAN节点发起通过Uu接口接入WCDMA系统的固定网络部分(Uu接口)上/下行数据包时延的包时延测量。当锚点UPF发送了下行的数据包时,如果5G系统里的所有用户的面节点的时间都是同步的,那么锚点UPF在添加发送时间时会戳到下行报文。

NG-RAN会根据接收报文的时间来计算下行的时延,并且将下行的时延和通过Uu接口接入WCDMA系统的固定网络部分(Uu接口)的时延在上行的报文中发送给锚点UPF。而在没有上行业务的数据包情况下,NG-RAN节点就可以向锚点UPF发送一个Dummy的上行数据包,作为监听的响应包。锚点UPF会根据NG-RAN上报的信息还有NG-RAN发送上行报文的时间来计算出上行或者下行报文的每段传输的时延。

如果锚点UPF和NG-RAN不支持时间同步的话,那么锚点UPF会记录下行报文所发送时的本地时间。NG-RAN节点可以通过N3的接口向锚点UPF提供通过Uu接口接入 WCDMA 系统的固定网络部分(Uu 接口)的上行或者下行数据的包时延测量结果和本地收发包的时间。锚点 UPF 这时可以根据本地接收上行的报文时间和 NG-RAN 上报的信息计算出报文的环回时间。

锚点 UPF 也可以根据一定的条件(如达到 SMF 上报门限),向 SMF 上报 QoS 的监测结果,以便用于后续的应用层告警或者其他的 QoS 策略决策等。

(2) 节点级的 QoS 监测

节点级的 QoS 监测还可以提供节点粒度里的时延估算结果。但是和以上的 QoS 流级别的 QoS 监测有所不同,节点级的监测是基于在用户面传输路径里的用户层面的 GPRS 隧道协议(GTP-U Echo)请求及响应,才能进行核心网的报文时延估计。

5G 网络对于 URLLC 特性的支持包括:基于冗余的会话、隧道或传输层中超高可靠的传输机制,PDB 的动态分解和 QoS 监控等。

基于以上的特性,5G 核心网可以对外提供超过单链路性能的超高可靠的传输,还能对传输时延进行更精确的控制和实时的测量,能承载具有更苛刻的 QoS 性能的要求及业务。

2.1.4.8 固定移动网络融合

国际电信联盟电信标准分局(ITU-T)对固定移动网络融合的定义是,在一个给定的网络中,向终端用户提供业务或应用的能力,与固定/移动接入技术和用户位置无关,常简称为固移融合。

固移融合是 5G 网络的重要特性。区块链技术工作组(3GPP SA1)在 5G 标准化初期(2015 年),就将"通过移动服务支持固网业务"列为 5G 需求之一。在 Rel-15 中,3GPP 完成了终端通过非可信非 3GPP 接入技术接入 5G 网络的标准制定工作。在 Rel-16, 3GPP 与 BBF 共同合作完成了终端通过有线接入技术接入 5G 网络的标准制定工作,同时 3GPP 还完成了终端通过可信非 3GPP 接入技术接入 5G 网络的标准制定工作。

5G 固移融合主要包含四部分内容:固定无线接入、非 3GPP 接入、混合接入和 IPTV 业务支持。

(1) "固定无线接入"指的是通过移动网络为固网终端提供网络连接。在固网难以部署或固网部署带宽不足的地区(如一些光纤难以部署或部署成本过高的农村地区),这一技术可以为固网终端提供大带宽的 5G 网络连接。

(2) "非 3GPP 接入"具体包括三种非 3GPP 接入技术:非可信非 3GPP 接入、可信非 3GPP 接入和有线接入。终端可以通过这三种非 3GPP 接入技术接入 5G 网络。在"接入无关"的设计原则下,5G 网络通过使用统一的核心网和协议机制,同时管控 3GPP 接入和非 3GPP 接入,降低了网络的复杂度以及运营商的运维成本。

(3) "混合接入"指的是终端同时通过 3GPP 接入技术和非 3GPP 接入技术接入 5G 网络的状态。它不仅可以显著提升网络带宽,还可以在其中一种接入技术无法使用的情况下,保证终端业务的连续性。混合接入对于 5G 网络支撑大带宽业务(如 ARVR 业务)有着重要意义。

(4) "交互式网络电视(IPTV)业务支持"指的是终端能够通过 5G 网络接入并且获取交互式网络电视(IPTV)业务的功能。它也是 5G 网络在家庭应用场景下的必要使能技术。

5G网络对交互式网络电视(IPTV)业务的支持具有重要意义,因为它意味着5G固移融合不仅实现了网络接入的融合,还实现了网络业务的融合。

5G固移融合架构如图2-48所示。在5G固移融合架构下,终端可以通过3GPP接入技术和非3GPP接入技术接入5G网络。

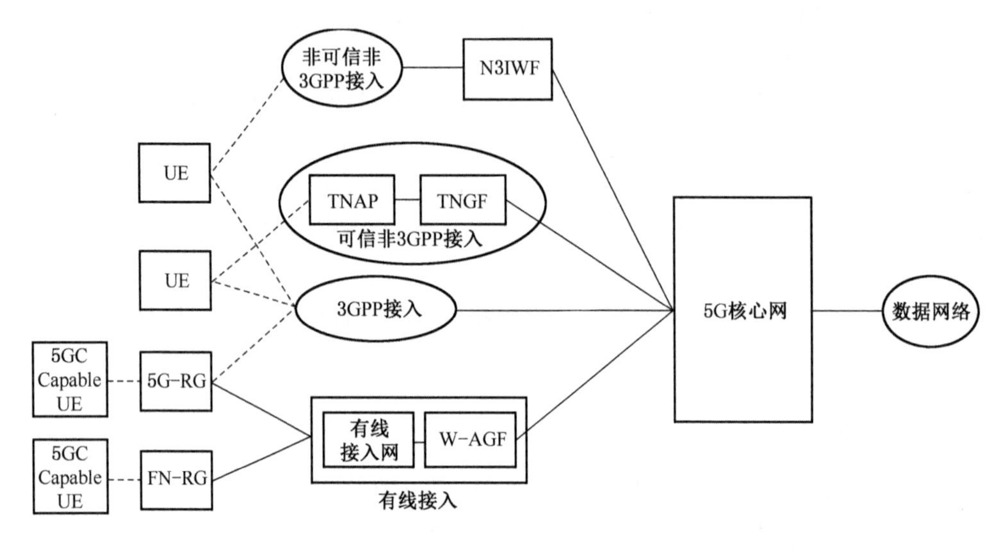

图2-48　5G固移融合架构

(1) 固定无线接入。不仅仅移动网络终端UE可以通过3GPP接入技术接入5G网络,支持5G协议的固网终端的5G家庭网关(5G Residential Gateway, 5G-RG)也可以通过3GPP接入技术接入5G网络,这种接入方式被称为固定无线接入(Fixed Wireless Access, FWA)。

(2) 非3GPP接入。移动网络终端和固网终端都可以通过非3GPP接入技术接入5G网络,具体如下:

① 移动网络终端UE可以通过非可信非3GPP接入技术接入5G网络。

② 移动网络终端UE可以通过可信非3GPP接入技术接入5G网络。

③ 5G-RG、固网家庭网关(Fixed Network Residential Gateway, FN-RG)和5G Capable UE等固网终端都可以通过有线接入技术接入5G网络。

(3) 混合接入。终端(包括UE和5G-RG)同时通过3GPP接入技术和非3GPP接入技术接入5G网络的状态被称为混合接入。

(4) IPTV业务支持,实现固网终端通过5G网络获取交互式网络电视(IPTV)业务的功能。

5G固移融合特性增强了网络的覆盖,简化了综合网络的运维,提高了网络带宽,向终端用户提供了接入无关的融合业务。

2.1.4.9　安全

5G面临新业务、新架构、新技术带来的安全机遇和挑战,以及更高的用户隐私保护需求。5G网络安全的目标与4G一致,就是要保证网络和数据的机密性、完整性、可用性。在

5G网络面对未来10年技术变迁等新的潜在安全挑战下，5G安全技术需要比4G有所增强和完善。

1) 5G安全架构

5G按照分层分域的原则来设计网络的安全架构，5G安全整体框架如图2-49所示，其主要分为以下6个方面的安全。

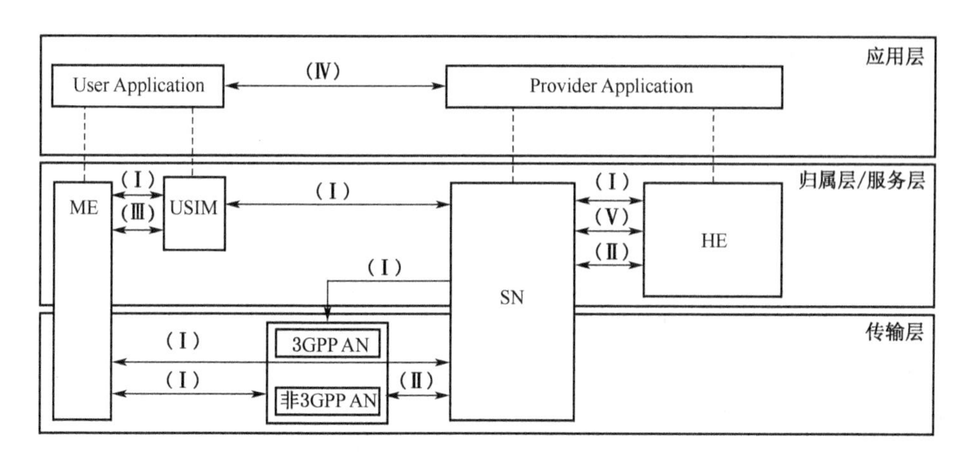

图2-49 5G安全整体框架

网络接入安全(Ⅰ)：使UE安全地通过网络进行认证和业务接入的一组安全特性，包括3GPP接入和非3GPP接入，保护各接口(特别是空口)的安全。它包括从服务网络到接入网络的安全上下文的传递，以实现接入安全性。具体的安全机制包括双向接入认证、传输加密和完整性保护等。

网络域安全(Ⅱ)：使网络节点能够安全地交换信令数据、用户面数据的一组安全特性。网络域安全定义了接入网和核心网之间接口的安全特性，以及服务网络到归属网络之间接口的安全特性。与4G一样，5G接入网和核心网分离，边界清晰，接入网和核心网之间的接口可采用安全机制(如IPSec等)，实现安全防护。

用户域安全(Ⅲ)：让用户安全地访问移动设备的一组安全特性。终端内部通过安全机制(如PIN码等)来保护移动设备和USIM卡的安全。

应用域安全(Ⅳ)：使用户域(终端)的应用和提供者域(应用服务器)中的应用能够安全地交换消息的一组安全特性。本域的安全机制对整个移动网络是透明的，需应用提供商进行安全保障。

服务化架构域安全(Ⅴ)：使服务化架构的网络功能能够在服务网络域内，以及在服务网络域和归属网络域间安全地通信的一组安全特性。这些特性包括网络功能注册、发现和授权等安全方面，以及保护基于服务(Service-based)的接口。这是5G新增的安全域。5G核心网使用服务化架构，需要相应的安全机制保证5G核心网网络功能之间的安全。该域主要安全机制包括TLS(传输层安全)、OAUTH(开放式授权)等。

与4G一样，5G安全架构又可分为传输层(Transport Stratum)、服务层(Serving Stratum)/归属层(Home Stratum)和应用层(Application Stratum)，这三层之间是安全隔离的。

(1) 传输层：传输层主要保障终端设备与网络侧交互的信令和数据的传输安全，具体包含信令和数据传输的加密和完整性保护，以及接入网与核心网之间的接口安全。

(2) 服务层/归属层：服务层/归属层主要保障终端设备安全获得服务Ⅰ归属运营商的接入服务，具体包含归属运营商网络对于终端设备的认证，终端设备安全访问USIM卡以响应认证服务，服务Ⅰ归属运营商各网元间的接口安全，以及各服务间的服务化架构安全等。

(3) 应用层：应用层主要保障终端设备与服务提供商的安全，具体包含终端设备与应用服务之间端到端的安全保护。5G网络继承了4G网络分层分域的安全架构，接入网和核心网的边界清晰，通过标准协议互联，支持不同的厂商设备间互联互通，并且有基于标准的安全保护机制。

对监管者来说，需要从这三层去评估网络安全风险。对业务提供商来说，需要从应用层端到端地管理网络安全风险。对运营商来说，需要从服务层/归属层和传输层管理网络安全风险。对设备提供商来说，需要关注网络设备安全风险。全行业应当在标准架构下共同致力于解决业务、架构和技术的安全风险。

2) 5G网络安全能力

(1) 5G网络安全总体目标

5G时代，垂直行业与移动网络的深度融合，带来了多种应用场景，包括海量资源受限的物联网设备同时接入、无人值守的物联网终端、车联网与自动驾驶、云端机器人、多种接入技术并存等；此外，IT技术与通信技术的深度融合，带来了网络架构的变革，使网络能够灵活地支持多种应用场景。5G网络应保护多种应用场景下的通信安全和5G网络架构的安全。5G网络的多种应用场景涉及不同类型的终端设备、多种接入方式和接入凭证、多种时延要求、隐私保护要求等，5G网络具体应保证以下6个方面的安全。

① 提供统一的认证框架，支持多种接入方式和接入凭证，从而保证所有终端设备安全地接入网络。

② 提供按需的安全保护，满足多种应用场景中的终端设备的生命周期要求和业务的时延要求。

③ 提供隐私保护，满足用户隐私保护及相关法规的要求。

④ 保证SDNNFV引入移动网络的安全，包括虚拟机相关的安全、软件安全、数据安全、SDN控制器安全等。

⑤ 保证切片的安全，包括切片的安全隔离、切片的安全管理、UE接入切片的安全、切片之间通信的安全等。

⑥ 保证能力开放的安全，既能保证开放的网络能力能安全地提供给第三方，也能够保证网络的安全能力能够开放给第三方使用。

3) 5G网络安全架构

随着网络技术的演进，网络的安全架构也在不断变化。2G网络的安全架构是单向认证，即只有网络对用户的认证，没有用户对网络的认证；3G网络的安全架构则是网络和用户的双向认证，相比于2G网络的空口加密能力，3G网络空口的信令还增加了完整性保护；4G网络安全架构虽然仍采取双向认证，但是4G网络使用独立的密钥保护不同层面(接入层、非接入层)的多条数据流和信令流，核心网也是用网络域安全进行保护。

由于5G网络提出高速率、低时延、处理海量终端的要求，所以5G网络安全架构需要从保护节点和密钥架构等方面进行演进。

(1) 保护节点的演进

5G时代，数据传输要求更高，不仅对上下行数据传输速率提出挑战，同时也对时延提出了“无感知”的苛刻要求。而在传统的2G、3G、4G网络中，用户设备与基站之间存在空口的安全保护机制，在移动时会频繁地更新密钥，而频繁地切换基站与更新密钥将会带来较高的时延，并导致用户实际传输速率无法得到进一步提高。在5G网络中，可考虑在数据保护节点处进行改进，即将加、解密的网络侧节点由基站设备向核心网设备延伸，利用核心网设备在会话过程中较少变动的特性，实现降低切换频率的目的，进而提升传输速率，在这种方式下，空口加密将转变为用户终端与核心网设备间的加密，原本用于空口加密的控制信令也将随之演进为用户终端与核心网设备间的控制信令。

此外，5G时代将会融合各种通信网络，而2G、3G、4G及WLAN等网络均拥有各自独立的安全保护体系，提供加密保护的节点也有所不同，例如2G、3G、4G网络采用用户终端与基站间的空口保护，WLAN网络则多数采用终端到核心网的接入网元PDN网关或者演进型分组数据网关之间的安全保护。因此，终端必须不断地根据网络形态选择对应的保护节点，这为终端在各种网络间的漫游带来了极大的不便，因此可以在核心网中设立相应的安全边界节点，采用统一的认证机制解决这一问题。

(2) 密钥架构优化

4G网络架构的扁平化导致密钥架构从使用单一密钥提供保护，变成使用独立密钥对非接入层和接入层分别保护，因此保护信令和数据面的密钥个数也从原来的2个变成5个，密钥推演变得相对复杂，多个密钥的推演计算会带来一定的计算开销和时延。在5G网络场景下，要对4G网络的密钥架构进行优化，使5G密钥架构具备轻量化的特点，满足5G网络对低成本和低时延的要求。

5G已经走进现实，5G也将持续发展。基于4G安全的成功经验，5G安全当前的风险可控状态是全行业共同努力的结果，面对未来5G生命周期内的风险控制，需要持续通过技术创新增强安全解决方案，通过标准及生态合作构筑安全的系统和网络。

2.1.4.10 面向垂直行业的特性

3GPP标准中讨论的局域网业务的三大典型场景为：

(1) 家庭局域网络中的数据共享。

(2) 企业办公网络中的设备互联。

(3) 工厂局域网络中的工业控制器和执行设备互操作。

以上三个场景的共同特点在于都是局域网络(LAN)，即终端和终端之间在LAN的环境下进行数据互通，与传统的3GPP网络中的“Client - Server”的通信模式存在区别。5G LAN就是在5G网络中增加对LAN业务的支持，允许两个对等的终端之间完成在5G网络中的数据互通。也就是说，增强5G网络的控制面和用户面以支持UE数据的本地交换，其主要的优势在于：(1)UE数据不出UPF，减少了数据在N6接口外的路径传输和应用服务器中的处理时延，降低了端到端的时延。(2)UE数据不出UPF，端到端的数据路径全部在

3GPP管理范围内,能够更好地保障QoS,增加端到端通信的可靠性。5G网络对于LAN业务的支持,之前的标准中缺少一个重要的部分:LAN的创建和管理。垂直行业用户希望能够补上这个空白,让用户通过5G网络原生提供LAN服务。

5G LAN对于5G系统的增强体现在三个方面:

(1) 网络管理LAN资源和LAN成员:5G网络提供LAN业务给垂直行业用户,支持动态LAN的创建,用户只需将LAN成员标识提供给网络,网络存储LAN成员信息并规划LAN通信资源(如服务于这个LAN的SMF和UPF)。

(2) LAN级的会话管理:当LAN成员(UE)发起接入LAN通信的业务时,网络会将该UE的会话上下文与其他LAN成员(UE)的会话进行关联,构建一个LAN级的会话上下文,以便合理制定两个或多个LAN成员之间的数据面转发规则。

(3) 用户面架构增强支持LAN通信的本地交换:根据LAN级会话上下文,当两个或多个UE的会话由同一个锚点UPF服务时,采用本地疏导的转发模式,并要求锚点UPF增强支持本地交换的能力;如果为群组成员服务的锚点UPF超过一个,那么可以在任意两个锚点UPF之间建立转发隧道进行LAN数据业务的转发。

5G LAN业务逻辑图如图2-50所示,图中反映了5G LAN的主要特性。

5G网络在Rel-16阶段增加了LAN管理和LAN通信配置的能力,以满足用户接入LAN业务的需求。LAN业务的使用场景包括家庭、企业和工厂。通过这些能力的增强,5G网络更进一步地满足了垂直行业用户的应用。

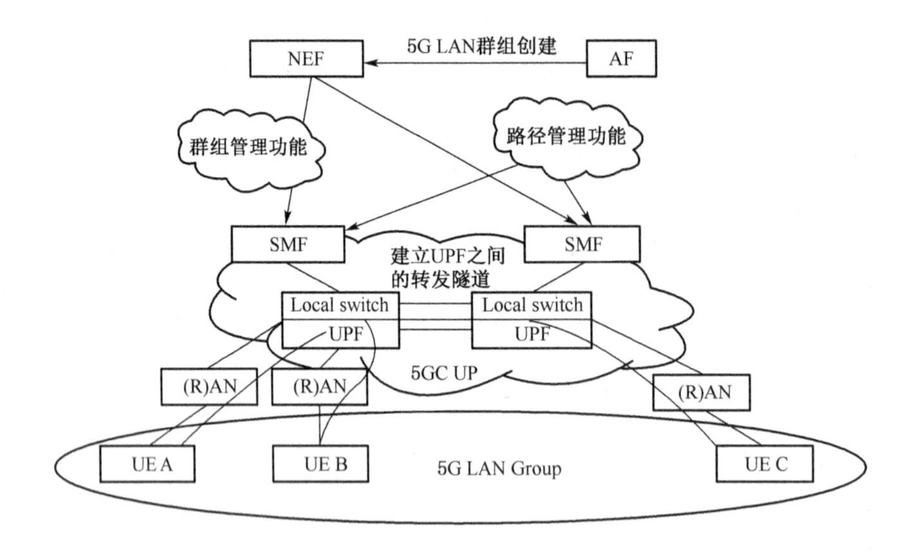

图2-50 5G LAN业务逻辑图

2.1.5 5G适配电网场景

电力物联网(IOTIPS)是支撑智能电网发展的重要基础设施,保证了各类电力业务的安全性、实时性、准确性和可靠性要求。IOTIPS主要应用于骨干通信网(发电、输电、变电)和终端接入网(配电、用电),其中骨干通信网100%采用光纤专网通信,而配电和用电环节对应的终端接入网存在多种接入制式，也是5G网络切片(Network Slice)使能电力通信网络的重点。由于传统光纤+无线专网方式覆盖建设成本高、运维难度大，难以有效支撑配电网各类终端可观、可测、可控，而基于5G网络则可实现配电自动化(Distribution Automation System, DAS)、精准负荷控制(Precise Load Control)、用电信息采集、分布式电源监控(Distributed Network Monitor)等功能。

基于电力物联网的5G潜在应用场景示意，如图2-51所示。

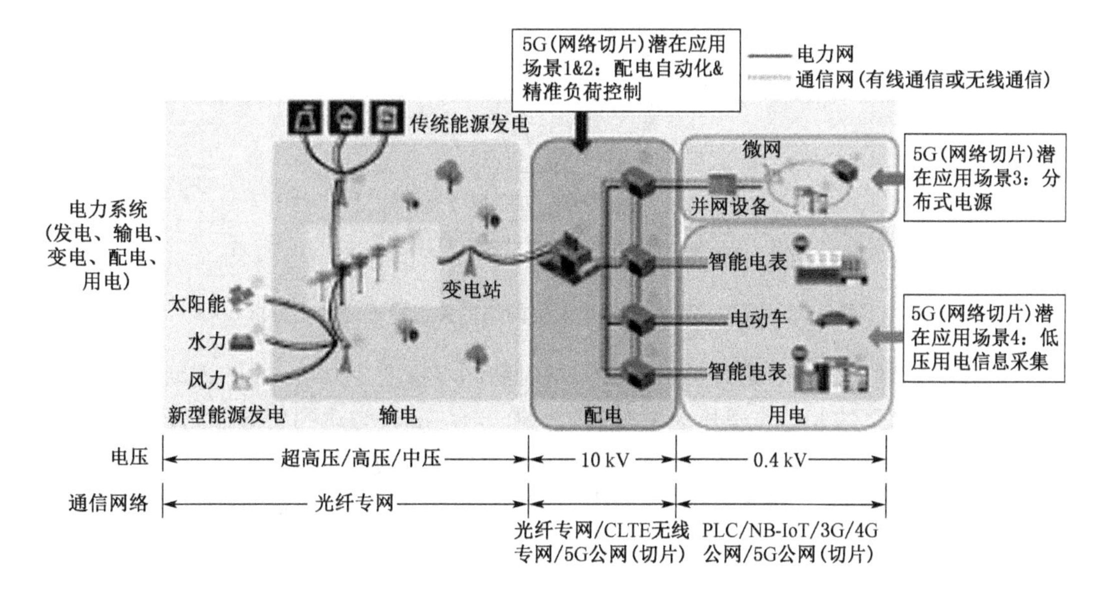

图2-51 基于电力物联网的5G潜在应用场景示意图

2.1.5.1 低时延

低时延业务主要是指电力通信中时延要求、可靠性要求和隔离性要求均很高的业务，主要包含配电自动化、精准负荷控制、分布式电源监控等。

目前，电力通信采用子站/主站的连接模式、星型连接拓扑，主站相对集中，一般控制的时延要求为秒级。未来，连接模式将出现更多的分布式点到点连接，随着精准负荷控制、分布式电源监控等应用推广，主站系统将逐步下沉，本地就近控制规模增加，同时会提高与主网控制联动的需求，时延需求将达到毫秒级。

1) 配电自动化

配电自动化是一项集计算机技术、数据传输、现代化设备、控制技术和管理于一体的综合信息管理系统，属于控制类型的智能电网业务，该业务非常重要，优先级高。

配电自动化对配电网能进行有效的保护控制，可以通过继电保护自动装置来检测配电网上的线路或者设备状态的信息，能迅速进行配电网线路上的区段或者配电网设备中的故障判断以及准确定位，从而能快速隔离配电网的线路故障区段或者故障设备，能尽快恢复区域的供电。

配电自动化能够提高供电的可靠性、改进电能的质量、向用户提供优质的服务、降低运行的费用，同时减轻运行人员的劳动强度。

配电自动化也会传输“三遥”业务，其中包括终端上传主站（上行方向）的遥测、遥信信息采集类的业务，以及主站下发终端（下行方向）的常规总召、线路故障定位（定线、定段）隔离、恢复时的遥控命令，它们都是数据类的业务。

配电自动化对未来网络通信的关键需求的量化分析，如图2-52所示。

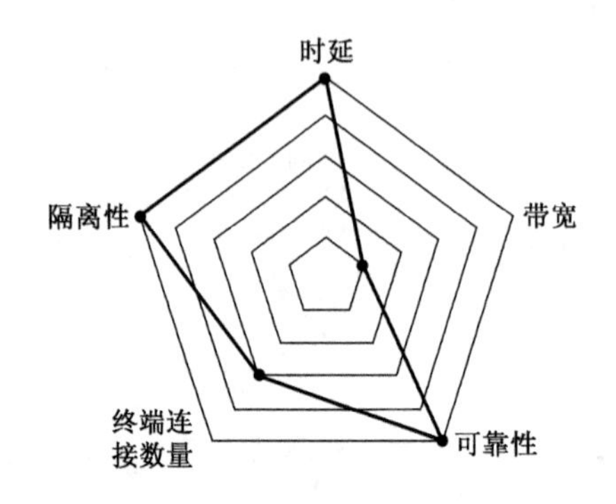

图2-52　配电自动化对未来通信网络的关键需求的量化分析

① 时延：差动保护要求是时延小于10 ms，时间同步精度为10 μs，电流差动保护装置所在变电站距离小于40 km，主备用通道时延抖动在±50 μs。为达到精准控制，相邻智能分布式配电自动化终端（DTU）在信息交互时必须携带高精度时间戳。

② 带宽：按实时传输计算（不考虑存储转发），为避免排队时延，带宽应大于10.2 Kbit/s。

③ 可靠性：要求高，要达到99.999%。

④ 终端连接数量：10个/km^2。

⑤ 隔离性：配电自动化属于电网小生产大区业务，要求和其他IIV管理大区业务完全隔离。

2）精准负荷控制

精准负荷控制（Precise Load Control）主要包括调度批量负荷控制（Scheduling Batch Load Control）和营销负荷控制（Marketing Load Control）系统两种控制模式。

在发生电网故障的情况下，负荷控制主要通过第二道防线中的稳控系统紧急切除负荷，防止电网被破坏；通过第三道防线中的低频低压减载装置减载负荷，避免电网崩溃。这种稳控装置集中切除负荷的社会影响较大，电网第三道防线措施意味着用电负荷更大面积的损失。精准负荷控制属于控制类智能电网业务，该业务非常重要，优先级高。

3）分布式电源监控

分布式电源监控包括太阳能利用、风能利用、燃料电池及燃气冷热电三联供等多种形式。

其一般分散在用户/负荷的现场或邻近地点，一般接入35 kV及以下电压等级的配用电网，实现发电供能，可以独立运行，也可并网运行。分布式发电具有位置灵活、分散的特点，极好地适应了分散电力需求和资源分布，延缓了输电、配电网升级换代所需要的巨额投资，与大电网互为备用，也使供电可靠性得以改善。

分布式能源的下行是控制类的智能电网业务，上行是采集类的智能电网业务，业务优先级为中低。分布式电源监控调控系统中主要具备数据采集的处理、有功功率的调节、电压无功功率的控制、“孤岛检测”、调度和协调控制等功能，主要由分布式电源监控主站、分布式电源监控终端、分布式电源监控子站和通信系统等部分组成。

分布式电源监控对未来通信网络的关键需求的量化分析如图 2-53 所示。

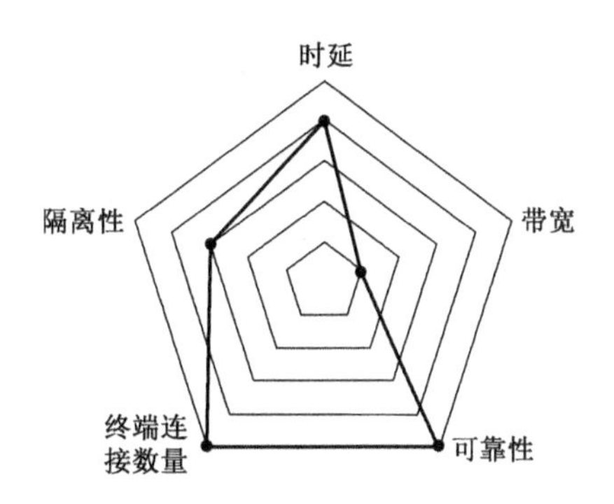

图2-53 分布式电源监控对未来通信网络的关键需求的量化分析

① 时延：采集类要小于 3 s，控制类要小于 1 s。

② 带宽：35/10 kV 分布式电源站点调度和营销业务，其中主要包括电能质量的监测、分布式电源监测终端信息的接入、电费计量的业务等，其单点接入的流量要大于 42.3 Kbit/s；220/380 V 分布式电源站点为电费计量业务，其单点接入的流量要大于 1.05 Kbit/s。

③ 可靠性：采集类要求在 99.9%，控制信息要求在 99.999%。

④ 终端连接数量：海量接入，随着屋顶的分布式光伏、电动汽车的充换电站、风力发电、分布式储能站的发展，连接数量会达到百万级甚至千万级。

⑤ 隔离性：分布式电源监控同时有Ⅱ区业务。安全区包括分布式电源的 SCADA 监控信号和配网的继电保护信号，属于生产控制信号。安全Ⅱ区包括电源站计量业务、保护信息管理和故障录波业务。安全Ⅲ区业务包括电源站运行管理的业务、发电负荷的预测、视频监控的业务。

2.1.5.2 大连接

大连接业务主要是指电力通信中具有类似物联网的大规模连接数需求的业务，主要包含用电信息采集等。

用电信息采集业务是以智能电表为基础，开展用电信息采集、处理和实时监控的系统，实现用电信息的自动采集、计量异常监测、电能质量监测、用电分析及管理、相关信息发布、分布式电源监控、智能用电设备的信息交互等功能，满足智能用电和个性化客户的服务需求，属于采集类智能电网业务，业务优先级中等。

工商业用户主要是通过企业用能服务系统的建设，采集客户数据并进行智能分析，为企业能效管理服务提供支撑。家庭用户重点通过居民侧“互联网+”家庭能源管理系统，实现关键用电信息、电价信息与居民共享，促进优化用电。

用电信息采集对未来通信网络的关键需求的量化分析，如图 2-54 所示。

① 时延：一般的大客户管理、低压集抄、配变检测和智能电表都在 3 s 以内，需要精准管

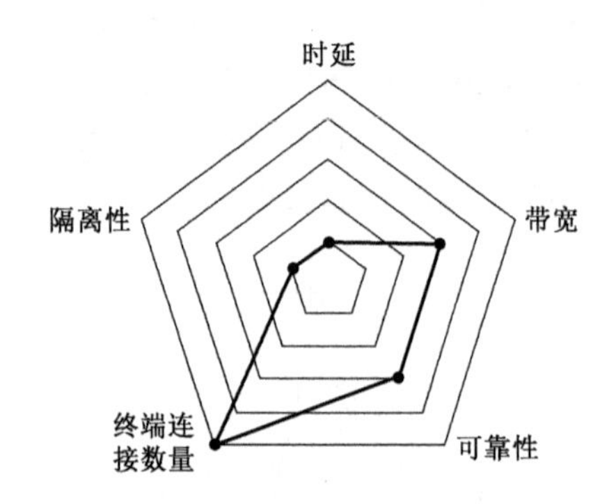

图 2-54 用电信息采集对未来通信网络的关键需求的量化分析

控的场景，时延要求小于 200 ms。

② 带宽：上行不小于 2 Mbit/s，下行不小于 1 Mbit/s。

③ 可靠性：要求高，需达到 99.9%。

④ 终端连接数量：集抄模式百级/km²；下沉到客户后，数量可能是其 50～100 倍，可达千级/km²，甚至万级/km²。

⑤ 隔离性：用电信息采集属于电网Ⅱ区业务，安全性要求低于Ⅰ区，但要和Ⅰ区实现逻辑隔离和物理隔离。

2.1.5.3 大带宽

大带宽业务主要是指电力通信中带宽需求较高的业务，主要包含电网中各类大视频应用。

大视频的应用主要包含：无人机巡检、机器人巡检、移动式现场施工作业管控、配电房视频监控、应急现场的自组网综合应用等场景。大带宽业务主要是针对电力生产管理中的中低速率移动场景，通过现场可移动的视频回传到替代人工巡检，可以避免人工现场作业带来的不确定性，同时减少人工成本，极大地提高运维效率，大视频属于多媒体类的智能电网业务，优先级中等。

1）机器人巡检

机器人巡检系统，是由变电站的智能巡检机器人、监控后台和电源系统等组成的，能够自主进行变电站的巡检作业，或者远程视频巡视的变电站巡检系统，主要应用于 110 kV 及以上变电站范围内的电力一次设备状态的综合监控及安防巡视等需求。

机器人需要搭载多路高清的视频摄像头或者环境监控的传感器，并回传相关的检测数据，能具备数据的实时回传至远程监控中心的能力，且在大部分情况下，需要进行简单的带电操作，比如道闸开关的控制等。

2）无人机巡检

无人机巡检系统，是利用无人机搭载可见光及红外等一些检测设备，来完成架空输电线路上巡检任务的作业系统。一般是由任务载荷分系统、无人机分系统和综合保障分系统组成，包括无人直升机（按结构形式一般会分为单旋翼带尾桨式，多旋翼式）的巡检系统和固定翼的无人机巡检系统。

无人机巡检主要应用在电力线、杆塔巡线和线路施工测绘等，通过地面的控制站进行拍摄操控，以完成图像的实时回传和快速拼接，实现复杂地形与恶劣环境下现场信息的获取，其中包括通道树木的检测、覆冰的监控、山火的监控、外力破坏的预警检测等。

3）配电房视频监控

配电房视频监控，主要是针对配电网中重要节点（开闭站）的运行状态、资源情况进行监视，一般会安装在配电房内或相对隐蔽的公共场所，是集中型的实时业务，业务流将各个配电房的视频采集终端集中到了配电网视频的监控平台。

在重要的配电房节点（开闭站）内，可配备智能的视频监视系统，可以按照配电房里配电柜的布局，灵活部署移动视频的综合监视装备，对配电柜和开关柜等设备进行视频及图像的回传，云端同步会采用先进的 AI 技术，对配电柜和开关柜的图片及视频进行识别，提取它的运行状态数据、开关的资源状态等信息，从而避免了人工巡检的烦琐工作。

4）移动式现场施工作业管控

在电力行业内涉及强电作业的，施工安全要求都极高，移动式现场施工的作业管控主要是针对电力施工现场的工序、人员、质量等进行全方位的监管，并针对方案变更和突发事故处理等紧急情况，提供远程的实时决策依据，并提供事故溯源排查等功能。

在现场施工作业的管控中，可根据需求临时部署多个移动摄像头进行实时监控，在紧急情况下，可移动的摄像头聚焦施工现场的局部区域，提供实时的决策，施工完毕后，移动摄像头可以复用到其他施工现场。

5）应急现场自组网综合应用

应急现场自组网综合应用，主要针对地震、故障抢修、雨雪、洪水等灾害环境下电力抢险救灾的场景，通过应急通信车来进行现场支援，可以为应急通信现场的多种大带宽多媒体装备提供自组网及大带宽的回传能力，并和移动边缘计算（Mobile Edge Computing，MEC）等技术相结合，支撑现场高清视频的集群通信及指挥决策。

应急通信车是现场抢险的重要信息枢纽及指挥中心，需要具备自组网能力，同时配备各种大带宽的多媒体装备，比如无人机、车载摄像头、单兵作业终端和移动终端等。

应急通信车还可以配备搭载无人机的主站，通过该无人机在灾害区域，能迅速形成半径在 2～6 km 的网络覆盖，其余的无人机、单兵作业终端等设备可通过接入该无人机主站，回传高清视频或者进行多媒体的集群通信。

应急通信车一方面是作为现场的信息集中点，结合移动边缘计算可以实现基于现场的视频监控、调度指挥、综合决策等一些丰富的本地应用；另一方面，可以为无人机主站提供充足的动力，让它达到 24 h 以上的续航能力。

综合分析以上几类场景的通信网络需求，大视频的应用对未来通信网络的关键需求的量化分析，如图 2-55 所示。

（1）时延：多媒体信息时延要求小于 200 ms，控制信息时延小于 100 ms。

（2）带宽：根据场景不同，要求可持续稳定地保障在 4～100 Mbit/s.

（3）可靠性：多媒体信息可靠性要求 99.9%，控制信息可靠性要求 99.999%。

（4）终端连接数量：集中在局部区域 2～10 个。

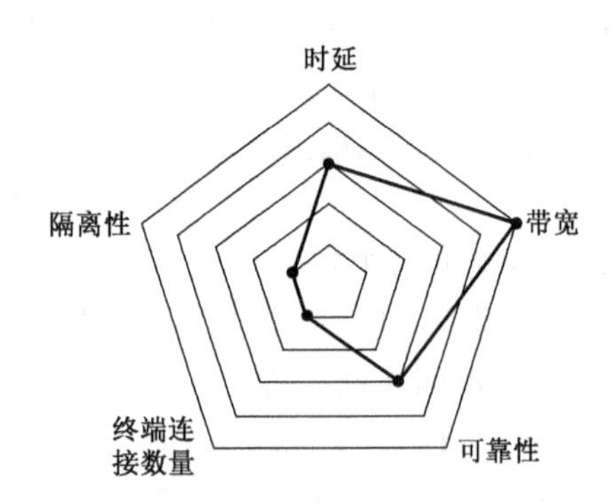

图 2-55 大视频应用对未来通信网络的关键需求的量化分析

(5) 隔离性:大视频应用基本属于电网Ⅲ区业务,安全性要求低于Ⅰ区。少量控制功能(例如巡检机器人)需远程操作的控制信息属于Ⅰ区。

2.1.5.4 5G适配电力通信业务场景需求

电力通信业务场景,可以分为 3 类典型的切片业务需求。

1) uRLLC 切片

以低时延业务为主,典型的业务场景包括配电自动化和精准负荷控制等。

2) mMTC 切片

以大连接的业务为主,典型业务场景包括用电的信息采集和分布式电源(上行)等。

3) eMBB 切片

以大带宽的业务为主,典型业务场景包括大视频的应用等。

除了以上这 3 类典型的切片,在电力通信行业内,还可能存在语音切片(典型业务场景:内部办公电话、人工维护巡检、应急抢修、调度电话)等需求。

2.2 5G 网络架构及承载要求

2.2.1 5G 网络架构

为了满足不同的应用场景和应用需求,5G 的网络设计基于弹性敏捷、灵活复用的设计理念,引入了软件定义网络(SDN)/网络功能虚拟化(NFV)技术,将软硬件平台进一步地虚拟化和解耦,底层将使用统一的 NFVI 基础设施,利用软件定义网络控制器来实现内部资源的灵活调度。

传统网元又被划分为更细粒度的功能模块,称之为网络功能(NF,Network Function),在网络功能之间采用轻量的 API 接口通信,能实现系统的高效化、灵活化、开放化。

5G 网络分为接入网、传输网和核心网三层。在接入网里,5G 网络采用了新的架构、设计、频段以及新的天线技术。新的架构是指全新的网络架构将以用户为中心,围绕用户进行网络的建设,同时射频拉远单元(Remote Radio Unit, RRU)和馈线、天线组成了新的有源天线单元(Active Antenna Unit, AAU),将传统的基带单元(Base Band Unit, BBU)分为集中式单元(Centralized Unit, CU)和分布式单元(Distributed Unit, DU)两个网元设备。

2.2.1.1 核心网

1) 基于SBA的网络架构

根据3GPP的标准,基于SA组网的5G核心网,采用服务化架构(Service - Based Architecture, SBA)设计和虚拟化方式实现。

5G核心网系统架构,如图2-56所示。

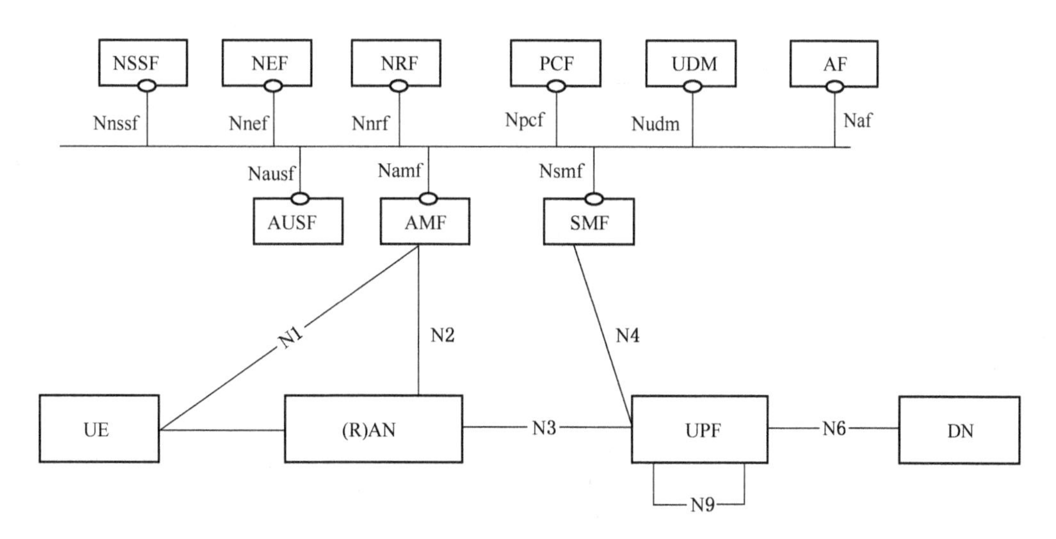

图2-56 5G核心网系统架构

5G核心网控制的平面功能,采用基于服务的设计理念,来控制平面网络和接口交互功能,并能实现网络功能中的服务发现、注册和认证等功能。在服务化架构下,控制平面的功能既能够是服务的生产者,也能够是服务的消费者,当消费者要访问生产者的服务时,必须使用生产者提供的统一接口来进行访问。

采取服务化架构设计可以提高功能的重用性,也可以简化业务流程的设计,优化参数的传递效率,提高网络控制功能的整体灵活性。同一种NF也可以被多种NF调用,从而降低NF之间接口定义的耦合度,最终实现整网功能的按需定制,支持不同的业务场景和需求。

5G核心网具有如下关键特性:

① 控制和承载完全分离,控制面和用户面都能分别灵活部署及扩容。

② 控制面采用服务化架构,接口统一,简化流程。

③ 采用虚拟化技术(Virtualization Technology),实现软硬件解耦,计算和存储资源动态分配。

④ 支持网络切片,灵活快速按需部署网络。

⑤ 支持移动边缘计算,有利于低时延、大带宽等创新型业务的部署。

⑥ 软件定义网络(SDN)实现网络可编排。

5G核心网网元功能的简介见表2-11。

表 2-11　5G 核心网网元功能简介

网元功能	中文全称	功能描述
NSSF	网络切片选择功能	为 UE 服务选择网络切片实例集，确定 NSSAI 及 AMFSet
NEF	网络开放功能	使内部或外部应用可以访问网络提供的信息或业务，为不同的应用场景定制网络能力
NRF	网络存储功能	维护已部署 NF 的信息，处理从其他 NF 过来的 NF 发现请求
PCF	策略控制功能	提供策略规则，支持统一策略框架
UDM	统一数据管理	存储并管理签约数据
AF	应用功能	与 5G 核心网交互提供服务
AUSF	鉴权服务功能	完成 UE 的双向鉴权
AMF	接入和移动性管理功能	完成移动性管理（Mobile Management，MM），非接入层信令（Non-Access Stratum，NAS）MM 信令处理，NAS SM 信令路由、安全锚点和安全上下文管理等，以及合法监听
SMF	会话管理功能	完成会话管理、UE IP 地址分配和管理、UP 选择和控制、用户面规则制（包检测、包转发、用量上报等）、合法监听等
UE	用户设备	5G 终端
(R)AN	无线接入网络	网络接入功能
UPF	用户面功能	完成用户面处理，提供 IP 锚点、用户面数据检测和路由、服务质量执行、用量上报、合法监听（数据复制）
DN	数据网络	包含运营商应用，互联网应用或者第三方服务

5G 核心网的网元功能与 4G 的网元功能比较见表 2-12。

表 2-12　5G 核心网的网元功能与 4G 的网元功能比较

5G 网元功能	与 4G 网元功能比较
PCRF	策略和计费规则功能（Policy and Charging Rule Function，PCRF）
UDM	用户归属地服务器（Home Subscriber Server，HSS）
AUSF	移动管理实体（Mobility Management Entity，MME）中鉴权功能
AMF	MME 中 NAS 接入控制功能，终结 AM 层 NAS 信令
SMF	MME＋服务网关（Serving Gateway，sGW）＋PDN 网关（PDN Gateway，PGW）中会话和承载管理的控制面功能，终结 SM 层 NAS 信令
(R) AN	eNodeB (evolved Node B，演进型 Node B)
UPF	SGW/PGW 中用户面功能，对应集中单元分离架构中；SGW－U＋PGW－U
DN	PDN，数据网络

5G 核心网系统网元的接口，如图 2-57 所示。

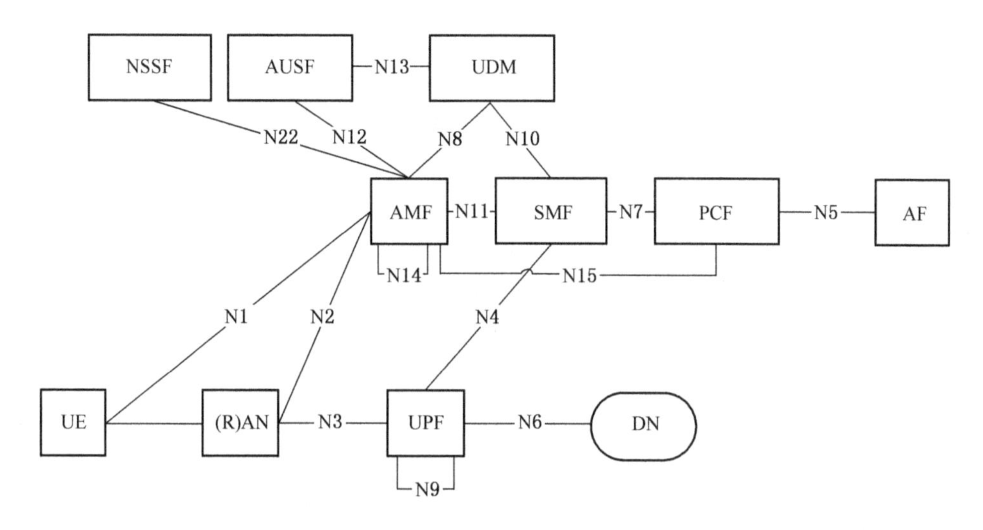

图 2-57 5G 核心网系统网元的接口

2) 控制与转发分离

现有移动核心网网关设备中,既包含流量转发功能(承载),也包含控制功能(信令处理和业务处理),控制功能和转发功能之间是紧耦合的关系。5G 核心网实现了控制面与转发面的分离(Control and User Plane Separation, CUPS),向控制功能集中化和转发功能分布化的趋势演进。

5G 核心网(网关)控制及转发(承载)彻底分离,如图 2-58 所示。

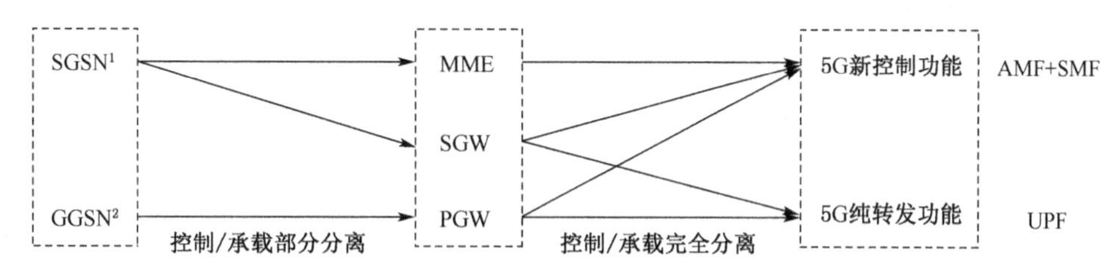

注:1. SGSN (Serving GPRS Support Node, 服务GPRS支持节点)。
2. GGSN (Gateway GPRS Support Node, 网关GPRS支持节点)。

图 2-58 5G 核心网(网关)控制与转发(承载)彻底分离

控制和转发功能分离以后,控制面采用逻辑集中的方式实现系统的策略控制,保证灵活的移动流量调度和连接管理,同时减少了北向接口,增强了南向接口的可扩展性。转发面将会专注于业务数据的路由转发,具有稳定、简单和高性能等特性,便于灵活部署以支持未来低时延、大带宽的业务场景需求。

3) 3GPP 标准中的 8 种 5G 网络架构

实现 5G 的应用场景后,首先需要建设和部署 5G 网络,其中 5G 核心网(5G Core Network)主要为用户提供了互联网的接入服务和相应的管理功能等。3GPP 的标准定义了两种 5G 网络部署方式,分别是独立组网(SA)和非独立组网(NSA)。

独立组网(SA)指的是新建一个现有的网络,其中包括新基站、回程链路及核心网,非独立组网(NSA)指的是使用现有的4G网络基础设施,进行5G网络的部署。在2016年6月制定的标准中,3GPP共列举了Option 1、Option 2、Option 3/3a、Option 4/4a、Option 5、Option 6、Option 7/7a、Option 8/8a共8种5G网络架构选项。其中,Option 1、Option 2、Option 5和Option 6属于SA组网方式,其余属于非独立组网(NSA)方式。在2017年3月发布的版本中,3GPP优选了(同时增加了2个子选项Option 3x和Option 7x) Option 2、Option 3/3a/3x、Option 4/4a、Option 5、Option 7/7a/7x共5种5G网络架构选项。独立组网(SA)组网方式还剩下Option 2和Option 5两个选项。

下面分别说明各个选项如何进行网络部署。

(1) Option 1和Option 2

Option 1和Option 2的架构,如图2-59所示,在4G网络中,Option 1是目前的部署方式,由4G核心网和4G基站组成。实线叫作用户面,代表传输的数据,虚线叫作控制面,代表传输的管理和调度数据的命令。

Option 2属于5G独立组网(SA)方式,使用5G基站和5G核心网,服务质量更好,但成本也很高。

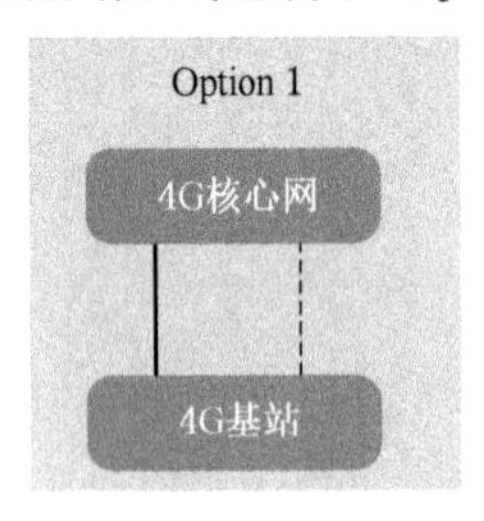

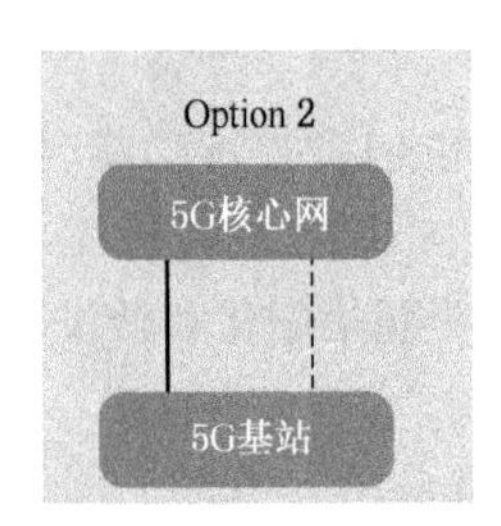

图2-59 Option 1架构和Option 2架构

(2) Option 3

Option 3主要使用的是4G核心网,分为主站和从站,以核心网进行控制面命令传输的基站为主站。传统的4G基站,由于处理数据的能力有限,需要对基站进行硬件的改造升级,变成增强型的4G基站,该基站为主站,新部署的5G基站作为从站使用。Option 3架构,如图2-60所示。

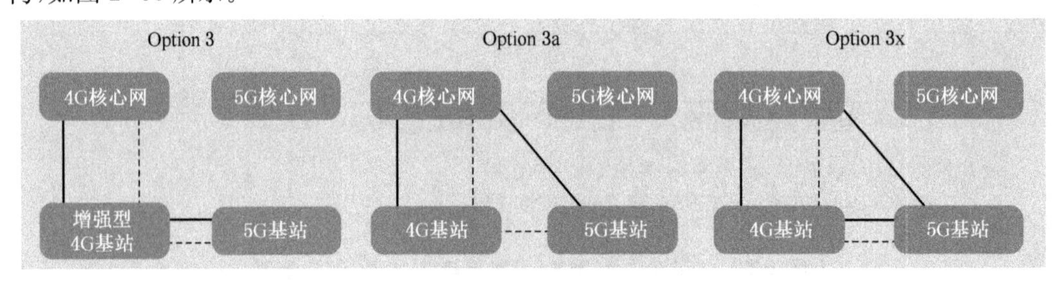

图2-60 Option 3架构

同时,部分4G基站由于存在时间较久,运营商不愿意投入资金再次进行基站改造,所以还有另外两种选项:Option 3a和Option 3x。Option 3a就是5G用户面的数据直接传输到4G核心网。而Option 3x是将用户面的数据分为两个部分,将4G基站不能传输的部分数据使用5G基站来进行传输,剩下的数据则仍然使用4G基站进行传输,两者的控制面命令仍然由4G基站进行传输。

(3) Option 4

Option 4与Option 3的不同之处就在于,Option 4的4G基站和5G基站共用的是5G核心网,5G基站作为主站,4G基站作为从站。由于5G基站具有4G基站的功能,所以Option 4 中 4G 基站的用户面和控制面分别通过 5G 基站传输到 5G 核心网中，而 Option 4a 中，4G 基站的用户面直接连接到 5G 核心网，控制面仍然从 5G 基站传输到 5G 核心网。Option 4 架构如图 2-61 所示。

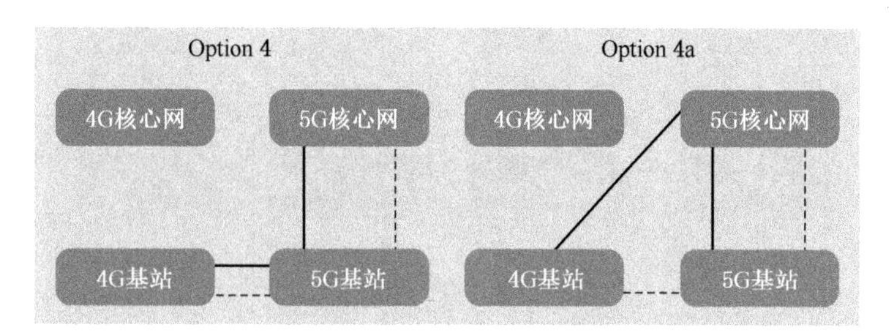

图 2-61 Option 4 架构

（4）Option 5 和 Option 6

Option 5 可以理解为先部署 5G 的核心网，并在 5G 的核心网中实现 4G 核心网的功能，先使用增强型的 4G 基站，随后逐步部署 5G 的基站。

Option 6 是先部署 5G 基站，采用 4G 核心网。但会限制 5G 系统的部分功能，例如网络切片，因此 Option 6 已经被舍弃。

Option 5 架构和 Option 6 的架构如图 2-62 所示。

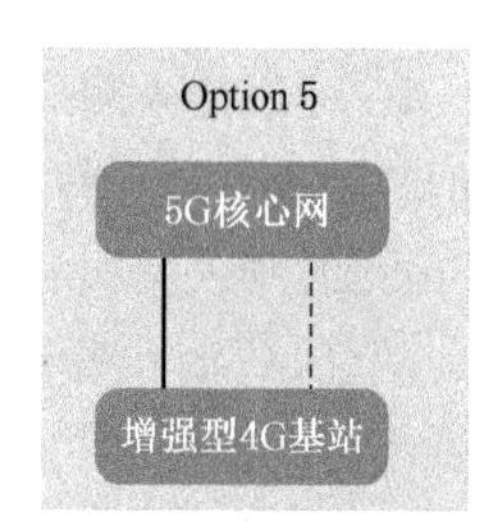

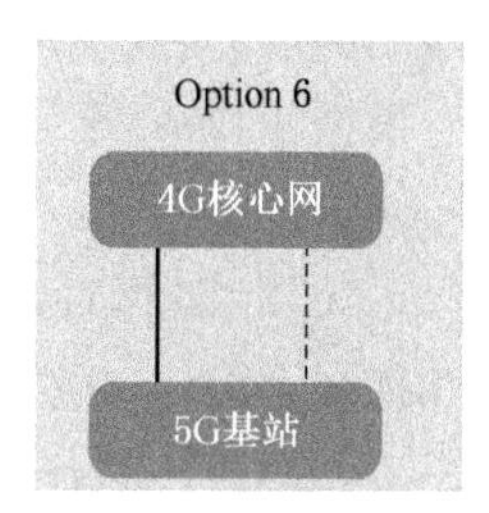

图 2-62 Option 5 架构和 Option 6 架构

（5）Option 7

Option 7 和 Option 3 类似，唯一的区别就是将 Option 3 中的 4G 核心网，变成 5G 核心网，但传输方式是一样的。

Option 7 的架构如图 2-63 所示。

（6）Option 8

Option 8 和 Option 8a，使用的都是 4G 核心网，运用 5G 基站将控制面的命令和用户面的数据传输到 4G 核心网中，由于需要对 4G 核心网进行升级改造，成本更高，改造更加复杂。该选项也已被舍弃。

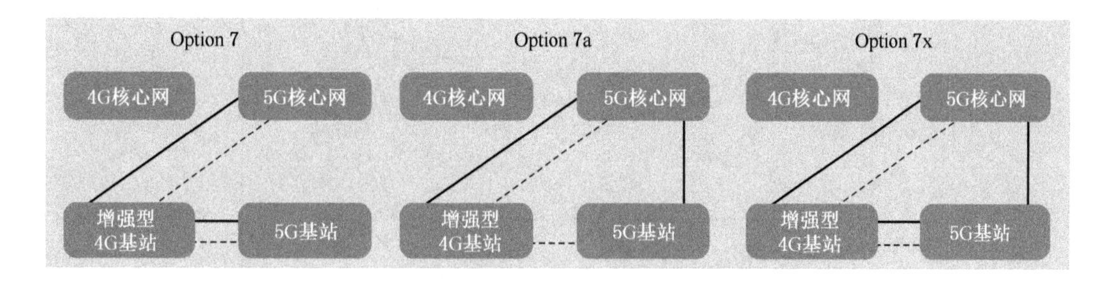

图 2-63 Option 7 架构

Option 8 架构如图 2-64 所示。

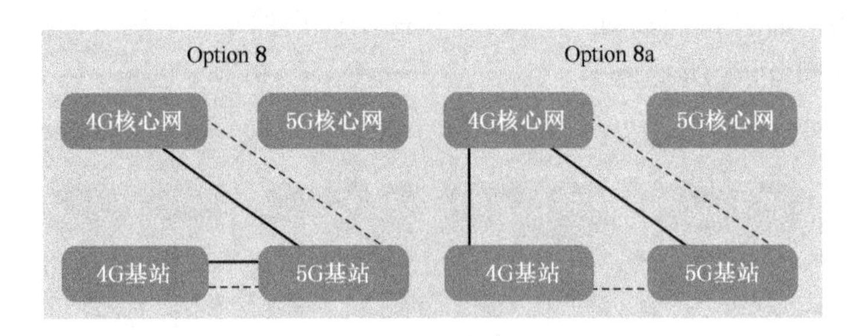

图 2-64 Option 8 架构

2.2.1.2 无线网

5G 无线接入网(NG-RAN)是能满足多场景的一个多层异构网络,能够容纳已广泛应用的各种无线接入技术(Radio Access Technology, RAT)和 5G 新空口(NR)等多种技术。5G 的无线接入架构的网络拓扑更加灵活,资源协同能力更智能高效。

随着 5G 时代各种新业务还有应用场景的出现,传统网络架构在灵活性和适应性上都显得不足。根据 5G 业务典型的覆盖场景和关键性能的指标分析,5G 无线接入网(NG-RAN)架构具有高度的扩展能力、灵活性和定制能力,以此实现网络资源的灵活调配和网络功能的灵活部署,兼顾功能、成本、能耗的综合目标。

根据 3GPP TS 38.300 标准中定义的 5G 无线接入网,即下一代无线接入网(Next Generation Radio Access Network, NG-RAN),其中包括 5G 基站(gNB)和接入 5GC 的 4G 基站(ng-eNB)这两种基站,其中 5G 基站用于向用户设备(UE)提供 5G 新空口(NR)的用户面和控制面协议,4G 基站(ng-eNB)用于向用户设备提供演进的通用陆地无线接入网(Evolved-UMTS Terrestrial Radio Access Network, E-UTRAN)的用户面和控制面协议。

5G 无线接入网架构如图 2-65 所示。

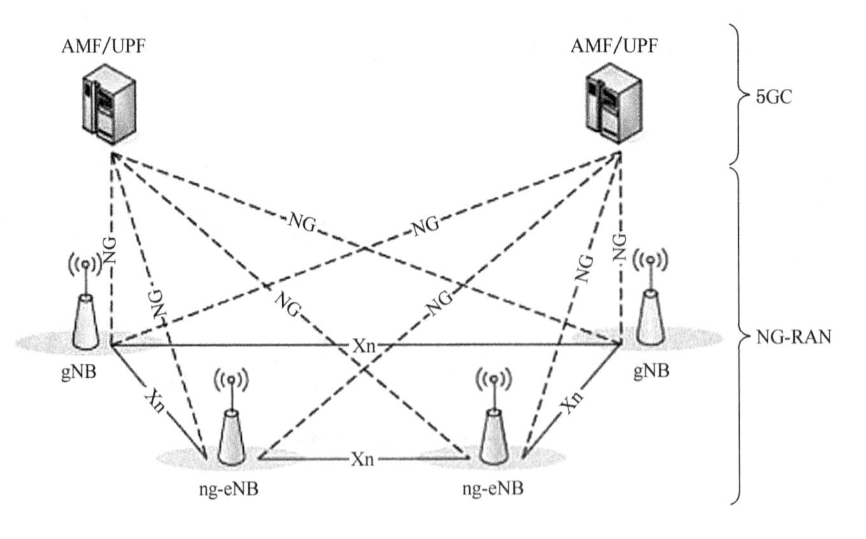

图 2-65 5G 无线接入网(NG-RAN)架构

5G无线接入网架构中的5G基站和接入5GC的4G基站通常都具备无线资源管理（Radio Resource Management，RRM）、资源块（Resource Block，RB）控制、连接移动性控制还有动态资源的分配调度等功能。

NG-RAN在5G系统中的功能划分如图2-66所示。

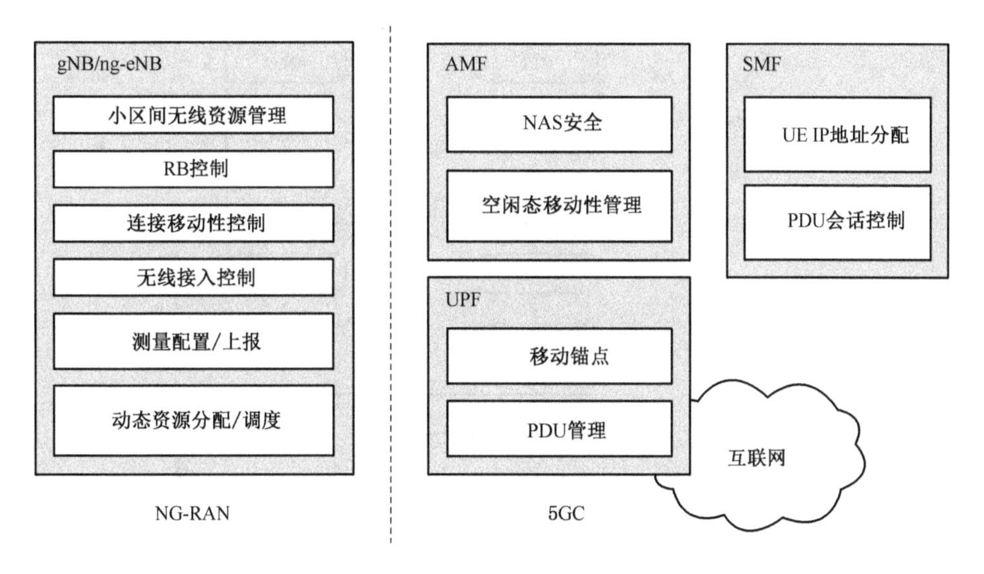

图2-66　NG-RAN在5G系统中的功能划分

5G基站采用基于集中单元/分布单元（Centralized Unit/Distributed Unit，CU/DU）两级逻辑架构，将分组数据汇聚协议/无线资源控制（Packet Data Convergence Protocol/Radio Resource Control，PDCP/RRC）等作为集中单元，将无线链路控制层/协议媒体访问控制层/物理层（Radio Link Control/ Media Access Control/ Physical，RLC/MAC/PHY）作为分布单元。

集中单元/分布单元的切分是根据不同协议层实时性的要求来进行的。在这样的原则下，要把原先基带处理单元（Base Band Unit，BBU）中的物理底层下沉到有源天线单元（Active Antenna Unit，AAU）中处理，对实时性要求高的物理高层、MAC、RLC层放在DU中处理，而把对实时性要求不高的组数据汇聚协议/无线资源控制层放到集中单元中处理。不同功能的划分，在不同的组网中不是一成不变的，可以根据业务的要求进行调整。CU/DU/AAU的协议划分如图2-67所示。

基于协议栈功能的配置，集中单元/分布单元的逻辑体系可以分为集中单元/分布单元分布架构和集中单元/分布单元融合架构，不同基站的集中单元可以进行合并。同一基站的集中单元和分布单元可以分设，也可以合设，后者类似于4G基站架构。

5G基站的CU/DU架构及与4G基站架构的差异如图2-68所示。

在NG-RAN的架构中，5G基站和接入5GC的4G基站之间是Xn接口，5G基站和5GC之间及接入5GC的4G基站和5GC之间是NG接口。

NG接口又分为NG控制面接口（NG-C）和NG用户面接口（NG-U），其中5G基站和接入5GC的4G基站通过NG-C连接到接入和移动性管理功能单元（AMF），通过NG-

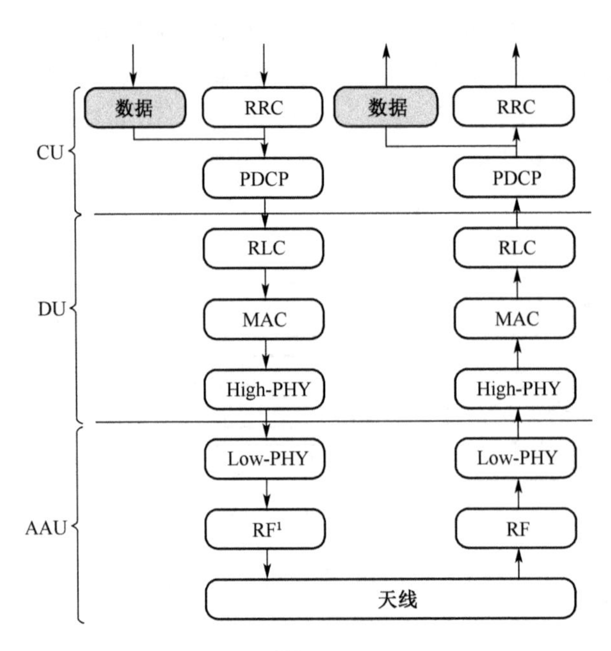

注：1. RF (Radio Frequency, 射频)

图 2-67　CU/DU/AAU 的协议划分

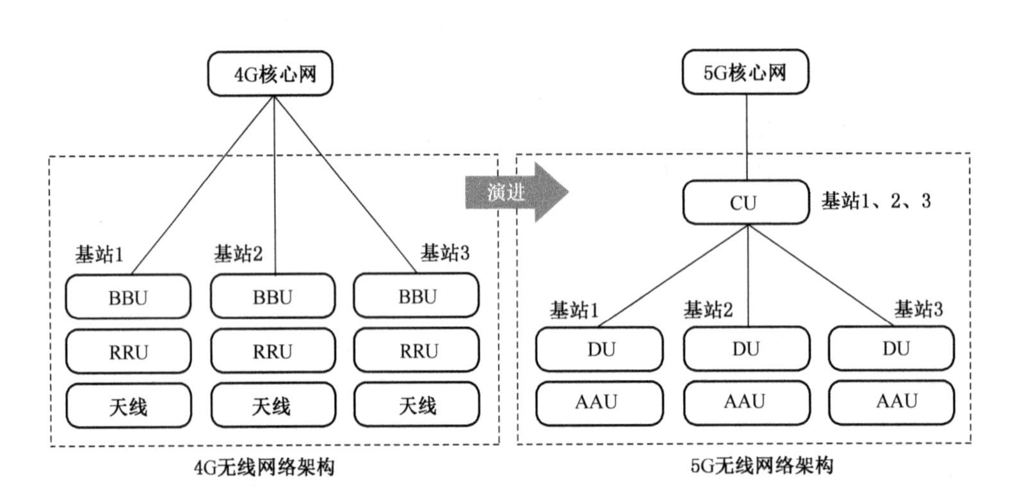

图 2-68　5G 基站的 CU/DU 架构及与 4G 基站架构的差异

U 连接到用户面功能单元(UPF)。

此外,NG-RAN 还在 5G 基站的 CU 和 DU 功能实体之间定义了 F1 接口,在 gNB-CU-CP 与 gNB-CU-UP 之间定义了 E1 接口。

NG-RAN 架构中的接口如图 2-69 所示。

NG-RAN 中特殊的网络架构能够使其满足大带宽、低时延、高可靠性、高安全性等需求,可以作为电力物联网的网络接入层主要技术,适用于大规模电力物联网设备接入,以及对通信速率、可靠性要求较高的场景。

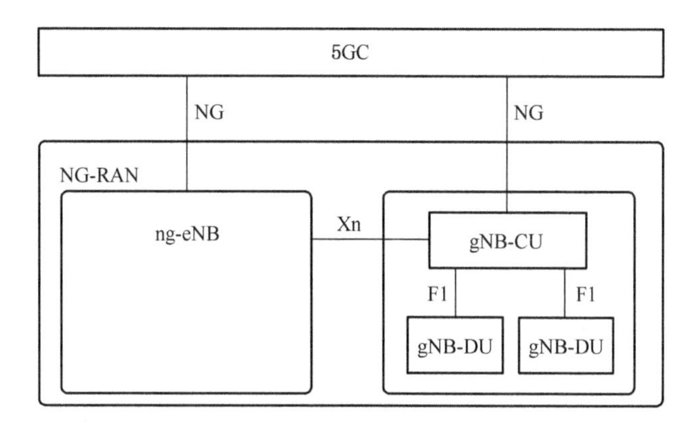

图 2-69 NG-RAN 架构中的接口

在 IOTIPS 的支撑下，电力系统的发电、输电、配电等各个环节都将衍生出新业务。在对内业务方面，有现代电力企业的智慧供应链、营配贯通、无人机巡检等；在对外业务方面，有电动汽车服务、源网荷储协同互动中的精准负荷控制(Precise Load Control)、车联网、新能源云建设、综合能源服务、多站融合发展、虚拟电厂运营、能源互联网生态圈构建等。

2.2.2 5G 网络承载要求

2.2.2.1 三大应用场景

国际电信联盟无线电通信局(ITU-R)，确定未来的 5G 会有以下三大业务的应用场景：增强型移动宽带(Enhanced Mobile Broadband，eMBB)、超可靠低时延通信(uRLLC)、大规模机器类通信(mMTC)，这三大业务的应用场景都有不同的特点。

增强型移动宽带(eMBB)能让 VR、超高清视频及无线宽带等大流量业务的体验更好。

超可靠低时延通信(uRLLC)能满足无人驾驶、工业自动化等需要低时延、高可靠连接的业务。

大规模机器类通信(mMTC)可以承载大规模、高密度的物联网业务，在每平方千米能支持 100 万个设备连接。

2.2.2.2 eMBB 场景

增强型移动宽带，是指在现有的移动宽带业务场景的基础上，对于用户体验等性能而言的进一步提升，这也是最贴近我们日常生活的应用场景，主要还是追求人与人之间极致的通信体验，信道编解码就是无线通信领域的核心技术之一。

增强型移动宽带，是 5G 在 4G 移动宽带场景下的增强，主要场景包括：4K/8K 的超高清视频能随时随地云存储直播和分享、虚拟现实(VR)或增强现实(AR)、高速移动上网等大流量移动的宽带业务。

目前，4G 的主流带宽为 20 MHz，单基站的峰值吞吐量是 240 Mbit/s，而 5G 网络单基站里的吞吐量却是 4G 的 20 多倍，空口频宽能达到 100 MHz～200 MHz 甚至更高，当单用户的接入带宽，和现在的固网宽带的接入比较，会要求承载网络提供超大带宽。

2016年11月，在3GPP RAN第187次会议的5G短码方案讨论中，华为公司主推的极化码(Polar Code)方案，成了5G控制信道增强型移动宽带场景编码的最终方案。

根据Cisco发布的数据显示，在2016年到2021年期间，全球的IP视频流量增长了3倍，而同期移动数据的流量增长约为7倍。

目前，产业所达成的共识是，高清视频将会成为消耗移动通信网络流量的主要业务。因此，在5G已经到来的当下，主流媒体必然会取得快速的增长，这是5G给生活带来主要影响之一。

2.2.2.3 mMTC场景

大规模机器类通信(Massive Machine Type Communication, mMTC)侧重在人与物之间的信息交互，主要场景包括：车联网、智能物流及智能资产管理等，并要求提供多连接的承载通道，以此实现万物互联。

大规模机器类通信具有小数据包、低功耗和海量连接等特点。这类终端的分布范围广、数量也多，要求网络具备海量且多连接的承载通道，实现万物互联。

为了减少网络阻塞的瓶颈，基站和基站间的协作，就需要更高的时钟同步精度(Time Synchronization Accuracy)。大规模机器类通信可以促进物联网的提质增速，人与机器、机器与机器间的交流也能更加智能、快捷。

大规模机器类通信的应用则主要指的是车联网、工业物联网等一些细分、少量且门槛较高的行业引用，也被统称为物联网应用。与增强型移动宽带不同，大规模机器类通信追求的不是高速率，而是低功耗还有低成本，需要满足在每平方千米内的100万个终端设备之间的通信需求，能发送较低的数据，且对传输资料的延迟有较低需求。

大规模机器类通信场景为物联网而生，设备连接的密度相比4G提升了10～100倍，支持在每平方千米有100万台设备的连接，且支持的设备连接数量至少有1 000亿台。

大规模机器类通信应用于海量低功耗、低带宽及低成本和时延要求不高的场景，比如智慧路灯和可穿戴设备等。

基于此情景，目前运营商积极布局的有两大标准：NB-IoT和基于LTE演进的物联网技术(Enhanced MTO)，在智能门锁和共享单车上已经开始应用。这两项已授权的标准是5G大规模机器类通信的基础，但5G的到来并不会将这两项标准替代，相反的，5G的实现还要依赖于这两项标准的演进，大规模机器类通信的固定标准，也会在这两项标准的基础上进行平滑升级。

其主要指标如下：

(1) 连接密度：100万个/km^2；

(2) 功耗：广阔地区分布的设备，要求续航10年，电表气表等一般设备要求2～5年续航能力。

2.2.2.4　uRLLC 场景

超可靠低时延通信(uRLLC),主要是应对车联网及工业控制等一些垂直行业特殊应用的需求,要求低时延和高可靠性,还需要对现有网络的业务处理方式进行改进,网络需要对巨大的数据拥有超高速及低时延等处理能力,让高可靠性业务的带宽时延是可预期的和可保证的,且不会受到其他业务的冲击。

5G 超可靠低时延通信场景的最大特点就是低时延和高可靠性,超可靠低时延通信场景的使用范围很大,在不同的场景下,对时延、可靠性和带宽的要求也是不同的。例如电力自动化的“三遥”场景、工业制造场景及车联网场景。

1) 电力自动化场景

差动保护是电力网络的一种自我保护手段,能将输电线两端的电气量进行比较,以此判断故障的范围,从而实现故障的精准隔离,可以避免停电影响范围扩大。

传统的电网通信以光纤为主,但 35kV 以下的配电网并未实现光纤覆盖,且部署的场景复杂多样,需要无线网络作为通信的载体。而 5G 的超可靠低时延通信场景就非常适合在电力自动化场景下部署。

2) 工业制造场景

工业制造对技术性能的要求很高,而高端制造业对车间设备的延迟和稳定性也有着非常高的需求。5G 超可靠低时延通信里的低时延和高可靠性就非常适合在工业制造场景下应用,制造设备将通过 5G 接入企业云,或者现场控制系统,采集现场的环境数据及生产数据,以此实时分析生产状况,从而实现整条生产线上的无人化和无线化。

3) 车联网场景

车联网由于其特殊性,对于系统的安全可靠及超低延迟有着非常高的要求,5G 的超可靠低时延通信场景非常适合在车联网的场景下部署。

车联网的当前阶段,主要是车路协同技术,就是在道路旁部署一些基础智能采集设备,其中包括智能灯杆和智能交通灯,通过 5G 网络和车载电脑的信息交互,能大幅增加车辆对周边事物的感知能力,也能提高驾驶的安全性,还能有效解决城市的拥堵问题。

4) uRLLC 从标准逐步走向现实

在 2020 年 6 月 17 日,《中国移动 5G 行业专网技术白皮书》(以下简称《白皮书》)发布。在 2022 年 5 月 15 日召开的“中国联通科技创新及实践成果发布会”上,中国联通正式发布《中国联通 5G uRLLC 技术白皮书 3.0 版本》。

《白皮书》指出,5G 及其 5G－A 的超可靠低时延通信已经从标准逐步走向现实,产业及其行业伙伴都给予了极大的关注。中国联通将根据技术标准进展和产业成熟度,逐步完善超可靠低时延通信网络能力分级体系,推动 5G 与产业加速融合。中国联通也致力于推动一个考虑到延迟、数据包大小、可靠性及网络架构和拓扑(接入、边缘和核心)以及不确定性的可扩展的框架。

为了实现这一愿景,在深入探讨了需求之后,中国联通也仔细研究了超可靠低时延通信里的各种使能技术还有它的部署方案,重点将集中在和超可靠低时延通信需求相关的各种方法和技术上,然后通过选定的用例应用它们,这些成果就能为低延迟、高可靠性无线网络的设计提供清晰的思路。

运营商对增强型移动宽带场景里的网络部署及应用和运维方面都有充足的经验，而超可靠低时延通信作为5G网络里的一个重要特征，在此特征的应用价值挖掘、网络特征能力的保障方面，运营商在现阶段仍然面临着一系列的问题和挑战。

在业务的发展方面，随着5G网络超可靠低时延通信保障能力的完善，普通消费者领域和垂直行业领域的部分业务，都会是超可靠低时延通信网络未来潜在的承载对象。

普通消费者领域的ULC业务发展相对滞后，“技术推动业务”的发展特征明显；垂直行业领域内，前期以通过5G uRLLC来替代现有业务的有线及无线解决方案为目标，后期以5G uRLLC网络助推行业的升级发展为目标。

因此，运营商的深度参与业务需求和业务发展研究，将明确不同场景和不同业务对5G uRLLC网络部署的不同需求，也是5G uRLLC网络所呈现价值面临的重要挑战之一。

在标准转化为产品的过程中，结合对超可靠低时延通信网络应用需求的深入挖掘，运营商还需要依托自身的网络部署情况和网络基础能力和网络目标能力，来制定5G网络超可靠低时延通信的能力增强计划，明确ULC产品功能的演进路径，推动5G超可靠低时延通信网络、模组还有终端产品的成熟。

在网络的部署方面，5G超可靠低时延通信网络，以低时延和高可靠的特性作为典型特征，在网络应用的初期，主要面向于满足工业、电力还有交通运输等一些垂直行业的业务需求。

为在不同场景和不同业务下提供定制化的网络部署方案，和定制化的网络保障能力都是降低运营商成本和节省客户开支的基本诉求。除此之外，在一些垂直行业的应用场景下，5G超可靠低时延通信网络提供时间敏感型网络（TSN）功能的需求明确，5G超可靠低时延通信网络里的传输网、核心网及无线网的TSN功能的保障能力，也会是网络部署方案的实现过程中要面临的重要挑战之一。

在网络的运维方面，超可靠低时延通信场景与增强型移动宽带场景下的部分网络指标的要求差异都很明显，在网络运营的过程中，实时进行业务的时延、可靠性和时延抖动等一些网络指标的需求保障，还有动态的监测都是保证网络鲁棒性（Robus）的重要诉求，而实现网络的故障定位和网络能力的快速恢复，在超可靠低时延通信场景下的需求也很强烈，因此，高效的超可靠低时延通信网络的运营策略，也是保障客户和运营商双赢的重要因素之一。

综上所述，5G白皮书中指出，作为5G网络新引入的典型应用场景，超可靠低时延通信网络的应用及推广，目前还面临着一系列全新的问题和挑战。运营商希望能和行业的合作伙伴共同努力，推动超可靠低时延通信网络能力的发展，并与客户精诚合作，推动超可靠低时延通信网络商用部署。国内三大运营商，在本阶段的5G商用网络可以为公众用户及垂直行业用户提供增强型移动宽带业务的服务。超可靠低时延通信场景是5G三大应用场景之一，在未来2～5年也将成为5G网络演进的重要场景之一。超可靠低时延通信的业务类型众多，相应的超可靠低时延通信网络能力也和业务需求相匹配，如何定义并构建超可靠低时延通信的网络能力，是其成功商用的基础。

5）逐步完善的uRLLC分级体系

白皮书基于超可靠低时延通信(uRLLC)的典型业务和需求，提出了三级超可靠低时延通信的网络能力，可以面向个人消费、行业用户及特定行业的用户来提供不同等级的超可靠低时延通信的网络性能。

通过基础能力集、能力提升集，构建了超可靠低时延通信的网络能力，基础能力集其中包括：频段、参数集及双工方式还有帧结构，能力提升集其中包括：构建低时延能力、高可靠能力及确定性能力还有指标检测能力这四个维度的端到端超可靠低时延通信的关键技术；为了向不同的用户更好地提供网络能力，提出了超可靠低时延通信的网络部署方案，其中包括网络切片部署方案、业务共存的部署方案以及时间敏感型网络(TSN)的融合部署方案；同时，为了加快5G-A的端到端商用进程，能更好地为工业客户提供高价值的服务，展示了移动通信公司超可靠低时延通信的创新实践方案和未来规模的实施路径和关键举措。

在下一阶段，中国移动和中国联通将根据技术标准的进展和产业的成熟度，逐步完善超可靠低时延通信的网络能力分级体系，并明确潜在的能力细分方案，还要搭建能力分级和能力构建集之间的映射关系，设计面向实际部署和运营的网络能力管理体系。

在未来，各移动通信公司将会联合产业链上下游的合作伙伴，共同推动具备超可靠低时延通信特性的网络和终端设备的产品成熟，以此推动5G与行业应用的融合。

2.2.3　5G与Wi-Fi的不同

1）应用场景的不同

Wi-Fi属于短距离的无线技术，更适合室内场景的覆盖，但由于频谱资源还有功率的限制，Wi-Fi不适合室外长距离的覆盖，信号也容易受到干扰。

5G网络使用的频谱资源是由国家统一规划和管理的，在室外部署的时候，信号干扰会比较小，所以使用5G进行室内覆盖，由于其采用了高频信号(24 GHz～52 GHz)，这种信号极易衰减，所以需要很复杂的网规工程，Wi-Fi易部署、易运维的优势明显。所以，5G主要是用在公众语音、公众网络接入及智慧城市公共物联网(IoT)的基础设施；Wi-Fi则用于企业自建园区内的网络及室内的高密接入。

2）频谱的获取不同

Wi-Fi的2.4 GHz或5 GHz频谱是开放的，不需要申请和报备，企业购买了Wi-Fi设备后就能免费享受Wi-Fi 6带来的10G无线网络。而各个国家的5G频段在使用前，都需要到相关机构进行申报。频段的申报都是需要时间的，并不适合所有规模的企业，对于中小企业来说，规模较小且没有固定园区，向政府申请5G的频段来部署5G基站也是不现实的。

3）获得的成本不同

Wi-Fi网络的部署简单，且随着Wi-Fi AP变得更加智能化，比如华为采用了智能天线和射频优化(Smart Radio)技术，让Wi-Fi网络的规划及运维不再需要专业的工程师就能完成。而5G网络的规划及部署，由于其信号容易衰减，是需要经过严密的网规和仿真验证的，所以需要专业的无线网络规划工程师，购买及部署和运维的成本高。

4）5G 和 Wi-Fi 6 的终端普及程度不同

Wi-Fi 6 终端的普及成本会更低，从 Wi-Fi 5 终端到 Wi-Fi 6 的终端，通过升级芯片就可以，无需调整设计的架构，便携式终端甚至还可以通过 PCI-E 插卡的方式快速支持 Wi-Fi 6 的网络，产业发展的速度更快。而从非 5G 终端向 5G 终端演进，需要对产品重新设计，系统复杂性和成本会增加，所以在非必须场景的终端，都会优先选择支持 Wi-Fi 6 网络的模式。

2.2.3.1 5G无线网络的变化及重构

1）5G 无线网络的云化

随着 5G 的研究及标准化的深入推进，无线网络云化（Cloud RAN）得到了业界的高度认可和广泛支持，通过无线接入网的云化可以实现无线网络资源的灵活调整、支持创建无线网络的切片，用来满足以用户为中心网络的移动边缘计算业务部署的需求，来实现资源的高效利用。

无线网络云化的核心思想是实现资源和应用的解耦，云化有两层含义：一方面是全部的处理资源可以属于一个完整的逻辑资源池，资源分配不会像传统网络那样，在单独的站点内进行；另一方面，空口的无线资源也可以抽象为一类资源，可以实现无线资源管理（Radio Resource Management，RRM）和无线空口技术（New Radio，NR）的解耦，支持灵活的无线网络能力调整。

为了应对 5G 应用场景的需求，还要满足网络和业务发展的需求，未来的 5G 网络将会更加的智能、灵活、融合和开放。中国电信在《5G 技术白皮书》中曾提到，5G 目标网络的逻辑架构可总结为“三朵云”的网络架构，其中具体包括接入云、控制云和转发云 3 个逻辑域。

接入云会支持用户在多种应用场景和多种业务需求下的智能无线接入，并且实现无线接入技术的多种高效融合，无线组网也能基于不同的部署条件，进行灵活组网及边缘计算的能力。

控制云能够完成全局的策略控制，还有网络架构的会话管理、移动性管理、策略管理、信息管理等，面向业务支持网络能力开放，以此实现定制网络与服务，能满足不同新业务的差异化需求，并扩展新的网络服务能力。

转发云配合接入云和控制云，实现业务汇聚转发功能，基于不同新业务的带宽和时延需求，转发云在控制云的路径管理与资源调度下，实现增强移动宽带、海量连接、高可靠低时延等不同业务数据流的高效转发与传输，保证业务端到端质量要求。

人类对于一种资源和技术的充分利用，一直受到种种制约和依赖，就导致人类无法完全利用它们所具有的价值。制约不解决，会限定性能的指标；依赖性不解决，会限定应用的场景和范围。具体到通信领域，频谱资源充裕的中高频和有限的覆盖距离相互制约、规模部署的效益和灵活部署的性能相互制约等等，网络能力直接限定了，并最终也限制了业务经营的范畴和市场空间。

在华为全球分析师大会上，华为 5G 产品线总裁杨超斌提出基于无线网络云化架构的“四大解耦”，通过站点和终端用户、上行和下行数据、控制和数据、物理拓扑和业务的全面解耦，才能使得未来网络更加智能，更具灵活性和弹性，推动构筑以业务为驱动的网络和建立开放的产业生态，为构筑5G时代的全行业发展蓝图打好基础。

2) 5G无线网络的重构

5G网络由于引入了大带宽和低时延的应用，需要对无线接入网(Radio Access Network, RAN)的体系架构进行改进。

5G RAN功能模块的重构示意，如图2-70所示。

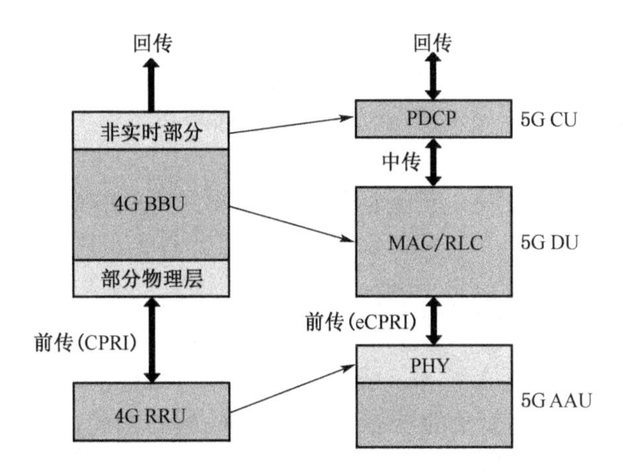

图2-70 5G RAN功能模块重构示意

5G的通用陆地无线接入网网络将从4G LTE网络的基带单元、射频拉远单元，两级结构演进到集中式单元、分布式单元和有源天线单元三级结构。

原基带单元的非实时部分将分割出来，重新定义为集中式单元，用来负责处理非实时协议和服务；基带单元的部分物理层处理功能，将与原射频拉远单元合并为AAU；而基带单元的剩余功能重新定义为分布式单元负责处理物理层协议和实时服务。

5G RAN组网架构有集中式单元和分布式单元分离和合设两种部署方式。

5G RAN组网架构示意，如图2-71所示。

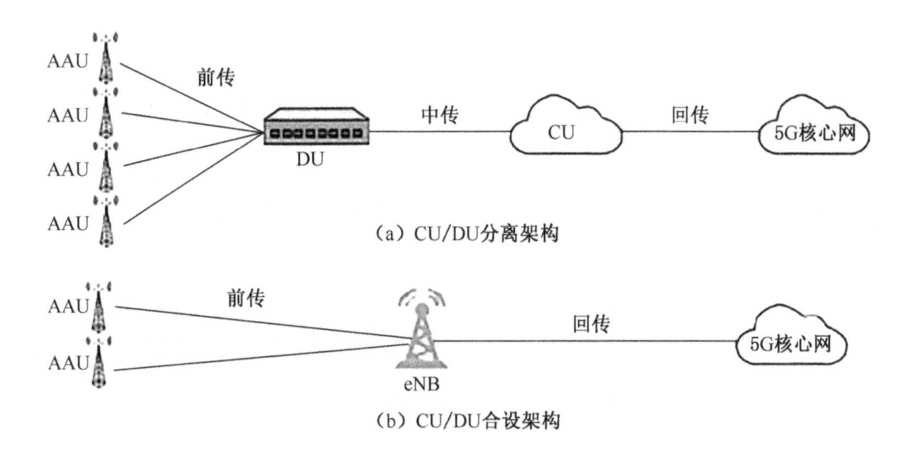

图2-71 5G RAN组网架构示意

图2-71(a)为集中式单元和分布式单元分开部署的方式，相应的承载网也分成了3个

部分，有源天线单元和分布式单元之间是前传(Fronthaul)，分布式单元和集中式单元之间是中传(Middlehaul)，集中式单元以上是回传(Backhaul)。

由于大量的传感器和可穿戴设备等一些新型接入终端将会被引入5G，它们的种类丰富，数量庞大，所以单位面积的接入数和流量密度都将会呈爆炸式增长。同时，受限于无线频谱的特性，5G覆盖半径和4G LTE相比较会略低，所以基站的覆盖密度将有一定幅度的增加。

显然，在4G时代就逐渐凸显的，因单个基站的带宽大幅增加、基站部署的密度加大所引起的，比如基站选址的困难、机房的成本高、基站资源的利用率低、维护的工作量大等问题，在5G时代将会愈演愈烈。

因此，5G RAN的网络发展一定会延续4G基带单元集中的策略，将分布式单元作为一种集中主流的组网架构。

2.2.3.2 5G核心网架构的变化

5G时代的核心网必须满足5G低时延业务的处理时效性需求。在4G时代，核心网部署的位置较高，一般处于网络骨干的核心层。如果5G核心网的位置和4G依旧相同，用户设备到核心网的时延会难以满足要求。

因此，核心网的下移以及云化会成为5G网络发展的趋势，进一步促使移动边缘计算的标准化。

1) 5G核心网的云化

5G核心网的架构演进，对承载网架构的影响如图2-72所示。

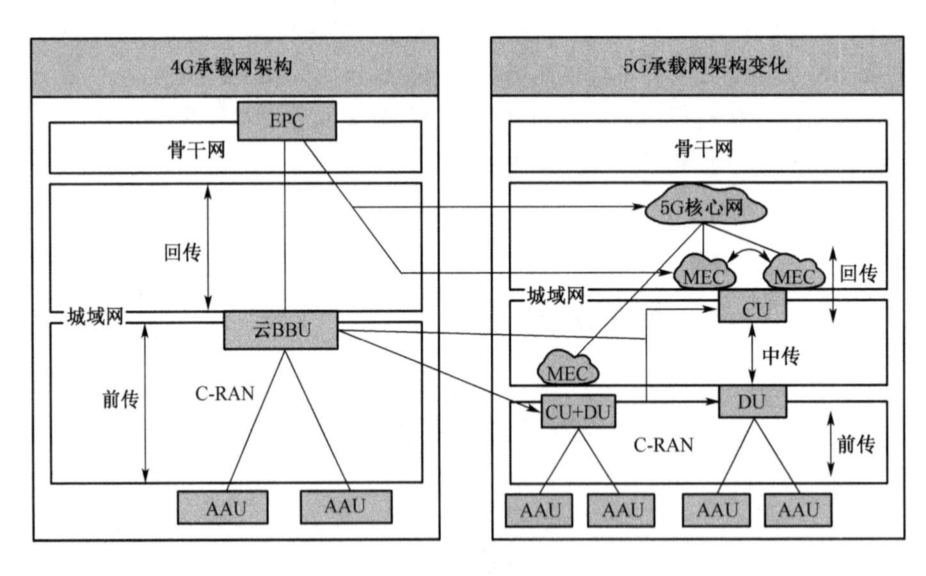

图2-72 5G核心网架构演进对承载网架构的影响

首先，核心网会从省网下沉到城域网，原先的演进型分组核心网(Evolved Packet Core, EPC)拆分成5G核心网(5G Core Network)和移动边缘计算(Mobile Edge Computing, MEC)两个部分，其中，5G核心网将云化部署在城域核心的大型数据中心内，移动边缘计算将部署在城域汇聚或者更低层位置的中小型数据中心。

因此，5G核心网和移动边缘计算之间的云化互联，需要承载网提供灵活的网状(Mesh)化数据中心互联(Data Center Interconnect, DCI)网络进行适配。

拆分演进型分组核心网，可以将移动边缘计算部署在更靠近用户的边缘数据中心，同时核心边缘数据中心(Data Center, DC)所承担的部分计算、内容存储功能也对应地下沉到网络边缘，再由边缘数据中心承担，并带来以下4点好处。

第一，移动边缘计算分布式部署有利于内容下移，将内容分发网络(Content Delivery Network, CDN)部署在移动边缘计算的位置，可以提升用户设备访问内容的效率和体验，还能减少上层网络的流量压力。

第二，移动边缘计算间可以就近地进行资源获取及业务处理的协同交互，对于容灾备份，时延低，带宽也更容易获取，比传统通过上层核心网的边缘数据中心(Data Center, DC)流量迂回更加高效便捷。

第三，移动边缘计算和5G核心网间的云化连接将实现资源池化，有利于资源负载均衡、灵活扩容。同时，云化后计算资源集中，可以节约大量接入设备单独运算所消耗的能耗，降低成本。

第四，移动边缘计算间、移动边缘计算和5G核心网间的全云化连接，有利于增强部署的灵活性，可以有效应对未来业务对时延和带宽要求的不确定性，例如突发流量造成的网络堵塞。同时可以实现多种接入方式和不同制式的互通，减少传统方式下的各种业务和接入方式协同的复杂度。

未来，随着核心网下移和云化部署，移动边缘计算将分担更多的核心网流量和运算能力，其数量会增加；而不同的业务可能回传归属到不同的云，因此需要承载网提供不同业务通过集中式单元归属到不同移动边缘计算的路由转发能力。而原来基站和每个演进型分组核心网建立的连接，也要从集中式单元到云移动边缘计算以及云到云(从MEC到5G核心网)的连接关系。

5G核心网的3种云互联示意，如图2-73所示。

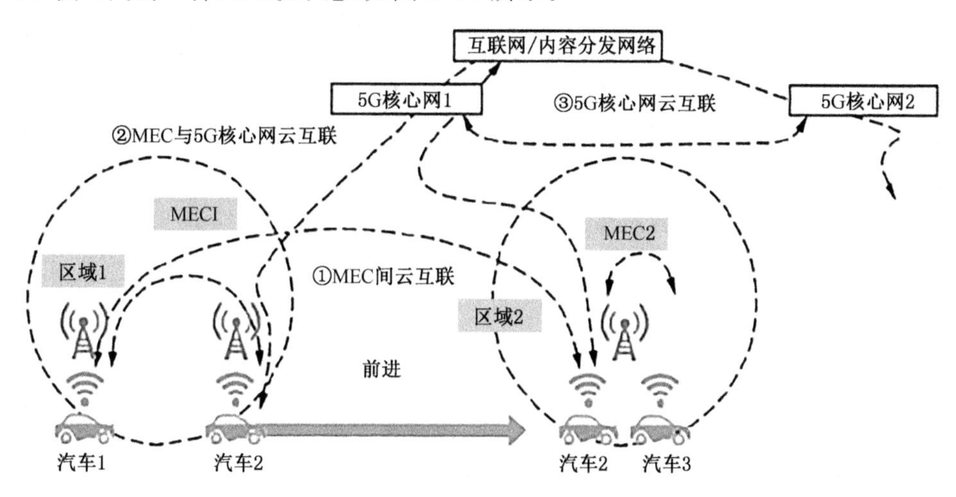

图2-73 5G核心网的3种云互联示意

① 移动边缘计算间的互联：包括终端移动性所引起的移动边缘计算交互流量、用户设备所属移动边缘计算发生变化但 V2X 等应用保持不切换而产生的与原移动边缘计算交互的流量、用户到用户的移动边缘计算直通流量等。

② 移动边缘计算与 5G 核心网的互联：包括移动边缘计算未匹配的业务和 5G 核心网的交互流量、5G 核心网和移动边缘计算控制面交互的流量、移动边缘计算的边缘 CDN 回源流量等。

③ 5G 核心网间的互联：可以体现为核心云边缘数据中心之间互联流量的一部分。

2）5G 核心网的架构变化

基于上述移动边缘计算、5G 核心网间的网络互联需求，核心网下移将形成两层云互联网络，包括 5G 核心网间及 5G 核心网与移动边缘计算间形成的核心云互联网，以及移动边缘计算间形成的边缘云互联网。其中，边缘的中小型数据中心将承担边缘云计算、CDN 等功能。

5G 时代下的云数据中心网络架构，如图 2-74 所示。

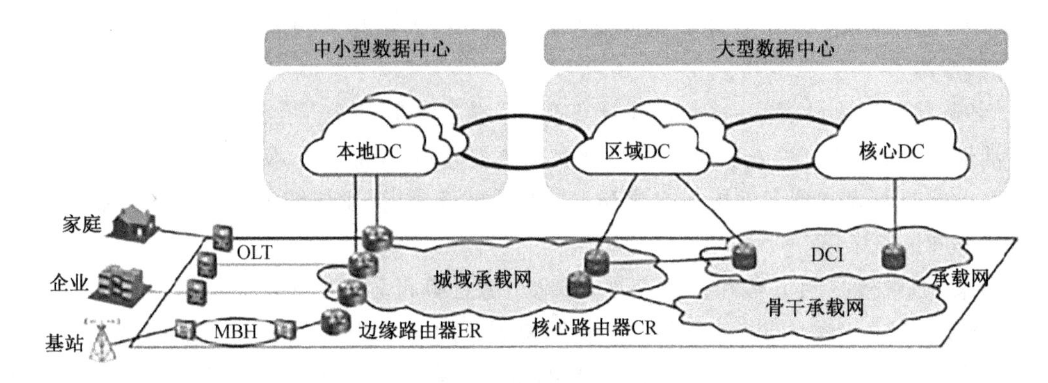

图 2-74　5G 时代下的云数据中心网络架构

作为 5G 核心云网络的载体，大型数据中心需要满足海量数据的存储及交换还有计算的需求，才能构成数据中心网络的骨干核心。承载网需要提供超大的带宽（数据中心出口带宽在几百 Gbit/s 到 Tbit/s 级别）、极低的时延和完善的保护恢复能力。

作为移动边缘计算边缘云网络的载体，中小型数据中心将承接大量的本地化业务计算需求，接入类型也多样化，并具备针对不同颗粒灵活调配的功能。中小型数据中心围绕在大型数据中心周围，作为 CDN 站点能够贴近用户降低时延、提高用户体验。这样的结构也大幅缩短了传输路径，对于视频服务、工业自动化及车联网等实时性要求较高的业务尤其重要。

2.2.3.3　带宽需求变化

对于 5G 承载来说，带宽无疑是其第一关键的需求，5G 频谱将新增的 Sub 6G 及超高频两个频段。Sub 6G 频段在 3.4～3.6 GHz，可提供 100～200 MHz 连续频谱；6 GHz 以上超高频段的频谱资源会更加丰富，可用资源一般可达到连续 800 MHz。因此，更高频段及更宽频谱和新空口技术，会使 5G 基站带宽需求得到大幅提升，预计将达到 LTE 的 10 倍以上。

典型的5G单个S111基站带宽需求估算见表2-13。

表2-13 典型的5G单个S111基站带宽需求估算

关键指标	前传/(Gbit/s)	中传&回传(峰值/均值)/(Gbit/s)
5G早期站型:Sub 6G/100 MHz	3×25	5/3
5G成熟期站型:超高频/800 MHz	3×25	20/9.6

以一个大型城域网为例,5G基站数量是12 000个,带宽收敛比取6∶1。核心层的带宽需求,在初期就超过了6 Tbit/s,成熟期超过了17 Tbit/s。因此,在接入5G承载网时,汇聚层就需要引入25 G/50 Gbit/s速率接口,而核心则需要引入100 Gbit/s及以上速率的接口。

5G网络带宽增长趋势,如图2-75所示。

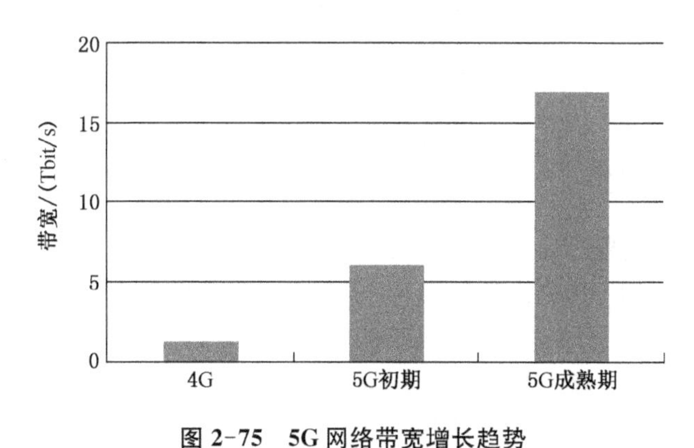

图2-75 5G网络带宽增长趋势

2.2.3.4 业务流向

目前4G网络的三层设备以成对的方式进行二层或三层桥接设置,一般都设置在城域回传网络的核心层。其路径为接入—汇聚—核心桥接—汇聚—接入,X2业务经过的跳数多、距离远,时延也往往较大。在对时延不敏感,且流量占比不到5%的4G时代,这种方式比较合理,对维护的要求也相对简单。

但5G时代的一些应用对时延会很敏感,站间流量所占比例也越来越高。同时,由于5G阶段将采用超密集的组网,站间协同和4G相比更为密切,站间流量的比重也将超过4G时代的X2流量。

下面对回传和中传网络的灵活组网需求分别进行分析。

1) 回传网络组网的需求

5G网络的集中式单元与核心网之间(S1接口),以及集中式单元之间(eX2接口)都有连接需求。其中,集中式单元之间的eX2接口流量,主要包括站间载波聚合以及协作多点发送/接收流量,一般认为是S1接口流量的10%～20%。若采用人工配置静态连接的方式,配置工作量会很繁重,且灵活性较差,因此回传网络需要支持IP寻址和转发功能。

另外,为了满足超可靠低时延应用场景对超低时延的需求,较大概率需要采用集中式单元/分布式单元合设的方式，这样承载网就只有前传和回传两个部分了。此时集中式单元/分布式单元合设位置的承载网同样需要支持 IP 寻址和转发能力。

2）中传网络组网的需求

在 5G 网络部署的初期，集中式单元与分布式单元的归属关系相对固定，一般是一个分布式单元固定归属到一个集中式单元，因此中传网络可以不需要 IP 寻址和转发功能。

但是考虑到未来集中式单元云化部署以后，需要提供动态扩容、冗余保护和负载分担的能力，从而使集中式单元与分布式单元之间的归属关系发生变化，分布式单元需要灵活地连接到两个或多个集中式单元池。这样集中式单元与分布式单元之间的中传网络就需要支持 IP 寻址和转发功能。

如前所述，在 5G 中传和回传的承载网络中，网络流量仍然以南北向流量为主，东西向流量为辅，并不存在一个集中式单元/分布式单元，与其他集中式单元/分布式单元有东西向流量的应用场景相比，一个集中式单元/分布式单元只与周边相邻小区的集中式单元/分布式单元有东西向流量，因此业务流向相对简单和稳定，承载网一般只需要提供简化的 IP 寻址和转发功能即可。

2.2.3.5 时间同步

5G 承载的第三关键需求是高精度时钟，需要根据不同业务类别，提供不同的时钟精度。5G 同步的需求包括 5G 时分双工（Time Division Duplex, TDD）基本业务同步需求和协同业务同步需求两个部分。从当前 3GPP 的讨论来看，5G 时分双工基本业务的同步需求，估计会维持和 4G 时分双工基本业务相同的同步精度 $\pm 1.5\ \mu s$。

高精度的时钟同步，也有利于协同业务的增益，但是同步精度会受限于无线的空口帧长度，5G 的空口帧长度（1 ms）是 4G 空口帧长度（10 ms）的十分之一，从而给同步精度预留的指标也会缩小，但具体指标尚未确定。

因此，5G 承载需要更高精度的同步，5G 承载网架构必须支持时钟随业务的直达，减少中间节点时钟的处理；单节点时钟精度也要满足纳秒（ns）精度的要求；单纤双向的传输技术有利于简化时钟的部署，减少接收和发送方向不对称时钟补偿，是值得推广的一种时钟传输技术。

2.2.4 5G NPN 匹配配电网自适应差动保护

无线专网技术的发展，历经了模拟集群、窄带数字集群及宽带集群等阶段，纵观无线专网几十年的发展历程，模拟集群的时代诞生了 APCO16 和 MPT1327，窄带数字的集群时代有 APCO25、iDEN、TETRA、DMR、GoTa 和 GT800 多家争雄，而宽带的集群时代有 MCPTT 和 B－TrunC 争分天下。在 2020 年 3GPP 发布了 R16 版本以来，无线专网技术将正式进入 5G 专网时代。

1）5G NPN 的标准化

3GPP R16 已重点开始了对包括电力行业在内的各垂直行业应用标准化的研究。在 5G 系统的架构上，TS 23.501 等一系列的规范及研究报告首次定义了 5G 专网，即非公共网络（Non－Public Network, NPN）架构，系统分析了垂直行业的通信业务需求、安全增强等关键问题。

5G非公共网络提供了增强型移动宽带、超可靠低时延通信和大规模机器类通信等更丰富的场景，端到端的网络切片则支持垂直行业的差异化服务，可以实现灵活编排的业务定制能力，结合边缘计算、5G局域网(Local Area Network, LAN)、时延敏感网络(Time Sensitive Network, TSN)等先进技术构筑连接(Connection)、控制(Control)、融合(Convergence)的智慧社会基础。

5G非公共网络通过独立NPN (Stand-alone Non-Public Network, SNPN)和公网集成NPN (Public Network Integrated Non-Public Network, PNI-NPN)这两种部署模式，为垂直行业提供了与公网公共陆地移动网(PLMN)隔离的5G基础网络，还通过与PLMN的互相访问，在一张专网上构建了满足多种应用网络需求的基础。SNPN不用依赖于5G公网，与5G公网相互独立部署，由运营商、企业或相关组织等运营，公网集成NPN就是在5G公网的支持下部署的专网，由运营商运营和维护。

2) 5G NPN网络架构

(1) SNPN

SNPN模式采用5G系统(5G System, 5GS)体系架构，在该模式下，独立部署从无线网、核心网到云平台的整个5G专网。SNPN由PLMN ID和NID唯一确定，签约了某个SNPN业务的用户就会配置相应的信息，信息存储在终端和核心网侧。在网络侧，基站广播网络支持NID和相应的PLMN ID信息，核心网根据用户的签约信息对用户的身份进行认证；在终端侧，签约用户需要配置SNPN接入模式，根据自己的签约信息选择可接入的SNPN小区，未配置为SNPN接入模式的用户只能接入5G公网。

SNPN采用5GS的体系架构，如图2-76所示。

SNPN不支持与演进分组系统(Evolved Packet System, EPS)互通，也不支持SNPN之间的漫游及SNPN与公网还有PNI-NPN之间的切换。用户可以基于非3GPP互操作功能(Non-3GPP Inter Working Function, N3IWF)通过SNPN接入5G公网业务或通过5G公网接入NPN业务。

SNPN组网与5G公网采用相互物理隔离，工厂或园区内的设备信息、控制面信令流量、用户面数据流量等都不会出园区，还可满足工业领域内严格的数据安全、低时延和高可靠要求。当然，对于园区内的语音、上网等一些非生产型业务，也能通过防火墙与5G公网互联。

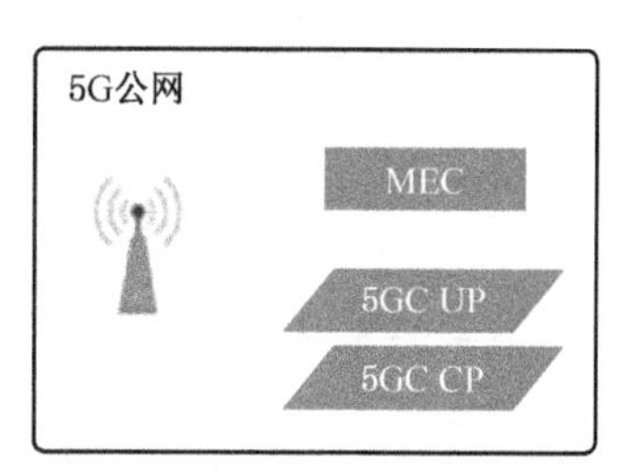

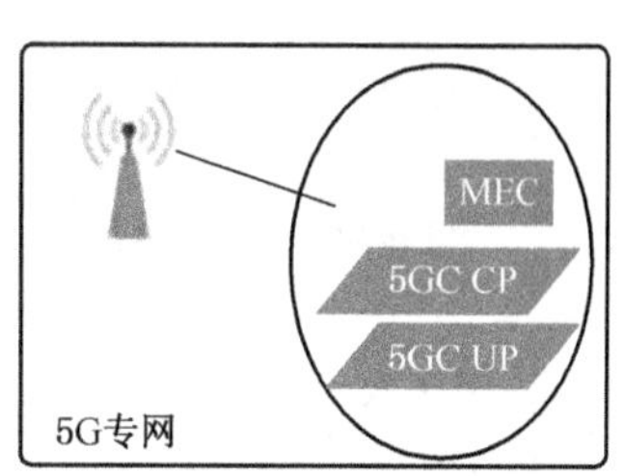

图2-76 SNPN采用5GS体系架构

(2) PNI-NPN

PNI-NPN集成在5G公网内，由5G公网为垂直行业提供专网功能，并由5G公网的运营商进行控制和维护。在PNI-NPN网络下，用户设备同样签约于PLMN网络，由于网络切片不能限制终端在其未授权的网络切片区域中尝试接入网络，需开启封闭接入组(Closed Access Group, CAG)用于接入控制中，封闭接入组代表一组可以接入一个或者多个封闭接入组小区的签约用户组。

由于 PNI-NPN 依赖于公网公共陆地移动网(PLMN)的网络功能，对于未配置只允许接入 PNI-NPN 的封闭接入组相关信息的用户，支持 PNI-NPN 和 PLMN 网络间的切换。

为了适应行业应用场景的多样化需求，根据 PNI-NPN 和 5G 公网的共享关系，可将 PNI-NPN 的共享方案主要分为 3 类：端到端共享方案、共享无线网和控制面方案、共享无线网方案，PNI-NPN 的 3 类典型共享方案架构，如图 2-77 所示。

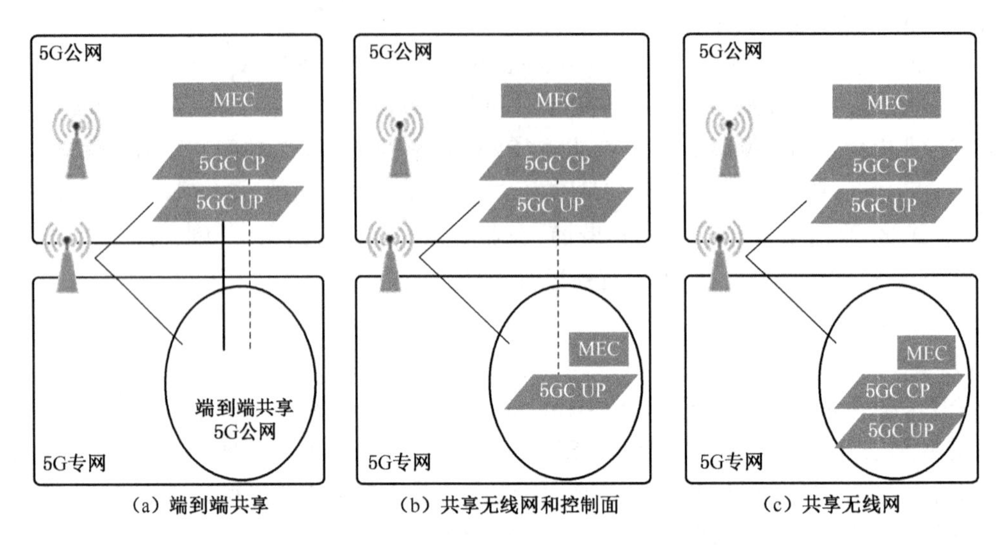

图 2-77　PNI-NPN 的 3 类典型共享方案架构

因为和 5G 公网的共享深度和层次的不同，PNI-NPN 的 3 类共享方案，在安全性、工程实施、端到端时延还有适用场景上都有一定的差异，PNI-NPN 的 3 类典型共享方案对比见表 2-14。各垂直行业的用户可以根据本行业的通信业务需求，来灵活定制相适应的 5G 专网方案。

表 2-14　PNI-NPN 的 3 类典型共享方案对比

项目		PNI-NPN 典型方案		
		端到端共享	共享无线网和控制面	共享无线网
网元	独立网元	无	UPF、MEC	UPF、5GCCP、MEC、UDM 等
	共享网元	gNB、UPF、5GC、MEC、UDM 等	gNB、5GC 循环前缀(Cydic Pefix, CP)、UDM 等	gNB
	用户侧网元	gNB	gNB、UPF、MEC	gNB、UPF、5GCCP、MEC、UDM
性能	安全性	数据和信令出园，存在安全问题	数据不出园，信令出园，安全性相对较高。但身份验证移动性、与公网互通功能等由公网网元执行	数据和信令都不出园，除 gNB 外其他网元全部物理隔离，安全性高
	端到端时延	取决于园区和运营 UPF/MEC 间的距离，时延不可控	专用 UPF、MEC 下沉到园区，能够有效降低数据传输时延	全部专网网元下沉到园区，时延低

3）运营商5G专网部署模式

各运营商都发布了各自的5G行业专网白皮书，中国电信采用致远、比邻、如翼3种模式，中国移动采用优享、专享、尊享3种模式，中国联通采用虚拟专网、混合专网、独立专网3种模式。

综合来看，各运营商5G专网部署模式的组合大致保持一致，都采用了5G专网3类典型的共享方案，主要差异就在于核心网控制面的网元部署专用化的节奏略有不同，运营商5G专网部署的模式对比见表2-15。

表2-15 运营商5G专网部署模式对比

运营商	模式	主要网元部署情况	近似对应NPN架构
中国电信	致远模式	通过QoS、DNN[a]定制、切片等技术，提供端到端差异化保障的网络连接	PNI-NPN（端到端共享）
	比邻模式	园区UPF及MEC平台部署于临近企业园区的运营商机房内或企业园区的机房内，可以选择独享UPF或与其他企业共享UPF	PNI-NPN（共享无线网和控制面）
	如翼模式	按需定制专用基站、专用频率、专用MEC和专用园区级UPF等设备，逐步按需设置独立5GC网元	定制5GC（SNPN）
中国移动	优享模式	共用基站、共用频率，基于5G公网端到端网络切片为用户部署虚拟专网	PNI-NPN（端到端共享）
	专享模式	共用基站、专用频率，MEC、UPF下沉	PNI-NPN（共享无线网和控制面）
	尊享模式	专用基站、专用频率和专用核心网	SNPN
中国联通	虚拟专网	通过QoS、切片等技术，端到端共用5G公网资源，提供具有特定SLA保障的逻辑专网	PNI-NPN（端到端共享）
	混合专网	UPF私有化部署，无线基站、核心网控制面网元根据用户需求灵活部署	PNI-NPN（共享无线网和控制面）
	独立专网	专用基站和核心网一体化设备	SNPN

注：a. DNN (Deep Neural Networks，深度神经网络)。

4）运营商5G专网支撑电力物联网

从垂直行业的应用需求来看，不同的垂直行业和同一垂直行业内部的应用不同，比如对5G专网业务的数据管控要求不同，可分为数据不出园区和数据出园区这两大类；从单终端的访问需求来看，又可分为仅访问内网、仅访问公网、同时访问公网和内网这3类。

以此维度分类，在各场景下的业务典型数据的路由方案，见表2-16。

表 2-16 各场景下业务的典型数据路由方案

数据管控要求	访问类型	数据路由
数据不出园区	访问企业内网	终端→基站→园区专网 UPF→企业内网
	同时访问企业内网和公网	终端→基站→园区专网 UPF→{→企业内网 →公网 UPF→互联网}
	访问公网	终端→基站→公网 UPF→互联网
数据出园区	访问企业内网	终端→基站→{→园区专网 UPF(如已部署,优选)→企业内网 →公网 UPF→企业内网}
	同时访问企业内网和公网	终端→基站→{→园区专网 UPF(如已部署,优选)→{→企业内网 →公网 UPF→互联网} →公网 UPF→{→企业内网 →互联网}}
	访问公网	终端→基站→公网 UPF→互联网

对电力物联网中的低时延、大连接、大带宽通信业务,依托专网级的锚点 UPF 和专用 5GC 等网元,运营商各种模式下的 5G 专网就可以完美地匹配电力行业业务可用、安全可靠和可管可控的核心诉求,为电力终端的接入网提供了泛在、低成本、灵活、高质量的全新技术选择。

2.3 关键技术

2.3.1 IAB 拓扑自适应技术

5G 网络的工作频段,尤其是 3.5 GHz 的频段,远高于 4G 网络,这就使 5G 网络的覆盖能力远低于 4G 网络。同时,在 5G 网络的覆盖向农村等一些边远地区拓展的过程中,可能会遇到因为光纤无法到达,所以导致基站不能正常开通的情况出现,这些都会给网络带来弱覆盖和盲覆盖等问题。

这些问题也出现在 4G 网络建设的过程中,当时通过引入 LTE - A 里面的中继技术(Relay),对于上述问题的解决起到了重要的作用。2020 年 7 月冻结的 3GPP Rel16 版本中,引入了统一接入回传技术(Integrated Access and Backhaul, IAB),也称多跳技术,和 4G 网络的中继技术(Relay)类似。能够应用于弱覆盖和光纤资源不足等一些场景,对 5G 网络覆盖性能的提升,可以起到积极的作用。

统一接入回传是基于移动中继的多跳技术,利用了多跳终端,进行业务的接入和回传,可以大大地提高网络部署的灵活性,降低网络的建设成本。配置统一接入回传节点,可以提供灵活的范围扩展能力,主要电力物联网的应用场景如地下室等一些密闭场景的覆盖、输电线路的覆盖和盲区的覆盖等。

1) IAB技术及网络架构

对5G无线回传技术的研究，在3GPP的R15版本启动，研究重点就是基于固定中继的多跳。R16版本考虑了无线接入和无线回传联合设计，增加基于移动中继的多跳内容，即统一接入回传技术。

(1) 单跳和多跳

在传统的WLAN网络中，终端通过与接入点(Access Point, AP)之间建立一条无线链路来访问网络，终端之间如果想要相互通信，必须先接入AP，WLAN就是典型的单跳技术。

无线设备的节点都可以同时作为接入点或路由器，网络中的每个节点都能发送和接收信号，每个节点都能与一个或者多个对等的节点进行直接通信。在多跳网络中，源节点到目的节点之间的典型路径，是由多跳组成的，该路径上的中间节点充当中继的节点。在现有的无线技术中，Ad-hoc、Mesh(无线网格)等都属于典型的多跳技术，在5G网络中，统一接入回传技术是典型的多跳技术。

统一接入回传技术采用基于层二的中继协议栈架构，相较于基于层三的4G中继技术，其优点是中继的链路业务只需增加层二的标识，成本低，协议栈简单，对多跳节点的协议处理要求低，适合在终端部署。而且，通过在上下行切换点偏移半帧的设置，多跳节点也可以同时接收父节点和子节点的数据，也可以同时给父节点和子节点发送数据，在物理层设计上保证了多跳跳数的无限扩展。但统一接入回传技术最大的跳数取决于很多因素，例如频率、UE密度、传播环境和负荷。随着跳数的增加，统一接入回传技术将会出现信令的负荷膨胀、传输的时延增加、网络性能下降等问题。

(2) IAB典型架构

5G SA模式下的IAB架构如图2-78所示，包含一个IAB归属节点(IAB-donor)和多个IAB节点(IAB-node)。多个IAB节点具有无线接入和无线回传功能，为UE提供无线接入和接入业务的无线回传服务，其中接入链路为UE与多个IAB节点之间的通信链路，回传链路为多个IAB节点之间，或多个IAB节点与IAB归属节点之间的通信链路。IAB归属节点向多个IAB节点提供无线回传的功能并提供UE和核心网的接口。因此，IAB归属节点与核心网之间有有线连接，多个IAB节点与核心网之间没有有线连接，多个IAB节点通过无线回传链路连接到了IAB归属节点，从而使UE与核心网连接。也就是说，IAB归属节点是具有统一接入回传技术功能的基站，多个IAB节点是具有多跳功能的终端。

(3) IAB拓扑自适应

① IAB拓扑结构

3GPP针对统一接入回传技术主要考虑了生成树(Spanning Tree, ST)结构及有向无环图(Directed Acyclic Graph, DAG)这两种多跳的拓扑结构。

IAB的拓扑结构示意，如图2-79所示。

对于ST的结构来说，多个IAB节点只有一个父节点，它可以是另一个IAB节点或者IAB归属节点。因此，每个IAB节点一次只连1个IAB归属节点，并且IAB节点和这个IAB归属节点之间只能存在一条路由。

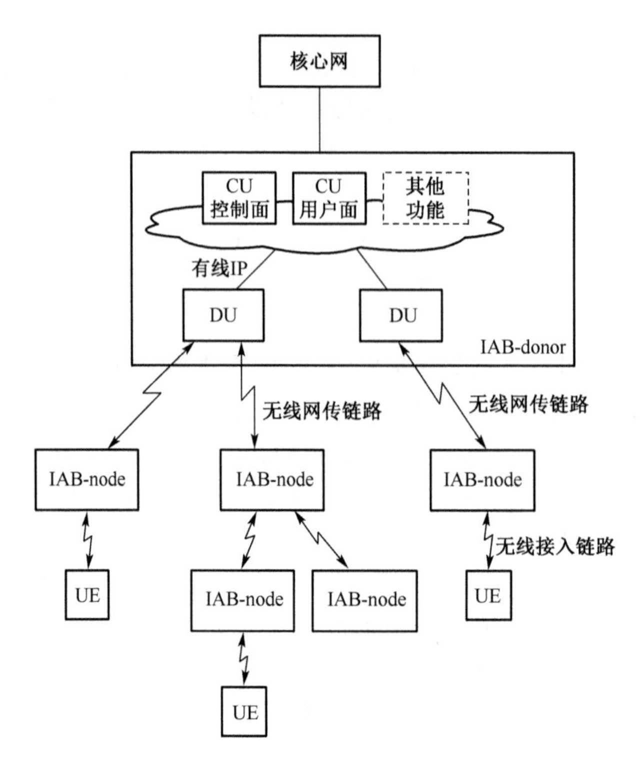

图 2-78 5G SA 模式下的 IAB 架构

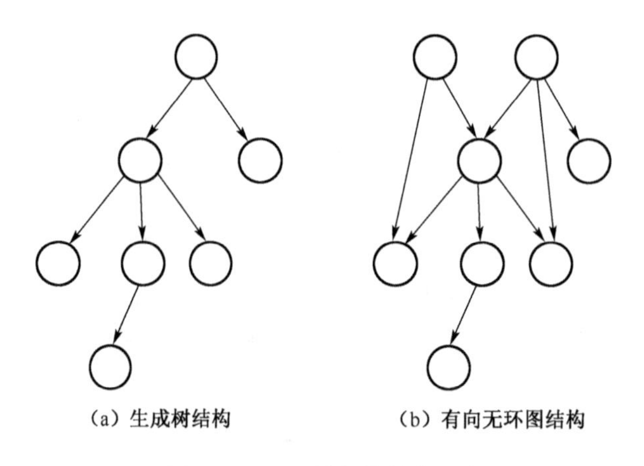

图 2-79 IAB 的拓扑结构示意

② 拓扑自适应

由于建筑物的变化、物体的移动(车辆)、季节性的变化(树叶)等,无线回传链路很容易受到阻断;此外,流量变化在无线回传链路上,会造成不均匀的负载分布,很有可能导致相关通信的链路或节点拥塞。

拓扑自适应是指在无线回传链路出现阻断或者局部的拥塞时,在不中断 UE 服务的条件下自动更改统一接入回传技术的拓扑,重新配置新回传链路的过程。

当发生增减多个 IAB 节点、回传链路拥塞、回传链路质量明显恶化等事件时,IAB 的拓扑自适应过程就会被触发，在整个回传链路恢复过程中，主要包括信息的收集、拓扑的选择和拓扑的重配置。

IAB拓扑自适应示例如图2-80所示，在回传链路阻断的情况下，IAB-node和UE都无法及时连接到IAB-donor，此时就需要发起拓扑的自适应过程，与其备用父节点建立新的回传链路。但是，如果所有受影响的IAB-node同时尝试和其备用父节点建立了连接，就极有可能导致拓扑效率的低下，图2-80中IAB-node4和IAB-node2、IAB-node7建立连接的同时，IAB-node6还与IAB-node7、UE2、IAB-node3建立连接。为避免此种情况的出现，IAB-node4在发现回传链路阻断后，需要将回传失败消息通知到其下游的所有节点和UE。

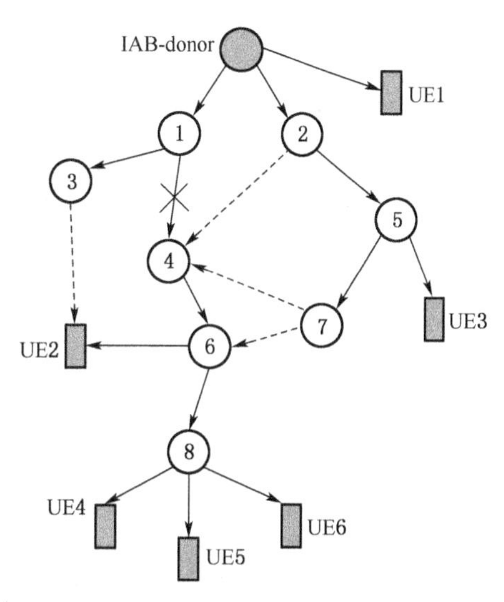

图2-80 IAB拓扑自适应示例

(4) IAB在电力物联网中的应用

① 电力物联网中的特殊部署场景

根据国家电网发布的《电力无线专网业务需求规范》，终端通信接入网的电力通信业务，主要分为5类基本业务和12类扩展业务，其中有不少业务终端分布在一些特殊的部署场景，比如封闭或半封闭的地下室及地下停车场、狭长的输电线路沿线，专网一般无法经济有效地覆盖。

此外，专网也无法做到与公网一样的深度覆盖水平，在城区等一些复杂的无线环境中，一定会存在很多大大小小的覆盖盲区。针对电力业务特殊的部署场景，统一接入回传技术将被应用到电力物联网中，其灵活的多跳扩展可以提供低成本的深度覆盖和广覆盖能力，大大提升了电力物联网的覆盖率。

② 地下室/地下车库覆盖

该覆盖场景下的电力业务主要有用电信息采集、精准负荷控制及充电桩等。其中，用电信息的采集终端多部署在楼道、屋檐和小区配电房等，部分位于地下室内；精准负荷控制/负控终端基本在地下室；充电桩的分布广泛且分散，有部分充电桩位于地下车库。从公网室内覆盖经验看，运营商对于地下室地下车库场景的覆盖一般采用室内的分布系统。

但是，电力通信业务中的用电信息采集、精准负荷控制/负控、充电桩等在单个地下室/地下车库中的分布并不密集，一般只有一个或几个终端，部署在室内的分布系统投资成本太高，利用率太低。在此场景下，5G统一接入回传技术能够实现低成本且有效的深度覆盖，每一跳能穿透1～2堵墙，能有针对性地覆盖地下室/地下车库中零散的固定终端，IAB在地下室/地下车库覆盖中的应用，如图2-81所示。

③ 输电线路覆盖

输电线路的在线监测，是实现输电设备状态的运行检修管理和提升输电行业的生产运行管理精益化水平的重要手段。根据国家电网发布的《电力无线专网规划设计技术导则》，通常电力无线专网的覆盖并不追求大而广，只针对供电负荷等级为C类及以上的供电区域进行覆盖。

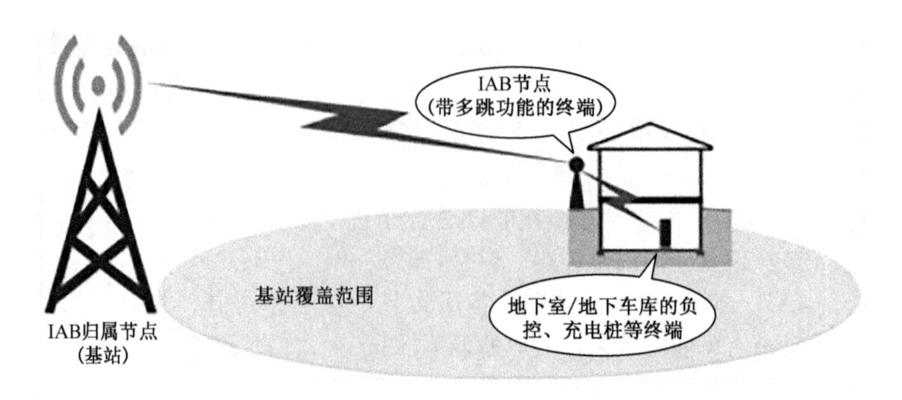

图 2-81　IAB 在地下室/地下车库覆盖中的应用

据粗略统计，在 A+、A、B、C、D、E 类供电区域中，国家电网 C 类及以上的区域面积约为 60 万 km^2，不到 D 类区域面积的六分之一。很多输电线路需要穿越山区、草原等人烟稀少的地方，而大部分的输电线路位于 D 类及以下区域，输电线路的在线监测就成了电力无线专网覆盖的难点。

在此场景下，利用输电塔作为站址，用多个连续的输电塔为单元，每个单元以“1+N”的模式，部署 1 个 IAB-donor(基站)和 N 个 IAB-node(带多跳功能的终端)，IAB 在输电线路场景覆盖中的应用如图 2-82 所示。

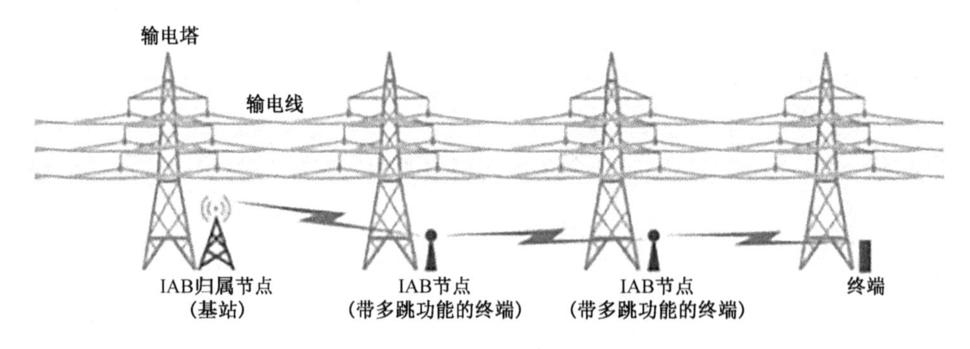

图 2-82　IAB 在输电线路场景覆盖中的应用

统一接入回传技术通过部署带多跳功能的终端，对输电线路等覆盖区域进行良好覆盖，能更好地支持输电线路运行状态的感知及预警等功能，有助于快速了解现场的情况，及时对事件做出分析和评估。

④ 盲区覆盖

传统的盲区覆盖方案，可以通过网络优化来改变周边各小区的覆盖范围；网络优化方式无法解决的问题，可以通过新增基站和新增射频拉远小区等方式解决。统一接入回传技术被引入电力无线专网后，能够更加灵活且低成本地解决网络的盲区覆盖问题。

IAB 技术在盲区覆盖中的应用如图 2-83 所示，多跳终端对基站信号进行中继传输，扩大了无线信号的覆盖范围，此时多跳终端位于基站的覆盖范围内，而终端设备在基站的覆盖盲区，这时可以通过多跳终端进行中继，改善终端设备所在区域的覆盖水平，以此达到延伸覆盖的目的。

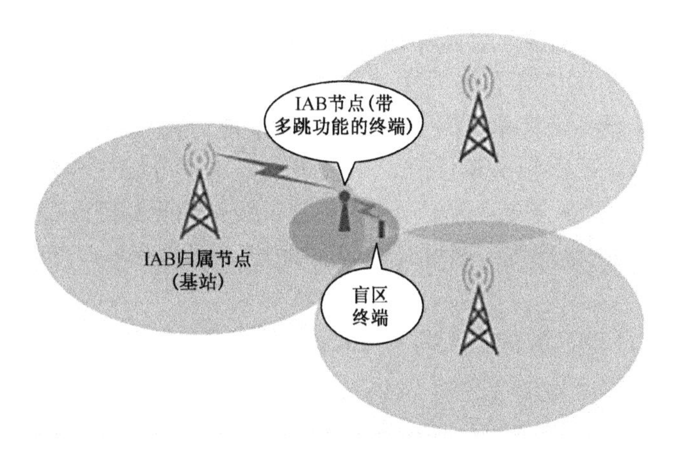

图 2-83 IAB 技术在盲区覆盖中的应用

2.3.2 光传送网关键技术

1) P-OTN 技术

分组光传输网络技术(P-OTN)集成了分组传送网及光传送网的技术优势,实现传送功能中的有效融合和优化,能更好地适应移动回传、TMD 和数据专线混合传送、IP 和光网络协同组网等应用场景。

分组光传输网络技术设备是指具有光通路数据单元(Optical Channel Data Unit-k, ODUk)的交叉、分组交换、虚容器(Virtual Container, VC)交叉以及全功能光通路(Full Function Optical Path, FFOP)交叉等处理能力,可实现对 TDM 和分组等业务统一传送的设备。

分组光传输网络技术的设备由控制平面模块、传送平面模块、管理平面模块和数据通信网(Data Communication Network, DCN)模块组成,管理平面会通过管理总线与传送平面、控制平面和 DCN 相连,控制平面通过控制总线与传送平面和 DCN 相连。

P-OTN 设备系统架构如图 2-84 所示。

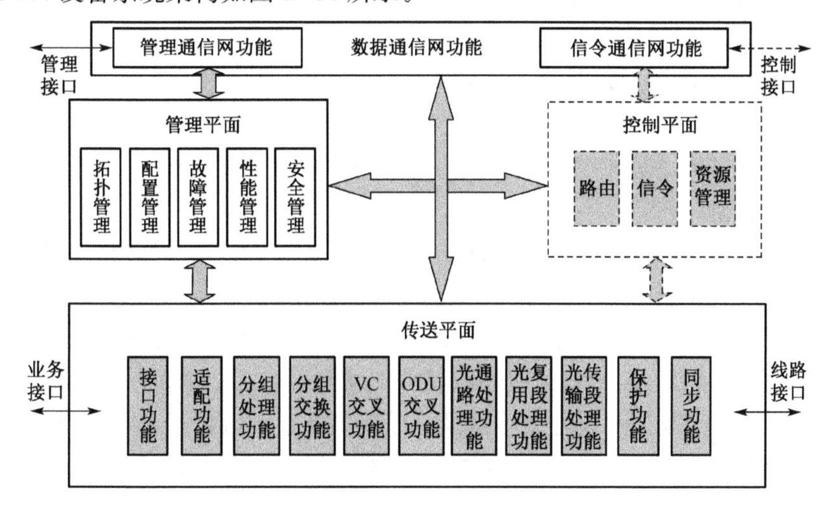

图 2-84 P-OTN 设备系统架构

分组光传输网络技术设备的传送平面有以下两种逻辑功能的模型：板卡式分组光传输网络技术的设备逻辑功能模型和集中交叉式分组光传输网络技术的设备逻辑功能模型。二者的主要差异在于设备交叉单元的实现方式和调度能力，分组光传输网络技术设备的目的是适用在不同的网络层次业务调度和网络演进的需求。分组光传输网络技术可以根据需要配置为电交叉、光电混合交叉等不同形态。波长级别的业务可以直接通过 OCh 交叉调度；当需要支持多业务的电层统一调度时，还可以根据不同的业务调度需求，选择不同的业务处理流程。

流程一：业务经过 ODUk 的交叉调度方式的接口适配处理模块封装映射后，直接通过 ODUk 交叉调度模块调度。

流程二：业务经过 VC 交叉或者分组交换后，再经过 ODUk 接口适配处理的模块封装映射后，然后再通过线路接口处理模块处理。

流程三：业务通过分组交换或者 VC 交叉模块调度后，再经过 ODUk 接口适配处理模块封装后，然后再通过大容量 ODUk 核心交叉调度的模块统一调度。

分组光传输网络技术一般支持以下若干功能。

① 业务的接口功能：提供 FC、SDH、OTN、以太网及通用的公共无线电接口（Common Public Radio Interface，CPRI）等多种业务接口。

② ODUk 的适配功能：提供 SDH、以太网、OTN 等多业务信号到 ODUk（k＝0，1，2，2e，flex，3，3e1/3e2）通道信号的封装、映射等功能。

③ OTUk 线路的接口处理功能：对于域间互联接口（IrDI），提供 ODUk（k＝0，1，2，2e，flex，3，4）通道信号的时分复用，以及 ODUk 到 OTUk（k＝1，2，2e，3，4）线路接口的映射和复用等功能；对域内接口（IaDI）的类型和处理功能不做要求。

④ 分组处理的功能：其中包括以太网处理及 MPLS－TP 的处理功能，提供分组业务的适配、QoS 及 OAM 处理等功能。

⑤ 分组交换的功能：提供基于以太网端口、VLAN 和 MAC 地址的交换能力，或者基于 MPLS－TP LSP 和伪线（Pseudo Wire，PW）的交换能力。

⑥ VC 的交叉功能：支持高阶通道 VC4 级别的调度功能，并且提供级联条件下的 VC 通道交叉处理能力。

⑦ ODUk 的交叉功能：提供 ODUk（k＝0，1，2，2e，flex，3，3e1/3e2，4）的交叉调度能力。

⑧ 层间的适配功能：提供 VC、分组到 ODUk 的适配功能，实现 VC 交叉及分组交换和 ODUk 交叉之间的桥接。

⑨ 光通路的处理功能：通过光通路的路径提供 ODUk 传送层的网络，并提供 OCh 调度能力，可支持多方向的波长任意重构。

⑩ 光复用段的处理功能：通过光复用段的路径，提供光通路传送的层网络，在 OTN 节点通过传统的波分复用器件，提供光复用段路径的物理载体。

⑪ 光传输段的处理功能：通过光传输段路径提供光复用段传送的层网络。在 OTN 节点通过传统的 WDM 设备中的光放大器件提供光传输段路径的物理载体。

⑫ 保护功能：提供基于以太网、MPLS－TP 的分组业务保护功能和基于 VC4、ODUk、

OCh 的通道层保护功能，以及层间保护协调能力。

⑬ 同步功能：支持频率、时间同步处理的功能，并提供对应的外同步接口。

⑭ 管理功能：提供 LSP/PW、VC4、OPUk、ODUk、OTUk、OCh、OMS、OTS 的配置和性能/告警监视功能；分组业务的接口支持以太网的 OAM、MPLS－TP 层网络 OAM 等能力。

⑮ 智能控制功能(可选)：可以实现 ODUk、OCh 通道自动建立，自动发现和恢复等智能功能。

2) M－OTN 技术

综合考虑 5G 承载和云专线等业务的需求，中国电信创新性地提出了面向 M－OTN 技术的方案。M－OTN 技术是一种面向 5G 移动承载优化的 OTN 网络技术，定位是 5G 时代的综合业务承载网络，M－OTN 技术的主要特征包括单级复用、更灵活的时隙结构还有简化的开销等，目标是提供低时延、低成本、低功耗的移动承载方案。

基于 M－OTN 的 5G 承载组网架构，如图 2-85 所示。

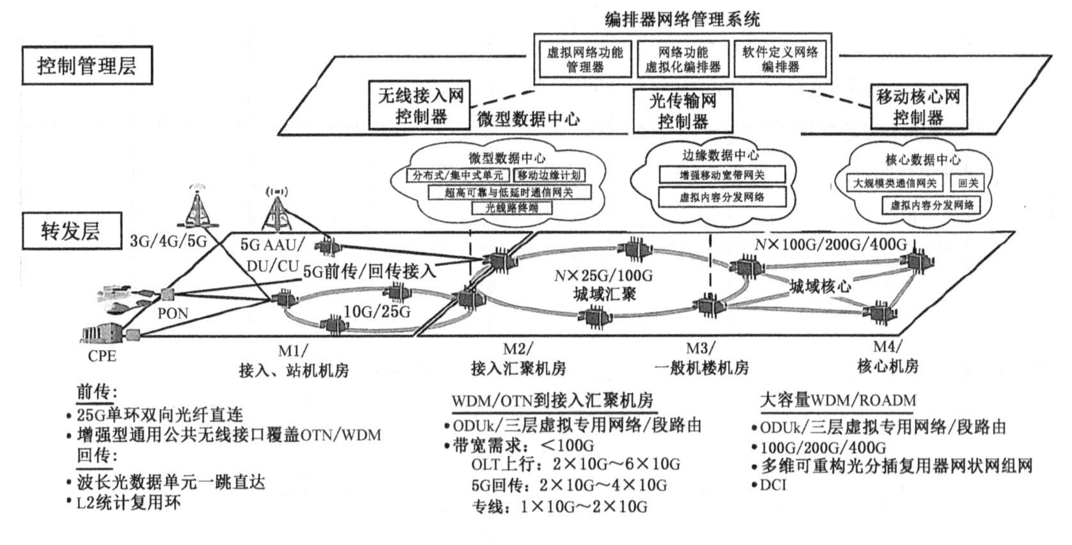

图 2-85 基于 M－OTN 的 5G 承载组网架构

(1) 数据转发层

基于分组增强型的 OTN 设备，进一步地增强了 L3 路由转发功能，简化了传统的 OTN 映射复用结构、开销和管理控制的复杂度，更降低了设备成本和时延，实现了带宽灵活配置，支持 ODUflex＋FlexO 提供灵活带宽的能力，满足了 5G 承载的灵活组网需求。

(2) 控制管理层

引入基于 SDN 的网络架构，并提供 L1 硬切片和 L2/L3 软切片，按需承载的特定功能和性能需求的 5G 业务。在业务层面，各种 L2 VPN、L3 VPN 将统一到 BGP 协议，再通过 EVPN 实现业务控制面的统一和简化。隧道层面则通过向 SR 技术的演进，实现隧道技术的统一和简化。

3）网络切片承载

为支持5G网络端到端的切片管理需求，M－OTN传送平面支持在波长、ODU及VC这些硬管道上进行切片，也支持在以太网及MPLS－TP分组的软管道上进行切片，并且和5G网络实现管控协同，按需配置和调整。

M－OTN的关键技术，主要包括以下4种。

（1）L2和L3的分组转发技术

OTN支持L3协议的原则就是按需选用，并尽量采用已有的标准协议，包括OSPF、I-SIS、MP－BGP及BFD等。M－OTN在单域应用时，会优先采用ODU的单级复用结构，即客户层信号会映射到ODUflex，ODUflex再映射到FlexO或OTU。

M－OTN使用标准的信令和路由协议，会根据实际业务的需要在业务建立、OAM和保护方面按需选择不同的协议来组合。M－OTN相关协议组合，如图2-86所示。

（2）L1通道转发技术

通过采用成熟的ODU交叉技术和ODUflex提供N×1.25 Gbit/s灵活带宽的ODU通道。为了实现低时延、低成本、低功耗的目标，M－OTN是面向移动承载优化的OTN技术，其主要特征包括采用更灵活的时隙结构、单级复用及简化的开销等。同时为了满足5G承载的组网需求，在现有的OTN体系架构中要引入新的25G和50G接口。

（3）L0光层组网技术

城域网由于传输距离较短，所以M－OTN在L0光层组网中的主要目标是降低成本，来满足WDM/OTN部署到网络接入层的需求，在核心层要考虑引入低成本的N×100G/200G/400 Gbit/s WDM技术，在汇聚层要考虑引入低成本的N×25G/100 Gbit/sWDM技术。

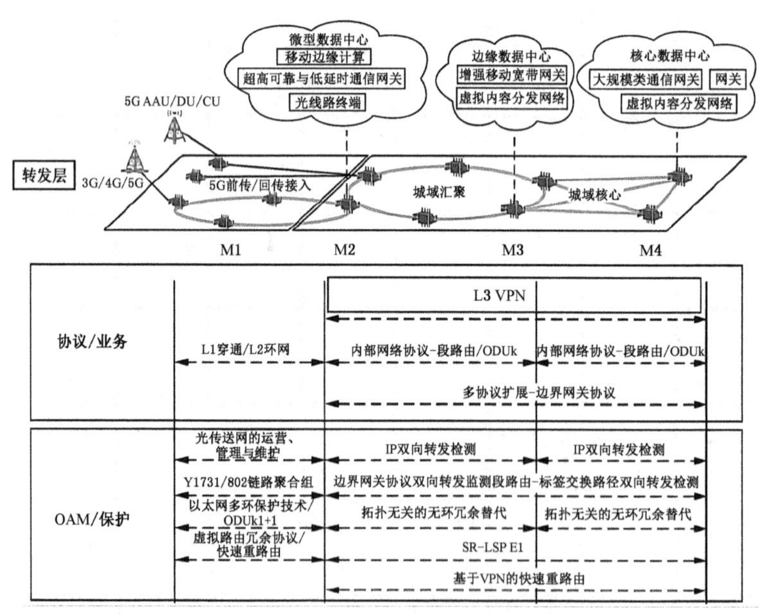

图2-86　M－OTN相关协议组合

ODUflex支持的业务类型，分别如下所述。

① 通用CBR的主流业务为光纤通路(Fibre Channel，FC)、视频业务和CPRI等。

② 弹性分组的VBR主流业务为10GE、100GE等。

4) 400G/1T技术

5G的高带宽对核心汇聚以及骨干网带来了超高速传输的需求，而对高速传输永恒的需求是大容量、长距离和低成本。

因此，应用在核心层及骨干网的400G/1T超高速传输技术，也将获得新一轮的发展机会。对于400G系统而言，在传输容量上相对100G有所提升，并应该有类似100G系统的传输距离。但是随着传输容量的提升，光纤已经接近自身的香农极限。因此，400G的系统需要比100G的系统更复杂的技术，来实现客户对传输系统的需求。

(1) 400G传输方案

目前，400G的超高速传输主要有2×200G双载波、4×100G四载波和1×400G单载波这3种技术方案。

400G的主要技术方案如图2-87所示。

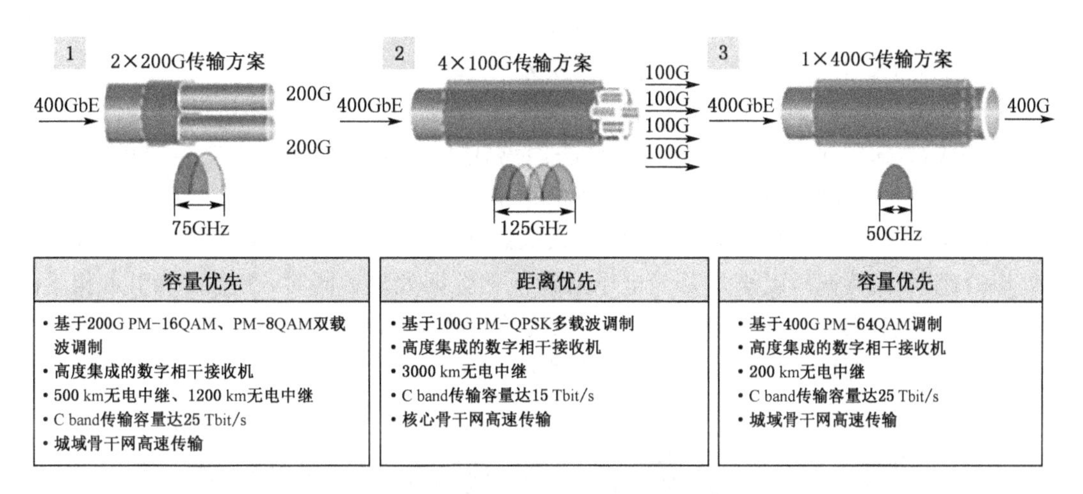

图2-87　400G主要技术方案

① 2×200G的双载波技术：基于200G PM-16QAM、PM-8QAM的双载波调制技术，使用高度集成的数字相干接收机。这个方案能平衡传输容量和传输距离，在C band传输容量达到25 Tbit/s，是目前商用比较多的400G方案之一。

② 4×100G的四载波技术：基于100G的PM-QPSK的多载波调制技术，同样使用高度集成的数字相干接收机，此方案注重距离优先，在无电中继的情况下，远比2×200G双载波的传输距离远。此方案能在C band传输容量中达15 Tbit/s，传输容量最小。

③ 1×400G单载波技术：基于400G的PM-64QAM的调制技术，在高度集成的数字相干接收机连接之下，单载波的方案传输距离较双载波和四载波方案小，但在C band传输的容量达25 Tbit/s。

上述3种技术方案都有着各自的特点和应用场景。其中，4×100G的四载波传输距离长，技术成熟，但频谱的效率相对100G并没有提升，技术意义不大；2×200G的双载波方案中频谱效率和传输距离相对均衡，是400G长途传输的主要技术方案；1×400G的单载波可以进一步提高频谱的效率，但传输距离非常短，仅适用DCI及城域内。

(2) 400G调制技术

针对目前主要商用PM-16QAM的双载波调制技术的实现如下所述。

① 分束器会将每个子载波(200G)分离成X、Y两个垂直的偏振方向，此时200G信号的224 Gbit/s一分为二，降速到了112 Gbit/s，PM的作用就是通过偏振分束器，将激光分离成了X、Y两个垂直方向上的光信号，降低信号速率，同时其他振动方向上的光信号也被滤除，减少信号噪声。

② 对X、Y两个垂直偏振方向的光进行PM-16QAM调制，100G信号速率112 Gbit/s通过串行并行的处理，变成两路56 Gbit/s信号，再通过相位幅度变换，最终变成28 Gbit/s。简单来说，PM-16QAM调制就是通过降速将光信号与电信号映射起来。

③ 将调制好的X、Y两个垂直偏振方向的光合而为一。

④ 接收端再将线路上的光偏振到两个垂直方向，分离X、Y偏振信号。

⑤ 通过相干接收识别光的相位等信息，再将信号转换为电信号。通过本振光源产生相干条件后，线路光与本振光产生相干，从而比较容易地还原出经过"相位调制"的信号。

⑥ 通过ADC的模数处理，将电信号转换为01010数字码流。

⑦ DSP的高速数字处理能完成整个400G的传输，这一步影响系统的最终性能。在DSP这一块，各家采用了不同的(专利)算法，而算法的优劣很难用语言形容或形象表达。因此需要通过实验、测试得知各家最终实现的结果。

总的来说，在400G线路传输技术中引入双载波、PM-16QAM，最终的目的是降低电层处理的速率(波特率)，以满足目前电子瓶颈下的数据处理。同时，在接收端引入相干的ADC和DSP高速数字处理，从电层提高了系统的色散容限以及抗非线性等。

系统色散补偿及软硬判处理如图2-88所示。

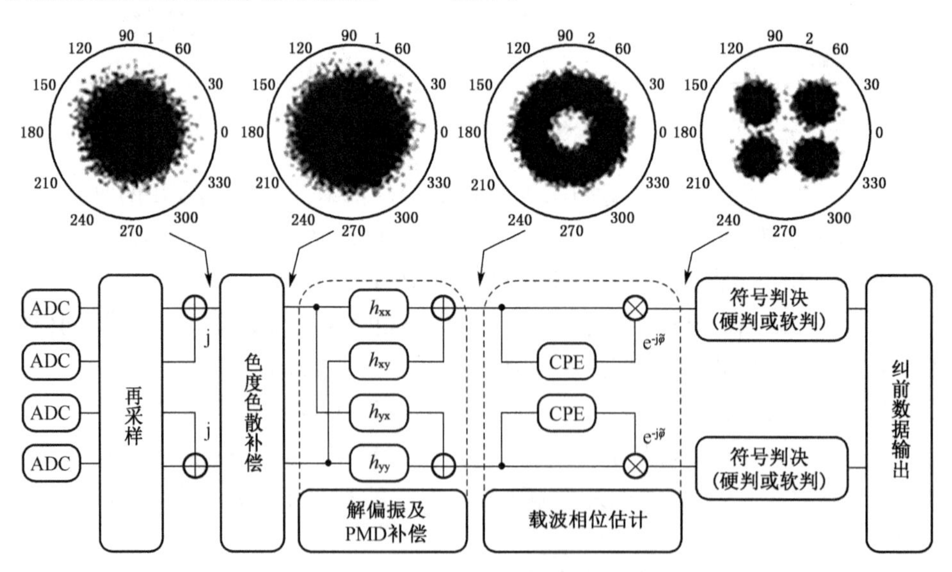

图2-88 系统色散补偿及软硬判处理

(3) 400G线路技术

400G光的传输必须采用更高阶的16QAM调制，因此光信噪比(Optical Signal Noise

Ratio，OSNR）的要求也更为严格。为了保证系统的传输距离，必须在线路技术上采用更多的技术。为了进一步提升系统的容量，未来可能会启用 L band，这样就可以在常规 C band 系统的基础上，进一步提升系统容量。

同时在 400G 系统中需要兼容长距离和大容量的传输，由于同时存在多种的调制码型，各调制码型占用的频谱资源并不一样，所以动态可灵活配置的光线路技术，也成为必备的技术和需求。

更低噪声的光放是 400G 光传输的必然选择，当前商用系统中的主流光放采用的是掺铒光纤放大器（EDFA），噪声指数（NF）更小的混合光放或 Raman 光放大器将成为必然的选择。

面向 400G 系统，目前的光放大技术主要包括掺铒光纤放大器（EDFA）、Raman 光放大器、半导体光放大器（SOA）和光参量放大器（OPA）以及混合光放大器（Hybrid）。

掺铒光纤放大器（EDFA）是广泛使用的、成熟且高效的光放，覆盖“C+L”波段（band），高增益，高输出功率。其 NF 的典型值为 5～6 dB，在小信号的情况下可以到 4 dB 附近，子极限是 3 dB。基本上是与偏振无关的，可以多波长工作无非线性串扰，掺铒光纤放大器（EDFA）是非均匀展宽，存在烧孔效应和突发效应。掺铒光纤放大器（EDFA）对调制码型无限制，广泛应用于传输中继和接收前置放大。

Raman 光放大器是基于光子散射的物理效应开发的，目前已经开始规模商用。Raman 光放大器具有灵活的增益光谱，可以覆盖比掺铒光纤放大器（EDFA）更宽的范围，并且不受光纤的色散特性限制。Raman 光放大器的增益稍低，NF 的典型值为 10～20 dB，饱和输出功率更高，能量转换效率高。Raman 光放大器主要作为分布式的放大，根据分布式放大定义的 NF 很低（后向泵浦情况），这也是 Raman 光放大器的优点之一。Raman 光放大器也可以做到与偏振无关，多波长工作无非线性串扰，对调制码型无限制。Raman 光放大器的高泵浦功率在传输链路中存在一定的安全隐患。

Raman 光放大器的应用场景主要是传输中继的运放。SOA 基于半导体光电效应，是面向集成光放的可靠解决方案，光谱也可以覆盖较宽的范围，增益一般低于掺铒光纤放大器（EDFA）但高于 Raman 光放大器，平坦度高。SOA 的饱和输出功率较低，在 15 dBm 左右，并且非线性效应较严重。

SOA 均匀展宽，载流子恢复的时间较慢，有速度的限制，一般都在 40 G，存在图案效果。SOA 一般来说是对调制码型无限制的，但短脉冲的非线性效应一般较为严重，SOA 的应用场景主要是接收前置放大，另外也较多地运用在光信号处理中，OPA 属于非线性介质中的调制不稳定性，属于三阶克尔效应。

5）1T 超高速传输技术

1T 超高速传输技术是超高速光的通信技术方向，单波 1T 技术选择，目前仍存在一定的争议性，其主流技术包括单载波+多电平调制、光子载波复用。单波 1T 传输技术在业界倾向于 OFDM、Nyquist WDM 等这些超级频道技术，频谱效率期望提高到 6 bit/(s・Hz)～8 bit/(s・Hz)。从目前业界研发的进展来看，单载波 1T 近期内也没有解决方案，多子载波实现 1T 是技术的必然选择。多路 DSP 集成，尺寸、功耗都巨大，单波 1T 需要在算法和工艺技术上进行突破，采用光电器件简单堆叠，设备集成度差，成本缺乏优势，实际应用价值低，单波 1T 必须走光电集成的道路，具体原因如下所述。

① InP 平台在 10G 领域内已有成熟应用，技术成熟度也高，于 2014 年已经实现 100G 光集成器件。

② 硅光集成是以硅材料为基础，以此实现光电子器件和光互联，具有低成本、高密度、低功耗等优点，但是技术成熟度较低。

光电集成材料示意，如图 2-89 所示。

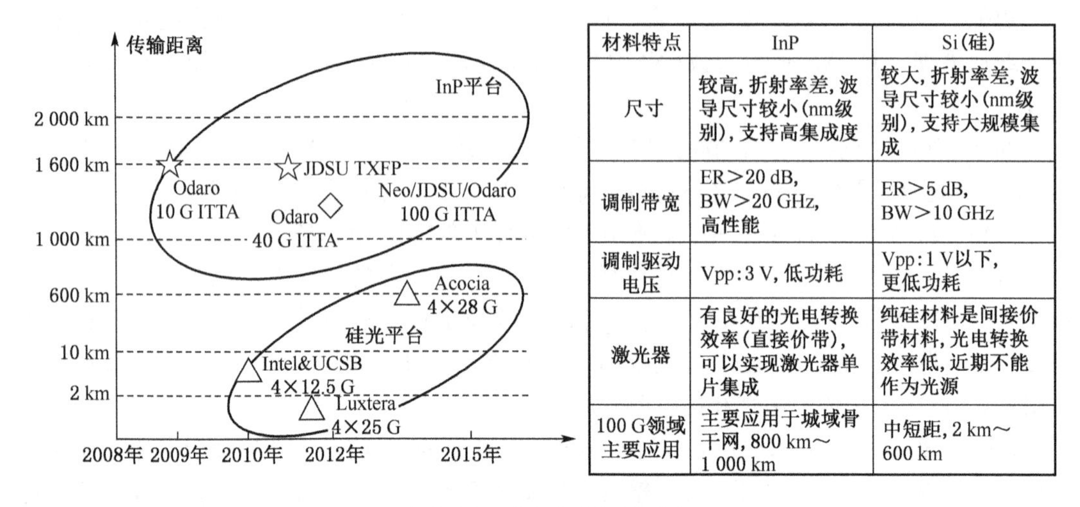

材料特点	InP	Si(硅)
尺寸	较高，折射率差，波导尺寸较小(nm级别)，支持高集成度	较大，折射率差，波导尺寸较小(nm级别)，支持大规模集成
调制带宽	ER>20 dB，BW>20 GHz，高性能	ER>5 dB，BW>10 GHz
调制驱动电压	Vpp：3 V，低功耗	Vpp：1 V以下，更低功耗
激光器	有良好的光电转换效率(直接价带)，可以实现激光器单片集成	纯硅材料是间接价带材料，光电转换效率低，近期不能作为光源
100 G领域主要应用	主要应用于城域骨干网，800 km～1 000 km	中短距，2 km～600 km

图 2-89 光电集成材料示意

(1) ROADM 技术

早期的 DWDM 在网络中一般只作为刚性的大管道出现，可以起到延伸传输距离和节省光纤的作用，设备的类型主要是背靠背 OTM 和固定波长上下的光分插复用器(Optical Add Drop Multiplexer，OADM)，这种固定连接的方式组网能力弱，业务的开通和调度全部需要在现场通过人工进行。而作为一种典型的无源密集波分(Dense Wavelength Division Multiplexer，DWDM)设备的节点结构，ROADM 本身并不是一个新鲜事物。早在 2001 年的“国家 863 计划项目”组织下，CANONET(中国高速信息示范网)就已经部署了国内厂家及高校研制的 ROADM 设备。可是那时的设备还不够成熟，更重要的是市场的应用环境还不具备，而且成本高昂，所以未得到广泛应用，而是由背靠背的 OTM 和固定波长上下的 OADM 占据了市场主流的位置。而随着市场形势的发展，尤其是业务的 IP 化和带宽的飞速增长，ROADM 的应用又一次引起了业内，特别是高端运营商的关注。

(2) ROADM 技术的优势

和传统的 DWDM 技术相比，ROADM 具有以下优势。

① 支持环形、链形、多环格形的拓扑结构。

② 支持线性(支持 2 个光收发线路和本地上下)及多维(至少支持 3 个以上光收发线路和本地上下)的节点结构。

③ 波长调度的最小颗粒度是 1 个波长，可以支持任意波长组合的调度及上下，以及任意方向和任意波长组合的调度和上下。

④ 支持上下波长端口的通用性(即改变上下路业务的波长分配时，不需要人工重新配

置单板或连接尾纤)。

⑤ 业务的自动配置功能。

⑥ 支持功率自动管理。

由此可以看到,ROADM节点相比于传统的DWDM设备,在功能方面有了很大的提升,可以视作DWDM网络向真正的智能化网络演进的重要阶梯。一个主要由ROADM节点构建的本地/城域DWDM网络,极大地改变了当前DWDM网络的面貌。上述这些技术优势的应用,带给运营商的好处是巨大的,ROADM技术的市场驱动力主要体现在以下几个方面。

(1) 快速提供波长级业务

面对大客户提供的波长级业务,只能依托DWDM网络,而传统DWDM设备的配置主要通过人工进行,费时费力,会直接影响业务的开通以及对客户新需求的反应速度。而如果网络中主要的节点设备是ROADM,那么在硬件具备的条件下,只需要通过网管系统就能进行远端配置,极大地方便了这种新型业务的开展。

随着竞争的白热化,快速开通业务并占领市场,也可以提高运营商自营业务的收益。

(2) 降低运营费用,便于进行网络规划

虽然在正确预测业务分布及其发展的基础上,进行合理的网络规划,对于降低网络的建设成本、提高网络的利用效率和延长升级扩容的间隔,都具有重要的影响。但由于对业务分布及其发展进行预测存在难度,特别是因某些特殊事件所引起突发业务的情况大量存在,网络规划是很困难的,如果网络不具备灵活重构的能力,很难高效运行。

而ROADM就恰好解决了这些问题,它通过提供节点的重构能力,使DWDM网络也可以方便地重构,这就可以降低对网络规划的要求,而且也增强了突发情况的应对能力,整个网络的运行效率也能有很大的提升。

(3) 降低维护成本

在对网络进行日常维护的过程中,若想要增开业务,进行线路调整,如果采用人工手段,不仅费时费力,而且容易出错。而采用ROADM的话,绝大多数操作(除必要的插拔单板之外)可以通过网络管理员进行,这样能够极大地提高工作效率,并降低维护成本。

6) ROADM关键技术

(1) ROADM技术的实现

现阶段的ROADM主要通过3种技术来实现,分别是波长阻断器(Wavelength Blocker, WB)、平面光波导(Planar Lightwave Circuit, PLC)和波长选择开关(Wavelength Selective Switch, WSS)。

通过波长阻断器来实现ROADM功能,主要是基于对信号广播或选取的思路。WB的原理如图2-90所示,它通过分波器将输入的群路光信号分成了波长信号,然后对每一路的波长信号进行阻断或选通,同时具备了功率调整功能,通过合波器将选通的信号合成在一个群路端口中输出。

WB器件本身只能实现波长的通断选择,要实现ROADM的功能还必须与耦合器型功率分配单元等光器件来配合使用。

基于WB的二维ROADM如图2-91所示。

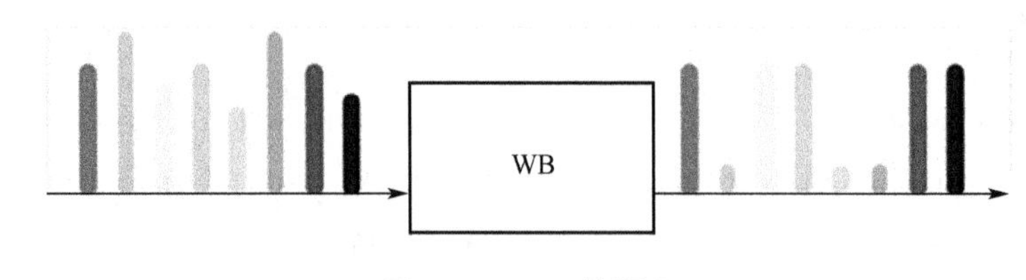

图 2-90　WB 的原理

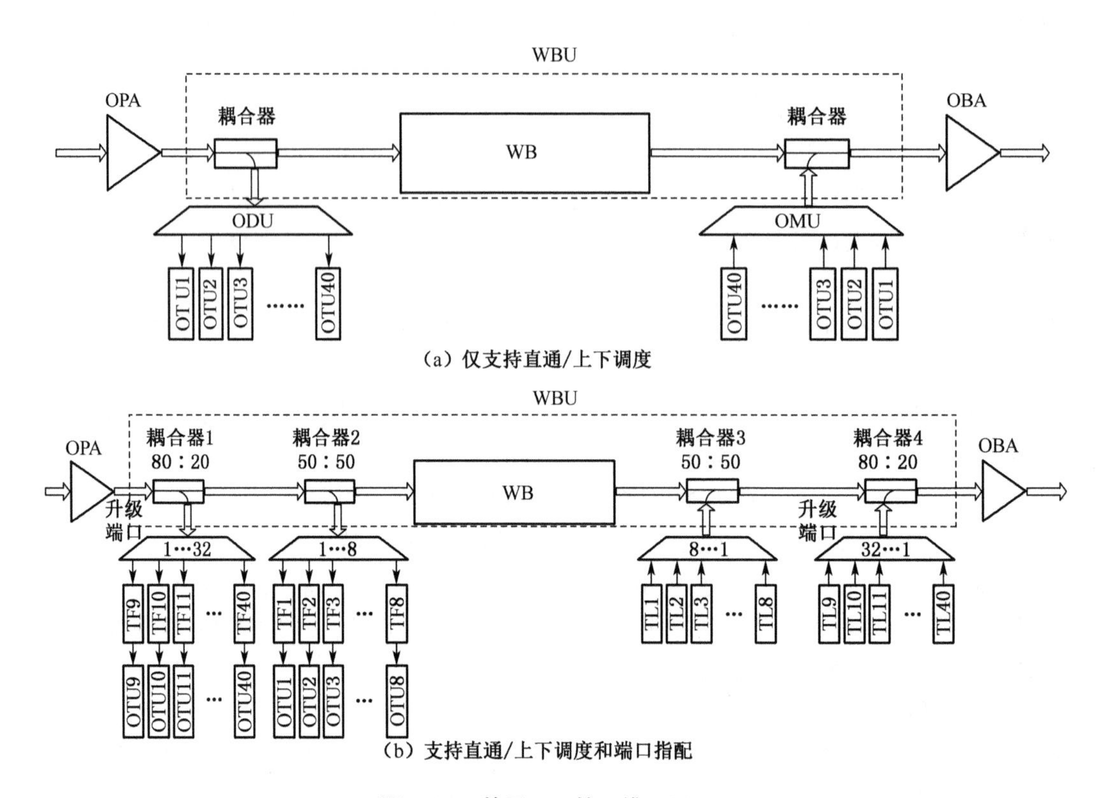

图 2-91　基于 WB 的二维 ROADM

节点收到的群路光信号，首先会通过耦合器型功率分配单元，把单元广播分配成两份：一份传到下路，另一份传到 WB 中。其中下路的光信号就可以通过本节点的 OTU 来选收，传到了 WB 的光信号通过 WB 的阻断功能，来决定需要通过的波长直通，直通后的波长再和本地上路的波长合在一起传往下一站点，这样就实现了不同光信号在本地的上下路和直通的配置。

通过对上下路 OTU 的配置可调谐激光器和可调谐滤波器的方式，还能实现本地上下路业务的端口指配功能。PLC 光器件的原理如图 2-92 所示，它通过分波器将输入的群路光信号分成单个的波长，在器件中集成多个 1×2 光开关，每一个波长和本地上路的波长，通过光开关进行选择，选择后的波长经过合波器合成群路输出。和 WB 类似，通过与耦合器型功率分配单元的配合，采用广播/选取的方式，PLC 也可以实现对于经过节点各个波长的直通上下路的调度。

通过 WB 和 PLC 来实现 ROADM 的原理很简单，成本也相对较低，但二者都存在一个问题，即只能适用于二维节点的波长调度，想要升级到支持多维节点的调度则相当困难。因此，业界目前更多的是采用WSS的方式来实现ROADM功能。

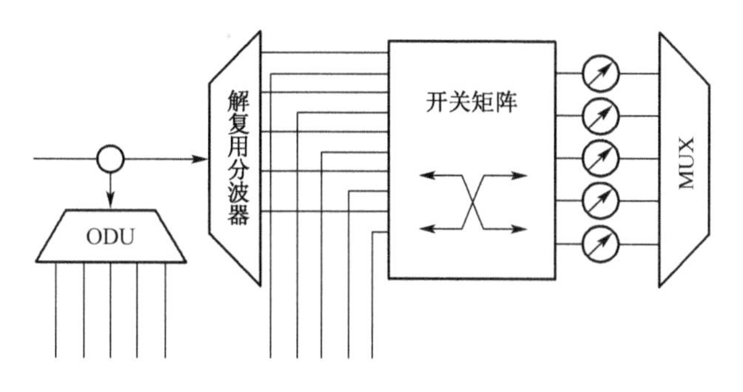

图2-92　PLC光器件的原理

WSS光器件的种类很多，根据实现技术可以分为基于微机电系统（Micro - Electro - Mechanical System，MEMS）的WSS和基于硅基液晶（Liquid Crystal on Silicon，LCoS）的WSS等，根据支持的端口数量可以分为1×2WSS、1×4WSS、1×9WSS、1×20WSS等，根据支持的波长间隔又可以分为100G WSS和50G WSS等。WSS的原理如图2-93所示。

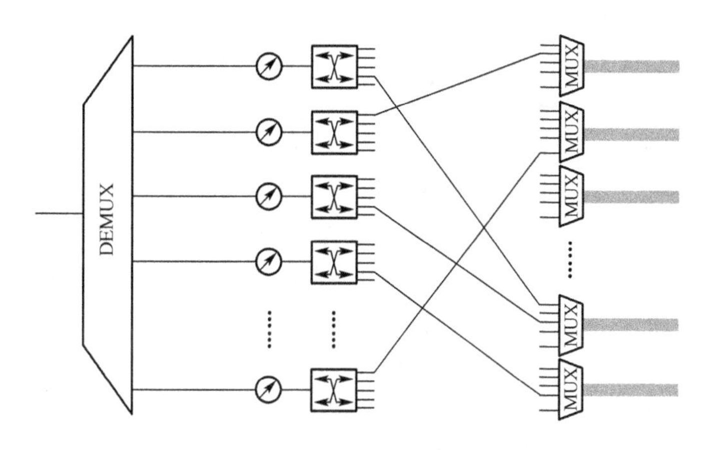

图2-93　WSS的原理

群路光信号在输入后，首先通过分波器分成了40路单波长信号，这些单波长信号经过可调衰减器，进行通道功率均衡后进入40个1×9的MEMS光开关，光开关将这些单波长信号选择到9个不同的合波器上合波后输出，这样就实现了群路输入信号中的任意波长到9个任意输出端口的灵活调度。

通过WSS和耦合器型功率分配单元（PDU）的组合，可以实现光波长信号在多维站点的灵活调度，以一个4个光方向的站点为例，基于WSS的四维ROADM如图2-94所示。

对于任意一个光方向输入的群路光信号，以H方向为例，首先会通过PDU将光信号广播到其他几个光方向和下路单元。对于本地的下路波长，通过下路单元选通，对于需要从H传到B方向的波长，就通过B方向的WSS选通，其他方向的WSS设为不通过，同理，从D方向传到B方向的波长也是通过D方向的PDU先广播，然后在B方向的WSS选通，其他方向不通过，本地上路的波长则通过上路单元，然后由相应的WSS选通，这样就实现了任意方向的任意波长向任意方向灵活调度。

此外，由图 2-94 我们还可以看出，只要 PDU 配备了足够的端口，那么未来的网络拓扑发生变化，站点由四维升级为四维以上时，只需要在新增加的线路光方向上增加新的 WSS 即可实现站点的平滑扩容，这也体现了基于 WSS 的多维 ROADM 的灵活性。

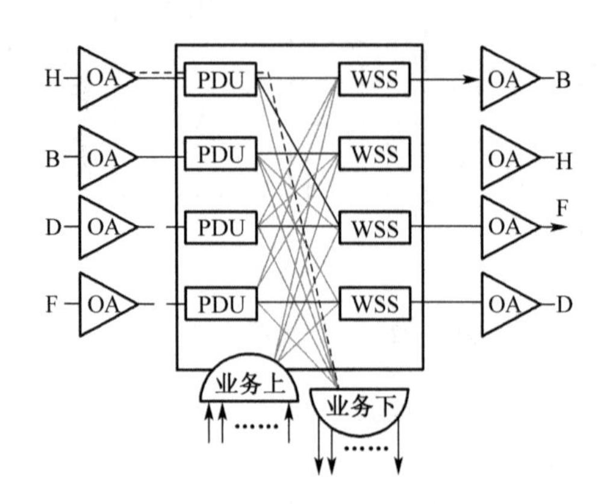

图 2-94　基于 WSS 的四维 ROADM

(2) 上下路单元的设计

引入了 ROADM 后，可以在网络中进行业务重构，与此同时通过对 ROADM 上下路单元的设计，还可以实现业务在站点内的重构。业务在站点内的重构可以提高站点的灵活性、安全性和可靠性，减少站点内的维护工作，这种重构主要涉及 3 个方面的特性。

① 波长无关性(Colorless)：波长无关性是指在站点内同一上下路的端口，可以重构为不同波长的特性。上下路端口具备波长无关性功能的好处主要有两个：一是，本地上下的业务在进行波长变换时，不需要现场人工的干预，这可以为 WASON 的 RWA 提供物理实现，同时降低了维护成本；二是，能降低同一光方向业务的规划难度。

② 方向无关性(Directionless)：方向无关性是指在站点内同一上下路的端口可以重构不同线路光方向的特性。上下路具备方向无关性功能的好处主要有两个：一是，本地上下的业务在不同线路光的方向之间切换时，不需要现场人工干预，这可以为 WASON 的保护恢复功能提供物理实现，同时降低维护成本；二是，降低站点内不同光方向业务的规划难度。

③ 波长连续无关性(Contentionless)：波长连续无关性是指在站点内不同上下路端口，在重构到不同方向的相同波长时没有限制。上下路具备波长的连续无关性能后，可以提高全网规划的灵活性，不同方向的同一个波长，可以在本站点灵活地上下路。

通过采用可调谐的滤波器、可调谐的激光器、功率的分配器、WSS 等光器件不同方式组合设计，可以实现上下路单元的波长无关性、方向无关性及波长连续无关性。总体来看，实现的功能越少，上下路单元的设计就越简单。例如，仅实现波长无关性或方向无关性上下路单元的结构就比较简单，而实现的功能越多，上下路单元的设计越复杂，如果要同时实现这 3 种功能，上下路单元就会非常复杂。

ROADM 的上下路有 Non-CDC(方向相关、波分相关、没有竞争)、CD(方向无关、波长无关、竞争相关)、CC(方向相关、波长无关、竞争无关)、CDC(方向无关、波长无关、竞争无关)4 种方案。ROADM 的 4 种实现方案对比见表 2-17。

表 2-17 ROADM的4种实现方案对比

项目	实现方式	优点	缺点
ROADM (Non-CDC)	群路转接采用WSS，上下路采用ITL/AWG	各波长灵活指配到任意群路方向或上下路	上下路波长受端口和方向限制
ROADM波长无关(C)方向无关(D)	采用可调谐OTU和大端口WSS上下路端口的波长无关；多方向共享波长无关；上下路模块实现方向无关	上下路端口具备最大的灵活性；成本相对较低	各方向上下路波长总数受限于80波；各方向上下路波长不能冲突
ROADM波长无关(C)竞争无关(C)	采用可调谐OTU和大端口WSS上下路端口的波长无关；各方向均需要配置波长无关的上下路模块	各方向上下路波长不受数量和波长冲突限制	上下路端口只能对应某个方向；成本相对较高
ROADM波长无关(C)方向无关(D)竞争无关(C)	采用多端口(几十～几百)光开关实现上下路波长在各方向和端口上的调度，从而实现完整的CDC特性	完全功能的CDC特性	光开关端口数要求高(4个方向×20上下需要80×80光开关)，成本高

因此，开展业务时，要根据网络的实际情况和需求来选择上下路单元的功能和实现方案，达到成本及复杂度和功能的平衡。另外，对于拓扑非常固定的业务，可以在上下路单元中，设计部分相关性端口，将这种业务规划到固定端口，以降低上下路单元的成本和复杂性。

(3) ROADM的组网应用

① ROADM组网

基于WB和PLC技术的ROADM，成本会较低，主要用在二维站点。基于WB/PLC的ROADM在环形组网中的应用如图2-95所示。

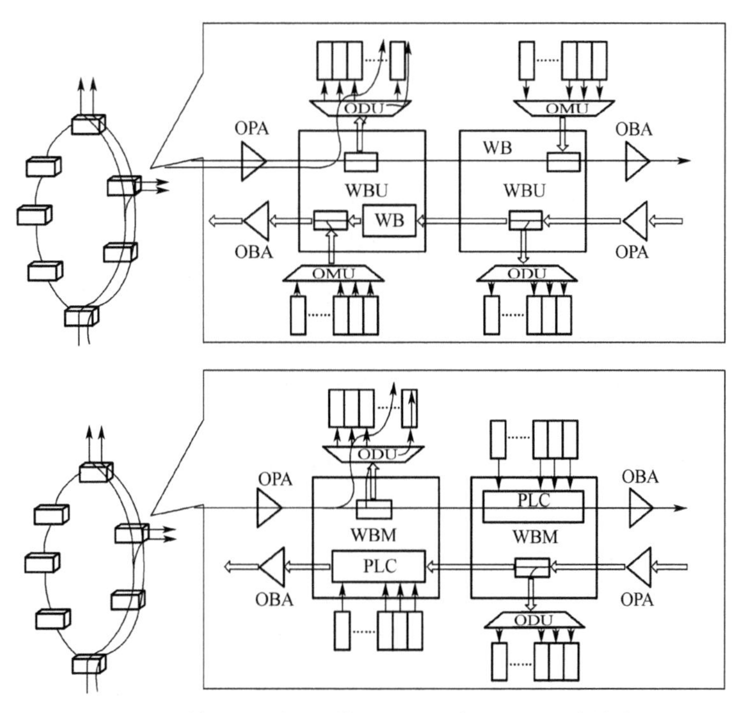

图 2-95 基于WB/PLC的ROADM在环形组网中的应用

对于环形组网来说，所有站点都只有两个光方向，采用二维的 ROADM 组网后，波长可以在任意节点间自由调度。和传统的 OADM 环网相比，在开通业务时仅需要在源宿站点进行人工连纤，其他站点不需要人工的干预，仅需要在网管上进行设置，缩短业务开通时间，降低维护工作量。另外，二维 ROADM 组网和 OADM 环网相比，由于上下路的波长可以重构，增加了规划的灵活性，也降低了规划难度，提高了网络的利用率，节省了预留波道资源。

基于 WSS 的 ROADM，具有更高的灵活性，可用于二维到多维的站点，因此可以应用在环、多环、网状网等各种复杂的组网。

基于 WSS 的多维 ROADM 在网状网中的应用如图 2-96 所示。

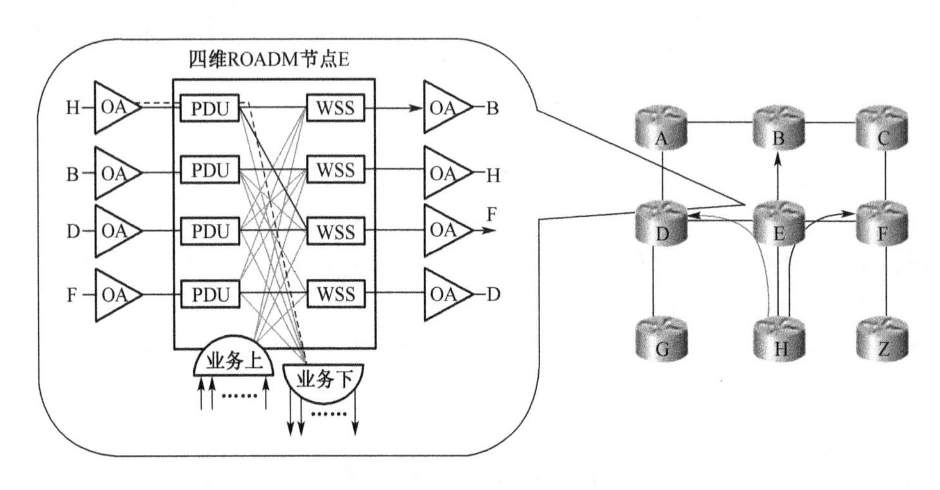

图 2-96　基于 WSS 的多维 ROADM 在网状网中的应用

在网状网的应用中，采用多维的 ROADM 可以实现波长在各个方向上的调度，对于核心的节点 E 来说，经过此节点的任何波长都可在远端实现灵活的调度，配合本地上下路单元的灵活设计和上下路资源的规划及预留，就可以在远端实现全网的资源重构。

② ROADM 组网的限制因素

由上述内容，我们可以看出 ROADM 组网具备波长级业务重构的灵活性，但是由于 ROADM 是一种全光的技术，在应用中也面临着一些挑战。

首先，ROADM 只能调度以波长为单位的业务，对网络中大量存在的 GE 等子波长业务的处理效率比较低；其次，ROADM 对波长在光域的透传，需要应对系统的光信噪比、非线性效应、偏振模色散、滤波器损伤等对系统性能的影响；最后，若 ROADM 要对业务进行完全无阻的调度，还需要面对波长冲突的问题。

因此，为了提高 ROADM 组网的效率，扩大 ROADM 的应用范围，可以在 ROADM 的组网应用中引入电层交叉、智能规划及智能控制等功能。

在城域网的应用中，往往会出现较多的小颗粒业务，基于 ODUk 的电层交叉，可以高效地处理 GE 等颗粒的子波长业务的调度问题，但是与 ROADM 的光层调度相比，存在成本和功耗较高、交叉容量难以做大的问题，比较适合小规模的交叉调度组网，难以满足网络大规模重构的需求。因此，同时引入了 ROADM 和电层交叉的光电混合架构，对于大容量的波长级业务采用 ROADM 调度，对于小颗粒的子波长级业务则采用电层调度，就可以很好地满足复杂网络的调度需求。

对于光域的传输损伤和波长的冲突问题，主要是通过网络的规划及控制来规避。通过光域的透明传输，来减少网络中的光电转换是光层调度相对于电层调度的一大优势。但在长途干线应用中，往往会受网络状况和业务路由所限，无法完全消除网络中的电再生。

通过智能的规划软件来合理地规划业务路由，减少网络对于光电转换的总体需求，同时权衡光电转换和网络性能，只在必需的场景才进行电再生，可以最大限度地减少光电的转换，降低全网的 Capex 和 Opex。另外，通过提高硬件系统的传输性能，也能部分地解决传输损伤问题。

整体而言，在前期采用智能的规划软件进行网络规划，加载智能控制的平面，同时具备电交叉能力的 ROADM 网络，具备非常高的智能性和灵活性，基本可以满足相当长一段时间内的智能组网需求。

(4) ROADM 的劣势

基于全光系统的 ROADM，同样也有明显的劣势，主要表现在：

① 只能以波长为颗粒进行处理，不能对子波长业务进行交换、汇聚等处理，网络灵活性和带宽利用率受到了一定的限制。

② 由于传输物理的因素，全光传输距离受到了一定的限制，导致在骨干网应用中，业务流量和流向并不能任意地变化，仍然需要精确的设计和规划，增加了网络规划的复杂性。曾经，德国电信明确指出，传输的物理限制是影响 ROADM 组网的重要原因。

7) OXC 技术

光交叉连接(Optical Cross-Connect，OXC)是兼有复用、配线、保护/恢复、监控及网管的一种多功能 OTN 传输设备，可提供网络必需的灵活配置能力和以较小的冗余代价(含线路和设备)，具备必要的保护/恢复功能。

与传统的 OTN 方式相比，OXC 基于低插损、高可靠的光背板交叉连接技术，将原有多路光的方向和分合波等集成在一个设备上，利用设备的交叉进行各个方向的波道调度，落地波道业务和电交叉设备连接，解决了传统可重构 ROADM 连纤复杂的问题，简化了光纤连接，降低了连接损耗。

与传统的 OTN 方式相比，调度的波减少了 3～4 dB 损耗，提升了网络性能指标。采用 OXC 设备减少了机房的空间需求，解决了多光方向的问题，方便业务调度及维护。

OXC 技术的关键创新主要有以下两个方面：

(1) 全光背板

① 集成式的互联连接。连接自管理，免外部光纤，用户只需要关注对外接口。全光背板实现了无纤化的连接，在超大容量的情况下避免了烦琐的连纤工作。所有线路区接口全 Mesh 互联，以便于不同方向间波长调度，所有支路区接口和所有线路接口互联，便于不同方向波长无阻塞上下。

② 高集成度。与 ROADM 相比，OXC 整体的集成度有所提升。原有的 OA、FIU、DWSS、OSC 等多板合一，由基于板件的控制管理，变为基于功能对象的管理，管理对象进一步简化。

③ 创新多级防尘技术,高可靠。

④ 免转接,低插损。

(2) 数字化光层

利用 OFDM 调顶,高精度波长监控技术,实现实时波长信息可视化。

① 可视化光纤质量。

② 可视化波长级性能。

③ 可视化波长利用率。

④ 可视化波长路径。

8) OTN 集群技术

随着密集型光波复用(Dense Wavelength Division Multiplexing, DWDM)技术的飞速发展,光传输网(Optical Transport Network, OTN)已经走向无线网格网络(Mesh)连接,客观上导致了单站点的多维度(方向)和单节点的大容量。

传统中继站的环形网络在流量快速增长下不堪重负,网络结构正全面走向"破环成树",形成全无线网格网络(Mesh)化连接。这些发展趋势给网络的规划、管理和维护带来了巨大的挑战。

同时由于网络规模的增大,如何充分利用网络资源和最大化投资产出成为迫在眉睫的问题,为此 OTN 集群技术应运而生。

(1) OTN 集群系统的构成及主要特点

① OTN 集群系统的实现方案

OTN 集群系统,由业务框和中央交换框两个部分组成。业务框的作用是进行业务的接入,其中包括客户侧业务和线路侧业务。中央交换框的作用是进行多个业务框之间业务的交叉调度。在业务框和中央交换框之间用集群光的模块将各自的交叉板互连,则各个业务框的支路板或线路板业务都可以通过交叉层面实现互联互通。

OTN 集群系统连接如图 2-97 所示。

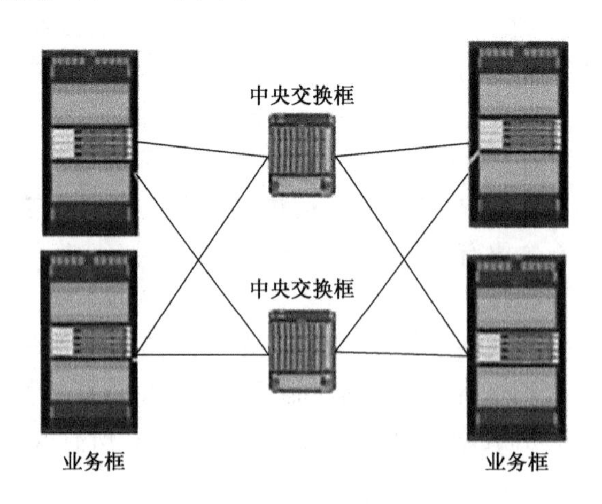

图 2-97 OTN 集群系统连接

在业务框中,支路业务和线路业务分别会从支路板和线路板接入,通过框内的高速背板分发给业务框的交叉板。

业务框交叉板可以将任意一个业务槽位的业务交叉给业务框内其他槽位的业务板，也可以将业务交叉到框间。业务框交叉板和中央交换框交叉板之间一一对应地通过框间互连光纤的连接，形成多个交叉平面。业务框交叉板能够接收来自任何一个业务框的框间业务，可以进行任意两个框和任意两个槽位的业务交叉功能。

基于当前的业务现状，OTN 集群系统一般可以支持初始的 8 个框组成集群，未来可扩展到 16 个框的集群规模。集群框数量过少，可能会导致站点形成多个集群系统，即存在资源隔离的问题。

② OTN 集群的技术要求

a. OTN 集群的子架应具备容量平滑升级特性。在升级子架内单槽位容量时，不会影响原有的框间业务带宽和业务正常运行。在 OTN 集群系统中，各个单框的集群可以被看作在逻辑上形成了更大容量的 OTN 系统。各个子架本身框内的交叉容量和框间的调度能力需要能支持共同增长，不能顾此失彼。

b. OTN 集群要具备子架数量平滑扩容的特性。在初期部署时，由于未来业务的不确定性，很难为未来的子架规划预留供电和机房机位等资源。OTN 集群要具备子架数量平滑扩容的能力，从单框升级到集群，或者在已有的集群中增加子架，不会影响原有的业务运行。

c. OTN 集群框间互连带宽应支持按需配置和平滑扩容特性。OTN 集群框间互连光模块/光纤，是按照所需带宽可配置、可插拔的，并且在扩容时增加可插拔集群光的模块，不会影响原有框内和框间业务的运行。对于集群系统的业务，各个子框能通过框内的调度实现业务的上下运行，这种实现方式在功耗和成本上是最好的。

在这种应用中，并不需要集群框间具备非常大的带宽。因此，集群系统的带宽能够按照所需要的带宽，配置光模块以节省成本。对于未来业务的不确定性导致的框间带宽增长的需求，也能通过增加集群光模块增大框间带宽，这个增加过程对原有业务应是无损的。

d. OTN 集群的子架应具备系列兼容特性。对于同一个平台的 OTN 集群系统，应该兼容支持本平台所有的新建子架组成混合集群。在初期部署时很难确定不同平面或不同网层的子架类型，未来很有可能要面临组成集群系统的子架属于不同类型的问题，若不能支持同平台的不同类型子架组成混合集群，那么将可能存在应用限制，导致实用性降低。

e. OTN 集群的交换平面冗余保护特性。这是指集群的交叉系统具备冗余设计，当集群系统中某个交叉板出现了故障时，系统中与之连接的其他交叉板，能够快速地完成倒换，实现相关业务快速自愈，同时其他框中与其不相关的业务在倒换前后不受影响。无论是业务子架还是集群交换子架出现了交叉板故障，整个集群系统应具备快速感知和倒换能力。

(2) OTN 集群的主要价值

OTN 集群通过将站点内多个孤立的 OTN 设备相互连接，形成共享资源池，能够在网络结构变革中给运营商带来很多益处。

① 减少规划难度

在非集群的业务规划中，对于每个电子架，必须预留线路板和支路板的端口、带宽、槽位，还要考虑与线路侧方向的连接关系和带宽，往往会出现一个子架对应多个线路方向的情况，规划难度高、效率低。若涉及业务调整，牵一发而动全身，经常会发生推倒重来的情况。OTN集群减少规划难度示例如图2-98所示。

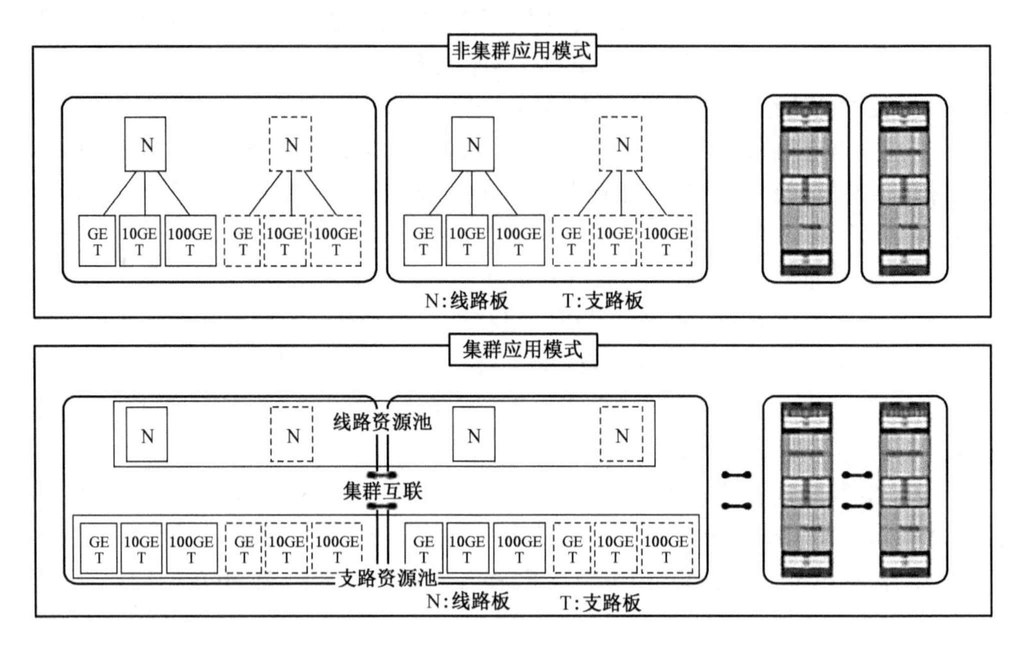

图2-98　OTN集群减少规划难度示例

② 解决核心自动交换光网络调度瓶颈

当前，运营商很大一部分工作是处理光纤中断事故。由于网络的Mesh化，OTN自动交换光网络（Automatically Switched Optical Network，ASON）能实现抗多次断纤，进而最大限度地在光纤中断事故中保证业务安全运行。但当传统OTN多个子架与OTN ASON配合使用时，要求线路各方向连接和带宽完美覆盖所有电子架的业务路径，导致ASON规划复杂度提升，实用性降低。OTN集群打破了电子架的物理隔离状态，电子架共享各个线路方向的连接和带宽，实现ASON业务跨子架重路由，降低ASON规划的复杂度，使实用性大幅提升。

③ 共享槽位，充分利用业务板卡带宽

对于各个分立的OTN子架，传统OTN应用在业务上下运行时必须通过本子架内的支路板和线路板完成，即便每个框的支路板或线路板端口未满配使用也必须各自配置。OTN集群实现了子架间的互通，允许不同子架相互使用支路板和线路板带宽，即实现槽位共享，充分利用业务板卡带宽，共享保护波长，充分利用线路波长资源，节省投资。

OTN集群槽位共享如图2-99所示。

④ 跨环调度节省线卡，管理简单

由于网络平面的数量快速增加，有的业务需要进行跨环、跨平面调度。当前基于传统OTN的普遍做法是，在环间的OTN子架上各自配备线路板并进行互连。这样不仅占用了业务槽位，同时还会因为线路板的高功耗和高成本，直接导致投资成本的增加。另外在维护角度，必须以互连的线路板为节点分段式配置和监控业务状态，使用复杂。OTN集群采

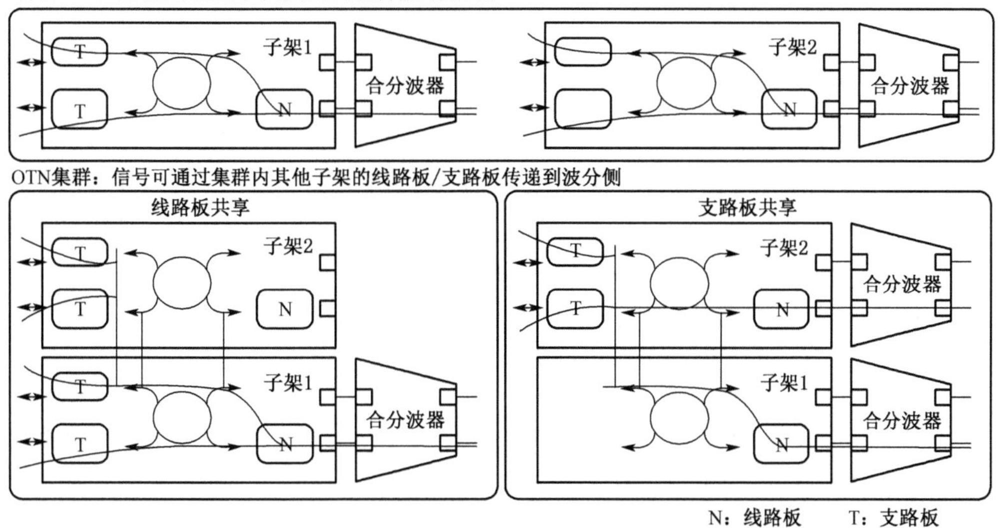

图 2-99 OTN 集群槽位共享

用低功耗和低成本的专用集群光模块在交叉层面实现互连互通，不仅不占用业务槽位，实现了更低功耗和更低成本，而且由于集群子架采用主从子架的方式实现，多个子架在逻辑上就是一个子架，实现业务端到端一站式配置和监控，使用简单。OTN 集群解决跨环调度如图 2-100 所示。

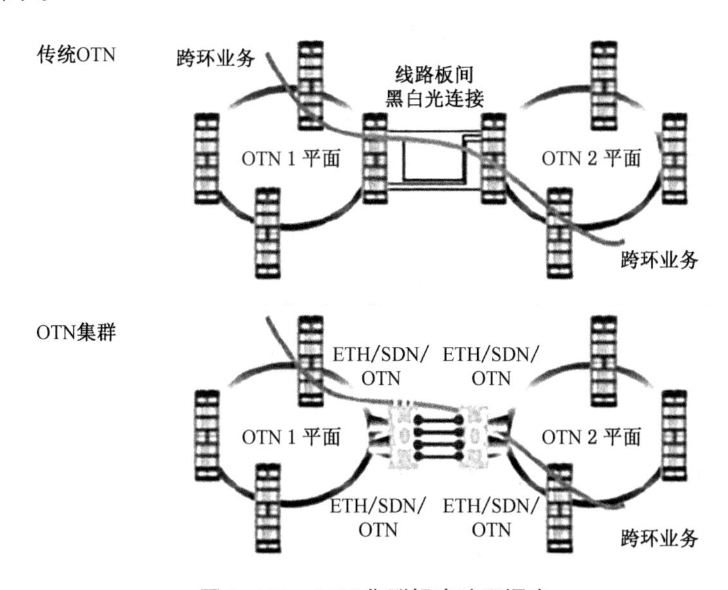

图 2-100 OTN 集群解决跨环调度

（3）OTN 集群的应用场景

OTN 集群在 5G 核心节点大容量互联、大颗粒专线/跨环业务调度、业务落地中资源扩展等场景下，很好地契合了业务发展的需求。

① 5G 核心节点大容量互联场景

5G 时代，由于 DC 的互联需要打通骨干、城域多张网，往往形成了容量超大的核心节点，基于传统单机的 OTN 单纯槽位容量提升，主要有两个问题。一是槽位数量的限制，即便单槽位能力提升到了 1T 甚至 2T，单机的槽位容量终归是有限的，且无法满足多个方向、多层网络聚合带来的端口数量需求。二是可部署性，当前业务量呈井喷式的增长，使单机业务密度快速提升，每 3 年实现 2 倍甚至更多倍的增长，而芯片工艺通常每 3 年才能更新一代，而每代仅能降低 30％的功耗。因此，设备功耗密度的持续增长，过大的功耗密度将会导致机房局部制冷的能力跟不上，产生局部热点的问题。

集群在这类大容量调度的应用场景中，提供了更多的槽位，同时还分摊了功耗密度，解决了大容量 OTN 设备的容量增长和可部署的矛盾。

② 大颗粒专线/跨环业务调度场景

大颗粒专线/跨环的业务调度应用场景，如图 2-101 所示。一个骨干节点下挂多个汇聚环，骨干节点机房往往存在多个子架。要实现专线业务配置或者不同的汇聚环间需要业务互通时，由于传统 OTN 框间业务无法直接配置，目前通常利用线卡互连的方式实现，其成本及功耗和易用性均较差，而部署集群可以完全解决这些问题。

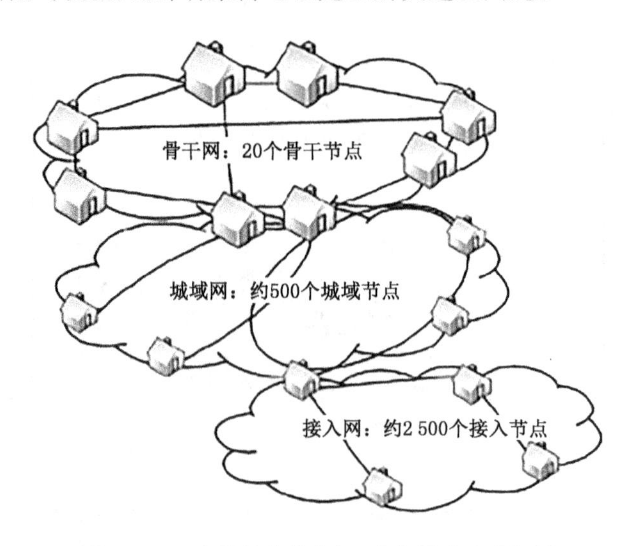

图 2-101　大颗粒专线/跨环业务调度应用场景

③ 业务落地中资源扩展场景

在当前的业务规划中，有时会出现在线路侧业务需要落地时，用于落地的支路板槽位不够的情况。当前的做法就是新增一个业务框，将包含原有的已落地或穿通业务在内的支路板，一起割接到新子架中，再新增支路板卡用于新落地业务的处理，这种操作比较复杂，而且会中断原有业务。用集群扩展则不需要割接，直接通过新增子架和原子架形成集群系统。只要在新增子架中配置支路板，进行业务配置落地就行了，操作比较简单，而且不会中断原有的业务。

OTN 集群业务落地中资源扩展场景如图 2-102 所示。

为了实现 OTN 集群可扩展及大容量的特性，同时不牺牲已有 OTN 系统内的大容量、

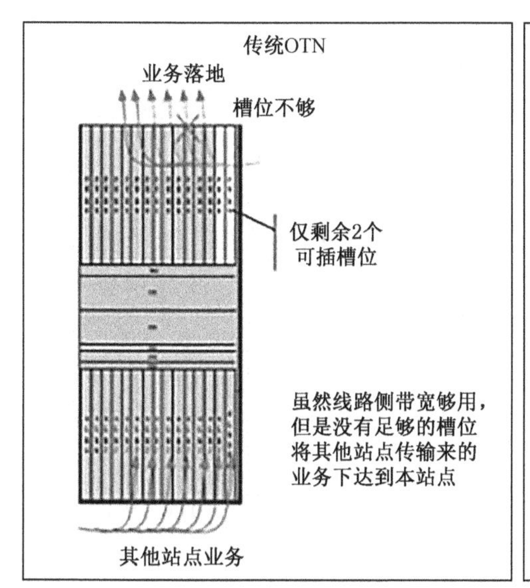

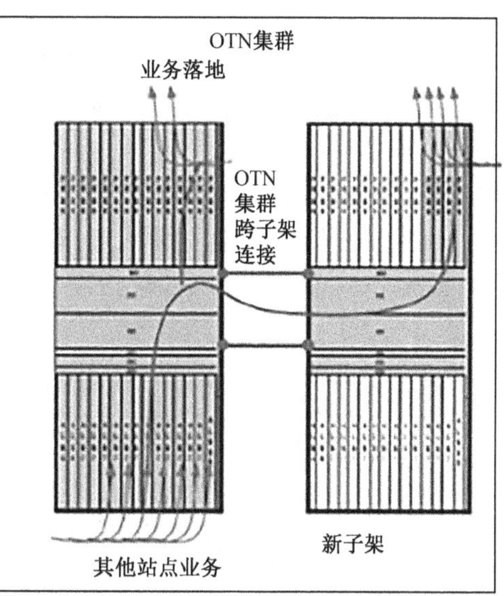

图 2-102　OTN 集群业务落地中资源扩展场景

低时延和刚性管道的特性，OTN 集群有若干关键技术需要突破，主要有大容量和多通道交换芯片技术和高密度低功耗的可拔插集群光模块技术等。

OTN 集群技术未来的发展主要体现在以下两个方面。一是更多的业务框数量支持和更大的框间带宽。随着业务量增长，单槽位容量和需要集群的业务框数量将持续增长，未来需要在集群业务框数量和框间带宽上持续进步。二是更低的集群功耗和成本。集群是一种扩展技术，其成本和功耗越低、集群系统实现代价越低，就能进一步降低整体拥有成本。

OTN 集群技术，可以应用在大颗粒专线业务调度、核心节点大容量互联、业务落地中资源扩展等场景，具有大容量、槽位共享、波长共享、灵活调度和规划等优点，是大容量核心节点的最佳选择之一。

2.3.3　网络切片技术

2.3.3.1　网络切片的原理

网络切片(Network Slice)是在基础设施的公共物理网络之上创建的，多个相互隔离的虚拟网络，在提供定制化的能力来满足行业要求的同时，还要提供一定的隔离能力，能够独立相互运行，还能独立地进行生命周期管理。

5G 网络可以为不同行业提供不同的切片，例如电力、政府、交通、银行等。每个网络切片按照业务场景的需要和话务的模型，来进行网络功能的定制裁剪和相应网络功能的编排管理。一个网络切片可以视作一个实例化的 5G 核心网络架构，在一个网络切片内，运营商还能进一步地对虚拟资源进行灵活的分割，从而实现了“按需组网”。

网络切片是网络功能虚拟化(NFV)应用在 5G 阶段的关键特征。一个网络切片将会构成一个端到端的逻辑网络，按切片需求方的需求来灵活地提供一种或多种的网络服务。

网络切片的架构主要包括切片管理和切片选择这两项功能。切片管理功能有虚拟化资源平台、有机串联商务运营和网管系统，为不同切片的需求方提供安全的隔离、高度自控的专用逻辑网络。

切片管理功能的实现历经以下3个阶段。

(1) 商务设计阶段：在这一阶段内，切片需求方会利用切片管理功能提供的模板和编辑工具，来设定切片的相关参数，包括网络拓扑、功能组件、交互协议、性能指标和硬件要求等。

(2) 实例编排阶段：能将切片描述文件发送到NFV MANO功能，实现切片的实例化，并通过与切片之间的接口下发网元功能的配置，发起连通性的测试，最终完成切片向运行态的迁移。

(3) 运行管理阶段：在运行状态下，切片的所有者可通过切片管理功能，对己方切片进行实时监控和动态维护。

网络功能虚拟化(NFV)在本质上，就是将运营商的物理网络划分为多个虚拟网络，每一个虚拟网络会根据不同的服务需求，例如时延、带宽、安全性和可靠性等来划分，以灵活地应对不同的网络应用场景。为了实现网络切片，NFV是先决条件，网络采用NFV和SDN之后，才会更容易地执行切片。

在一个硬件基础设施切分出多个虚拟的端到端网络的条件下，每个网络切片从设备到接入网到传输网再到核心网在逻辑上隔离，可以适配各种类型服务的不同特征需求。对于每一个网络切片，虚拟服务器、网络带宽和服务质量等专属资源，都能够得到充分保证。由于切片之间相互隔离，所以一个切片的错误或者故障，不会影响到其他切片的通信。

2.3.3.2 网络切片在电力物联网中的应用

电力物联网业务的多样性需要功能灵活、可编排的网络，其高可靠性需要隔离的网络，其毫秒级超低时延需要极致能力的网络。4G网络对所有业务提供相同的网络功能，无法匹配电力物联网的多样化业务需求。在此背景下，5G推出网络切片来应对以泛在电力物联网作为典型的垂直行业多样化网络连接需求。基于5G SA电力的网络切片，能够充分利用5G网络的毫秒级低时延能力，结合网络切片的SLA保障，增强电网与电力用户间的双向互动，有效提升在突发电网负荷超载的情况下对电网末端小颗粒度负荷单元的精准管理能力，将因停电造成的经济、社会影响降至最低。

基于网络切片技术的电力网络架构总体上包含3个部分：端到端切片管理系统、智能分析系统和基础设施网络资源(接入网、承载网、核心网)。

基于网络切片技术的电力网络架构如图2-103所示。

电力网络架构中，切片管理系统的各模块会从下级系统或者自身系统中，采集或生成各层管理对象的性能、告警、资源等数据，并按需上报相关数据到各层级或者全局的智能分析系统中。

智能分析系统对采集的数据经过存储和智能分析，筛选分析结果数据上报策略中心。策略中心预置各层管理对象在不同场景下的运维策略，包括策略触发的触发时间、匹配条

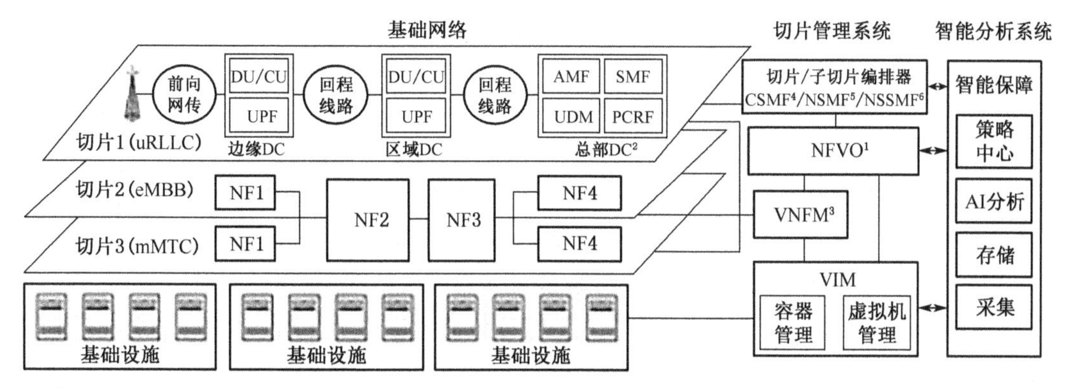

注：1. NFVO(Network Functions Virtualization Orchestrator，网络功能虚拟化编排器)。

2. DC(Data Center，数据中心)。

3. VNFM(Virtual Network Function Manager，虚拟网络功能管理器)。

4. CSMF(Communication Service Management Function，通信服务管理功能)。

5. NSMF(Network Slice Management Function，网络切片管理功能)。

6. NSSMF(Network Slice Subnet Management Function，网络切片子网管理功能)。

图 2-103 基于网络切片技术的电力网络架构

件、执行动作等。当智能分析数据结果满足了策略中心预置策略的匹配条件时，策略中心会向动作执行的管理系统下发操作请求，完成管理对象的更新、自愈、弹性、终止等，最终实现资源的重新分配。

基础网络层面中的承载网、接入网和核心网都属于基础设施资源，按照资源编排的具体要求进行资源按需组织和组合，为业务用户提供了端到端的安全隔离网络。

基于智能电网的泛在电力物联网，在不同场景下的业务要求差异较大，主要体现在不同的5G技术指标要求上。“5G+泛在电力物联网”的研发建设平台，将促进在网络切片、移动边缘计算、网络安全感知等一些关键技术的突破，推动5G泛在电力物联网建设。

5G网络切片从端到端的SLA保障、业务的隔离性及运营的独立性等多角度来满足智能电网的行业需求，从而能全面提升智能配电网站所的管理效率。

核心网基于服务化架构，将网络功能模块化，实现定制化网络切片的快速上线，并基于转控分离(CUPS)及多接入边缘计算技术，为智能电网中的配电自动化、精准负荷控制、用电信息采集和分布式电源监控等不同业务场景提供超大带宽、超高可靠性、超低时延等网络质量可保障的虚拟专用网络，为打造“切片即服务”的创新型商业模式提供网络技术支撑。

同时，切片管理器可以实现电力行业内的租户，对所租用切片网络资源的可见可管，有效降低总拥有成本(Total Cost of Ownership，TCO)，促进了智能电网的创新能力。正是由于这样的端到端智能电网切片，智能电网的综合管控系统才能通过远程遥控、实时监控及现场可视化等技术，进一步提升了配电网的科学管控、科学生产及快速排障效率。

2.3.3.3 切片分组网关键技术

2.3.3.3.1 SPN技术概述及发展

中国移动在4G时代大规模部署了分组传送网(PTN)设备,构建了自接入网至核心网的一整套完善的分组传送网络,能较好地实现LTE业务的回传及承载。由于5G时代的业务对承载网提出了低时延、高带宽、大连接、智能管控、业务切片等多种承载需求,旧有的分组传送网络目前很难满足未来5G业务发展的承载需求。

基于此,运营商主动寻求面向5G业务新的承载技术和方案体系,中国移动主导的切片分组网络(Slicing Packet Network, SPN)技术应运而生。

切片分组网络技术是中国移动面向未来5G和全业务综合承载,而提出的一种全新传输网技术体制,其中融合了IETF SR-TP系列标准、ITU-T MTN系列标准、IEEE 50GE/B10K系列标准等技术体系。其转发面基于分段路由传输配置文件(Segment Routing Transport Profile, SR-TP)、DWDM技术和切片以太网(Slicing Ethernet, SE),控制面采用SDN技术,分别在链路层、物理层和转发控制层,采用创新技术来满足5G和未来传输网络的需要。

切片分组网络技术在整体上保持了PTN技术优势的基础外,面向SDN的架构设计,还创新采用了切片以太网技术及面向传送的分段路由技术等新一代的传送网络技术,并融合了光层DWDM技术,重点满足未来5G网络及全业务的承载要求。

面向未来的5G网络承载,中国移动在2016年启动了5G传输网的需求及指标分析;在分组传送网技术现网大规模应用经验的基础上,提出了新型的切片分组网络技术体制,并牵头相关国家项目的研究;在2018年,中国移动已完成了SPN研发、测试及试点验证,并推进了国际电信联盟电信标准分局(ITU-T)立项G.MTN标准;2019年,ITU-T标准体系立项,中国移动SPN已经进入了规模部署元年。2019年,中国移动在50个城市部署5G网络时,其中有8个城市的连续网络覆盖,采用了新建SPN方式进行承载,共计部署了数万端SPN的设备。要实现5G的规模商用,5G承载技术的标准化及产业化的推动工作至关重要,中国移动也正在加快启动并完善SPN相关行业标准制定,推动芯片、设备、模块、测试仪表等上下游的产业链共同发展,以满足5G网络商用化的发展需求。

2.3.3.3.2 SPN技术总体架构

1) SPN网络分层架构

切片分组网络(Slicing Packet Network, SPN)的网络分层架构,一般采用的ITU-T分层网络概念,它基于以太网技术,实现对IP/MPLS的L3 VPN、以太网的L2 VPN还有恒定比特率(Constant Bit Rate, CBR)业务的综合承载。

整体上,切片分组网络的总体架构包括切片分组层(Slicing Packet Layer, SPL)、切片通道层(Slicing Channel Layer, SCL)、切片传送层(Slicing Transport Layer, STL)3个层次,同时还包括了实现高精度时频同步的时间时钟同步功能模块,和实现切片分组网络统一管控的管理控制功能模块。

SPN总体技术架构如图2-104所示。

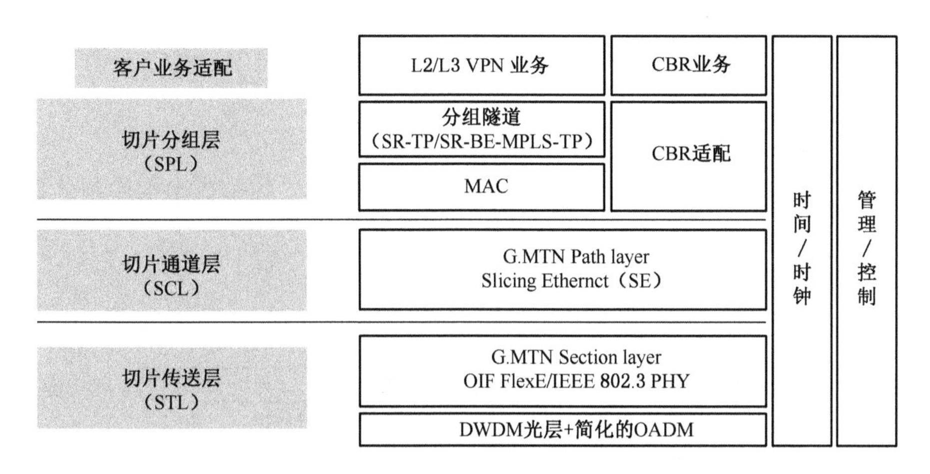

图 2-104 SPN 总体技术架构

(1) 切片分组层(SPL)

切片分组层(SPL)主要实现对 IP/MPLS、以太网等业务的寻址转发和分组隧道进行封装,提供 L2 VPN 及 L3 VPN 等多种业务的分组交换和转发能力。切片分组层基于多种的寻址机制进行业务映射,提供对业务的识别、分流和 QoS 保障处理。对于 L3 VPN 的业务,切片分组层基于分段路由增强的双向 SR－TP 隧道,提供面向连接的业务承载,切片分组层基于 SR－BE 的隧道提供面向无连接的业务承载。切片分组层在边缘节点进行业务建设,与 SDN 集中控制可实现良好的衔接,提供“面向连接”和“无连接”管道。SR 源路由技术会在隧道源节点通过一系列的表征拓扑路径的分段标识(Segment ID)信息(MPLS 标签)来指示隧道的转发路径。与传统隧道技术相比,SR 隧道不需要在中间节点上维护隧道路径的状态信息,从而可以提高隧道路径调整的灵活性和网络可编程能力。

(2) 切片通道层(SCL)

切片通道层(SCL)主要为业务切片提供端到端的通道化组网能力,会通过 SE 技术,对以太网物理接口和 FlexE 客户实现时隙交叉的处理,提供端到端基于 SE 通道虚拟网络的连接能力,为多业务承载提供基于 L1 的低时延和硬隔离的切片通道。基于 SE 通道的 OAM 和保护功能,可实现端到端的切片通道层(SCL)的告警、性能检测及故障恢复。

(3) 切片传送层(STL)

切片传送层(STL)基于 IEEE 802.3 以太网的物理层技术和 FlexE 接口技术,实现高效的大带宽传送能力。和 OIF FlexE 技术兼容的以太网物理层包括 50GE、100GE、200GE、400GE 等新型的高速率以太网接口,它们利用广泛的以太网产业链,支撑低成本大带宽建网,支持单跳 40 km、80 km 的主流组网应用。对于带宽扩展性和传输距离有更高要求的应用,切片分组网络的切片传送层中的物理媒介可以使用 DWDM 光层技术,实现 10 Tbit/s 级别容量和数百千米的大容量长距组网应用。

(4) 时间时钟同步功能模块

通过更精确的时间戳处理机制、PTP 报文的传输机制和时间时钟的同步功能模块来降低单节点的时间和频率的误差,提供超高精度的时间同步能力。

（5）管理/控制功能模块

通过标准化的信息模型和南北向接口，该模块实现管控一体化控制器对设备的管理及控制。

2）SPN 业务承载方案

切片分组网络支持 CBR 业务、L2 VPN 和 L3 VPN 业务，还可以根据应用场景来灵活选择业务的映射路径。

SPN 业务映射路径示意如图 2-105 所示。

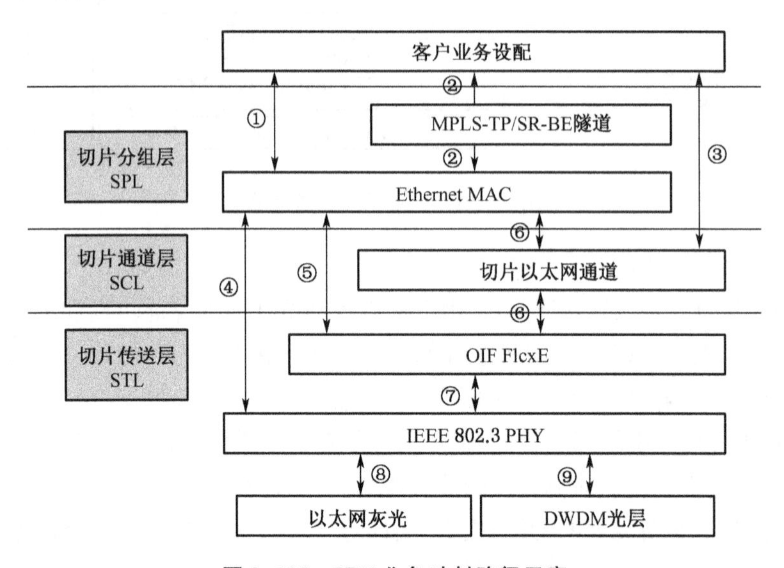

图 2-105　SPN 业务映射路径示意

3）SPN 组网应用方案

切片分组网络（Slicing Packet Network，SPN），是面向未来 5G 网络和全业务综合承载的一种新技术体系，其典型的组网方案同样包括核心层、汇聚层和接入层。SPN 组网应用方案如图 2-106 所示。

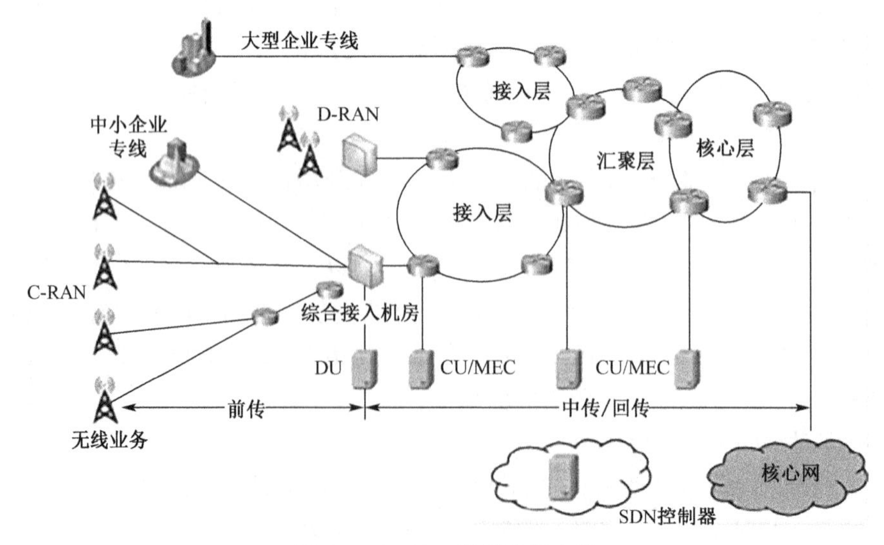

图 2-106　SPN 组网应用方案

(1) 对于5G无线业务,切片分组网络具备前传(包括C-RAN和D-RAN 2种部署方式)、中传和回传的端到端组网能力。对于5G中传和回传,统一采用一张切片分组网络承载,满足5G基站网元的不同部署方式需求,通过FlexE接口和SE通道支持端到端网络硬切片,并下沉L3功能至汇聚层甚至综合业务接入节点来满足动态灵活连接需求;在接入层引入50GE,在核心层和汇聚层根据带宽需求引入100GE、200GE和400GE彩光接口方案。对于5G前传,在接入光纤丰富的区域主要采用光纤直驱方案,在接入光纤缺乏且建设难度高的区域,可考虑采用低成本的SPN前传设备承载。

(2) 对于政企专线业务,切片分组网络具备端到端提供L1、L2和L3层专线业务的能力,通过FlexE接口和SE通道提供L1 TDM物理隔离的硬切片专线,通过MPLS-TP隧道提供逻辑隔离的L2 VPN专线或专网,通过SR-TP隧道提供逻辑隔离的L3 VPN业务。

2.3.3.3.3 SPN关键技术

切片分组网络技术作为下一代分组传送网(PTN)技术的演进方向,本质是以分组传送技术为主,在分组传送网络技术架构上新引入了面向传送的分段路由(SR-TP)和基于TDM时隙的以太网切片通道技术。其中关键技术包括以下几种。

① 面向大带宽和灵活的转发需求,将引入L3灵活调度及DWDM光层,融合了TDM与分组交换技术,让L0～L3整合成为有机整体。

② 针对超低时延及垂直的行业,通过引入切片通道层及FlexE链路接口技术,扩展支持切片以太网(SE)交叉,支持软、硬隔离切片。

③ 引入了SR-TP和SDN集中管控,实现转发与控制分离,利用集中化的控制面实现全局视角的业务调度。

1) STL层网络技术

SPN网络的切片传送层(STL)负责提供切片分组网络的侧组网接口,分为OIF FlexE Group链路层、IEEE 802.3以太网PHY层的以太网灰光,以及DWDM彩光。接入层的切片分组网络侧组网接口主要采用以太网IEEE 802.3标准的灰光接口技术,在汇聚层和核心层的SPN网络侧主要采用DWDM彩光接口技术。OIF FlexE是IEEE 802.3物理编码子层(Physical Coding Sublayer, PCS)的中间部分,经过物理介质连接子层(Physical Medium Attachment, PMA)和物理介质相关子层(Physical Medium Dependent, PMD)处理之后,再转换到DWDM光层波长上,FlexE和DWDM光层之间没有直接的映射关系。

(1) FlexE技术

FlexE接口的理念是在2014年提出的,主要是为了实现以太网介质访问控制层(MAC)与物理层(PHY)的解耦,其中包括支持以太网介质访问控制层与物理层灵活对应,以及通过多个物理层(PHY)的绑定来实现灵活的大带宽接口。对于承载网来说,FlexE还可以提供灵活可变的数据速率,从而匹配网络中的可用带宽。

OIF FlexE 1.1 (2016年9月)标准规范了N×100GE PHY组成的FlexE Group, OIF FlexE 2.0 (2018年6月)的标准规范了由N×200GE和N×400GE PHY所组成的FlexE Group,其时隙颗粒均为5 Gbit/s。

FlexE Group的链路层位于切片通道层及IEEE 802.3以太网PHY之间,可基于

FlexE Shim 来提供监控物理媒介层的点到点的连接能力。

FlexE Group 的链路层能够实现数据流在 FlexE 垫层(FlexE Shim)的适配、接入数据流的频率和速率适配、FlexE 开销的插入和提取等功能。一个 FlexE Group 能支持一个或多个 FlexE。

Client FlexE 的链路捆绑和通道化功能,通过 FlexE 垫层来实现。对应 IEEE 802.3 以太网标准中 50GE、100GE、200GE 和 400GE 以太网功能模型的定义,FlexE 垫层的功能位于 PCS 子层中,每个 FlexE 客户都能有自己独立的位于 FlexE 垫层之上的调和子层、RS-MAC 功能实体和 IMII 接口,位于 PCS 层之下的各层,在功能上和 IEEE 802.3 以太网标准规定的内容完全相同。

FlexE 能通过绑定一路或者多路 IEEE 802.3 标准所定义的 50GE、100GE、200GE、400GE 的以太网物理接口,并以 66B 编码块为基本单元,进行通道化处理多路灵活速率的 FlexE 客户的 MAC 技术。

这些灵活的以太网介质访问控制层(MAC)速率和用于承载 FlexE 的以太网物理接口的速率解耦,既可以大于承载 FlexE 的单个以太网物理接口的速率(通过绑定来实现),也可以小于物理接口的速率(通过子速率和通道化来实现)。

对于 50GE PHY 的接口,通过绑定可以实现 FlexE 组的每个 50GE、100GE、200GE 及 400GE PHY 的功能,可参照 IEEE 802.3 以太网规范中的规定使用。FlexE 支持通过多个接口的绑定提供超过接口速率的带宽。比如,4 个 100GE 的接口绑定,能够提供 1 个 400GE 带宽的管道。FlexE 同时也支持以 N×5G 带宽进行子接口的信道化,满足了网络切片物理隔离的需求。FlexE ＋DWDM 不但能够提供单纤大带宽能力,同时可以结合 DWDM 波道的灵活增加与扩展特性实现按需平滑扩带宽。

(2) 以太网灰光技术

以太网接口物理层中的编解码和传输媒介处理,遵从 IEEE 802.3 标准,提供 25GE、50GE、100GE、200GE 及 400GE 等速率。随着 25GE 光器件的成熟和国产化,还有 PAM4 技术、标准和测试手段的成熟,基于这两种技术的以太网灰光的高速光模块,得到了快速发展。

基于 PAM4 的高速以太网接口(50GE/200GE/400GE)涉及多项关键技术,主要包括以下两个方面。

① 前向纠错(Forward Error Correction, FEC)技术:采用成熟的 KP4 FEC 技术来降低光电器件要求,增加了传输距离,实现以电补光。

② PAM4 电平调制技术:可以在波特率不变的情况下,获得两倍的数据速率,大幅降低光电器件的复杂度和成本。在城域接入层中,切片分组网络设备的线路接口主要采用以太网灰光接口技术,提供 50GE、100GE 或更大速率。在城域的汇聚层和核心层,会根据业务量的大小和传输距离的需求,部分场景也可以选择低成本的 100GE、200GE 或 400GE 以太网灰光接口进行组网。

(3) DWDM 彩光接口技术

低成本高速灰光模块,使用 0 波段光源,利用其零色散的特点,简化系统的构成,避免使用色散补偿器。但是 0 波段光源,在标准 G.652 光纤中的衰减系数达到了 0.45 dB/km,如果是 80 km 的传输距离,其衰减值高达 36 dB,即使发光端的功率达到 10 dBm,也难以实现低至−28 dBm的接收灵敏度(考虑通道代价和功率余量)。所以,需要使用C波段光源来降低链路的损耗。但C波段光源在普通光纤中的色散系数比较高,对25G波特率的高速信号来说需要进行色散的补偿,因此可以引入发展较为成熟的相干接收技术,避免色散补偿。

IEEE 802.3cn和OIF的400ZR都在研究制定80 km以上传输距离的DWDM彩光接口规范。目前,多家厂商的数字相干光(Digital Coherent Optical, DCO)模块,已经将接收灵敏度做到了26 dBm及以下,很容易实现无放大的80 km传输。切片分组网络的彩光DWDM接口,主要应用在城域汇聚层和核心层。切片分组网络的DWDM彩光组网支持逐点终结的组网方案,在逐点终结的基础上可演进成支持波长穿通的方案。

2) SCL层网络技术

切片以太网(SE)技术是基于原生以太内核扩展的切片以太网能力,既能完全兼容当前的以太网络,又避免了报文经过L2/L3的存储查表,提供确定性的低时延、硬管道隔离的以太网L1组网能力。SE的核心是基于以太网码流的端到端数据通道,它的关键技术包括以下两个方面。

(1) SE-XC的交叉技术

SE-XC是基于以太网码流的交叉技术,能实现极低的转发时延以及TDM管道隔离效果。

(2) 端到端OAM和保护技术

基于IEEE 802.3的码块扩展,采用空闲(IDLE)帧替换原理,实现切片以太网通道(SCL)的OAM和保护功能,支持端到端的以太网L1调度和组网,可实现低于1 ms的网络保护倒换和高精度的误码检测能力。

在网络中,切片以太网能提供端到端的以太网L1业务连接,具有低时延、硬隔离、透明传输等特征。SE是在FlexE的技术基础上,将以太网的切片从端口级向网络级来进行技术扩展,客户层的业务在源节点适配到FlexE Client,在网络中间节点能基于以太网码流进行交叉,在目的节点从FlexE Client中适配到客户层的业务,以实现客户数据的增加/删除OAM信息、接入恢复、数据流的交叉连接,还有SE通道的监控和保护等功能。

SE将以太网组网的技术从L2扩展到L1,是以太组网能力的有效增强及补充。通过引入SE,切片分组网络具备了基于以太网的多层融合组网能力,可以匹配差异化的业务承载要求。对于高价值专线,通过L1透明适配技术和码流交叉技术,实现端到端透明承载;对于要求分组统计复用的普通业务,通过L2和L3的分组调度,实现高效带宽利用;对于低时延分组业务,通过在业务接入节点(PE)进行L2和L3的分组调度,在网络中间P节点进行以太网码流交叉,实现网络内的低时延快速转发。

传统分组的设备对于客户业务报文,采用逐跳转发的策略,每个节点均经过物理层流处理、MAC层组包、标签层的寻址转发、队列调度等过程,在流量拥塞的情况下队列调度,将引起一定的时延和抖动,达到5G极低时延业务的承载要求还存在挑战。

基于SE技术的低时延方案,通过引入切片分组网络和SE-XC技术,将传统的存储转发方式转变为了基于业务流的TDM码流交叉方式,用户报文在网络中间节点就不需要解析,并能够快速完成业务流的转发过程,使设备单节点转发的时延,可优化到1 μs量级。在PE节点将用户业务报文适配到SPN通道,在P节点采用SE-XC,直接基于以太网码流完成业务在线路端口间的转发，从而达到极低的转发时延。

基于SE-XC的交叉技术在时隙层面完成业务的转发，其类似于L1的转发技术，时延极低，最小时延可达到1 μs量级，并且抖动极小，适给承载uRLLC业务，如金融高频交易、自动驾驶等类对时延抖动要求较为苛刻的业务。

3) SPL层网络技术

SPN网络的切片分组层(SPL)的传送子层分为虚通路层(Virtual Path, VP)、虚段层(Virtual Segment, VS)。虚通路层对应MPLS-TP和SR隧道；虚段层仅对应MPLS-TP的段层隧道。其中，SR隧道是基于IETF Segment Routing规范的源路由隧道技术，能使传输领域运维能力增强的新隧道技术，包括SR-TP和SR-BE两种类型隧道。SR-TP隧道是用于面向连接的、点到点的业务承载，提供基于连接的端到端监控运维能力；SR-BE隧道属于面向无连接的、Mesh化的业务承载，提供任意拓扑业务连接，并简化隧道规划和部署。

(1) 基于SR的L3 VPN

① SR隧道

SR隧道作为一种源路由的技术，在隧道源节点通过一系列表征拓扑路径的分段路由信息(MPLS Label)，来指示隧道转发路径。SR隧道技术在复用传统MPLS转发面的同时，对MPLS控制面进行简化，有利于向SDN网络架构平滑演进。

SR隧道用一种技术实现了尽力转发(Best Effort, BE)、流量工程(Traffic Engineering, TE)这两种能力，通过引入了Node SID的全局标签类型，允许报文按照IGP最短的路径转发，实现尽力而为的转发。而Adj SID，可以控制报文按照严格约束的路径转发，满足流量工程的要求。

通过结合SR的源路由技术、中间节点无状态的优势以及保留MPLS-TP面向传送网的特性，形成作为SR传送子集的SR-TP隧道，是现有移动回传网络的理想演进方案之一。在5G承载方案中，面向连接的SR-TP隧道仅适用于南北流向业务承载，而无连接的SR-BE隧道则适用于东西流向业务承载。

② SR-TP隧道

SR-TE隧道和传统MPLS的隧道相比，不需要在网络中间节点维护路径的状态信息，增强了隧道路径调整的灵活性及网络可编程能力。但由于SR-TE隧道使用的邻接标签仅能标识业务转发路径，但不能标识端到端业务，导致基于SR-TE隧道的端到端运维能力(丢包率、时延、抖动等)受限。

而SR-TP的隧道技术是基于SR-TE隧道使传送增强的双向隧道技术，通过扩展SR-TE隧道携带一层端到端标识业务流的Path Segment标签(由宿PE节点向源PE节点分配的本地标签)，来标识一条端到端的隧道连接，并基于此端到端业务标签来运行OAM和APS。SR-TP支持双向隧道，还增强了端到端OAM功能(支持ITU-TG. 8113. 1和MPL S-TP OAM)。

此外，标签粘连机制还可增加SR-TP隧道路径跳数，解决了SPN设备的转发标签栈能力受限(10层标签)问题。

③ SR-BE隧道

SR-BE隧道通过IGP协议自动扩散SR节点标签，可以在IGP域内生成Full Mesh

隧道。SR-BE隧道则简化了隧道的规划和部署，适用于面向无连接的X2等业务承载。SR域(SR Domain)由SR功能的设备节点组成，SR域内分类的标签可以是本地邻接标签，或全局唯一的节点标签。

此外，若在网络中每个IGP域规划一个SR域，会导致多个IGP域交点的标签空间规划烦琐，且标签利用率低；若将整网所有IGP的域规划为一个SR域，会导致接入设备节点的标签空间不足。综合考虑之下，SPN设备应支持将一组IGP域规划为一个SR域，不同SR域间可复用节点的标签空间。

切片分组网络支持SR-BE隧道的TI-LFA保护功能；也支持SR-BE隧道Ping、Traceroute检测功能，还支持通过IGP控制面和SR-BE隧道进行应答；SR-BE则支持基于IPv4的控制面，并具备向IPv6控制面演进的能力。

(2) 基于MPLS-TP的L2 VPN

SPN网络支持基于MPLS-TP中的PW和LSP来承载L2 VPN业务，兼容PTN，能实现端到端的互通。

4) SPN同步技术

切片分组网络支持频率同步及时间同步功能。频率同步又分为以太网的同步和CES/CEP业务的时钟恢复同步。其中，以太网的同步功能，是为了实现以太网的物理层同步和对频率同步信号的传送。CES/CEP业务的时钟恢复同步功能是在SPN网络承载了CES/CEP业务时，提供业务的时钟透明传送服务，保证发送端和接收端业务时钟具有相同的频率准确度。

时间同步还需要通过PTP来实现超高精度同步，时间同步的接口根据用途分为时间的分配接口和时间的测试接口。在切片分组网络中，汇聚层和核心层采用了彩光DWDM技术，PTP通过单纤双向的OSC通道进行传递；接入层采用了灰光技术，PTP通过线路侧FlexE接口或者客户侧传统以太网接口进行传递。时间同步设备和切片分组网络设备之间的时间分配建议通过切片分组网络专用的同步GE光接口进行对接。为了方便设备及网络的同步测试，设备除了可以通过业务接口测试之外，也支持使用专用的时间测试接口，时间测试接口建议使用专用的GE光接口和1PPS时间输出接口。

5G时代的承载网除了满足基本的时延、带宽、连接的需求以外，也期望借助SDN提供极简、智能的业务承载能力。SDN技术的发展和演进，能对网络抽象开放、智能运维、集中控制等方面提出更高的要求。

SPN集中管控架构如图2-107所示，具体说明如下所述。

(1) 依托统一的基础云平台，支持统一的安装、升级以及补丁的管理机制；支持统一的控制器的系统监控和维护；支持统一的单点登录(Single Sign On, SSO)和鉴权管理等。

(2) 统一数据/资源的管理：其中包括统一的数据资源模型，统一的数据资源分配系统，统一的数据库系统，统一的存储格式和存取接口，统一的数据备份还有恢复机制等。

(3) 统一南向接口：其中包括统一南向的接口框架，统一南向的协议连接，统一南向的数据模型等。

(4) 统一界面和北向接口：其中包括统一的界面入口和界面风格，统一的北向协议连接和数据建模等。

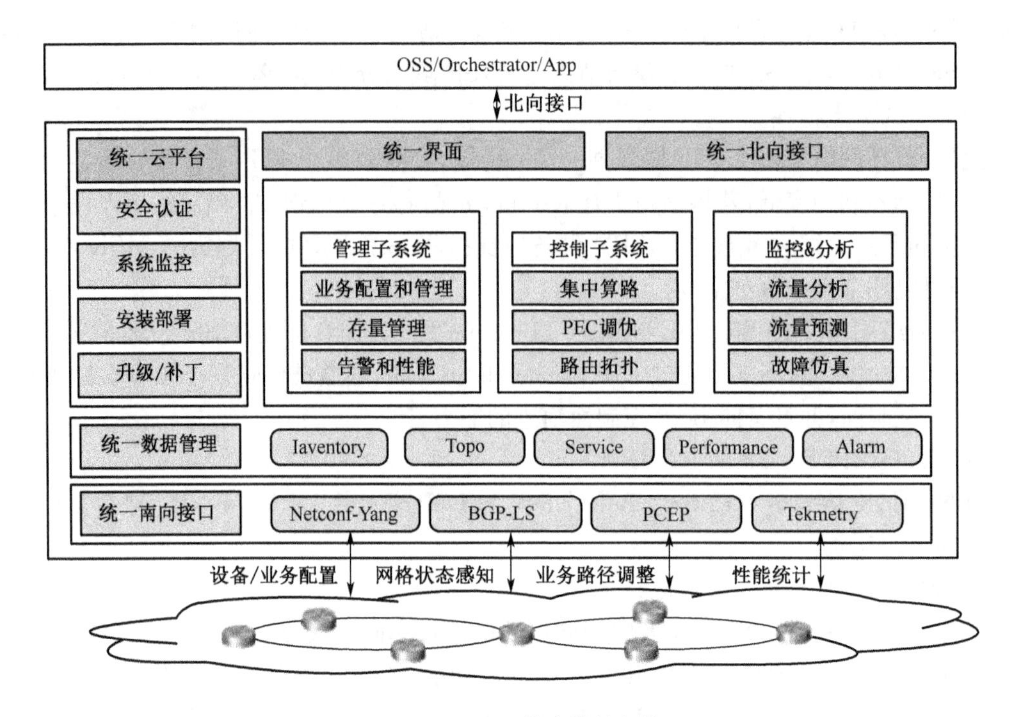

图 2-107　SPN 集中管控架构

(5) 统一集中管理:包括统一监控、业务管理、网络维护、拓扑管理、告警排障等管理功能等。

(6) 统一集中控制:包括集中及动态控制的算路能力等。

SPN 的集中管控架构,应具备的能力如下所述。

(1) 支持基于在同一基础云平台的管控集成能力。即实现统一的安装/升级、统一系统监控/维护、统一的 SSO 鉴权管理、统一的界面和北向接口、统一的数据/资源管理、统一的南向接口能力等。

(2) 支持控制器分层的部署能力。通过高层控制器进行跨域、跨厂家业务的协同等。

(3) 支持云平台的部署能力。可部署在主流商用×86 虚拟机环境并兼容主流商用×86 虚拟化软件,包括 VMwave、Citrix、微软等。

(4) 支持硬件服务器的灵活扩展能力。支持按需、在线提升控制器的硬件计算、资源存储能力。

(5) 支持本地的主备保护或异地容灾备份的可靠性保障。

(6) 支持与存量 PTN 的网络设备对接、混合组网。

2.3.3.3.4　SPN 产业发展现状

基于对 5G 传输承载网络需求的广泛分析,中国移动已经确定,切片分组网络(SPN)就是最佳的技术,能用来支撑下一代的网络架构、带宽、流量模式、切片、延迟及时间同步。弹性的以太网或 FlexE 与 SPN 绑定的灵活使用,实现了从一个较大的物理链路创建到较小的物理通道,反之亦然,用来保证服务质量(QoS)和在传输层间切片的隔离。

中国移动已向 ITU 组织提出 SPN - FlexE 标准化的要求。Viavi 也通过提供 SPN -

FlexE 的测试平台致力于支持中国移动，同时为网络设备制造商、芯片开发商和模块供应商建立了一个共同的行业测试基准，以便更好地验证基于这种技术的产品。

从 2016 年底开始，中国移动研究院联合华为、烽火、中兴通讯，针对 5G 等综合业务的承载需求、SPN 的网络架构和关键技术进行了深入的探索和论证，在 2017 年 8 月形成了 SPN 原型机系统方案和测试方案初稿，还启动了 SPN 设备的实验室测试研究及组网验证工作。

2017 年 8 月到 2018 年 9 月期间，中国移动研究院联合中国信息通信研究院和华为、中兴通讯、烽火等主要设备厂商，分阶段开展了 SPN 设备的实验室全面的测试验证工作，各阶段主要测试的内容如下所述。

第一阶段：2017 年 8 月～10 月中旬，SPN 的 SCL 原型方案测试验证。此阶段开展了 SPN 的 STL（切片传送层）中的 FlexE 接口、SCL（切片通道层）的交叉组网能力和高精度时间同步等方面的测试验证，对单厂家 SPN 设备的 100GE FlexE 接口功能，和异厂家 FlexE 互通，SE 中的业务承载、隔离、交叉、OAM 和 APS 保护能力，以及异厂家 OAM 和保护互通进行了初步的测试验证，推动完善了 SPN 的相关技术规范和设备关键指标制定。

第二阶段：2017 年 10 月中旬～11 月中旬，SPN 的前传方案测试验证。此阶段开展了 SPN 前传接口的承载能力测试，验证了 SPN 前传设备承载的 10GE CPRI 和 25GE eCPRI 信号的组网保护功能和时延等关键的性能指标，完善了 SPN 端到端承载 5G 业务的组网架构。

第三阶段：2017 年 11 月中旬～12 月底，SPN 异厂家 SCL 的互通测试验证。按照已完善且定稿的中国移动 SPN 的 SCL 技术规范，对 SPN 设备的 FlexE 接口、SE OAM 和保护进行第二轮单厂家测试验证和异厂家的互通验证，为后续 OIF 组织的 FlexE 1.1 互通测试演示奠定了坚实的基础。

第四阶段：2018 年 1 月～4 月中旬，SPN 的 SR 技术方案测试验证。此阶段开展了 SPL（切片分组层）的 SR 技术方案测试验证，针对 SR－TP 和 SR－BE 的协议功能、承载 5G 业务能力、组网功能和性能指标都进行了测试验证，推动了异厂家 SPN 设备间，通过标准以太网接口或 FlexE 接口实现 SR－TP 和 SR－BE 的协议互操作、业务承载和组网保护互通，提升了 SPN 的 SR 技术方案成熟度。

第五阶段：2018 年 5 月～9 月，SPN 试点前全面组网测试验证。针对厂家全系列的 SPN 接入、汇聚和核心设备和 SDN 管控系统，开展组网测试验证，评估是否满足 5G 现网规模试点的功能和性能指标需求。该阶段已经基本完成了华为 SPN 的全面评估测试（彩光 DWDM 光层方案除外），正在开展中兴通讯和烽火两家的 SPN 全面评估测试。

SPN 主要的产业链如图 2-108 所示。

近两年 SPN 技术的方案研制、系列设备开发及组网测试验证，都表明了 SPN 能够满足 5G 及其他城域网的业务综合承载的需求。

在 2018 年的第三季度和第四季度，中国移动在上海、苏州、武汉等多个城市，建设了上百个基站规模的 5G 承载实验局，进一步地推进 SPN 方案的商用化进程，确保 2019 年 SPN 技术能用于规模商用。

目前，SPN 的产业化已经具备基本条件，中国移动联合华为、中兴通讯、烽火等设备厂商，针对 SPN 技术架构、关键技术和组网方案进行了深入的研讨论证和实验室测试，并已经成功推动和验证了异厂家设备的互联互通。

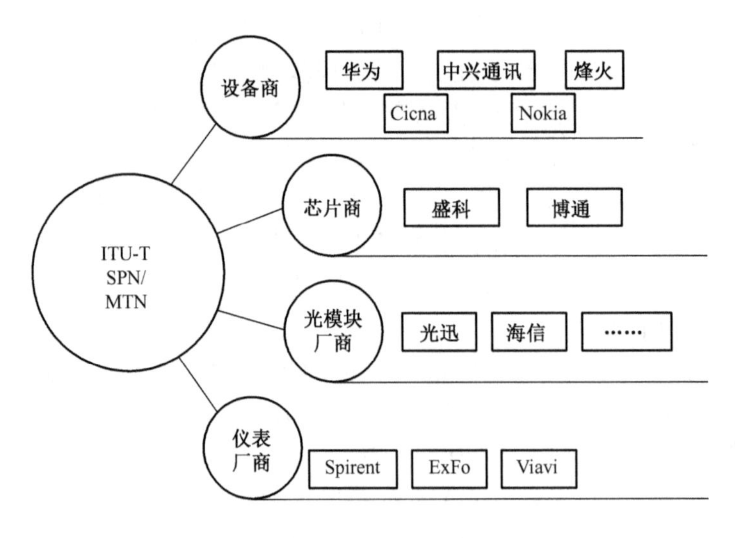

图 2-108 SPN 主要的产业链

2.3.4 IP RAN 路由器技术

2.3.4.1 IP 网技术及其发展

RAN 是无线接入网(Radio Access Network)的简称,目的是为无线基站和核心网之间提供稳定高效的承载和回传网络。2G/3G 时代,无线接入网主要承载时分复用(Time Division Multiplexing, TDM)语音业务,数据通信业务需求比较低,接口主要为 E1(2 Mbit/s),传统同步数字体系(Synchronous Digital Hierarchy, SDH)和多业务传送平台基本可以满足承载需求,接入层一般是在 155 Mbit/s～622 Mbit/s 的环或链结构,汇聚层速率一般在 622 Mbit/s～2.5 Gbit/s。

2G/3G 时代的无线接入网,主要承担着基站收发信机(Base Transceiver Station, BTS)和基站控制器(Base Station Controller, BSC)之间的承载,通常会采用 MSTP 等传输技术组网,来实现全程业务的冗余、快速故障的切换,来保证较好的 QoS 和传输质量。当前,无线基站已经实现了 IP 化,4G 无线网络也完全地 IP 化,上网业务已成为主要的业务,无线网络反过来对 RAN 网络提出了 IP 化的承载要求。

面对数量庞大的 4G 基站以及突发性较强的无线业务流量,原有的 MSTP 网络存在的带宽需求满足不了通道资源不能复用等问题,需要一种更贴近 IP 传输模型的 RAN 网络,组网要求宽带化、扁平化并具备 IP 化、以太化基站的接入能力,提供高可靠、大容量的基站回传流量的承载。

广义的 IP RAN,是实现无线接入网的 IP 化传送技术的总称,并不特指某种具体的网络承载技术或者设备形态。后来思科公司提出了以 IP 和多协议的标签交换为核心的无线接入网技术,并直接命名为 IP RAN。

目前,业界普遍的将 IP/ MPLS-RAN 承载方式,称为 IP RAN。事实上,分组传送网(Packet Transport Network, PTN)和 IP RAN,都是移动回传适应分组化要求的产物。在

3G的初期，运营商主要通过MSTP技术来实现移动回传。但随着3G发展速度的加快，数据流量的飞涨，运营商必须通过移动回传网的扩容来增加带宽。同时，移动网络移动性管理的发展趋势，也越来越明显。在这两个方面的推动下，回传网分组化的趋势日益突出。为了适应分组化的要求，在借鉴一些传统的传送网思路的基础上，对MPLS技术进行改造后形成的技术称为分组传送网(PTN)；而原有的路由器、交换机等一些数据处理设备，也从过去单纯地承载IP流量逐渐进入了移动回传领域，形成了IP RAN。

在整体上，随着3G基站流量不断增长以及引入LTE，传统的接入网络由于存在多点到多点的业务实现难度大、业务承载扩展性差等瓶颈，所以无法适应移动互联网场景下的多种业务能综合接入的承载需求。为了满足大带宽、高品质、多点化的LTE业务承载需求，中国电信从2009年开始组织研究IP RAN技术标准和建设方案，并在多个区域组织开展了组网方案试点验证工作，对IP RAN技术形态的网络在承载3G以及LTE基站的可靠性和稳定性进行了验证。通过技术研究及反复验证，中国电信决定在全网范围内建设IP RAN网络用于承载3G/4G等业务。

1) IP RAN技术特点

IP RAN以IP/MPLS协议为基础，主要基于标准及开放的IP/MPLS协议族，可用于满足基站回传及政企客户、互联网专线等多种IP化业务的承载需求。IP RAN针对无线接入承载的需求，增加了时钟同步功能、操作管理维护能力。

在整体上，IP RAN技术具有以下的特点。

(1) IP RAN网络支持流量的统计复用，承载效率较高，能满足大带宽业务的承载需求。

(2) IP RAN网络能够提供端到端的QoS策略服务，保障了关键业务、自营业务的服务质量，并提供面向政企客户的差异化服务。

(3) 满足点到点、点到多点，及多点到多点的灵活组网互访需求，具备良好的兼容性和扩展性。

(4) 提供时钟的同步(包括时间同步和频率同步)功能，满足3G/4G/5G基站的时间同步需求。

(5) 提供基于MPLS和以太网的OAM，提升故障定位的精确度及故障快速恢复能力。

2) IP RAN网络架构

IP RAN是指以IP/MPLS协议及关键技术作为基础，基于双向转发的检测机制(Bidirectional Forwarding Detection, BFD)等技术来实现保护功能，基于简单网络管理协议(Simple Network Management Protocol, SNMP)等提供OAM能力，并采用了以太网的同步机制。

IPRAN主要是面向移动业务承载，并兼顾提供二三层通道类的业务承载。例如，中国电信的IP RAN网络主要由城域的A、B、ER、BSC CE、演进型分组的核心网(Evolved Packet Core, EPC) CE、MCE等设备组成端到端的业务承载网络，IP RAN整体上会由接入层、汇聚层、城域核心层、省核心层以及MCE层等组成。IP RAN整体架构如图2-109所示。

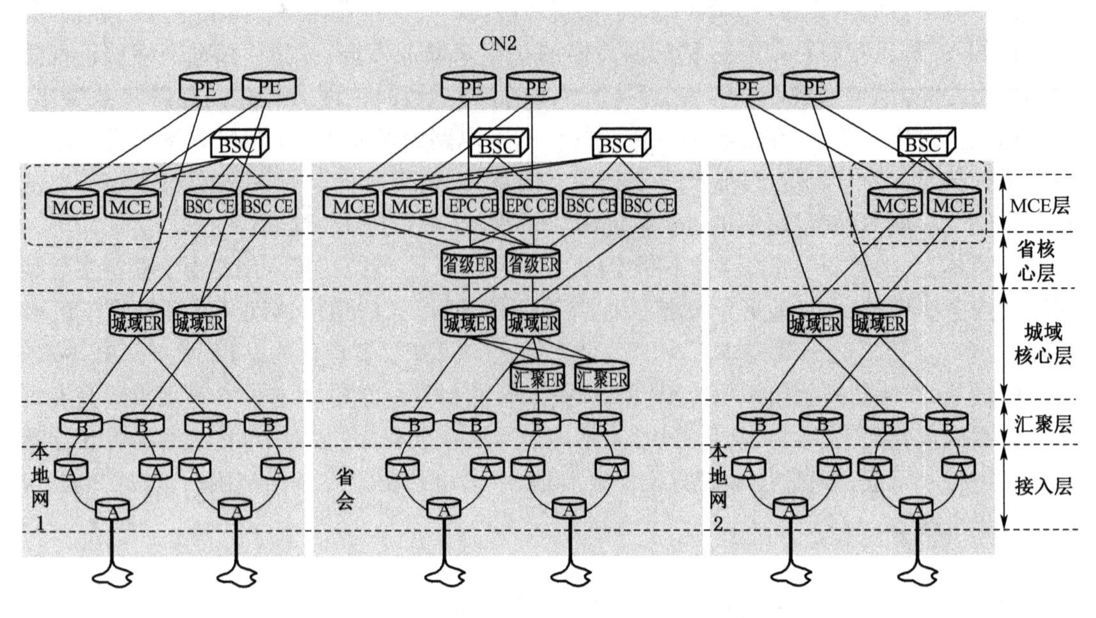

图 2-109　IP RAN 整体架构

2.3.4.2　IP RAN 关键技术

1）转发与控制协议的 MPLS 技术

多协议标签交换技术（MPLS），是 IP RAN 的核心技术和重要基础，能支持多种三层的网络层协议（例如，IPv6、IPX 及 IP 等）和数据链路层协议（例如，ATM、FR、PPP 等）。

多协议标签交换技术也是一种隧道技术，在数据链路层和网络层之间，可以认为是 2.5 层协议。多协议标签交换技术通过给报文打上事先分配好的标签（Label），以简单的标签交换来取代复杂的 IP 转发，为其报文建立一条标签交换路径；在通道经过的每一个设备处，只需要进行快速的标签交换即可，在面向无连接的 IP 网络中增加面向连接的属性，从而为 IP 网络提供一定的 QoS 保证，基于连接的端到端配置、OAM 和保护，提升了分组网的可靠性和可维护性。

多协议标签交换技术体系结构分为两个独立的单元：控制单元和转发单元。控制单元面向无连接服务，支持 IP 网络强大灵活的路由功能，使用标准的路由协议，例如，IS - IS、OSPF、BGP4 等与邻居交换路由信息和维护路由表，同时使用标签交换协议，比如，LDP、RSVP - TE、MP - BGP 等与互联的标签交换设备交换标签转发信息，来创建和维护标签转发信息表，可利用现有的 IP 网络实现。转发单元的面向连接服务，决定了一个报文的转发处理，一般使用异步传输模式（Asynchronous Transfer Mode，ATM）和帧中继（Frame Relay，FR）等二层网络。MPLS 体系结构如图 2-110 所示。

在多协议标签交换技术网络内，通常把路由器分为标签边界路由器（Lable Edge Router，LER）和标签交换路由器（Lable Switch Router，LSR）。LSR 由控制和交换单元组成，LER 的作用是分析 IP 报头。

多协议标签交换技术作为一种集成式传输技术，实质上是在 SDH 交换的基础上，把路

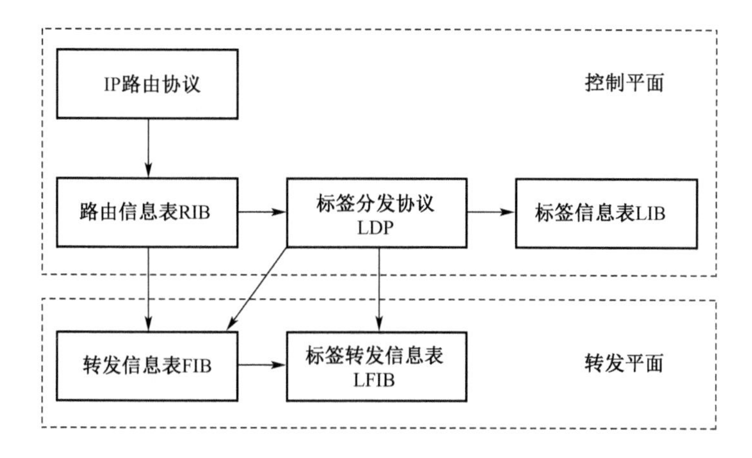

图 2-110 MPLS 体系结构

由交换功能进行了结合。它通过整合二层的交换标记与 IP 路径，能进一步缩短数据传送的延迟时间。

MPLS 网络示意如图 2-111 所示。

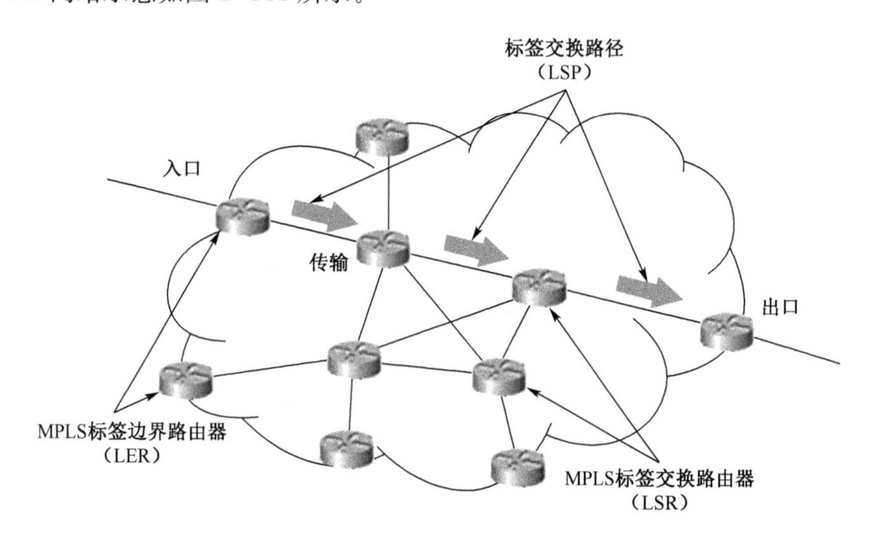

图 2-111 MPLS 网络示意

多协议标签交换技术的分组数据包，可以携带多个标签。这些标签分为了外层标签和内层标签，在分组数据包中可以以“堆栈”的形式存在，再按照“后进先出”的原则进行操作。LSP 的隧道标签是栈顶标签（外层标签），栈顶标签决定了如何转发分组的数据包。标签为一个长度固定、具有本地意义的短标识符，用于标识前向纠错（Forward Error Correction，FEC）的数据。

MPLS 分组数据包携带多个标签示意，如图 2-112 所示。

多协议标签交换技术通过标签交换来转发数据，取代了传统的 IP 包交换。当一个未携带标签的分组数据包，到达入口 LER 时，入口的 LER 根据该分组数据包头，查找路由表以确定目的地 LSR，把查找到的对应 LSP 的标签插入分组数据包中，完成端到端 IP 地址和多

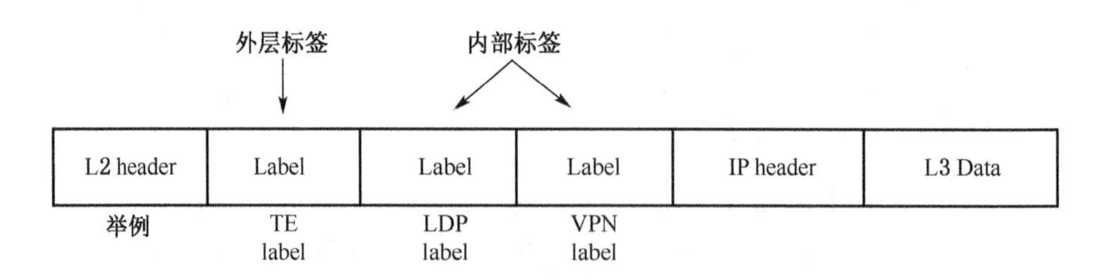

图 2-112 MPLS 分组数据包携带多个标签示意

协议标签交换技术标签的映射，当分组数据包进入 LSP 隧道后，则由 LSR 进行标签交换。LSR 根据分组数据包的 LSP 标签，查找对应的映射表，更换标签值并发送到对应的下一跳 LSR，这个过程被称为标签交换。当分组数据包到达目的 LSR 时，LSP 通过标签映射表查找对应的出端口，并剥离多协议标签交换技术的标签，完成分组数据包的传送。

LSP 隧道是多协议标签交换技术网络通过标签方式形成的 2.5 层隧道，是承载多协议标签交换技术上层业务的基础。

LSP 隧道从应用层面可以分为动态隧道和静态隧道，这两种隧道方式各有自己的优势，动态隧道没有确定的路径，隧道的创建完全由协议控制，配置简单，不需要过多的人为干预。静态隧道则是由人工指定限制约束条件协议创建的，具有明确的路径。

2）MPLS VPN 技术

MPLS VPN 是指利用多协议标签交换技术（MPLS）实现 VPN 的方案，它基于标签转发，可被看作是 2.5 层隧道。在 MPLS VPN 中定义了 3 种设备类型。

（1）用户边缘的路由器设备，直接与服务提供商网络相连，它可以是路由器或交换机，也能够是一台主机。它“感知”不到 VPN 的存在，也不需要支持 MPLS。

（2）服务提供商边缘（Provider Edge，PE）路由器设备，和用户的 CE 直接相连，负责接入 VPN 业务，所有 VPN 业务的处理都发生在 PE 上。PE 路由器通常是 LER。

（3）服务提供商核心路由器设备，完成路由和快速转发功能，只需要具备基本的 MPLS 转发能力，不需要维护 VPN 信息。核心路由器通常是 LSR。

MPLS L2 VPN 是在 IP 网络上基于 MPLS 方式来实现二层 VPN 服务的，即在 MPLS 网络上透明传输用户二层数据。从用户角度来看，MPLS 网络就是一个二层交换网络，可以在不同节点间建立二层连接，提供不同用户端介质的二层 VPN 互连，包括 ATM、FR、虚拟局域网（Virtual Local Area Network，VLAN）、以太网（Ethernet）、点对点协议（Point to Point Protocol，PPP）等。

MPLS L2 VPN 分为点到点的虚拟租用线路（Virtual Leased Line，VLL）和点到多点的虚拟专用局域网服务（Virtual Private LAN Service，VPLS），IP RAN 中使用的 PWE3 属于点到点二层 VPN 中的一种。

MPLS L3 VPN，是一种基于 PE 的 L3 VPN 技术，它通过边界网关协议（Border Gateway Protocol，BGP）能在服务提供商骨干网上发布 VPN 路由，使用 MPLS 方式转发 VPN 报文，组网方式灵活、可扩展性好，并能够方便地支持 MPLS QoS 和 MPLS-TE。MPLS BGP VPN 是目前三层 VPN 的主流解决方案之一。

中国电信的IP RAN采用PW+三层VPN的技术策略，主要采用了MPLS技术。在接入层A和B设备间，一般采用开放式最短路径优先(Open Shortest Path First，OSPF)协议作为内部网关协议(Interior Gateway Protocol，IGP)，启用MPLS并通过PWE3伪线仿真技术实现基站上各业务由A设备传输到B设备。同时在A和B设备间配置BFD for PW进行快速故障检测，触发业务快速切换。在核心层B设备和ER、RAN CE间，一般采用中间系统到中间系统(Intermediate System-to-Intermediate System，IS-IS)的路由协议作为IGP，启用MPLS并通过MP BGP来构建MPLS L3 VPN，以此实现各业务由B设备到ER或RAN CE的传输。在B和ER、RAN CE间采用了多种快速故障检测技术，触发业务快速切换。L3 VPN转发流程如图2-113所示。

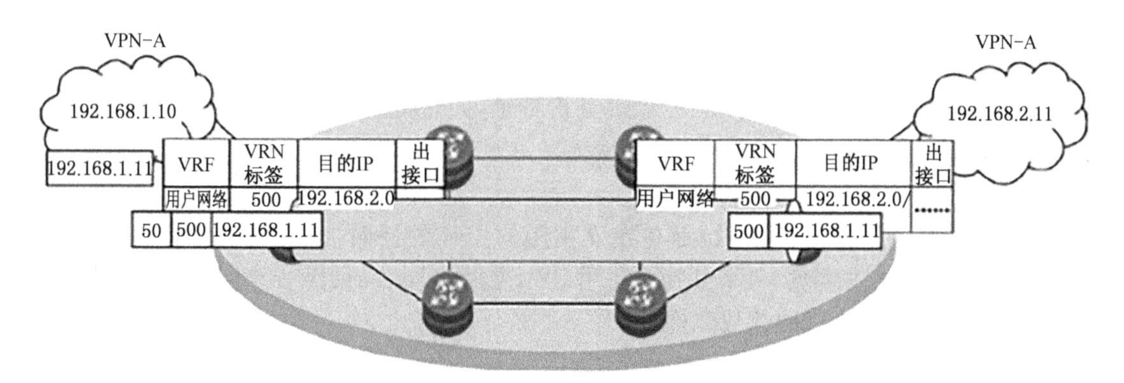

图2-113 L3 VPN转发流程

L3 VPN主要转发流程如下所述。

(1) VPN-A内部会进行互访，报文发出。

(2) 根据所属的VPN找到对应的路由表以及绑定的VPN标签；先封装VPN标签，后封装隧道标签进入隧道。

(3) 隧道会负责将分组传送到对端，将隧道标签进行剥离；根据携带的VPN标签与VPN的绑定关系，再找到对应的路由表。

(4) 剥离VPN的标签，查找路由表转发。

3) IP RAN保护技术

(1) IP RAN保护机制分类

① 隧道保护：LSP 1∶1保护，是IP RAN网络中基本的保护方式，在建立LSP主隧道的同时，建立LSP备份隧道。

② 业务保护：接入层采用PW的冗余，汇聚核心层采用VPN的快速重路由(Fast Reroute，FRR)保护方式。

③ 网络保护：BSC双归到IP RAN网络，两台RAN CE之间采用的是虚拟路由冗余协议(Virtual Router Redundancy Protocol，VRRP)，以及心跳报文的传送方式。

④ 在IP RAN网络中，不管是业务层面、隧道层面，还是网络层面，均可使用BFD进行快速故障检测。

(2) BFD快速检测

BFD是用来实现快速检测的一套国际标准协议，能提供轻负荷、持续时间短的检测。还能够在系统之间的任一类型通道上进行故障检测，这些通道包括直接的物理链路、隧道、虚电路、MPLS LSP以及非直接的通道。

① 自身没有邻居发现机制，依靠被服务的上层应用通知其邻居建立信息会话。

② 会话建立后，周期性地快速发送检测报文。

③ 若一段时间内未收到检测报文，即认为发生了故障，通知被服务的上层应用进行相应的处理。

在IP RAN的网络部署中，BFD主要检测的内容包括：BFD for LSP、BFD for PW、BFD for FRR、BFD for VRRP。

(3) LSP 1：1的隧道保护技术

在建立LSP主隧道的同时，建立LSP备份隧道，同时将其下发到转发平面，当主隧道出现故障时，业务可快速切换到备份隧道承载。

(4) PW冗余

PW冗余属于业务保护手段，是在建立主用的PW的同时，建立备份PW和Bypass PW。当主PW出现故障时，业务切换到备用PW，之后从Bypass PW迂回到原PE设备，可以使用BFD for PW实现快速故障检测。

(5) VPN FRR

VPN FRR是一种基于VPN的私网路由快速切换技术，立足于CE双归属的网络模型，通过预先在远端PE中，设置指向主用PE和备用PE的主备用转发项，并结合BFD等故障快速检测技术，在网络失效之后，可实现主备用PE快速切换，端到端的传输时间可达200 ms，十分可靠。

(6) VRRP虚拟路由器冗余协议

VRRP作为容错协议，能够保证当主机下一跳的路由器坏掉时，可以及时地由另一台路由器代替，从而保持通信的连续性和可靠性。

4) IP RAN同步技术

IP RAN本身并不要求时钟及时间同步，支持同步主要是为了满足移动回传中的基站对时钟/时间同步的要求。无线基站之间的时钟需要同步，不同基站之间的频率也必须同步在一定的精度之内，否则手机进行基站切换时会出现掉话。而某些无线制式，要求在时钟同步之外，还要求时间同步。

目前，基站同步的实现方案有以下两种。

(1) 基站卫星的同步方案，为每个基站设置卫星接收装置，通过跟踪卫星信号，获得时钟/时间同步。由于我国北斗系统的服役卫星较少，暂时无法全面取代GPS，一般配置为GPS或者GPS+北斗，这是目前主要的基站同步实现方式。这种部署的成本较高，工程施工和维护要求都很高，并且室内基站存在着因建筑遮挡等原因无法接收卫星信号的问题。

(2) 地面传送的同步方案，通过传送网将同步信号从同步源送到基站处，建立基站和同步源之间的跟踪关系，目前此方案主要是卫星同步方案的辅助。

IEEE 1588v2全称为“联网检测和控制系统的精确时间同步协议”，简称精确时间协议

(Precision Time Protocol, PTP),这是目前能够同时提供时钟同步和时间同步的一种地面同步技术,也是 IP RAN 时间同步和时钟同步所采用的主要技术和演进方向。PTP 的同步精度高,可以达到亚微秒级,缺点是不支持非对称网络。由于实际组网中普遍存在着光纤不对称的情况,需要针对光纤不对称进行补偿,导致实际交付使用具有一定的困难。目前在室内等场景 PTP 技术有部分试点及应用,正在逐步推广使用。

同步以太网(SyncE)是采用以太网链路码流恢复时钟的一种技术。同步以太网通过物理层来实现网络同步,特点是使用以太网物理层仅能分配同步频率,不能分配同步时间;时钟性能有物理层保证,与以太网链路层负载和分组转发时延无关,不会因为网络高层产生损伤而受到影响,同步质量好,可靠性也很强。以太网同步需要发送专用的源特定组广播(Source Specific Multicast, SSM)协议报文,用来承载时钟质量等级的信息,并需要同步信息所经过的节点的设备全部支持。另外,在不同运营商的传输网边界旁边,SyncE 还无法实现同步。目前主流厂家的 IP RAN 设备均支持 SyncE。

5) 分层 QoS 技术

随着互联网的高速发展,用户对信息的要求也越来越精细,不同的用户对服务的要求也很不相同。为了能够提供差异化的服务,依据用户的级别和需求提供不同的服务、不同的保障措施,业界通常会采用服务质量(QoS)技术。随着网络部署规模不断扩大,在业务并发的情况下实施流量控制时,传统 QoS 服务显得力不从心,而分层 QoS (Hierarchical Quality of Service, HQoS)技术由于可采用多级调度的方式,表现出较强的适应性。它既能保证系统的高效,又能达到质量保障要求,而且还能使网络成本有所下降。

服务质量(QoS)技术将调度策略组装成了分层次的树状结构,由根节点、分支节点和叶子节点构成,可对流量的走向进行分层控制,也可对业务进行分层控制和管理。同时还可以区分用户不同的需求,能差异化地对分流流量做出相应的控制,通过一定的分类规则决定流量的走向,从而对流量进行多用户、多层次、多业务的控制管理及服务保障。

2.3.4.3 IP RAN 技术演进方向

IP RAN 在业界是主流的移动回传业务的承载技术,在国内运营商的网络中被大规模地应用,在 3G 和 4G 时代也发挥了卓越的作用,运营商也积累了丰富的经验。尤其是 IP RAN 的统计复用,充分利用了网络的带宽。例如,自 3G 建成后,4G 就根据流量发展,适当扩容就可以满足 4G 网络多年来的业务量 10 倍增长的承载需求。5G 基站的业务量,将比 4G 基站提高 10 倍以上,比 3G 基站提高近百倍。现有的 IP RAN 网络无法满足如此大跨度的业务发展。所以,面对 5G 网络的需求,IP RAN 网络技术就需要从多个角度进行创新,主要体现在如下几个方面。

1) IP RAN 设备技术

IP RAN 设备技术的变化,主要包括 4 个方面。

(1) 设备吞吐量大幅提升

面对吞吐量和之前相比提升了 10 倍以上的 5G 基站,IP RAN 网络的整体容量也会有相应的提升。相比现有的 IP RAN 设备,IP RAN2.0 设备端口的接入能力和交换容量等都将大幅度地提升,单台核心汇聚设备的容量达到 6.4 T 以上,甚至可以升级使容量高达

25.6 T。不但能够满足5G移动回传业务发展的需要，还可以满足专线业务，甚至宽带业务承载的需求。

网络接口速率也将从以GE/10GE为主，演进到10GE/25GE/50GE/100GE等更高的速率。IP RAN设备技术和WDM设备技术进一步融合，IP RAN设备直接提供高速彩光接口覆盖到WDM的波道上(IP over WDM)，将成为未来的发展方向。

(2) 芯片技术发展

新一代的芯片技术，不仅需要提升芯片容量，还要降低芯片的单位千兆功耗，并大幅提升芯片处理业务的性能。国内多个设备供应商，已经自主开展网络处理器(Network Processor, NP)芯片的研制，预计未来新一代IP RAN设备将更多采用国产芯片。

(3) 管道隔离技术

采用基于灵活以太网技术(Flexible Ethernet, FlexE)链路绑定和管道隔离技术，来简化网络容量的扩展，并提供硬管道的业务隔离。

(4) 高压直流供电技术

5G核心网将会采用虚拟化和云化部署方式，传统的专用核心网设备会演进为数据中心内通信云上虚拟化的网络功能，设备硬件则变成了通用的服务器和交换机设备。在数据中心普遍采用高压直流或高压直流＋交流直供方式。IP RAN设备也将可能从－48 V供电，逐步转变为高压直流或高压直流＋交流直供方式。

2) 业务承载技术

(1) 隧道技术

目前，IP RAN普遍采用标签分发协议(Label Distribution Protocol, LDP)和基于流量工程扩展的资源预留协议(Resource Reservation Protocol-Traffic Engineering, RSVP-TE)来建立业务隧道，这2种方式被使用了很多年，但它们相对比较复杂，导致业务的配置及网络维护也比较复杂。近几年面向连接的隧道技术、分段路由(Segment Routing, SR)技术也逐步成熟。SR会对IGP协议进行扩展，不再需要RSVP-TE和LDP协议，协议更加简单。因此也更容易支持通过集中的控制面，来进行路径计算和部署，降低了RSVP-TE协议对设备控制面的性能压力，同时也更容易地实现大规模的SR隧道部署。结合SDN的智能控制技术，分段路由技术将会推动IP网络向路由智能计算和路径可控的方向发展，具备类似传输网的功能和性能，提升业务的可靠性、智能恢复和保护能力。

(2) 切片承载技术

网络切片在5G网络中是关键特征之一，它要求承载网能够提供灵活可靠的切片承载。VPN隔离、隧道隔离和QoS调度都将是常用的方案。针对特定的网络切片需求，5G承载网可以采用FlexE技术，基于硬管道，结合智能化的管控，为特定的业务提供硬切片承载方案。网络切片服务，需要从基站到核心网端到端的协同，也需要跨专业的网络编排器，实现端到端切片的自动编排和端到端的自动部署，目前端到端跨专业的切片协同工作还在推进之中。

3) 智能维护技术

(1) 智能管控技术

5G承载网要求使用更加智能、更加完善的网络管控技术，来提升对网络性能、流量的自动采集和数据分析能力，可实现业务的自动发放和网络智能运维，降低运营维护的复杂度。

(2) 自动测量技术

在设备上可以实现多重在线的自动测量技术，不需要仪表就能对业务和网络进行测试，并且提供多层次的网络实时监控，提高网络的可维护性。

(3) 客户接入自动识别

5G承载网和业务网络的联合部署链路层发现协议(Link Layer Discovery Protocol，LLDP)，实现业务设备信息的自动识别，提升网络的业务感知能力。

2.3.5 SDN技术

1) SDN概念

软件定义网络(Software Defined Network，SDN)的概念，最早诞生于美国高校开展的未来网络研究中。在此项目的研究过程中，以尼克·麦基翁(Nick McKeown)教授为首的科研团队，提出了Open Flow的概念并用在校园网络试验创新，后续基于Open Flow给网络带来的可编程的特性，SDN的概念由此而生。在学术界和产业界的共同推动下，成立了开放网络基金会(Open Networking Foundation，ONF)致力于推动软件定义网络架构、技术的规范和研发工作。根据IDC分析公司的调查和预测，目前85%的行业相关企业正在研究软件定义网络。

软件定义网络(SDN)是一种架构，它抽象了网络的不同、可区分的层，使网络变得敏捷和灵活，软件定义网络的目标是通过让企业和服务提供商能够快速响应不断变化的业务需求，来改进网络控制。

在软件定义网络中，网络工程师或管理员都可以从中央控制台调整流量，但无需接触在网络中的各个交换机，无论服务器和设备之间如何特定连接，集中式的软件定义网络控制器都会指导交换机，在任何需要的地方提供网络服务。此过程和传统网络架构不同，在传统的网络架构中，单个网络设备根据其配置的路由表做出流量决策，SDN在网络中发挥作用已有十年，并影响了许多网络创新。

SDN是一种新型的网络架构，它的设计理念是将网络的控制平面和数据转发平面进行分离，并对底层设备进行可编程化控制，从而达到网络开放与灵活配置的目标。

SDN原理架构如图2-114所示。

从层次上看，软件定义网络中包含应用层、控制层和基础设施层。其中应用层包括各种不同的业务和应用；控制层主要负责处理数据平面资源的编排，维护网络拓扑、状态信息等；基础设施层(也称数据转发层)负责基于流表的数据处理、转发和状态收集。

软件定义网络从架构上打破了传统的专有网元封闭、僵化的控制体系，为接入网的发展提供了新的思路。

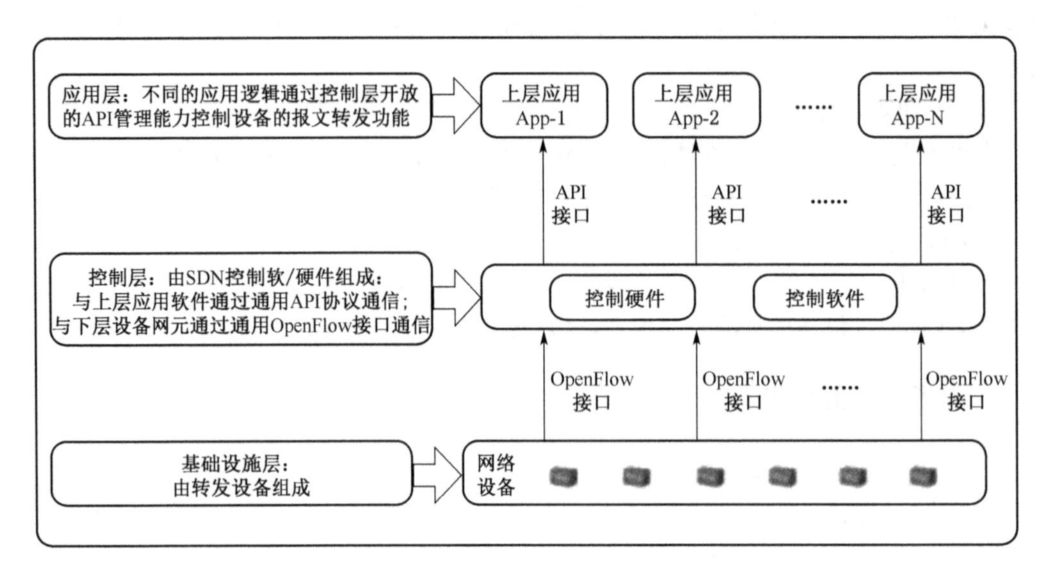

图 2-114　SDN 原理架构

2）SDN 标准化进展

2013 年 3 月成立了开放网络基金会(ONF)，是传送 SDN 标准的发起组织，主要研究基于 SDN & Open Flow 的传送网控制技术，其中包括控制架构、应用场景、信息模型以及协议扩展等。目前已经发布了传送 SDN 的应用场景、通用的 SDN 架构，完成了光/电交叉建立、端口属性、邻居发现等协议扩展，并计划写入 OF1.5。

在国际互联网工程任务组(The Internet Engineering Task Force, IETF)中，开展软件定义网络(SDN)相关活动的工作组有 SDN 研究组(SDNRG)和 PCE 工作组(PCE WG)，还有对路由系统接口工作组(I2RS WG)等。其中，PCE 工作组的研究涵盖了应用场景分析、基础协议扩展、基于传送的扩展、支持传送 SDN 的 PCE 架构、LSP 数据库同步优化等。在标准/开源组织的推动下，软件定义网络已经逐步趋于成熟。

3）传送网 SDN 关键技术研究

（1）SDN 网络架构

传送网的软件定义网络架构遵从着 IETF/ONF 对软件定义网络三层架构的定义，包括数据平面、控制平面和应用平面。

传送网 SDN 的三层架构如图 2-115 所示。

其中，数据平面由网络设备的网元组成，主要的任务是处理和转发不同端口上各种类型的数据。同时，通过南向的接口，也能实现控制平面对物理设备网元的控制。

控制平面负责抽象数据平面的网元信息，通过南向接口协议实时地获取网络资源，并给数据平面数据的处理转发提供控制指令，以及在网络状况发生改变时及时做出调整以控制网络的正常运行。

（2）开放接口技术

北向接口技术的主流实现方式是 REST API，RESTful 就是其设计规范，通常基于 XML、HTTP、URI 以及 HTML 这些广泛流行的协议和标准。同时设备商、运营商还有第三

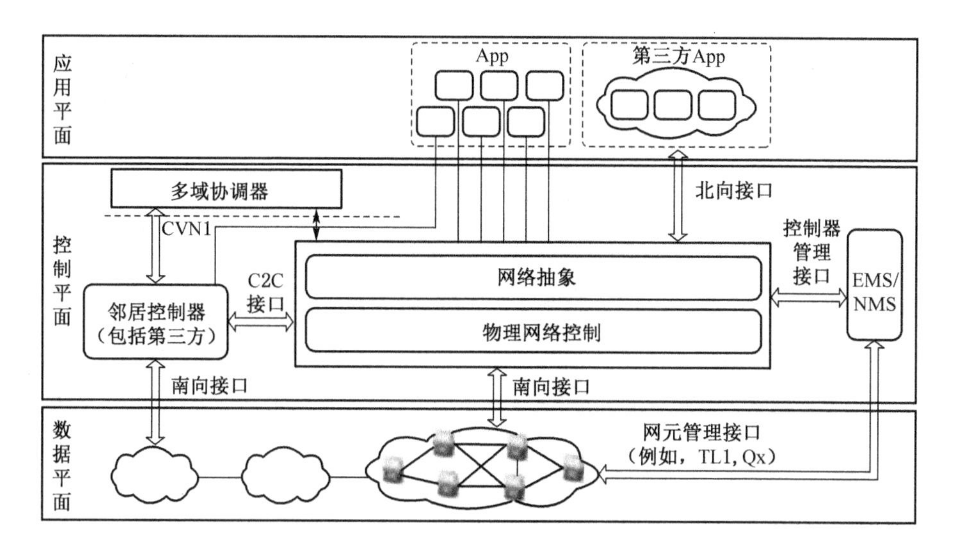

图 2-115　传送网 SDN 的三层架构

方，都可以基于这些北向接口，来开发通用或者专用的 App，从而提供差异化网络服务。

SDN 的北向接口可以进行网络虚拟化和网络抽象。在网络抽象中可以提供物理的网络视图、虚拟网络的叠加视图、指定域的抽象视图、基本的连接视图以及 QoS 相关链接的视图等；而网络虚拟化可以实现隧道的流量处理和叠加网络启/停等。

另外，北向接口也可以实现网络的基础功能，比如：环路检测、路径计算、安全等。同时，它还能向编排系统（Open Stack Quantum、VMwave Cloud Director 等）提供网络的管理功能。

从网络管理员的角度来看，使用北向的接口技术可以对网络进行管理和控制，其中包括网络抽象、网络拓扑、网络状态监控等。

南向的接口技术包括：IETF 定义的路径计算单元通信协议（Path Computation Element Protocol, PCEP）及 ONF 定义的 OpenFlow。二者都是基于 TCP 面向连接的控制协议，其中包含了网络数据的实时同步和控制消息的通信机制。对于控制层面而言，南向接口技术能使系统功能更加丰富灵活。而对于转发层面来说，南向接口技术可以匹配更多的关键字，执行更多的动态，提升了网络的可用性和网络的管理效率。

Open Flow 在 SDN 网络架构中，是由控制器向 OpenFlow 交换机发送流表以控制数据流通过网络路径的方式，并由 OF - CONFIG 来实现这一功能。OF - CONFIG 的本质是提供一个开放接口用于远程配置和控制 Open Flow 的交换机，但是它并不会影响到流表的内容和数据转发的行为，对实时性也没有太高的要求。Open Flow 交换机上所有参与数据转发的端口、队列等软硬件都可被作为网络资源，而 OF - CONFIG 的作用，就是对这些资源进行管理。

开放接口技术如图 2-116 所示。

SDN 东西向的接口是定义控制器之间通信的接口。由于单控制器的能力有限，所以为满足可拓展性和大规模的要求，东西向接口的研究会成为下一个 SDN 的研究领域，但目前还没有统一的行业标准。

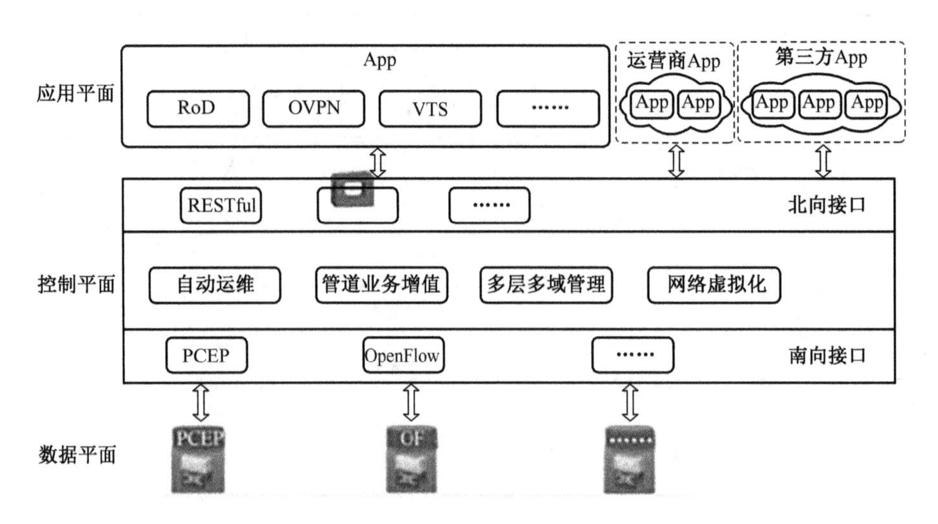

图 2-116　开放接口技术

(3) 多域网络控制技术

常见的多域网络控制技术可分为单厂家的多域控制技术和多厂家的多域控制技术两大类,单厂家多域和多厂家多域控制场景如图 2-117 所示。

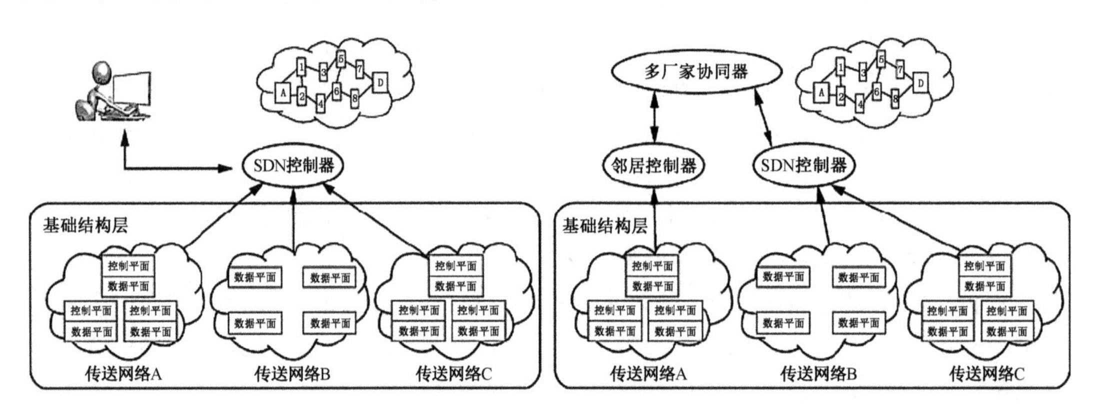

图 2-117　单厂家多域与多厂家多域控制场景

在单厂家多域场景中的网络只由单个厂家供应,不同的网络会支持不同的控制技术,需要对网络进行分域的管理,在此应用场景中,可以使用控制器统一控制端到端的网络,在控制器中形成全网的视图,提供端到端的网络服务。

在多厂家的多域场景中,厂家可以使用自有的控制器来管理各自的网络,协同控制器也可通过北向接口,从不同厂家的控制器中获取各子网的拓扑信息,实现多域网络端到端控制。

(4) 基于 SDN 的 5G 网络体系架构

为满足 5G 网络对系统数据容量的需要,并使其达到用户体验速率、端到端时延、连接数密度、峰值速率、移动性等关键性能指标的要求,在面对多样化场景的极端差异化性能需求时,需要对现有网络进行升级,将 SDN 技术引入现有网络是未来 5G 网络领域的重点研究方向。

① 网络体系架构

将 SDN 技术引到现有网络，能使网络变得更加高效、灵活、智能及开放。

基于 SDN 的异构网络架构如图 2-118 所示。

它是一个包括宏小区、微小区和微微小区在内的多层次架构，既能在授权频段上工作，也能以 Wi-Fi 作为接入点在非授权的频段上工作。异构网的内部可以支持多种通信技术。一组宏小区的基站由一个集中式的 SDN 控制器控制，SDN 控制器和基站通过高容量的光纤连接，利用 Open Flow 协议控制数据平面。

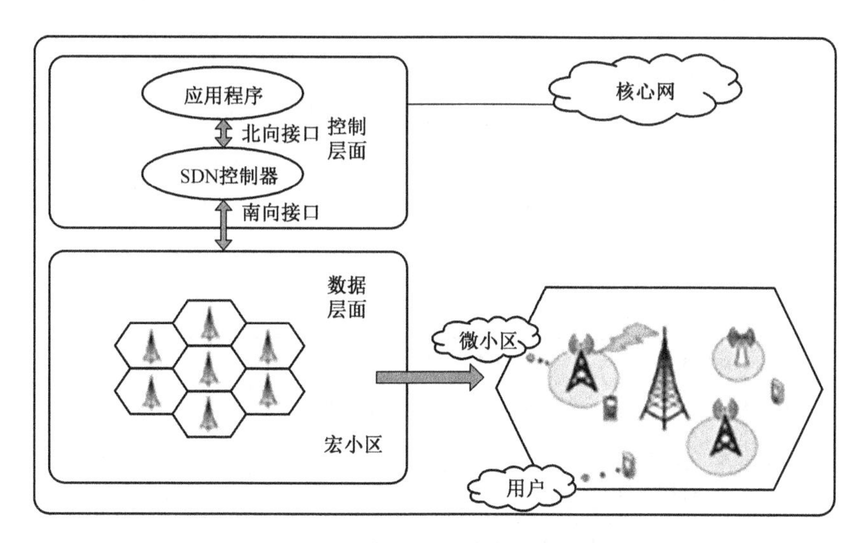

图 2-118　基于 SDN 的异构网络架构

基于 SDN 异构网络的操作架构，如图 2-119 所示。

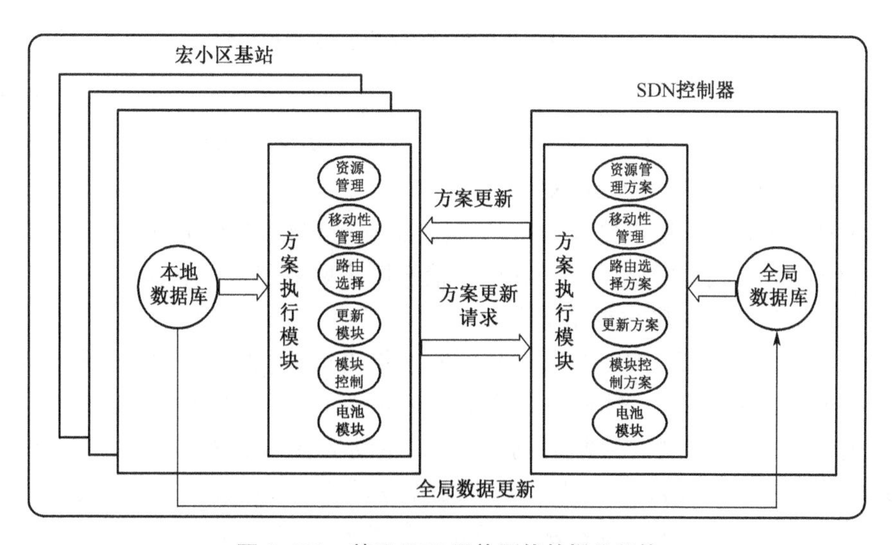

图 2-119　基于 SDN 异构网络的操作架构

和网络架构类似，同样是多个宏小区基站和一个集中式的控制器相连，控制器则决定了各种网络功能决策的制订，其中包括资源的分配、切换、发射功率分配等，这些功能就组成了无线网络的控制平面。

网络的数据平面由基站组成，它负责实施控制器制订的各种决策。

在基于SDN的异构网络架构中，宏小区基站与SDN控制器相连接，扮演了SDN控制器中基础设施层的角色。每一个宏小区基站包含一个本地数据库和一个决策执行模块。本地数据库存储着小区内的用户信息，提供小区的负载状况并帮助制订本地决策。

SDN控制器包括一个全局数据库和一个网络决策制订模块。全局数据库包含数个宏小区内的所有用户信息，并且根据基站反馈信息进行周期性更新。SDN控制器网络决策制订模块进行周期性更新，但当网络出现超负载运行情况时，SDN控制器会立即对网络决策制订模块更新，以达到管理网络的目的。

② 网络架构的运行机制

SDN控制器和无线接入点之间的消息交互，可以借鉴Open Flow协议实现。Open Flow协议主要是处理流表的转发，而无线接入点和交换机不同，不需要对流表进行处理，所以SDN控制器和无线接入点之间的交互相对简单，Open Flow协议中的某些交互消息，可以在网络中得到很好的应用。

SDN异构网络架构的主要运行机制，如图2-120所示。

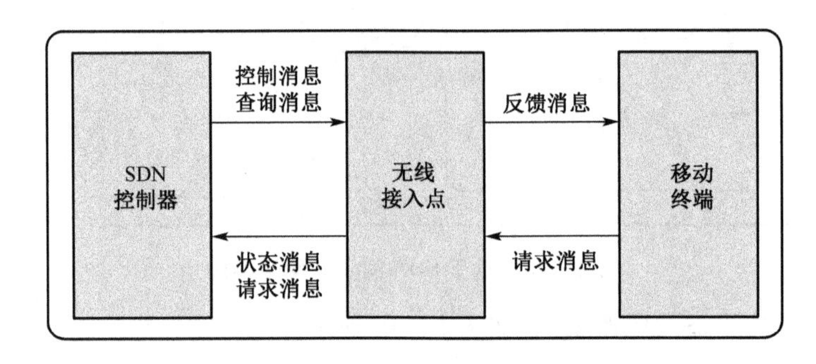

图2-120　SDN异构网络架构的主要运行机制

移动终端在接入无线接入点后，会向无线接入点发出请求的消息，请求消息由Open Flow协议中的Packet-in消息所实现。无线接入点将移动终端的请求消息转发给SDN控制器，同时将状态消息也转发给SDN控制器。

状态消息中主要包括用户接入状态、负载状态和网络状态等，可以通过Open Flow协议中的Port-Status消息完成，Port-Status消息则主要被用来添加、删除交换机的端口，或者当端口状态改变时通知SDN控制器。

控制消息中主要包括SDN控制器制订的网络决策，主要通过Open Flow协议中的Configuration消息来实现，SDN控制器通过Configuration消息配置交换机。

查询消息是SDN控制器为掌握网络状态，主动向接入点发布Features消息，Open Flow协议中的Features消息就用于SDN控制器发送消息查询交换机的性能，查询的性能中主要包括交换机支持的最大流表数量、最大缓存报文数、端口计数、队列计数等。

目前，基于SDN架构的网络体系，主要通过控制层和用户层分离(Control and User Plane Separation)的集中式单元来承载现网业务，减少了流量迂回，更打造了可靠、灵活、开放的智能化网络。

2.3.6 移动边缘计算技术

1) 移动边缘计算(Mobile Edge Computing, MEC)原理

在如今电力行业的发展中,良好的通信传输效果,是保障电网自动化和智能化运行管理的关键,以“5G+MEC”技术为基础的泛在电力物联网建设,可充分发挥其超大带宽、超低时延、超大规模和超高可靠性等优势,和电力行业中的实际配电站、变电站及开关站的智能化、多样化的运行需求十分相符,可以有效满足电网运行过程中,数据实时传输需求,为电网的自动化和智能化运行提供良好的技术支撑。

移动边缘计算,即在移动网络的边缘位置提供了IT业务环境和云计算能力,并将内容分发、推送到靠近的基站用户侧,使应用、服务和内容都部署在高度分布的环境中,其目的就是降低业务时延、提高业务传输效率、节省网络带宽,从而为用户带来高质量的业务体验。

移动边缘计算示意如图2-121所示。

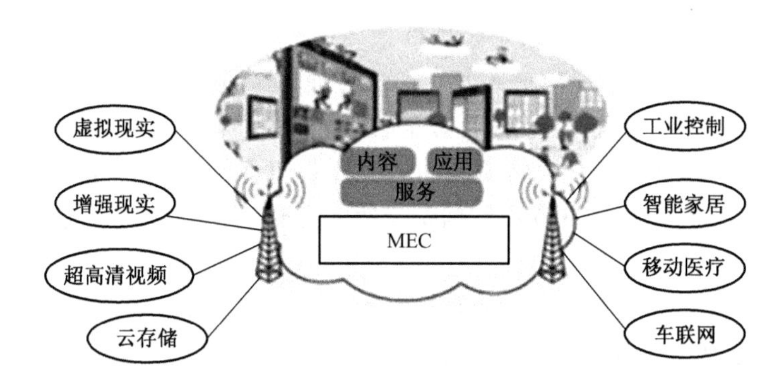

图2-121 移动边缘计算示意

为此,欧洲电信标准化协会(European Telecommunications Standards Institute, ETSI)在2014年12月成立了移动边缘计算工作组,2015年9月发布了第一版移动边缘计算白皮书*Mobile Edge Computing: A Key Technology Towards* 5G,到目前为止已完成了需求和框架的标准工作。

2) 移动边缘计算架构

ETSI所提出的移动边缘计算的系统框架基于虚拟化平台和5G演进架构。ETSI移动边缘计算架构如图2-122所示。

此框架将移动边缘计算分为了3个层面。

① 系统层的管理:主要提供移动边缘计算的业务编排、应用生命周期管理、运营支撑系统(Operation Support Systems, OSS)等功能。

② 主机层:其中包含主机和主机层的管理,在主机中的主要功能实体有:移动边缘计算平台、对应的底层虚拟化基础设施以及各种移动边缘计算的应用。

③ 网络层:其中主要提供移动边缘计算业务的各种移动网络、固定网络,例如:移动边缘计算系统的独立部署,或者移动网络的分布式DC的网关侧核心网边缘。移动边缘计算

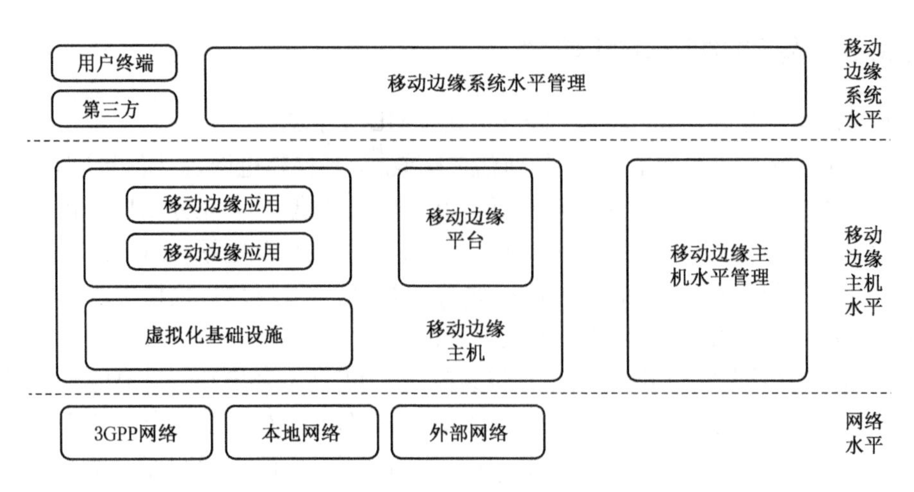

图 2-122　ETSI 移动边缘计算架构

的应用场景可以是智能视频的加速、车联网、增强现实等相关业务。

3）*移动边缘计算在电力物联网中的应用*

移动边缘计算技术，一般都是在网络边缘侧通过运营商的连接和计算能力的下沉部署，将网络的业务流量在本地分流及处理，从而提升业务的指标。

对于电网而言，移动边缘计算技术的引入主要是可降低业务的时延，同时对于部分重要的数据，可以避免穿越公网，在提高数据安全性的同时，也尽量减少了云端集中处理的大量传输带宽租赁成本。

在连接的能力上，5G 再加上移动边缘计算下沉和网络侧策略配置，可以将电网所需的流量全部在变电站等边缘区域内直接分流，不再按照传统模式传送到运营商的核心网络，从而满足了电网数据不出局站的需求；同时由于 5G 的空口时延比 4G 有了极大提升，以及移动边缘计算下沉后的用户面业务流将在本地进行处理，“5G＋MEC”在电力行业中的广泛应用，可以将电网客户的业务时延，准确控制在 15 ms 以内，满足了配电网的差动保护等对 5G 网络超低时延的需求。

典型的“5G＋MEC”在电力物联网中的应用如图 2-123 所示。

在计算能力上，“5G＋MEC＋边缘变电站”的应用场景中，变电站中的设备监控终端、视频监控摄像头、巡检机器人和巡检无人机等设备的流量，通过运营商的核心网侧配置，直接卸载到变电站中部署的移动边缘计算边缘应用服务器来进行处理，可实现业务数据的本地采集、处理及分析；对于非时延是敏感业务或者需要在电力中心处理的业务，还能通过变电站到电力中心(省/市)的专线送到核心节点来汇总处理。

移动边缘计算能实现一种全新的生态系统和价值链，运营商除了为移动用户提供就近的业务计算和数据的缓存能力之外，还能对可信的第三方，开放自己无线的网络接入边缘，能灵活快速地部署业务，实现网络从接入管道向信息化服务使能平台的关键跨越，是运营商未来有效部署业务的新技术之一。

随着技术的逐渐成熟和业务需求越来越明确，移动边缘计算的应用也越来越广泛。可是目前的移动边缘计算刚刚起步，标准还不完善，和第三方以及行业客户合作的商业模式，

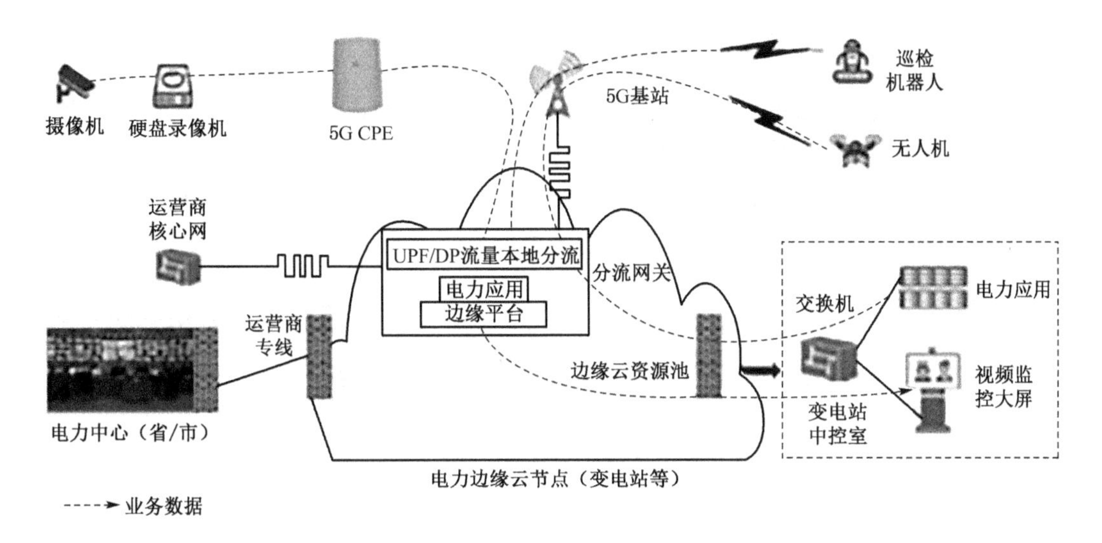

图 2-123 典型“5G+MEC”在电力物联网中的应用

也要用时间和经验来摸索。

因此，加强移动边缘计算的标准化推动工作，还有对移动边缘计算设备的监管、安全及计费问题的研究，还要考虑移动边缘计算和无线网、核心网整体的端到端协调等，都是今后移动边缘计算的工作重点。

在5G网络背景下，泛在电力物联网以移动边缘计算技术为基础，可以实现三大目标：

(1) 对变电站进行移动的巡检和集中的监控，能有效解决传统的变电站监控里高清视频传输中的带宽问题，让变电站的各个区域得到实时的高清监控，变电站的检修效率也能提高，更降低了运维难度和成本。

(2) 对配电站的实际配电状态做到实时感知，实现海量高精度录波数据的实时上传，为电网业务的灵活性、可靠性和安全性等需求的满足提供有效保障。

(3) 对开关站的线路实现纵差保护，为线路的纵差保护提供有效的承载作用，全面满足其保护信号传输过程中的时延需求，并对新的纵差保护传输方式进行探索，能促进电网的安全稳定运行。

2.3.7 TSN技术

时间敏感网络(Time Sensitive Network, TSN)是一种面向应用的时延敏感数据流，可以提供低时延、低抖动及零丢包率数据传输能力的网络。

TSN是通过以太网的音视频桥接技术发展而来的，在传统的以太网络基础上，使用精准时钟的同步，通过对业务保障的带宽来减小传输时延，提供高级别QoS以支持各种基于音视频的媒体应用。

1) TSN的标准族

时间敏感网络由一系列的协议标准组成，其中核心的标准如下。

精准时钟定时与同步协议：IEEE 802.1AS。

流预留协议:IEEE 802.1Qat。

排队与转发协议:IEEE 802.1Qav 等。

这些标准中所提供的机制,能够保证时延敏感型的业务对于低时延、高可靠性等的需求。通过建立对时间同步的统一理解,以及对所有数据包和信息统一的处理,时间敏感网络数据允许使用通用的数据链路层语言。由于时间敏感网络的大部分协议,均基于数据链路层(层二),和上层的网络协议无关,理论上可以部署在任何采用以太网技术的网络环境中。

为了时间敏感网络能够更好地适应工业应用的复杂场景,IEEE 对部分的原标准进行了微调,还增加了相关的工业性能标准,TSN 相关标准见表 2-18。

表 2-18 TSN 相关标准

相关标准	主要内容
IEEE 802.1Qbv	流量调度控制标准
IEEE 802.1Qbu	帧抢占切换标准
IEEE 802.1Qca	路径控制与预留
IEEE 802.1CB	路径冗余标准
IEEE 802.1Qei	人口流检测标准
IEEE 802.1Qch	循环队列转发标准

2) TSN 的性能特征

(1) 零拥塞丢包。拥塞丢包是指在网络节点中输出的缓冲区发生溢出,是在传统以太网中丢包的主要原因。通过调整数据包的传送,并为关键的数据流分配足够多的缓冲区空间,可以消除拥塞。

(2) 时钟同步。由于大多数的时间敏感网络的应用程序都要求终端能及时同步,时间敏感网络在电力系统中应用精确时间协议 IEEE 1588,能给所有以太网帧添加时间戳,其内部时钟可以同步到 0.01～1 μs 的精度。

(3) 超高可靠性。设备故障同样可能会导致网络的丢包,为了最大限度避免设备的故障对数据传输的影响,时间敏感网络通过多个路径发送序列数据流的多个副本,当多个副本到达了同一个节点时,节点会根据流序列号消除副本然后再转发出去。由于每个数据包被复制还被传送到其目的地,所以单个设备的故障不会导致数据包丢失。

3) TSN 在电力物联网中的应用

(1) 智能电网控制

目前在智能电网架构中"源—网—储—荷"的调控,主要为集中式调控,对涉及分布式运行的每一个单位的状态感知和控制都具有高实时性、高可靠性要求,在智能电网中部署的许多系统,都依赖于基础网络的高可用性和确定性行为。未来,风力、光伏等一些可再生的分布式电源,将逐步接入电网,成为城乡居民生产生活中的重要电力来源。然而,这种分布式电源受自然环境的影响较大,实际的输出存在着很大的随机性和波动性。

由于电能不能大量的存储,分布式电源在接入电网后,需要即发即用,如果不能及时启用相应容量的电力负荷,只能“弃风弃光”,造成了大量可再生能源的浪费。同时,分布式的电源接入到电网存在接入距离远近不一、接入点多、接入规约繁杂等一些问题,造成整个系统同步运行的可靠性低,时钟的可信度差,进一步影响了集中调控的效率和质量。

应用时间敏感网络技术可以收集到全网各负荷点的开关状态信息、实时运行数据、分布式电源、网络拓扑信息的运行工况和储能单元中的电荷状态信息等,能够将电源、电网、负荷(储能)这三侧的可调节资源,基于时间/时序做精确预测,根据约束条件和优化目标时间的颗粒度,能得出有功功率的全局优化控制策略以及无功功率的全局优化控制策略。

(2) 电力生产自动化

推动时间敏感网络技术是实时控制的工业应用需求,也是不断发展的重要驱动力,工业互联网通常要求底层网络提供实时的服务质量、安全性和可靠性等属性。时间敏感网络技术将会是实现工业互联网的重要手段,在电力生产环境中,可能有成千上万个现场传感器,向电厂控制中心报告湿度、温度、风速、实时发电量等一些数据,能够自动地使用各种数据来控制执行器,并启动新的生产阶段、安排、维护或触发报警等。

(3) 电厂建筑自动化系统

建筑自动化系统,能够管理电厂中的设备和传感器,实现电力生产能耗的降低,同时提供过载及火灾等一些监控功能,来应对相关的紧急情况,能分布在建筑物各处的各种传感器,对通信的时延也提出了较高要求。

以火灾探测为例,当发现火灾时,建筑自动化系统必须完成火灾报警、关闭空气阀门、关闭火灾的百叶窗和防火门、开启消防喷头等一系列动作。在这一过程中,建筑自动化系统的服务器也需要与多个控制器,以及对应数量更多的传感器进行数据的传输。由于控制器和传感器之间具有特定的时序要求,需要在极短的时间内完成多次的测量,还要完成数据回传。如果建筑自动化系统还需要控制直流电机,那么还需要极短的反馈间隔和极低的通信时延,同时对可靠性也提出了较高的要求。

2.3.8 高精度同步技术

1) 高精度同步技术的概念

5G对承载网的频率同步及时间同步能力都提出了更高的要求。

首先,5G的基本业务采用时分双工(TDD)制式,为了让颗粒度更细的上下行时频资源灵活配置和调度,还要避免上下行的时隙干扰,就需要更精确的时间同步。

其次,5G的载波聚合(CA)、大规模MIMO、多点协同(CoMP)以及超短帧都是需要不同物理实体来进行协同的技术。

协同技术需要满足一定精度的同步要求。无线侧的协同技术通常应用在下面几种场景:

(1) 同一射频拉远单元(Remote Radio Unit, RRU) /AAU的不同天线。

(2) 共站的两个射频拉远单元(Remote Radio Unit, RRU) /AAU之间。

(3) 不同的站点之间。

2）高精度同步标准化情况

增强型移动宽带(enhanced Mobile Broad Band，eMBB)就是5G最基本的需求，5G的第一个版本，即3GPP R15就是基于增强型移动宽带eMBB开展的。

大规模机器类通信（Massive Machine Type Communication，mMTC)针对的是物联网，虽然对5G的大规模机器类通信场景的研究工作还没有完全开展，但是在4G时代的MTCI、mMTC、NB－IoT等一些研究工作已经广泛地开展，有了大量的技术与经验积累，而超可靠低时延通信(uRLLC)在5G时代则是一个全新的领域。

3GPP SA1在“SMARTER”的研究报告发布后，启动了关键通信的子项目，还对低时延、高可靠性的场景进行了梳理，同时TS 26.261－g00也给出了相关的性能指标要求。但是3GPP SA1并没有严格使用超可靠低时延通信(uRLLC)这一术语，而是沿袭SA1之前一直使用的低时延、高可靠性(Low－Latency and High Reliability)。

除此之外，SA1还认为ITU划分的3个场景所依据的维度不同，超可靠低时延通信(uRLLC)对应的应该是一系列的应用场景，因此，SA1启用新的立项“FS－CAV：Study on Communication for Automation in Vertical Domains”，来研究垂直领域内的自动化通信需求，其中包括除了已经规定的抖动、延迟、可靠性及数据速率之外的网络监控要求和相关安全标准的需求等，进一步丰富原有“SMARTER”中没有定义的需求，同时写入了TS26.261中。

目前，归类到超可靠低时延通信(uRLLC)的主要业务有：智能电网(中压、高压)、实时游戏、增强现实、远程控制、虚拟现实、触觉互联网以及自动驾驶等。5G端到端使网络同步精度相比4G提升了一个数量级，由±1.5 μs提升至±400 ns的量级(基本空口的需求)。

5G同步网络架构演进如图2-124所示。

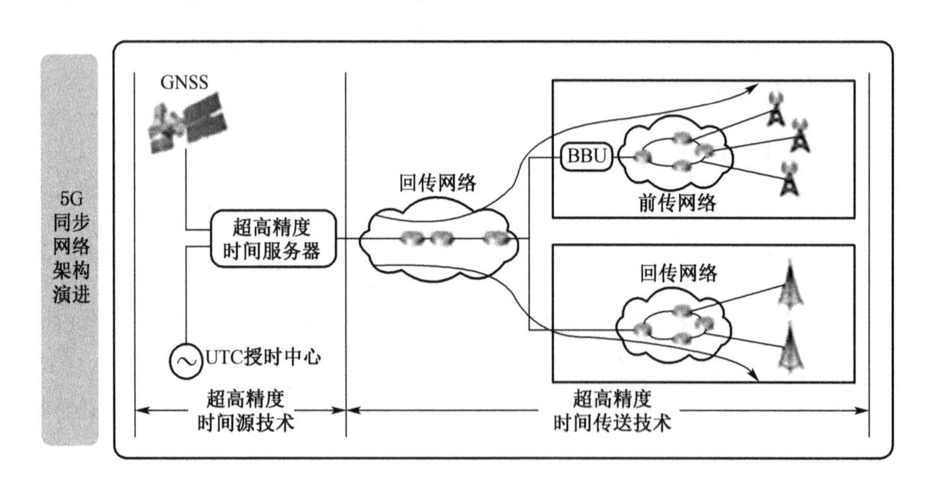

图2-124　5G同步网络架构演进

超高精度内，时间基准源的精度范围在＋100 ns以内，甚至可提升到＋30 ns以内，拟采用卫星的接收技术和高稳定的频率源技术。卫星的接收技术通过共模共视或者是双频段接收等降低卫星的接收噪声，已经进行测试及验证，此外，还要升级卫星的接收模块。高稳定的频率源技术从单一时钟过渡到时钟组的方法，也能提高丢失卫星的时间保持精度。

超高精度的时间传送技术的运用，使得前传和回传网络的时间精度范围控制在±1 000 ns以内，部分场景可进一步提升至+100 ns级别；单节点设备的精度范围在+30 ns以内，部分新设备的精度范围可实现+5 ns级别。

5G下一代的PTN/SPN/IP RAN等传输设备，需要更严格控制设备内部的同步时间戳和芯片延时处理，也涉及同步硬件的更新。此外，还会出现新的大速率接口，也需要支持同步功能。

3）高精度同步技术在5G传输中的应用

网络时延技术的关键影响因素在于"转发速度""距离"及"拥塞"，网络架构的优化以及使用转发面的新技术和信道化的隔离可有效控制时延。

以目前的现网分组传送网（PTN）设备来举例，分组传送网设备处理时延可达50 μs的级别，而新一代传输设备将采用"802.1TSN+低时延转发"方案，设备转发时延可下降一个数量级，达到5 μs～10 ps级别；同时低时延技术采用FlexE带宽隔离技术，设备转发时延最低可达到百纳秒级。

实现5G低时延主要遵循这样的思路：一是要大幅度地降低空口传输时延；二是要尽可能地减少转发的节点，缩短源到目的节点之间的"距离"。除此之外，5G低时延的实现，还需要兼顾到整体，从跨层和设计的角度出发，要使无线空口、核心网、网络架构等不同层次的技术互相配合，能够让网络灵活应对不同垂直业务的时延要求。

低时延技术如图2-125所示。

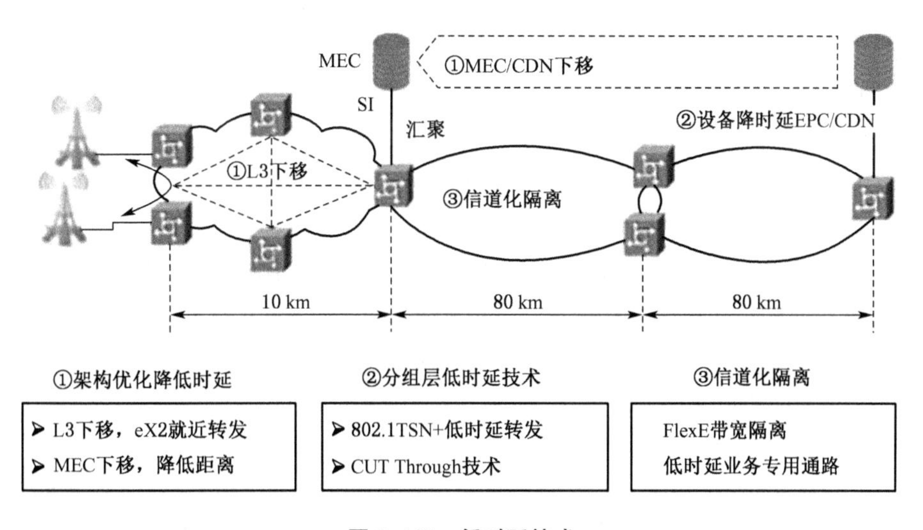

图2-125　低时延技术

全光网的理念对5G低时延的实现具有重要支撑，同时，采用新型的多址技术还可以节省调度开销。另外采用软件定义网络（SDN）和网络功能虚拟化（NFV）还可实现网络切片，采用FlexE技术可以使业务流用最短、最快的路由到达目标用户。

5G网络同步的时延主要包括三大部分。其中空口接入的时延约占25%；承载网的时延约占25%；核心网的时延约占50%。减少空口接入时延的主要技术手段是超短帧及提高载波本振频率的源短期频率的稳定度。对于承载网时延前传降低采用的则是全光网G.Metro技术，并以单纤双向的传输来减少时延差。对于核心网时延降低，则是通过优化转发路由和减少映射的复用层次，以及网络下沉等一些技术手段实现。其中提高承载网设备内的时钟源的频率精度等级，用来减少缓存时延也是必要的。这也是在ITU-T G.8273.2中，对边界时钟(BC)精度提高要求的原因。

在IEEE 802.1中时间敏感网络(TSN)定义了低时延、时间同步以及流服务相关的多个标准规范，其低时延的解决方案有利于降低5G报文转发的时延。由IEEE 802.1中指定的不同的TSN标准文档，可以分为基本的3个关键组件类别，这也是完整的实时通信解决方案中所需的。

每一个标准的规范都可以被独立地使用，并且大多是自给自足的。但是，在通信系统中只有协同一致地使用TSN标准，才能发挥它的全部潜力。时间敏感网络的3个基本组件就是时间同步、调度和流量整形以及通信路径的预留、选择和容错。

(1) 时间同步

所有参与实时通信的设备，都需要对时间形成一个相同的理解。将在IEEE 802.3中规定的标准以太网和IEEE 802.1Q中规定的以太网桥接相比，发现时间在时间敏感网络(Time Sensitive Network, TSN)中起着很重要的作用。

对于实时通信来说，端到端的传输延迟具备难以协商的时间界限，在该网络中的所有设备，都需要具有共同的时间参考，因此需要彼此的同步时钟。这不仅适用于制造机器人和工业控制器这种通信类的终端设备，对于网络组件也是如此，比如以太网交换机还有网络设备等。只有同步时钟，所有网络设备才能操作相同，并能在所需的时间点执行所需的操作。

(2) 调度和流量整形

所有参与实时通信的设备，在处理和转发通信包时，需要遵循相同的规则。调度和流量的整形，允许在同一网络中不同优先级的不同流量类别共存，且每个类别对端到端延迟和可用带宽都有着不同的要求。

根据在IEEE 802.1Q中的标准桥接，需要使用8个不同的优先级和严格的优先级方案。在协议里，这些优先级都会在标准以太网帧的802.1Q VLAN标签中见到，它们已经可以区分出更重要或更不重要的网络流量，但是，即使是8个优先级中的最高优先级，端到端的交付时间也不能保证绝对准确。

(3) 通信路径的选择、预留和容错

所有参与实时通信的设备，在选择预留带宽、通信路径、时隙等方面遵循相同的规则，并能够利用多条的同时路径来实现故障的排除，以支持保护安全相关的控制回路，或车辆中的自动驾驶等一些安全应用，来防止硬件或网络中的故障产生。

低时延转发如图2-126所示。

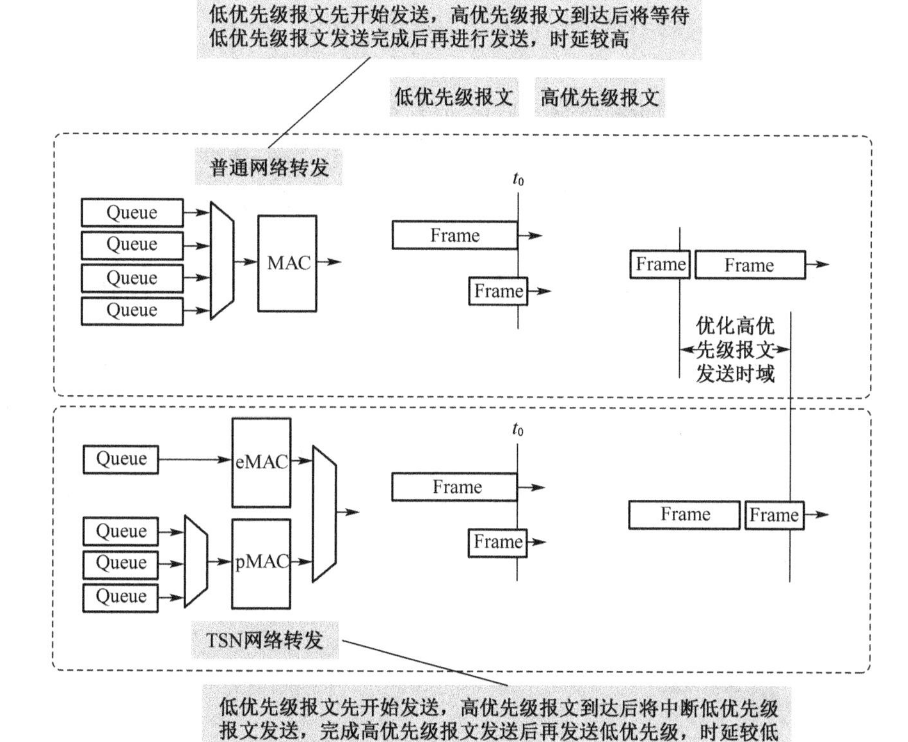

图 2-126 低时延转发

4）面向5G的高精度时间同步网演进

在5G的标准制订框架中，ITU则是定义5G的主要战场，许多的重量级观点都被ITU采纳，形成了官方标准文件。

ITU-T在同步方面，当前还是以讨论LTE-A的协同业务和5G的时间同步的需求为主，时间同步的需求标准化进程还处在需求的澄清阶段，载波聚合(CA)、多输入多输出(MIMO)等一些特色应用的精度范围，可能会在±130 ns左右，涉及标准草案为G.8271。

LTE-A/5G同步精度要求见表2-19。

表 2-19 LTE-A/5G同步精度要求

典型应用	时间精度要求	备注
包括不同频段间和同频段内非连续载波间的CA场(有无MIMO或发射分集方式)	260 ns	
包括同频带内连续载波间的CA(有/无MIMO或发射集方式)	130 ns	
观察到达时间差(Observed Time Difference of Arrival，OTDOA)，技术应用基于位置的服务场景	100 ns	在至少参考3个基站信号的情况下支持30～40 m的定位精度
针对每个载波的MIMO和发射分集传输场景	65 ns	
其他采用簇内多天线协同机制的LTE-A功能场景	1 ns	

面向超高精度的时间同步解决方案中的初步意向，主要集中在提升优先级的承载网、实时命令(PRTC)、同时减少组网跳数，基站的时间同步精度。

具体标准的进展如下：

(1) PRTC+：8272.1，同步精度从100 ns提升到了30 ns，已经发布。

(2) EEC+：8262.1，最大时间的间隔误差精度提升了3倍，标准正在制定中。

(3) T-BC+：8273.2，Type C的目标还未设定，标准正在制定中。

面向5G的时间同步网的部署，考虑在为4G/5G基站部署基于1588v2地面同步网络的过程中，需要充分考虑4G-A/5G的同步需求，以保证时间同步网络在面向5G需求时，可以实现平滑演进，还能最大限度地保护现网的投资。

当前本地省内的4G/5G基站同步网络建设，可参考如下方案：对于本地/省内/区域内的承载网，至少选择两个节点配置一主一备两套的时间同步服务器，用主从同步的方式在承载网内进行传递，通过承载设备客户侧的以太网接口，将时钟/时间同步信号单独传递或者和业务信号一起传递给基带单元(BBU)设备，也可以通过1PPS+ToD接口，向基带单元(BBU)设备传递时钟/时间同步信号。

省内同步网络拓扑如图2-127所示。

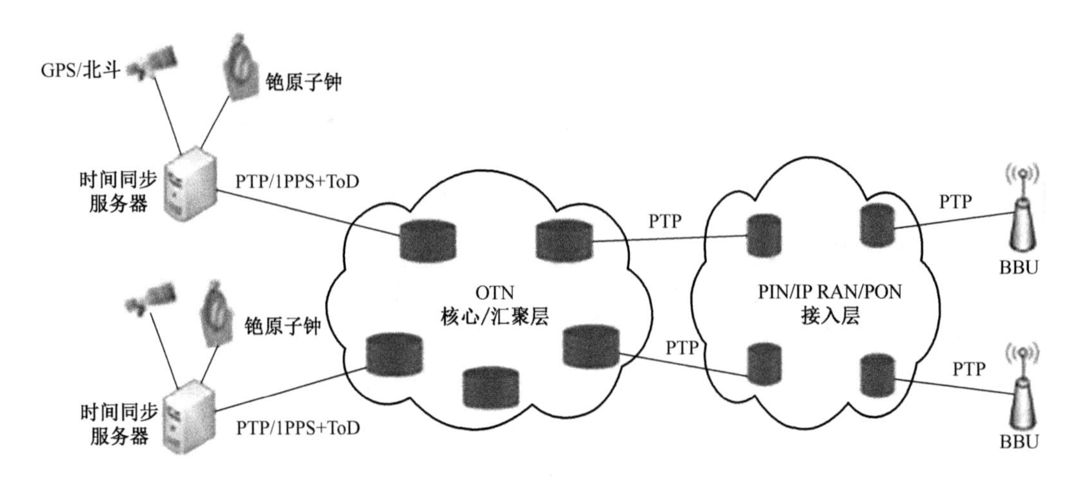

图2-127 省内同步网络拓扑

同步网络拓扑设计应遵循以下原则：

(1) 为了减少从时间同步服务器到被同步设备的网络跳数，将从本地/省内/区域的承载网中，选择两个中心的节点从主备大楼的综合定时供给设备(BITS)中，获取到时钟/时间同步源，再以主从同步的方式在承载网内进行传递。

(2) 考虑到时间同步网络的后向兼容性，建议为时间同步服务器配置铯原子钟，在保持状态的时候，时间的同步精度也可达到小于等于0.864 μs/d。

(3) 承载的网络设备可以选择BC模式。核心汇聚层可以考虑采用OTN网络光监控(OSC)通道传送，通过采用OSC的单纤双向通道，避免产生光纤的不对称性，要全程开启同步以太网功能。接入层还可以使用IP RAN、PTN或者PON网络。

(4) 承载网的设备，可采用带内或带外的方式将时钟/时间的同步信号，传递到基带单元(BBU),承载网和基站之间的连接以以太网接口为主,在设备的数量不多时,可选用1PPS+ToD接口。

2.3.9 5G光模块技术

1) 5G光模块概况及应用场景

在信息通信的网络中,光模块及光器件的功能和性能变得越来越重要,它们决定着网络的整体性能。

光模块是5G网络物理层中的基础构成单元,在网络投入中光模块成本的占比越来越大,甚至有些占比达到50%~70%,影响着网络总体的成本,也是5G建设实现广覆盖、低成本的关键要素。

目前运营商陆续开展着网络的规模建设,承载网中包括:5G前传、中传和接入层、核心汇聚层回传,以及数据中心等方面,这些都对光模块提出了差异化的要求,对更长距离、更高速率、更低成本和更大温度范围的新型光模块的需求迫切。

当前,光模块和器件的国产化率低,空芯率严重,国产化需求比较迫切。业界针对适用在5G承载的不同应用场景里的光模块技术方案,已经展开广泛的研究,需要加速推动5G承载光模块的逐步成熟和规模应用,能有力支撑5G的商用部署与应用。

光模块主要用于实现电光和光电信号的转换,一般由光发射组件(含半导体激光器)、光接收组件(含光电探测器)、驱动电路和光电接口等组成。发送端将电信号处理后通过半导体激光器(Laser Diode, LD)发射出相应速率的调制光信号,输出功率稳定的光信号;接收端将光信号输入模块后由光电探测器(Photo Diode, PD)转换为电信号,输出相应速率的电信号。

在5G时代,承载网的架构将依然存在汇聚层、接入层、核心层及干线层等分层架构,以此实现5G业务的前传、中传和回传,5G光模块将会在各层设备之间实现互联。

5G光模块应用示意如图2-128所示,5G光模块应用场景见表2-20。

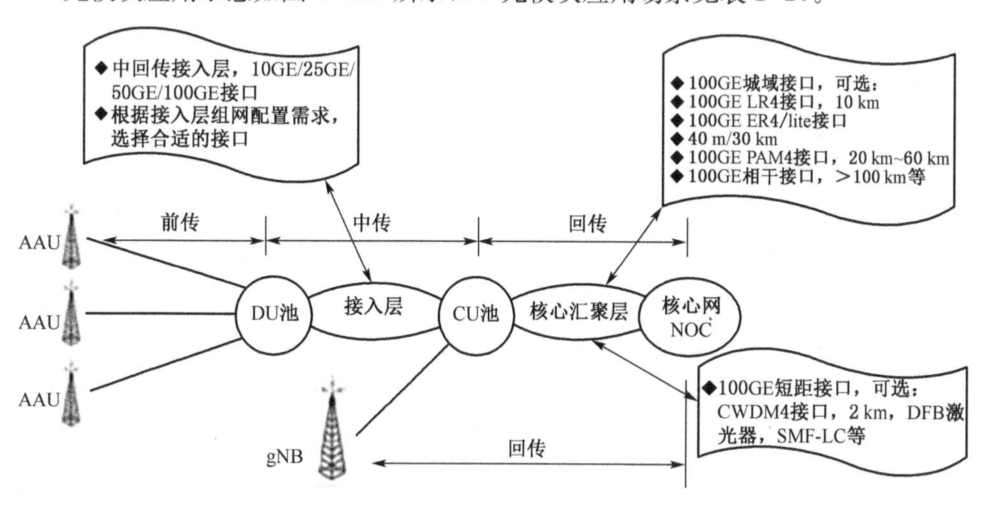

图2-128 5G光模块应用示意

表 2-20　5G 光模块应用场景

网络分层	城域接入层		城域汇聚层	城域核心层/干线
	5G 前传	5G 中回传	5G 回传+DCI	5G 回传+DCI
传输距离	<10/20 km	<40 km	<40～80 km	<40～80 km/几百千米
组网拓扑	星形为主 环网为铺	环网为主，少量为链形成星形链路	环网或双上联链路	环网或双上联链路
客户接口速率	cCPRI：25 Gbit/s CPRI：N×10/25 Gbit/s 或 1×100 Gbit/s	5G 初期：10/25 Gbit/s 规模商用： N×25/50 Gbit/s	5G 初期：10/25 Gbit/s 规模商用： N×25/50/100 Gbit/s	5G 初期：25/50/100 Gbit/s 规模商用： N×100/400 Gbit/s
线路接口速率	10/25/50 Gbit/s 灰光或 N×25/50 Gbit/s WDM 彩光	25/50/100 Gbit/s 灰光或 N×25/50 Gbit/s WDM 彩光	100/200 Gbit/s 灰光或 N×100 Gbit/s WDM 彩光	200～400 Gbit/s 灰光或 N×100/200/400 Gbit/s WDM 彩光

5G 光模块的总需求量预计超过了 4G，尤其前传光模块可能存在数千万量级的需求。

5G 前传，对光模块的基本需求包括：通用性、低成本、波长免配置、容量大和可管理等。光纤直连的场景一般采用 25 Gbit/s 灰光模块，支持双纤双向和单纤双向两种类型，其中主要包括 300 m 和 10 km 两种传输距离。

为了更好地保证 C-RAN 拉远部署下的时延对称性，且降低一半光纤消耗，光纤在直连时可考虑采用 25 Gbit/s BiDi(单纤双向)光模块。彩光复用(无源)的场景主要包括点到点无源 WDM 及 WDM-PON 等，采用一对或者一根光纤来实现 5G 的多个 AAU 到 DU 的连接，主要需求为 10 Gbit/s 或 25 Gbit/s 彩光模块。有源 WDM OTN 场景和分组传送承载场景，在 AAU/ DU 至 WDM/OTN/分组设备间一般需要 10 Gbit/s 或 25 Gbit/s 短距灰光模块，在 WDM OTN/分组设备间需要 N×10/25/50/100 Gbit/s 等速率的双纤双向或单纤双向彩光模块。

5G 中的回传主要是通过城域的接入层、汇聚层和核心层进行承载，所需光模块技术基本和现有的传送网还有数据中心使用的光模块技术的差异不大，接入层将主要采用 25 Gbit/s、50 Gbit/s、100 Gbit/s 等速率的灰光或彩光模块，汇聚层、核心层及以上将较多地采用 100 Gbit/s、200 Gbit/s、400 Gbit/s 等速率的 DWDM 彩光模块。

2) 25G 光模块关键技术方案

(1) 25 Gbit/s 双纤双向灰光模块

25 Gbit/s 双纤双向灰光模块如图 2-129 所示，典型的传输距离包括 300 m 和10 km。300 m 灰光模块通常用在基站的塔上塔下互连，10 km 灰光模块主要用于传输距离更远或者链路损耗更大的 AAU 和接入机房(站点)之间的光纤直连场景。目前，IEEE 802. 3cc 已经完成了 25GE 的单模光纤接口规范，CCSA 也已经启动了国内行业标准化制定工作。

25G 的波特率工业级激光器芯片的可靠性要求和量产工艺的要求较高，市场供应渠道也有限。而 10G 的波特率工业级激光器芯片能够充分利用成熟的供应链，可以有效降低光模块研发成本，目前在业界主要有超频还有 PAM4 高阶调制这两种实现方案。超频方案中包含 FP-LD 和分布式反馈激光器(Distributed Feedback Laser, DFB)两种实现方式。目

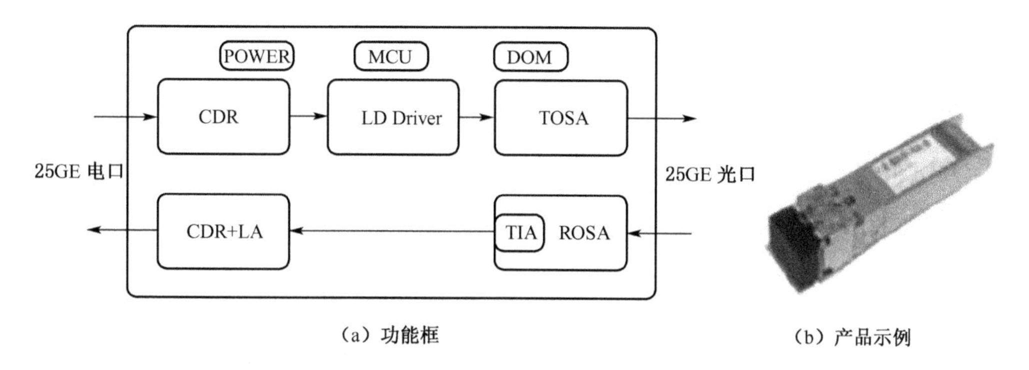

（a）功能框　　（b）产品示例

图 2-129　25 Gbit/s 双纤双向灰光模块

前，基于 FP 激光器的 25 Gbit/s 双纤双向 300 m 灰光模块已经成熟，基于 DFB 激光器的 25 Gbit/s 双纤双向 10 km 灰光模块还需进一步完善。

PAM4 方案将采用 10G 波特率的工业级激光器与光探测器，但是在配套芯片方面，需要更换为线性度更高的激光器驱动和 TIA 芯片，同时增加 25 Gbit/s NRZ 和 25 Gbit/s PAM4 相互转换的 DSP 芯片。目前已实现 10 km～15 km 的演示试验，配套芯片还处于研发阶段。

从整体上看，如果采用 10G 波特率工业级激光器芯片的 25 Gbit/s 灰光模块，其 300 m 的规格可优先采用超频方案，10 km 规格的超频方案就存在一定技术挑战；PAM4 方案在 10 km 及更长传输距离中的应用，取决于配套芯片的规模效应。

(2) 25 Gbit/s 单纤双向(BiDi)灰光模块

25 Gbit/s BiDi 灰光模块具有上/下行等距、节省光纤资源、能有效保证高精度的时间同步等优势。25 Gbit/s BiDi 灰光模块技术方案主要利用不同波长的波分复用和相同(或不同)波长结合环形器的方式实现。

25 Gbit/s 单纤双向灰光模块如图 2-130 所示。

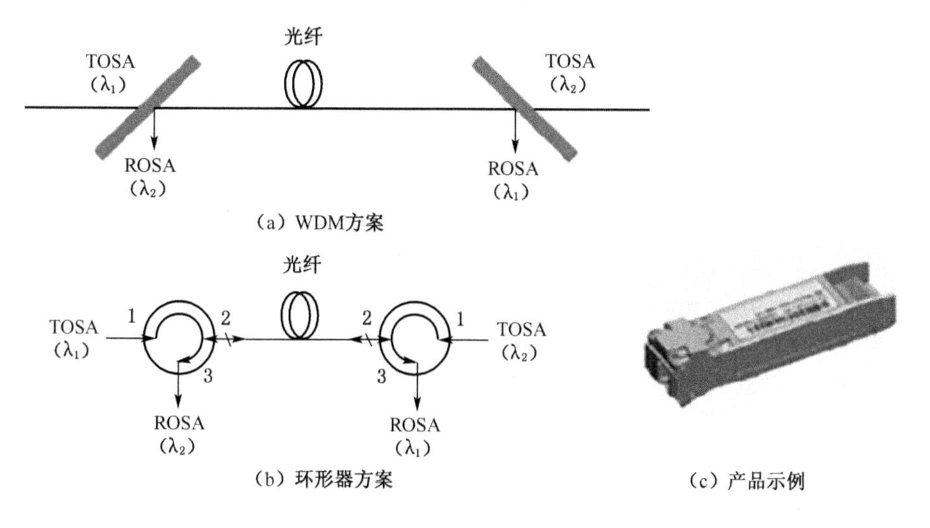

（a）WDM方案

（b）环形器方案　　（c）产品示例

图 2-130　25 Gbit/s 单纤双向灰光模块

环形器的方案对公共端的反射串扰非常敏感，出纤就需要采用具有高回损指标的光纤倾斜端面接口，对实际工程使用提出了较高的防尘要求，要实现 25 Gbit/s BiDi 光模块，建议优先考虑 WDM 方案。业界在选择波长上主要有 1 270 nm/1 310 nm 及1 270 nm/1 330 nm两种方案，CCSA 25 Gbit/s BiDi 灰光模块标准征求的意见稿中，已初步确定为1 270 nm/1 330 nm 波长方案。

(3) 25 Gbit/s 可调谐的彩光模块

光纤直连在 5G 前传中，是主要的应用方案之一，伴随着高频组网和低频增点等深度的覆盖，为充分利用光纤资源或者缓解光纤资源的紧张问题，通过 WDM OTN 或者分组设备的承载会成为可选的补充方案，而波长可调谐的光模块是其核心单元。

由中国联通牵头的 ITU - TG. 698. 4 标准中，已经定义了 10 Gbit/s 接入型 WDM 组网和波长无关以及无色化的实现机制，目前在业界还在探讨 25 Gbit/s 速率下的技术方案。

当前基于取样光栅分布布拉格反射器(SG - DBR)技术的激光器，具有波长可调谐范围宽、调制速率高、调谐速度快、成本相对较低等一些优势，也是业界主流技术方案。受国外专利技术等一些限制，国内量产的能力有限。目前，国内基本具备 DBR 可调激光器的产业化能力，波长调谐的范围支持 10 nm 量级。另外，外腔激光器和基于微机电系统的垂直腔面发射激光器(MEMS VCSEL)及 DFB 阵列等方案因成本、工作带宽、稳定性、调谐时间等限制，还在进一步研究中，尚不具备规模产业化的能力。

(4) 100/200 Gbit/s 单纤双向灰光模块

100/200 Gbit/s BiDi 10 km 灰光模块技术方案，正处于研究阶段，典型的实现方式包括 WDM 方式及环形器方式。100/200 Gbit/s BiDi 灰光模块中的核心激光器芯片，主要是由国外厂商提供。目前可支持 O 波段稀疏波分复用(CWDM)或基于以太网通道的波分复用这两种，波长的数量有限。现阶段的单纤双向技术的实现方案也建议优先采用小型化的环形器。后续随着 PAM4 技术的进一步成熟，2×50 Gbit/s 或者 1×100 Gbit/s 可能将成为下一代的 100 Gbit/s 灰光模块的主流技术方案，采用 WDM 实现单纤双向将是更经济的方式。

(5) 25 Gbit/s 双纤双向灰光模块

适用在城域的中距 40 km 25 Gbit/s 双纤双向灰光模块，需要采用 25G 波特率的电吸收调制激光器(EML)和雪崩光电二极管(APD)。在 IEEE 802. 3cc 中已定义了 10 km/40 km 25GE 的单模光纤接口，CCSA 已完成了相关标准制定工作。

(6) 50 Gbit/s 单纤双向/双纤双向灰光模块

在 40 km 及以内的传输距离 50 Gbit/s 灰光模块的技术方案，主要是基于 25G 波特率的光芯片和 PAM4 调制格式，对于高线性度的激光器驱动器和跨阻放大器要求比较高。在 IEEE 802. 3cd 中，已经规范了传输距离在 10 km 的单通道 50 Gbit/s 光接口，在 IEEE 802. 3cn 中，正在规范传输距离在 40 km 的 50 Gbit/s 光接口。50 Gbit/s 10 km 的灰光模块可以采用 25G 波特率的 DFB 激光器以及 PIN 探测器实现；40 km 的灰光模块还需要采用 25G 波特率的 EML 激光器还有 APD 探测器实现。

对上/下行时延的对称性要求较高的应用场景，可以采用 50 Gbit/s BiDi 的灰光模块，在 IEEE 802.3cp 中，正在规范相关标准，拟采用 WDM 技术方案。结合方案成本和供应链成熟度考虑，在选择具体的波长对时，对于 10 km 场景建议选择 1 270 nm/1 330 nm，复用 25 Gbit/s BiDi 的芯片；对于 40 km 的场景建议选择 1 295.56 nm/1 309.14 nm，复用 100 Gbit/s LWDM 的芯片。

(7) 100/200/400 Gbit/s 灰光模块

100/200/400 Gbit/s 灰光模块的典型传输距离在 40～80 km。100 Gbit/s 的灰光模块主要是基于 25G 波特率芯片的 NRZ 或者 PAM4 调制格式；200 Gbit/s 和 400 Gbit/s 的灰光模块主要采用 25G 或者 50G 波特率的 PAM4 调制格式。在 IEEE 802.3ba、802.3bs 和制定 PSM4、CWDM4、4WDM 等标准的移动安全联盟，已规范了 100/200/400 Gbit/s 单模的光纤传输 500 m、2 km、10 km 的标准。

100 Gbit/s 的单模光纤传输中 20 km/40 km 的光接口指标和技术方案及相关产品均已基本成熟，100/200 Gbit/s 的传输已经实现商用规模，400 Gbit/s 的传输已经逐步商用。IEEE 802.3cn/ct 目前正在制订的 200 Gbit/s 和 400 Gbit/s 40 km 及以上、100 Gbit/s 80 km及以上传输距离的光接口指标。

(8) 低成本高速相干光模块

低成本高速相干光模块，主要面向于 80 km 及以上的传输距离，其中主要速率包括 100/200/400 Gbit/s。它的典型实现方案主要包括在发送侧采用偏振复用(PDM) n-QAM 的调制格式，接收侧采用基于 DSP 的相干接收等技术。100/200 Gbit/s 的相干可插拔光模块已经逐步在传送网及 DCI 设备中规模商用。OIF 目前正在制定针对 80～120 km 传输距离的 400ZR 标准，另外。ITU-T 还在开展基于 200/400 Gbit/s 相干技术的 80 km 和 450 km 量级传输距离规范的制定。

(9) 非相干 50/100 Gbit/s 彩光模块

非相干 50/100 Gbit/s 彩光模块，主要面向 40 km 及以内的传输距离，主流方案采用 PAM4 调制格式，采用固定波长的 DWDM 激光器和 PAM DSP 彩光芯片，相对于相干光模块，具有一定的成本优势。当传输距离超出了 15～20 km 时，非相干彩光模块就需要外置光放大器和色散补偿模块(DCM)，在一定程度上增加了线路成本和维护复杂度，具体应用前景还有待研究。

3) 35G 光模块产业发展现状

目前国内外标准化组织 ITU-T、IEEE、OIF、MSA、CCSA 等，正在开展 5G 承载相关的光模块规范制定，涉及的模块类型和接口特性都不相同、种类繁杂。前传光的模块主要包括 25 Gbit/s 和 100 Gbit/s 这两大速率类型，还支持数百米到 20 km 的典型传输距离，5G 前传光模块技术的现状见表 2-21。

5G 中回传光模块，主要包括 25 Gbit/s、50 Gbit/s、100 Gbit/s、200 Gbit/s 等多种速率，典型的传输距离从几千米到数百千米，并支持 eCPRI、CPRI、OTN、以太网等多种接口协议，还有 NRZ、DMT、PAM4 等调制格式。

5G 中回传光模块技术现状见表 2-22。

表 2-21　5G 前传光模块技术现状

速率	封装	传输距离	工作波长	调制格式	光芯片
25 Gbit/s (eCPRI/CPRI)	SFP28	70 m～100 m	850 nm	NRZ	VCSEL+PIN
	SFP28	300 m	1310 nm	NRZ	FP/DFB+PIN
	SFP28	10 km	1 310 nm	NRZ	DFB+PIN
	SFP28 BiDi	10 km/15 km /20 km	127 nn/1 330 nm	NRZ/PAM4	DFB+PIN (或 APD)
	SFP28	10 km	CWDM	NRZ	DFB+PIN
	SFP28 Tunable	10 km/20 km	DWDM	NRZ	EML+PIN
100 Gbit/s (CPRI OTN)	QSEP28	70 m～100 m	850 nm	NRZ	VCSELs+PINs
	QSEP28	10 km	4WDM-10	NRZ	DF Bs+PINs
	QSEP28	10 km	1 310 nm	PAM4/DMT	EML+PIN
	QSFP28 BiDi	10 km	CWDM4	NRZ	DFBs+PINs

表 2-22　5G 中回传光模块技术现状

速率	封装	传输距离	工作波长	调制格式	光芯片
25 Gbit/s (Ethernct/OTN)	SFP28	40 km	1 310 nm	NRZ	EML+APD
50 Gbit/s (Ethernet/OTN)	QSFP28/SFP56	10 km	1 310 nm	PAM4	EML (或 DFB) +PIN
	QSFP28 BiDi	10 km	1 270 nm/ 1 330 nm	PAM4	EML (或 DFB) +PIN
	QSFP28 /SFP56	40 km	1 310 nm	PAM4	EML+APD
	QSFP28 BiDi	40 km	1 295. 56 mm/ 1 309. 14 nm	PAM4	EML+APD
100 Gbit/s (Ethernet/OTN)	QSFP28	10 km	CWDM/LWDM	NRZ	DFBs (或 EMLs)+PINs
	QSFP28	40 km	LWDM	NRZ	EMLs+APDs
	QSFP28	10/20 km	DWDM	PAM4/DMT	EMLs+PIN
100/200 Gbit/s 400 Gbit/s (OTN)	CFP2-DCO	80～1 200 km	DWDM	PM QPSK/ 8-QAM/ 16-QAM	IC-TROSA+ ITLA
200/400 Gbit/s (Ethernet)	OSFP/QSFP-DD	2 km/10 km	LWDM	PAM4	EMLs+PINs

随着光器件的芯片技术、标准和应用需求的发展，未来光模块的类型还将不断增加。过多的产品类型和规格都将导致光模块整体产业市场碎片化，造成产业链上下游的研发、制造与运维等诸多环节资源的浪费。

纵观光模块的厂商，其主要面向的就是电信市场和数据通信市场，厂商的核心竞争力就在于成本的控制能力、产品的迭代能力和产能的供货能力。

就成本控制的方式而言，除了未来可能会采用硅光方案之外，就是确保销量和收入增长。就产品的迭代能力而言，光模块的研发能力虽然关键，但是厂商如果能研发上游的关键器件芯片，既能控制成本还能提升产品的迭代能力。在产业的产能方面，由于5G建设对光模块的需求增加，所以厂商的供应链管理和量产能力十分重要。

国内厂商在光模块的层面能够提供大部分的产品，研发水平也紧跟国外领先企业，但25G波特率及以上的核心光电芯片的研发进展，还处于空白阶段，亟待突破。

光模块和芯片自主创新的发展，很难仅靠器件模块厂商自身力量实现。一则是下游设备商需要拉动牵引，再通过充分合作以实现新产品的迭代验证，从而才能突破可靠性、量产等关键的问题，另则是需要建立一套完善的评价机制，来促进产业的良性竞争和健康发展。

2.4 核心网和端到端解决方案

2.4.1 核心网的扁平化设计

当前，演进型分组核心网(Evolved Packet Core, EPC)网络中的分层结构多为固定网元公用的数据网关(Public Data Network-Gateway, P-GW)，具有较差的拓展灵活性，且无法满足超高速流量增长的未来发展需求。

因此在未来的5G核心网建设过程中，要积极引入扁平化的IP网络架构。提供一种不用IP地址，只需通过名称即可识别终端的方法，扁平化的IP网络架构能够依据M-ICT时代的业务特性，来开展扁平化改造。

核心网扁平化的改造，是要将各地的IP-RAN通过IP承载网转接到移动核心网分组域的网络架构，调整为各地IP-RAN直连移动到核心网分组域，缓解承载的网络压力，减少路由的层级，降低网络的时延，这能够解决因移网数据业务的流量迅猛增长导致的网络资源和设备负荷能力严重不足的问题，能有效地提升感知能力。

在扁平化IP网络的架构中，借助分布云所具有的移动核心信息的传递功能，凭借着网络功能的虚拟化、逻辑网关和分布式软件架构等技术，将网络架构由原本的垂直式转变为水平分布式。

统一扁平架构，如图2-131所示。

5G核心网的典型架构，如图2-132所示。

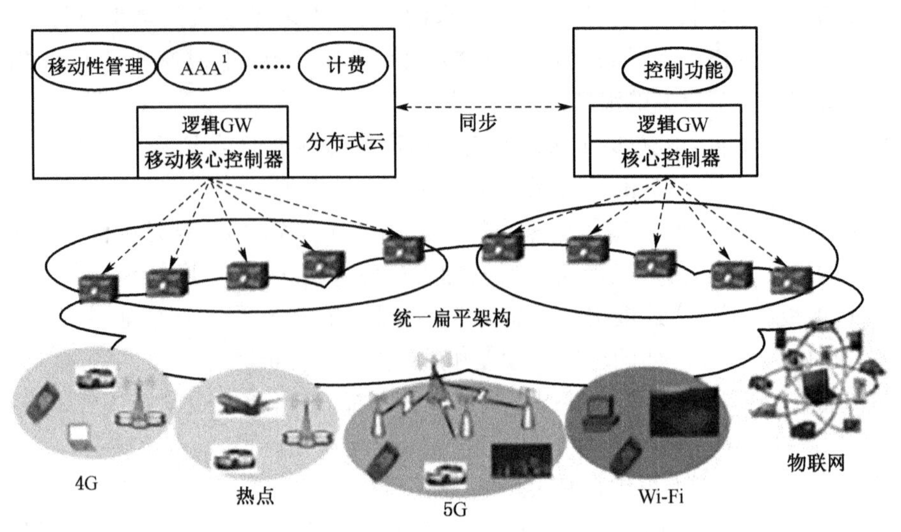

注：1. AAA全称为Authentication、Authorization、Accounting，中文是指验证、授权、记账。

图 2-131　统一扁平架构

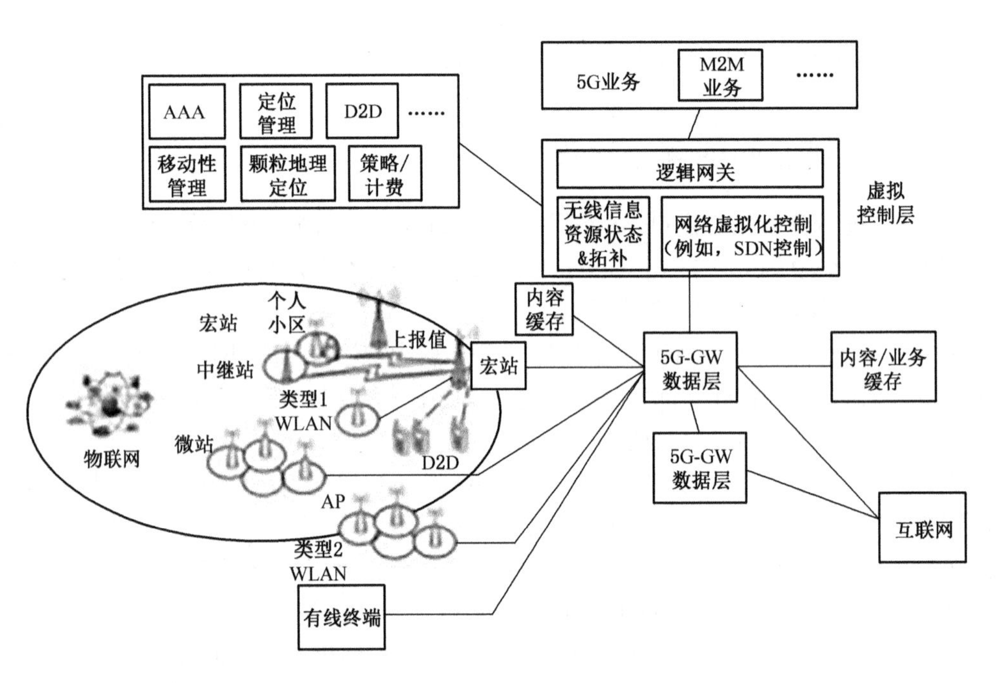

图 2-132　5G 核心网的典型架构

1) 5G 网络架构需求

(1) 5G 网络设计原则

为了应对未来客户的业务需求和场景对网络提出的挑战，能满足网络优质、灵活、友好、智能的发展趋势，5G 网络将通过基础设施平台和网络结构两个方面的技术创新和协同发展，最终实现网络变革。

目前，电信基础设施平台是基于局域专用的硬件实现的，5G网络通过引入互联网和虚拟化的技术，设计基于通用硬件以此实现新型基础设施平台，从而解决了现有基础设施平台中资源配置能力不强、成本高、业务上线周期长等一系列问题。

在网络架构方面，5G将基于控制转发分离和控制功能重构等技术设计新型的网络架构，提高接入网在面向复杂场景下的整体接入性能，并简化核心网的结构，提供灵活高效的控制转发功能，支持高智能的运营以及开放网络能力，提升全网整体服务水平。

(2) 新型基础设施平台

实现5G新型基础设施平台的基础是NFV和SDN技术。

NFV技术能使网元功能和物理实体解耦，采用通用硬件替代专用硬件的方式，可以方便快捷地把网元功能部署在网络中的任何位置，同时对通用硬件的资源实现动态延伸和按需分配，来达到最优资源利用率的目的。

SDN技术能够实现控制功能及转发功能的分离。控制功能的抽离和聚合，有利于通过网络控制平面，从全局视角来感知和调度网络资源，以此实现网络连接编程。

NFV和SDN技术在移动网络的引入及发展，将会推动5G网络架构的革新，借鉴控制转发分离的技术能对网络功能进行分组，让网络逻辑功能更加聚合，逻辑功能平面也更加清晰。

网络功能还可以按需编排，运营商可以根据不同场景和业务特征的要求，灵活组合功能模块，按需定制网络资源和业务逻辑，增强网络弹性和自适应性。

(3) 5G网络逻辑架构

为了满足未来业务和运营需求，5G接入网与核心网的功能需要进一步增强。接入网和核心网的逻辑功能界面将更加清晰，部署方式更加灵活。

5G接入网是一个可以满足多场景、以用户为中心的多层异构网络。通过宏站和微站相结合，5G接入网统一容纳多种空口接入技术，可以有效提升小区边缘协同处理效率，提高无线和回传资源利用率，从而让5G无线接入网由孤立地接入“盲”管道转到支持对接入的多连接、分布式和集中式、自回传、自组织的复杂网络拓扑，同时向具备无线资源管理的职能化管控和共享能力方向发展。

5G核心网必须支持大容量、低时延和高速率的各种业务，可以更高效地实现对差异化业务需求的编排功能。5G核心网转发平面会进一步简化下沉，同时业务存储和计算能力将从网络中心下移到网络边缘，以此支持高流量和低时延的业务要求，以及灵活均衡的流量负载调度功能。

2.4.2　频率同步规划

南方电网提出，对主干频率同步网存在的问题，要进行网络改造和同步链路的重新规划，达到如下目标：

(1) 同步网络中的任一点同步设备或链路故障，不会影响网络正常运行，而且满足《南方电网数字同步系统技术规范要求》。

(2) 同步网络要稳定可靠。

(3) 出现故障时，不可依靠人工进行设置或修改参数。

(4) 减少运维的压力，配置简单、路径清晰，随着ASON网络的建设和传输网络架构的调整，易于增点、减点。

其具体做法为：将南方电网数字的同步网基准时钟 PRC（铯钟）设置在南网总调，结合时钟同步网一二级时钟的链路主用承载网络——南网传输 ASON 网的网络拓扑，NN 站作为 500 kV 枢纽站点，距离南网各站点长度适中，适合选作全网另一个 PRC 节点。主备用之间用准同步方式运行，为下级节点和主干定时平台提供同步基准源。

核心总调机房要部署 BITS 设备，BITS 设备直连同机房的城域核心 PTN。引入两路基准时钟源形成保护，时钟组网避免主时钟和备用时钟发生冲突，避免形成环路；网络中的每一台设备需要选择合适的主从时钟源并配置系统优先级，对于环形网络，每个设备部署两个可选时钟源，对于链形网络，跟踪上游时钟节点的时钟源，可通过多条链路形成保护；当网元和基准时钟之间超过 20 跳时，就需要在网络中增加基准时钟。

时钟信号传递示意如图 2-133 所示。

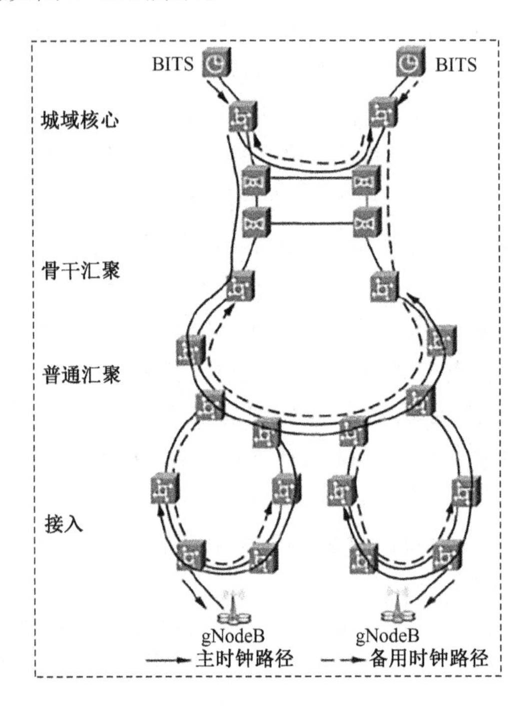

图 2-133 时钟信号传递示意

2.4.3 时间同步规划

OTN 采用成帧模式来传输业务（PTN FlexE 接口组网、OTN 支持 FlexE）；采用 FlexE 接口带内 PTP 方式传递时间。

OTN 采用比特透传来传输业务（PTN FlexE 接口组网、OTN 不支持 FlexE）；BITS 设备和城域核心之间采用带内的 PTP，城域核心和 OTN 之间采用 1PPS＋TOD 或普通 ETH 接口 PTP；OTN 之间采用 OSC 的单纤双向；OTN 和骨干汇聚之间采用 1PPS＋TOD 或者普通 ETH 接口 PTP。

OTN 采用成帧模式来传输业务（PTN 普通以太网组网）；采用带内 PTP＋OSC 单纤双

向+带内PTP来传递时间，需要确保PTN和OTN互通光纤双向长度对称，否则需要测量补偿，1PPS+TOD的接口也需要测量补偿。

汇聚层可以考虑采用单纤双向环，专门用于时间的同步。汇聚层的OTN同步方式可以参考核心网。接入层内部署10GE/50GE单纤双向用于承载业务和时间同步。GE/10GE/50GE支持10 km/40 km的单纤双向，GE还支持80 km单纤双向。可使用BC模式，来实现全网的时间同步。在这一模式中，需要引入两路基准的时钟源以形成保护，各节点需要部署时钟/时间保护。当网元和基准时钟之间超过20跳时，需要在网络中增加基准时钟。

时间信号传递示意如图2-134所示。

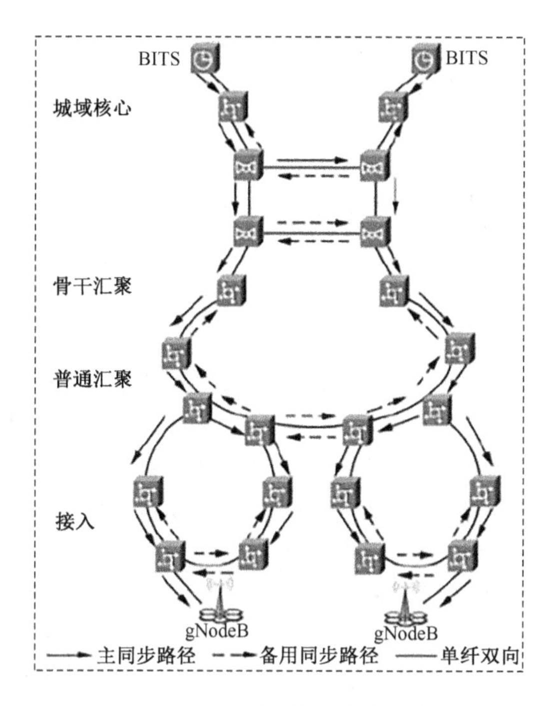

图2-134 时间信号传递示意

2.4.4 端到端网络切片解决方案

1）网络切片应用需求和业务场景

在对“网络切片”研究的同时，面向5G的演进，提前预判具体的使用场景需求，以便有针对性地采取组网措施，也是至关重要的。目前，相关研究已经针对性地提出了以下几个5G“网络切片”的用例。

（1）移动宽带

LTE等移动宽带技术将会继续发展，在2020年之后会成为整体无线接入解决方案的中坚力量，在任何地方都能提供几十Mbit/s的数据速率，在城市和郊区的数据速率甚至可达几百Mbit/s。在移动宽带的用例中，智能天线（包括可控天线元件、频谱及基站间的协调）会有助于为5G用户提供这些等级的服务。

（2）多媒体

2020年，全球视频设备达到了约150亿部，其中很多设备都将应用于机器监测、安全控制、远程医疗和图像识别等一些工业视频的设备，大量数据会由上下行链路进行传输。

5G系统不仅需要支持远程医疗等用例的近零时延互动，还需要支持时延的要求比较宽松、更经济且无线资源的利用效率更高业务的运行。同时，由于大量视频需要通过网络上传，所以上行链路视频也变得更重要。摄像头、可穿戴设备等都会配备5G发射器，实现上行链路视频流媒体的持续播放。

（3）机器类通信

机器类通信（Machine Type Communication，MTC）的要求不尽相同，可以分为大规模机器类通信和关键机器类通信。

其中，大规模机器类通信包括：建筑物及基础设施的监测和自动化、物流、智慧农业、追踪以及车队管理。一般来说，其设备和传输模式较为简单，设备传输距离较长，可以使用电池运行。

目前，LTE已经具备了处理MTC特定需求的功能，而5G无线接入有望进一步完善。例如，支持设备对设备通信等不同的传输模式，以及移动宽带服务之间实现无线资源的灵活共享，放宽了对MTC设备的要求（例如，数据速率、限定带宽、限定峰值速率以及半双工操作等）。

关键机器类通信都进行了实时监测及控制，要求实现低时延（仅数毫秒）、端到端（End to End，E2E），且对可靠性要求也很高。智能电网中的能量分布自动化就是典型用例。该用例中的能源不稳定且较为分散，智能电网要利用能源需求管理不稳定能源供应的动态，避免电网故障的发生。5G系统提供的无线接入可以保证低时延，而且“网络切片”可以进行配置，将网络及应用功能物理置入网络，确保E2E的低时延、可靠性及冗余。

5G网络的能力开放和虚拟化技术紧密结合，5G网络架构中引入了SDN技术，实现控制功能的集中部署，便于向第三方开放网络能力；实现网络功能的虚拟化（NFV），网络功能可以灵活动态地部署、易于调用，第三方业务提供商可便捷地调度不同粒度的网络功能。另外，5G网络采用网络切片技术，来满足不同的应用场景对时延、带宽、移动性的多样化要求。

5G网络能力开放架构如图2-135所示。

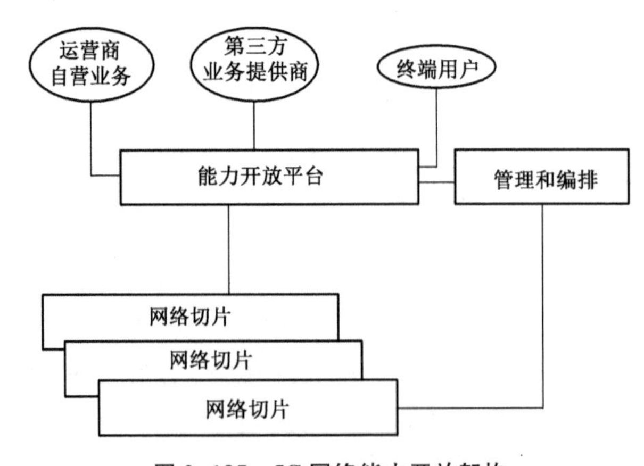

图2-135　5G网络能力开放架构

5G 网络能力开放架构的具体组成和功能如下。

① 能力开放平台可以实现对运营商的自营业务、第三方业务提供商和终端用户的能力开放，能实现能力的编排调度和对外开放。

② 管理和编排可以提供网络的编排管理、网络的资源调度、网络的切片管理及基础设施租用等能力。

③ 能力开放平台可以实现参与网络切片的创建、删除、更新及资源调度管理等功能。可以推断出，结合虚拟化的技术实现网络能力开放，效率将会得到大幅提升。

④ 网络切片的选择、共享及切换机制的研究；共享是指不同的网络切片通过虚拟化技术来实现对同一个物理基础设施的共享，从而让资源利用率最大化。

⑤ 网络切片的编排和管理机制的研究，对切片管理器和 MANO 的关系及功能划分、切片模板管理、切片运维的共享和隔离、切片安全等关键问题进行评估。

统一编排器(Conductor)可以拆分为资源的编排和业务的编排两个功能，二者相互独立，也相互配合。资源编排通常包含资源的管理、资源拓扑统一呈现、资源监控、资源预留等功能，涵盖 SDN 域资源、NFV 域资源和 DC 域云资源等。业务编排是指对网络业务的规划过程可视化、业务生成可视化、部署过程自动化。通过统一的资源和网络业务编排，网络部署时间可以从原来的 3～6 个月缩减到数个工作日。

统一编排器网络如图 2-136 所示。

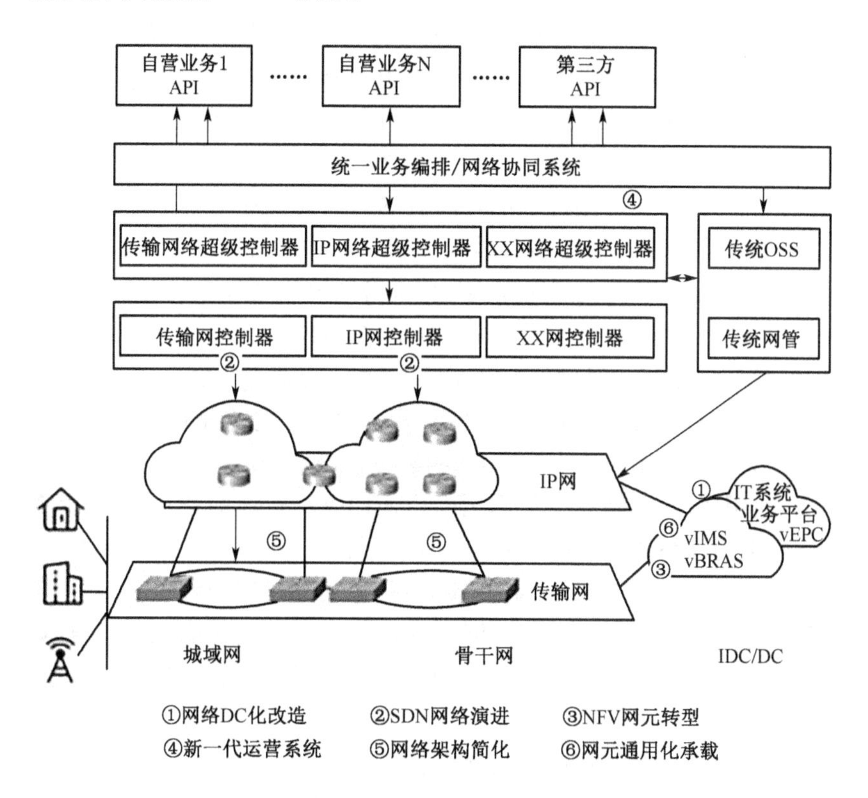

图 2-136 统一编排器网络

2）SDN发挥作用

传统的传输网络中包含了专门的路由器和交换机，来实现数据转发和网络控制。SDN通过一个单独的基于软件的SDN控制器来实现网络控制功能的集中化，而路由器和交换机只能负责转发，这样就降低了转发网元的成本。

SDN控制器监控大部分的网络，轻松识别最优报文路由，这在网络拥堵或者网络部分瘫痪的情况下尤其有用。SDN控制器的路由决策能力比传统网络中的路由器和交换机高出不少，因为后者的路由决策只是基于有限的一部分网络情况。

SDN拟实现如下效果：

(1) 打破地域、网络环境限制，连接不同云环境的企业应用系统。

(2) 建立员工身份认证、访问权限策略，保障企业内部应用的安全访问。

(3) 终端安全管理，终端设备威胁进程实时上传。

在5G"网络切片"中，网络编排是非常重要的功能模块。网络编排功能可实现对"网络切片"的创建、管理和撤销，能达到以上需求的效果。运营商首先要根据业务场景需求生成网络切片的模板，切片模板中包括该业务场景所需的网络功能模块、各网络功能模块之间的接口，及这些功能模块所需要的网络资源，然后网络编排功能将根据该切片模板申请网络资源，并在申请到的资源上实例化地创建虚拟网络功能模块的接口。

网络编排功能模块能够对形成的"网络切片"进行监督管理，允许根据实际的业务量，对网络资源的分配进行扩容、缩容和动态调整，并在生命周期到期后撤销"网络切片"。大数据驱动的网络优化还可以促使"网络切片"划分和网络资源的分配更为合理，实现自动化的运维，及时响应网络和业务的变化，并保证用户体验和提高网络资源利用率。

3）电力网络切片实现方案

随着电力物联网的发展，对先进、可靠、高效的新兴无线通信技术也提出了较大需求。网络切片就是一个按需求方的需求，灵活构建出提供一种或者多种网络服务的端到端独立逻辑网络。用户使用哪种业务，就接入提供相应业务的网络切片。5G电力切片是5G电力虚拟专网中的一组网络资源组合（涵盖基站、传输、核心网），与切片标识对应，在同一张电力切片中可以配置多个深度神经网络来区分不同的电力业务，是业务隔离保障的主要依据。根据电力行业对5G网络的资源占用特点，当前总体上考虑把电力切片类型分为专用切片、通用切片两大类。专用切片：网络端到端配置专用资源、硬隔离管道，不与公众、其他行业业务混用。通用切片：网络资源复用运营商面向垂直行业的切片资源，做到不同程度的逻辑隔离。5G电力网络切片示意如图2-137所示。

电力5G虚拟专网中的专属核心网锚点用户平面功能（UPF），主要考虑要与电力业务的流向进行匹配，避免流量迂回。控制面网元的锚点用户平面功能（UPF），原则上要适应不同电信运营商的核心网控制面布局，以匹配电信云资源集约管理的特征，提高信令接续效率。

SMF与UPF信令接口N4原则上由运营商信令专网统一承载，不能跨运营商网络和电力专网，以保障信令的有效分析和优化，降低网络管理的复杂性。运营商需要给电力行业提供切片订购、切片部署、切片设计、切片质量监控、业务质量保障等服务能力，电力客户也要对所订购切片进行管理操作，原则上需要通过运营商能力开放平台对接完成。

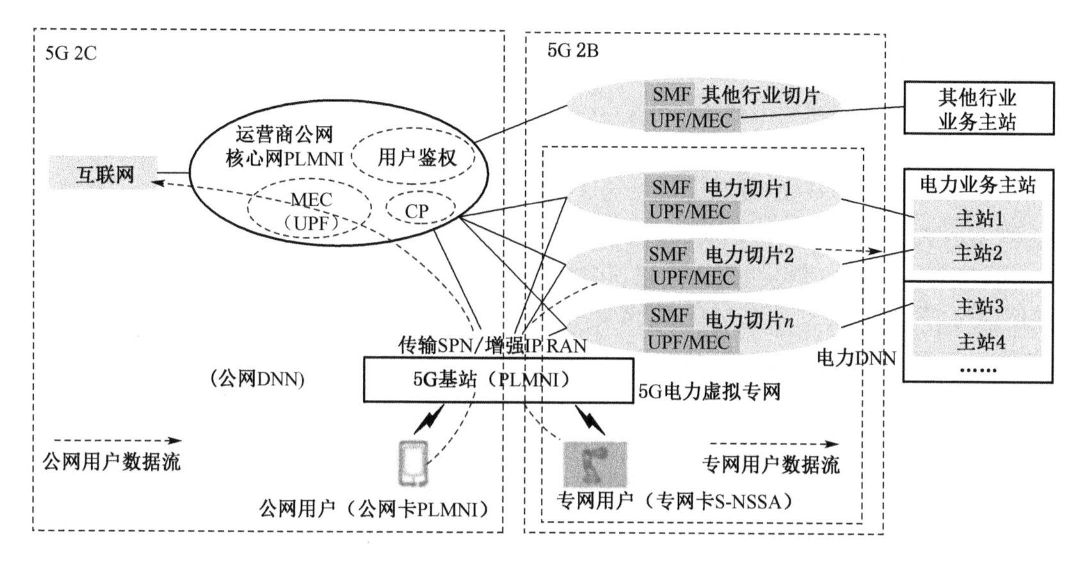

图 2-137 5G 电力网络切片示意

为了更好地实现网络切片在电力物联网当中的应用，在传统网络的基础上新增了切片管理器和切片选择功能两个功能实体，具体功能如下。

（1）切片管理器：包含商务设计、实例编排及运行管理 3 个阶段。在商务设计阶段，由网络切片需求方输入切片的相关参数；在实例编排阶段，切片管理器将切片描述文件输出到 MANO 实现网络切片实例化；在运行管理阶段，切片管理器监控并动态管理各网络切片。

（2）切片选择功能：根据用户的需求和用户签约信息，为用户选择接入的网络切片。

根据网络切片控制面功能的共享情况，网络切片有 3 种典型的组网架构，而且这 3 种架构在实际组网过程中可以混合使用。网络切片典型架构如图 2-138 所示。

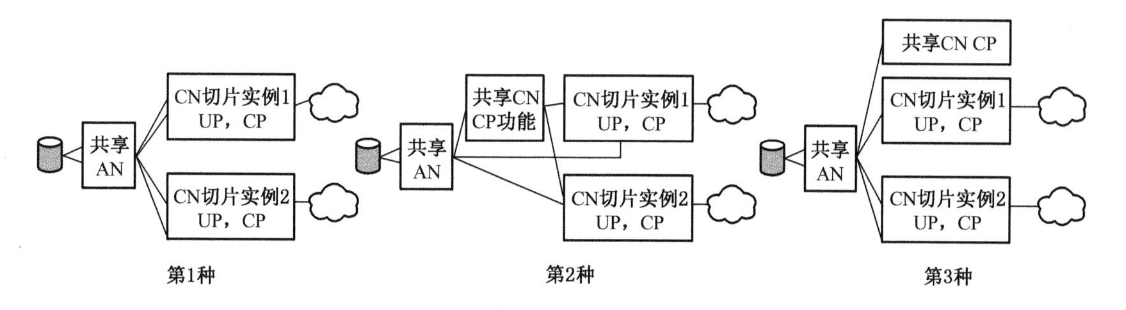

图 2-138 网络切片典型架构

① 不共享：每个网络切片在逻辑上要完全独立，分别拥有各自完整的控制面与用户面功能的实体。此架构的切片隔离性最好，但用户在同一时间只能接入一个网络切片。

② 控制面功能部分共享：部分控制面功能（例如：移动性管理和鉴权功能）在切片间共享，其余的控制面功能（例如：业务粒度的控制功能）与用户面功能则是切片专用功能。此架构支持用户在同一时间内，接入控制面功能部分共享的多个网络切片。

③ 控制面功能完全共享：各切片的控制面功能完全共享，只有用户面的功能是各切片专用。此架构的隔离性最差，只在用户面实现了隔离，此架构也支持用户在同一时间接入控制面功能完全共享的多个网络切片。

目前，网络切片技术还处于标准的讨论阶段，尚未确定最终的技术方案，当前的技术焦点集中在切片选择、切片的漫游支持及切片的隔离等方面。

现阶段关于网络切片所达成的共识如下。

网络切片是一个完整的逻辑网络，可以提供电信服务和网络功能，它包括接入网和核心网。AN是否切片，将在RAN工作组中进一步讨论。AN可以多个网络切片共用，切片功能可能不同，网络可以部署于多个切片实例并提供完全相同的优化和功能，为特定的UE群服务。

UE可能提供由一组参数组成的网络切片选择支撑信息(Network Slice Selection Assistance Information, NSSAI)选择RAN和CN网络切片实例。如果网络部署切片可以使用NSSAI来选择网络切片，那么也可以使用UE能力和UE用户数据选择网络切片。

④ 针对从NGC切片到数据通信网络(Data Communication Network, DCN)的切换，没必要一一映射。UE应将应用和多个并行协议数据单元(Protocol Data Unit, PDU)会话之一相关联，且不同的PDU会话可能属于不同的切片。UE在移动性的管理中可能提交新的NSSAI导致切片的变更，切片变更则由网络侧决定。

网络用户数据包括UE接入切片信息。在初始附着过程中，采用公共控制网络功能为UE选择切片须重新定向。

网络切片除了给技术带来重大突破，让用户可以按需接入最合适的网络，同时也给运营商的商用模式及运维模式带来革命性的变革。利用网络切片技术及移动网络，由原来的用户/业务适配网络转变到网络适配用户/业务。

此外，原来单一网络的运营方式也逐渐转变为多重网络的动态管理。因此运营商还需要从部署策略和运维模式等方面着力，加强对网络切片的划分、切片和用户/业务的对应策略、切片的上下线流程等关键性问题的研究。

2.5 5G承载资源规划建议

2.5.1 5G承载基础资源需求

5G承载的基础资源规划是5G网络部署的重要保障。为满足5G无线覆盖、未来家庭宽带、政企专线等业务大量接入，电信部门要以业务需求为导向，通过使用基础资源规划方法，建立基础资源需求模型，结合资源探索最合适高效的方案，推导接入机房的资源需求，形成方法论，明确指导原则，同时进一步结合网格的划分与业务分布，包括测算节点机房及配套、光缆、管道等资源的具体需求及规划部署方案。这将对快速建网、持续发展，构建5G领导能力起到重要作用。

2.5.2 5G承载基础资源规划

近年来，宽带中国、提速降费等一系列政策的实施，新媒体技术的爆发，一方面给运营商带来网络流量激增，另一方面也带来了空前激烈的市场竞争。为了全面推进业务发展，运营商都积极开展了大量的网络资源精细化管控，其中基于微区域网格的建设，从基础入手、不同地市、不同业务、不同场景规划，成为基础资源精细化管控的重中之重。为了应对快速发展的各类业务中不确定性对传输基础资源的需求，资源的建设过程又存在不同程度的建设痛点：

1）对于突发需求被动应对

一方面市场业务的发展存在较高的不确定性，传输基础资源建设也需要一定的建设期，一旦市场业务发生较大的突变，对于某些业务需求，需要根据业务情况实时同步调整基础资源建设方案，反之将会拉长资源建设周期，难以快速响应突发性业务需求，使得资源建设处于被动。

2）建设方案仓促，造成资源浪费

某些业务为了能够满足市场快速响应需求，存在因盲目紧急建设引起的资源浪费现象。如太多小芯数光缆对管孔资源过度的占用、接入光缆全成端对光交箱端口过度的占用、小容量设备对纤芯资源的过度消耗等。

3）微网格建设完成程度较难把控，难以精准投放投资

对于微网格内基础资源建设还没有判断标准能否满足业务需求，核查不仔细也会导致持续投放资源建设的情况，这就出现了重复建设。因此，网络建设资源投放的有效性及精准性还有待提升。

4）微网格资源使用原则不明确，影响业务接入效率

资源使用的无序主要体现在：光交箱端口及配线光缆纤芯占用等方面。当集团客户、基站、家庭宽带等几类业务同时在纤芯或者光交箱端口占用时，没有一定的原则或标准执行，这造成资源无序使用和过度占用，导致其他业务无法快速接入。

随着网络资源精细化管控及微网格建设持续推进，以上的各种问题促使我们寻求一些兼具普适性的建设策略，能从一张光缆网、汇聚环路覆盖、管理维护、星型＋链型＋树型组网无线建站进行性能评估，以求在后续的建设中能够强化资源的使用率，从而提高资源投放的准确率及有效性。

2.5.3 核心机楼规划部署

核心机楼用于核心机房之间业务调配划分和终结业务的节点，核心机楼是安装和承载全网层面的核心网、业务支撑网、传输网设备的集中地，网络层次主要对应收敛和承载核心层及以上网络，一般核心机楼存在选点困难、建设周期很长和其他专业混用等问题。重要汇聚机房的补充建设是核心机楼建设的另一个可选的途径。重要汇聚机房网络的定位是合理配套面向未来网络的大区业务收敛与终结点，介于骨干机楼和普通汇聚机房之间，能起到承上启下的作用，能为BNG、三级CDN等网元的下沉提供空间配套，能缓解现网骨干

机楼的承载压力。

重要汇聚机房可以根据机楼、普通汇聚机房承载能力及分布情况，全局考虑同一区域内不同汇聚节点的方案，结合网优规划原则选择不同大小 C－RAN 组网，要满足覆盖区域内低时延、大带宽传送、业务收敛、业务网元下沉部署、快速形成能力的需求，为网元下沉、网络扁平化提供配套基础资源。

重要汇聚机房的建设应综合考虑投资、汇聚机房空间、引电情况、管线资源配套投资及维护成本等多方面因素，充分考虑投资的经济性。同时，重要汇聚机房的选点要充分利用好现有光缆网及管道网，在其覆盖范围的中心区域来选取。要尽量选取物业稳定无迁移风险的机房，新建 50G 接入环网原则上单个集中机房在 3～5 个物理基站合适、所选机房的配套管道、光缆进出要便利，并能具有两条及以上不同路由的出入局路由的物理条件。

2.5.4 传输机房规划部署

汇聚机房作为沟通业务接入及核心节点的区域枢纽，其一般会和基站共站，汇聚机房的建设和部署关系到网络整体的未来可持续发展能力，属于战略性基础资源，应满足短期及长期需求，在降本增效基础上提高汇聚机房建设效率，保证网络的长期稳定发展趋势。机房主要根据其网络位置的不同及实现功能的不同分为重要汇聚机房、业务汇聚机房、普通汇聚机房等，其主要应用场景及功能如下所述。

1）普通汇聚机房

普通汇聚节点设置在普通传输汇聚机房，用于单个综合业务汇聚区业务收敛，并能实现与核心机楼的互联，主要负责对汇聚区内所有综合业务接入区的业务收敛，主要汇聚本区域内的基站、集团客户、WLAN 等业务，配置 PTN/SPN、IPRAN、OTN、BNG 以及个别 OLT 设备。

2）业务汇聚机房

业务汇聚机房用作单个或多个微网格内业务收敛的汇聚节点，是作为无线 BBU/DU 集中部署的节点，是家庭宽带、集团客户 OLT 的部署节点。业务汇聚机房一般要选在条件较好的基站机房、自有物业、租用机房等来进行部署，向下推荐采用星型结构，能实现末端物理点接入，主要对应光缆网中的微网格层次。

机房建设应该面向未来及长远，在市电引入电缆型号和电缆布设要随敷设位置而定。5G 初期主要考虑面向 5G、LTE、集团客户、信息点覆盖接入等网络发展及业务接入需求，要能和综合业务汇聚区、综合业务接入区、微网格紧密结合，要按照“一张光缆网”“的原则整体规划，要完善城区汇聚机房布局，满足家庭宽带、集团客户和 5G 部署需求。要逐步推进开展重要汇聚机房部署，缓解核心机楼工作压力，要基于电信部门 5G 规模部署节奏和自身无线专业建设的需求计划分批有序推进业务汇聚机房部署。电力部门远期目标是构建全面、完备的汇聚机房网络，打造“覆盖全面、接入灵活、安全可靠”的基础 5G 专用网络平台。

3）汇聚机房部署建设要求

（1）选址要求

汇聚机房位置可以结合覆盖区域内管线资源分布空间、相邻汇聚点位置、引电情况综合确定。对于城区汇聚机房建议设置在道路边、小区临街等管线建设条件相对较好的位置；对于乡镇汇聚机房依据据土地和房屋使用条件、光缆资源以及组网要求等进行合理选址。

汇聚机房楼层优选一层、二层稳定位置；如果选择三层及以上，就需要具备足够的弱电井空间，能满足线缆进出方便，在可能发生浸水的区域，就不宜选择一层和地下楼层。乡镇/农村区域要根据土地和房屋使用条件、光缆资源、引电情况以及组网要求等进行选址。对已经存在浸水隐患的一层或地下楼层的机房，要加强防水措施。汇聚机房站址应优先选择管线承载资源丰富、进出便利、方便进行运维管理的地方。

(2) 环境要求

汇聚机房要设置在外部环境较为安全的区域，应具备防盗、防火、防水等，要能远离易燃、易爆、强电磁干扰(大型雷达站、发射电台)。机房选址不应与水泵房及水池毗邻，选择机房的位置正上方不应有卫生间、厨房等易积水的建筑。机房不宜选择容易发生浸水隐患的一层和地下楼层。

汇聚机房应设置在规划相对稳定的区域，避免因市政建设、拆迁、农村征地等原因导致汇聚机房搬迁而重建。要尽量避免在河流、湖泊等不稳定的区域及附近区域设置汇聚机房。

汇聚机房的耐火等级不低于二级，要有 DKL 灭火装置。重要汇聚机房及普通汇聚机房内要安装火灾自动报警系统、环境监控设备、吸气式感烟火灾探测报警系统和气体灭火系统。机房内严禁使用自动水喷洒装置，避免装置误动作而损坏电信设备。

汇聚机房要配置有动环监控系统。能对机房动力设备和环境进行遥测、遥信、遥控，实时监控系统和设备的运行状态，对侦测到的故障，及时通知运维人员处理，要实现汇聚机房无人值守能力，以提高整体系统维护的可靠性，保障通信设备长期安全运行。

4) 汇聚机房配套建设要求

(1) 机房面积要求

深圳市规划和自然资源局对片区汇聚机房设置标准为："城市建设密度一区和二区每10～20 hm^2 建设用地设置一处、密度三区和四区每 30～50 hm^2 建设用地设置一处、密度五区和六区每 60～80 hm^2 建设用地设置一处。每处机房面积为 200 m^2。"从实际来说新建设的汇聚机房应考虑近期及中远期业务的发展需求。对于重要汇聚机房的传送网使用面积规划建议在 150～400 m^2；普通汇聚机房的传送网使用面积规划一般建议在 100 m^2 及以上；新建业务汇聚机房的使用面积规划建议不低于 30 m^2，对于现网基站升级的业务汇聚机房，电源区以外的设备区空闲面积建议不低于 4 个 600 mm×600 mm 或 8 个 600 mm×300 mm 机架位。

(2) 机房平面布置及缆线布放

汇聚机房的传送网汇聚设备区域、无线设备区域、有线接入设备区域、城域数据网设备区域等要尽可能分离，按设备功能分区来集中进行设置。业务汇聚机房要满足不同专业设备分开机架放置的要求。

汇聚机房建议采用上走线方式，要尽量保证电力电缆、信号电缆、尾纤及光缆走线分离，机房建议采用尾纤槽道以保证光跳纤安全。对于交流配电屏按远期容量配置。整流器满载容量按中长期来考虑。

5）进出管道

重要汇聚机房的进出管道要考虑具备两条及以上不同物理路由，建议采用管道方式进出。出入局管道建议有6～8孔（等效 ϕ110 标准孔）/路由。此外，出入局管道要有防水、防蚁、防鼠的安全防护措施。

普通汇聚机房的出入局管道一般建议具备两条及以上不同物理路由，如果采用管道方式进出。出入局管道建议能有4～6孔（等效 ϕ110 标准孔）/路由。

业务汇聚机房原则上建议自建出入局管道衔接现有网管资源（如果具备双路由出局条件，则应优先建设双路由出局），出入局管道总容量建议规划不少于两孔（等效 ϕ110 标准孔）。对于不具备出入局管道敷设条件的，就需要采用架空、槽道等方式布放机房出入局光缆。

6）电源专业配套要求

（1）市电引入

市电引入需要考虑中远期设备配置的要求，其引入界面要以业主配电设备开关为界面，重要汇聚机房要求使用二类市电，应至少引入一路稳定可靠三相 380 V 市电作为正常工作电源，其容量要求建议为 200～350 kW 或 350 kW 以上；普通汇聚机房要求能使用二类市电，容量不低于 60 kW；对于业务汇聚机房要求市电级别不得低于三类市电，原则上不低于 30 kW，在条件确实较为困难的特殊情况下，至少满足 25 kW 以上。机房市电容量要根据实际情况进行调整，但至少要满足 10 年期用电规划需求。市电引入电缆在室外布防时，建议采用直埋方式。

对于重要汇聚机房和普通汇聚机房的交流电引入，在条件允许下建议采用专用变压器。对于重要汇聚机房部署固定油机，如果无法满足部署固定油机的条件，需要配置有一类市电并预留有应急油机接口。对于普通汇聚机房或者业务汇聚机房，都要求预留应急油机接口。

（2）开关电源

机房开关电源要系统考虑机房设备对电源端子及容量的需求。对于重要汇聚机房建议选用分立式开关电源，开关电源系统规划要不低于 2 套独立电源供电系统，建议规划容量不低于 48 V/2 000 A，直流屏按中远期容量配置，整流模块建议采用“$N+1$”冗余方式配置。其中，N 为主用整流模块数量，$N\leqslant 10$ 时，配置 1 块备用整流模块；$N>10$ 时，每 10 块主用整流模块配置 1 块备用整流模块。机房地网的接地电阻要求不大于 5 Ω。

普通汇聚机房建议选用分立式开关电源，开关电源系统容量建议不低于−48 V/2 000 A，直流屏按中远期容量配置，整流模块按需配置，采用“$N+1$”冗余方式配置；其中，N 为主用整流模块数量，$N\leqslant 10$ 时，多配置 1 块备用整流模块；$N>10$ 时，每 10 块主用整流模块多配置 1 块备用整流模块。新建机房内设置接地汇集排（IGB）至少一块，规格均为 TMY－100×10。

业务汇聚机房建议选用组合式开关电源，开关电源系统容量建议配置不低于 48 V/600 A，整流模块按需配置，与无线专网共用，具备二次下电的功能，以保障传输设备的后备时长要求。

（3）蓄电池

考虑到中远期传输设备配置的要求，蓄电池容量配置建议如下：新建重要汇聚机房内每套开关电源对应配置一套蓄电池组，其容量选择 3 000 Ah，满足 45～50 kW 的设备功耗需求，或选择 4 000 Ah 容量，满足 60～65 kW 的设备功耗需求（上述核算的标准是为满足 3 h 后备时长配置，其中，开关电源容量为 2 000 Ah，蓄电池容量 3 000 Ah/4 000 Ah 为主备用合计）；新建普通汇聚机房的蓄电池容量，在没有配置固定油机的情况下，建议选择 2 000～3 000 Ah（主备用合计），在配置有固定油机的情况下，建议配置 1 000 Ah（配置铁锂电池），能满足 18 kW 的设备功耗需求；对于新建业务汇聚机房蓄电池，容量建议不超过 1 000 Ah（配置铁锂电池），以满足 18 kW 的设备功耗需求。

汇聚机房蓄电池的充电时长一般会在 20 h。普通汇聚机房如没有固定油机，蓄电池需要能满足机房内设备 4～6 h 后备时长；普通汇聚机房如有固定油机时，蓄电池需要能满足机房内设备 2 h 后备时长；业务汇聚机房蓄电池需要能满足传输设备 5 h、无线设备 2 h 后备时长需求。

综合考虑投资效益及初期设备功耗等因素，新建汇聚机房也能按照当期的实际需求进行蓄电池合理配置，但必须满足关于汇聚机房的后备时长要求。

(4) 应急油机接口箱

新建汇聚机房一般位于地下室、一层商铺且离公路或停车场 50 m 以内，油机接口箱安装在汇聚机房内；如果新建汇聚机房不在地下室或一层商铺时，油机接口箱可按需安装于室外，离公路或停车场较近的地方，考虑到安全因素及维护便利，油机接口箱建议离地 2 m 以上，以方便维护人员为机房发电。所有没有配置固定油机的汇聚机房均需配置油机接口箱。

2.5.5 光缆网规划部署

面向 5G 的光缆网规划部署思路是“网格化”，要深化部署微区域网格，才能持续提升对全业务的支撑能力。构建光缆网络结构需具备多种技术，其网络覆盖要能满足不同业务需求的“一张光缆网”，打造一个“接入迅速、容量合理、安全可靠、调度灵活”的光缆网接入平台。

5G 初期的光缆网体现在本地核心和省核心之间，对应本地传输核心层和省干传输是依托综合业务接入区，深化网格部署，全力保障 2G/3G/4G/5G 无线基站、集团客户和家庭宽带的接入。在中后期本地网内的部分汇聚机房将改造为边缘 DC 并有 MEC，将部分 5G 核心网功能放到 MEC 中，形成本地汇聚—本地核心—省核心之间承载传输，实现所有无线基站、WLAN、营业厅、集团客户、家庭宽带等现有和新增业务接入点（物理点）的“一张光缆网”接入，并能对应本地传输汇聚层、本地传输核心层和省干传输。

1) 规划总体架构

城域光缆是城域范围内连接核心节点、汇聚节点、接入节点、用户终端之间的光缆资源，是提供业务节点之间、业务节点与用户终端之间的光纤通道。光缆网络涉及的资源较多，主要分为“城域骨干光缆网”“城域接入光缆网”和“末端接入光缆”，其规划建设是分层次、分资源地进行的。

(1) 城域骨干光缆网

城域骨干光缆网中的光缆主要分布在核心节点之间、核心节点与汇聚节点之间和汇聚节点之间。可以分为核心层光缆和汇聚层光缆。城域骨干光缆网分层结构如图 2-139 所示。

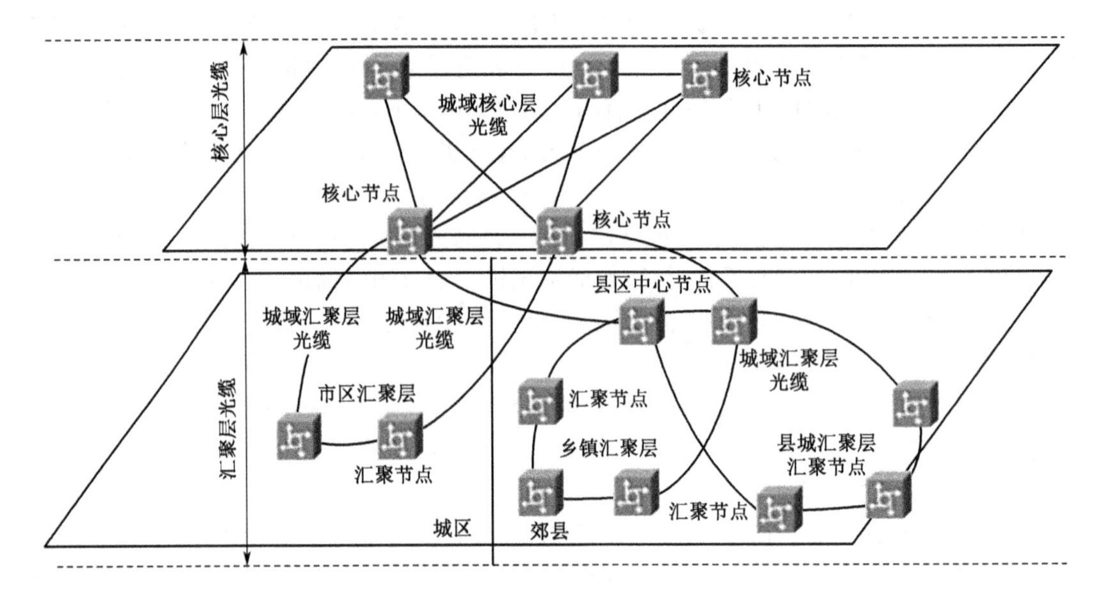

图 2-139　城域骨干光缆网分层结构

核心层光缆是指连接设备网中核心层网元(AMT、SMF、UPF)节点(如交换局、关口局、数据中心、长途汇接局等节点)的光缆,UPF 一般在需求方(地市),AMF 和 SMF 一般集中在省公司。其主要采用节点直连方式建设,会逐步形成网状结构。

汇聚层光缆是连接设备网中核心层网元—汇聚层网元(BSC、重要汇聚中心、城区重要位置的节点、基站等)和汇聚层网元之间的光缆,节点间一般采用直连方式建设,为汇聚层传送网系统提供光纤所需资源,未来会形成环状网结构。

(2) 城域接入光缆网

城区(含县城)和发达乡镇建议按照综合业务接入区方式规划建设城域接入光缆网,其主要由接入主干光缆、接入配线光缆组成,需要面向基站、WLAN、集团客户、家庭宽带等全业务统一接入规划建设“一张光缆网”;一般乡镇、农村等区域主要基于现有的光缆进行延伸和调整,视具体业务发展需求择机推进。

(3) 末端接入光缆

末端接入光缆是分纤点到业务接入节点(物理点)之间的光缆,主要是实现物理点的光纤接入。末端接入光缆遵循按需建设、适当储备的原则。5G 时代推进完善微网格化建设,会进一步加大主干及配线光缆部署及建设。根据不同客户类型和场景进行深度预覆盖会启动对高价值区域预覆盖专项行动,如点、线覆盖。

2) 光缆网规划原则

(1) 城域光缆网规划总体原则

城域光缆网规划总体要遵循分层分区原则。光缆网规划要结合设备网络新技术的应用,对于设备网络的规划发展的策略和管道网的现状要进行关注,要将设备网、管道网之间的衔接进行适配,注重各个层面的协调统一发展。

光缆网规划建设要基于机房、管道、光缆资源实际现状适度超前规划，按“整体规划、分段建设、分步实施”的原则来开展。光缆网的规划思路要适度超前，网络拓扑结构要能满足三年以上的需求，光缆容量要满足3～5年的需求，可采用分区分层原则。分区分层原则如图2-140所示。

① 分区：按照综合业务汇聚区、综合业务接入区进行划分。可根据业务发展、行政区域和地理条件等因素，将业务区域划分为综合业务汇聚区、综合业务接入区分别处理。综合业务区内的光缆网要相对独立地进行规划和部署建设，跨综合业务区的光缆应统筹考虑。

② 分层：按照逻辑层、物理层划分。逻辑层可结合各类传输网络设备及网络连接（OTN/PTN/SPN/SDH/BNG/SW/OLT等）统一分层，全网统一规划划分。

物理层结合传送网的“核心—汇聚—主接入配线—末端接入”四级网络架构，合理划分核心层光缆、汇聚层光缆、有线接入到主配线层光缆（“一张光缆网”）、末端接入光缆（包括2G/3G/4G/5G基站、集团客户、家庭宽带等接入光缆）。

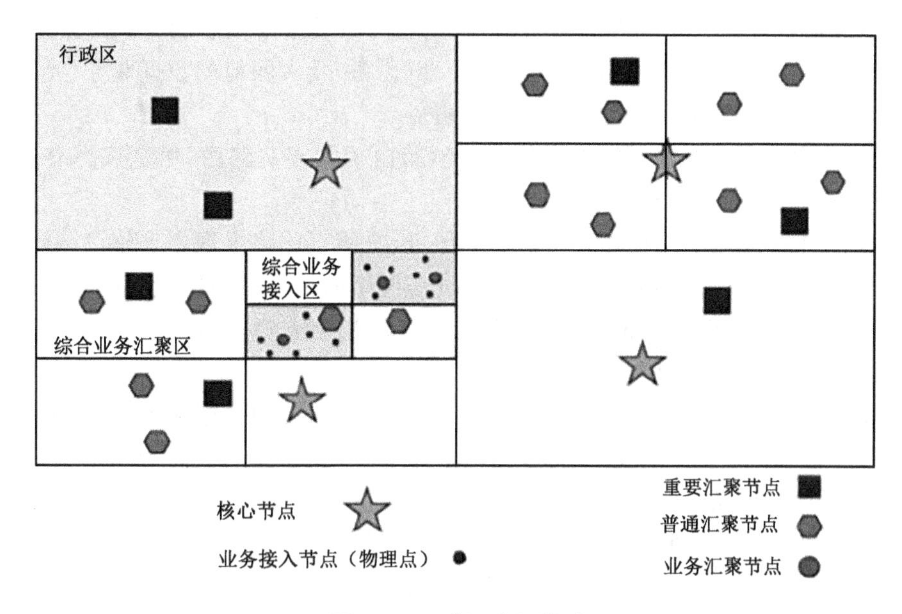

图2-140　分区分层原则

（2）城域光缆网规划通用细则

① 光缆网络建设规模和路由，要在通信网络整网发展规划的基础上，综合考虑远期业务需求、网络技术发展趋势后进行规划并留有足够冗余。

② 逐步丰富各层面光缆的路由，特别是重要骨干节点多路由的出局，以提高光缆路由的安全性，便于整体增强传送网系统的安全性及可靠性。

③ 同路由的省际骨干传送网光缆与省内骨干传送网光缆建议采用同缆分纤的方式建设；省际/省内骨干传送网光缆原则上建议不与城域传送网光缆以同缆分纤的方式建设；城域核心层光缆和汇聚层光缆同路由时建议采用同缆分纤的方式建设；城域骨干传送网光缆与有线接入网光缆原则上建议不以同缆分纤的方式建设。当与其他运营商共建光缆时，不同运营商的光缆原则上建议采用分缆方式建设。

④ 光缆建设要尽量选择安全性较高的路由，过河流时优选在桥上敷设；要尽量避开地面建筑设施、电力线缆和无法共享的通信线缆；线路路由要选择地质稳固、地势较为平坦的地段，要尽量减少翻山越岭，要避开可能因自然或人为因素所能造成危害的地段。

⑤ 同一光缆内的光纤类型建议保持一致，特殊情况也可以采用混合型光缆。城域网内，如当光缆芯数大于144芯时，可选择带状光缆。

⑥ 对于部分管道资源紧张的段落，在充分考虑到当地维护条件的前提下，建议采用微管微缆或者纺织子管等方式敷设光缆，以提高管道敷设利用效率，增加光缆容量；敷设微管微缆时需要避开污水管道，避免积水浸泡的环境。

(3) 城域骨干光缆网规划原则

① 骨干层光缆负责各中心机楼（交换局、关口局、长途局、数据中心节点、内部业务网的核心节点）或者重要汇聚机房之间的连接。其上承载的系统主要包括：核心层波分系统、多业务传输平台（MSTP）、传输接入技术（PTN/SPN）、IP RAN 核心层网络，它能够为 IP 城域网等数据核心节点提供光缆直达的路由，承担全网中最重要核心的骨干电路承载责任。骨干层光缆的网络功能是用于开设大容量骨干环（设备）及大颗粒的数据业务（光纤直驱），其能起到节点连接的作用，可不要求进行区域覆盖。

② 光缆路由要选择安全、稳定、可靠、快捷、路由短的直达路由，尽量选择靠近主干道路，不宜距离路边过近。

③ 城域骨干光缆网的结构要保持长期的稳定，按照直达路由规划来建设，避免中间跳接点过多的情况。骨干节点数量少于4个时，光缆网络的拓扑结构应规划成物理双路由环形；当骨干节点数量小于10个时，拓扑结构将向网状结构演进；当骨干节点数量大于10个时，应采用环形和网状结构相结合的拓扑结构。

④ 核心节点、汇聚节点的出局光缆需要满足2个及以上的物理路由需求，避免同一系统中的链路承载在同一路由光缆上。

⑤ 对于城区的城域骨干传送光缆网，建议能逐步实现全管道敷设，县（市）间、乡镇农村汇聚节点间光缆应采用直埋或架空方式敷设。

⑥ 原则上，城区内各层光缆要独立规划、独立使用，当不同层面光缆需要同路由建设时，要采用分缆方式部署，避免同一段落的光缆故障同时影响到两个层面的系统。对于县市及乡镇/农村区域，在做好纤芯规划的前提下可考虑共缆方式部署。

⑦ 骨干光缆规划芯数建议不小于144芯。

⑧ 汇聚层光缆是用于实现传输汇聚节点、数据网汇聚节点和核心节点之间的互联，其上承载的设备系统主要包括：汇聚层波分系统、多业务传输平台（MSTP）汇聚层网络、传输接入技术（PTN/SPN）、IP RAN 汇聚层网络、数据网络汇聚层互联的光纤直驱，为光线路终端（OLT）节点至汇聚交换机之间能提供光缆直达路由。

⑨ 核心机楼/重要汇聚机房和普通汇聚机房之间的光缆，应考虑分层建设。

⑩ 对汇聚光缆按照业务汇聚区域进行光缆环网的规划建设，应采用环形拓扑结构，单个汇聚环应覆盖连续的一片区域，环上的汇聚节点建议取定在4～6个，能实现汇聚环业务上连的汇聚节点应和多个核心节点间形成光缆直达路由。

⑪ 汇聚层光缆常规建议不用于区域覆盖，建议用于区域间的汇聚节点连接为好。在设

备网络上相邻的汇聚节点间要优先考虑规划光缆直达路由，减少迂回路由，避免中间跳接点过多。如果需要通过跳纤方式组建汇聚环，要在汇聚机房内完成跳纤，要避免使用室外光交接箱跳纤。

⑫ 汇聚层光缆网对安全性、灵活性的要求会较高。由于汇聚层节点数量远多于骨干节点数量，因此光缆网络结构需采用单平面环形，并能逐步向物理多路由环形演进。

⑬ 随着城域波分的引入，汇聚节点和核心节点连接时，汇聚层光缆网络结构要采用双节点的环形，光缆的路由要采用物理多路由方式。

⑭ 市县级的汇聚光缆应选择部署在较为稳定的国道、省道和县道，以便于施工和维护。如果需要新建市县的光缆，则应综合考虑光缆沿线的业务点覆盖状况，理论上对于城/镇区及沿线业务较为密集的市县光缆，要采用管道方式敷设；对于山区及业务量较少的偏远地区，结合投资情况可以适当采用架空方式敷设。

⑮ 针对新增业务汇聚机房节点，要结合汇聚环的组网规划及改造计划建设汇聚层光缆，能直达附近的普通汇聚机房或业务汇聚机房。

(4) 城域接入光缆网规划原则

现阶段，城区（含县城）和发达乡镇建议基于综合业务接入区规划建设“一张光缆网”；在一般乡镇和农村等区域，要基于现有光缆进行延伸和调整。接入主干光缆的相关知识如下所述。

① 光缆结构：接入主干光缆应结合综合业务接入区规划及已有光缆资源进行整体规划建设，要以环形结构为主，接入主干光缆双归到两个机楼/汇聚机房，配线光缆原则上双归到两个汇聚机房/一级分纤点。

接入主干光缆环的环上串接4～6个分纤点，要结合城市道路和管道覆盖数据采集，对城市中心区域、县城、乡镇中心区域两车道以上道路规划接入主干光缆。

② 规划芯数：接入主干光缆建设要面向5年以上需求规划光缆芯数。在一般情况下，一二类地市密集城区建议选择288芯及以上光缆，其他区域建议选用不低于144芯光缆。

③ 纤芯分配：接入主干光缆建议采用“共享＋独享＋备用纤芯”分配方式，每个环路的共享纤芯建议考虑固定为12～24芯，新建光交的独享纤芯建议设置为24芯，利旧宽带环光交，其独享纤芯可减少至12芯。

④ 光缆敷设：接入主干光缆要优先采用管道方式敷设，要避免采用小芯数光缆“端到端”的敷设方式，从而减少对管孔资源的占用。对于管孔资源不足的段落，建议采用大芯数光缆替换小芯数光缆，并合理设置光交接箱的方式进行建设。

⑤ 光缆及光纤类型：接入主干光缆应采用G.652D无水峰光纤。根据实际情况需要，可选择采用带状光缆以增加光纤芯数，能节省管道资源。

⑥光缆优化：对没有双归到2个汇聚机房的接入主干光缆环，建议逐步按需进行优化调整。对于局部管孔资源不足的段落，可通过小芯数光缆（36芯以下）来替换，提升管道利用效率。

(5) 末端接入光缆规划原则

末端接入光缆要面向未来5G等业务需求，依据业务接入点数量和潜在客户需求一次部署到位。新增业务接入要优先考虑从末端分纤点接入综合业务接入区，从而尽量缩短末端接入光缆距离，通过上层接入主干光缆，组建环型或星型结构网络。

① 集团客户接入光缆具体规划原则

重要集团客户（采用 PTN/SPN/IP RAN/OTN 网络承载）的接入光缆建议从分纤点延伸，并通过主干光缆或联络光缆接入到 PTN/SPN/IPRAN/OTN 网络。在开展集团客户业务时，要格外重视提升光纤的使用效率，原则上不向客户出租光纤。

② WLAN、家庭宽带接入光缆具体规划原则

在 PON 网络覆盖区域，WLAN、家庭宽带接入光缆需从分纤点延伸，并通过主干、配线光缆接入到 PON 网络中。如果在 PON 网络没有覆盖区域，接入光缆就应从分纤点延伸，并通过接入主干光缆或联络光缆接入到基站 PTN 环网或 IP RAN 网。

对于家庭宽带，改扩建的既有小区和新建小区建议采用 FTTH 接入方式。原则上，家庭宽带不宜采用 PTN/IP RAN 网络开通。对于新建小区家庭宽带接入项目，只需要负责小区内用户接入点交换局侧以外的末端接入光缆的建设。对于既有小区家庭宽带接入项目，要协调驻地网管线资源持有方（业主、物业等），通过多方式、多途径（与广电、电力等合作）获取驻地网管线资源的使用权，并能在原有管线资源的基础上，来完成末端接入光缆的布放。

末端接入光缆要根据客户的实际需求选择合适的纤芯。对于入户光缆，由于布线环境复杂，建议考虑用 G. 657 低弯曲损耗皮线光缆。

原则上，接入中高低层楼宇的光缆应不少于 48 芯。在农村，建议不新建光缆，只新建基站到入村的光缆。其中，行政村接入主干光缆建议采用链形结构，并充分利用现有传输资源，合理布局，灵活建设。一般乡镇的光缆芯数应根据业务实际发展需求进行合理配置，原则上乡镇不应少于 48 芯，农村不应少于 24 芯。

末端接入光缆的建设要以成本低廉、开通快速、使用方便为目标，采用管道、架空明线、微管微缆等来敷设方式，并能结合自建、共建共享、租用等多种手段来开展建设。

③ 基站回传接入光缆规划原则

为满足 5G 集中部署后的回传需求，传输回传网络建议采用现有 PTN/IP RAN 网络扩容及新建 SPN/IP RAN 网络同步实施的方案，这样就能立足现有 PTN/IP RAN 网络以原有 PTN/IP RAN 网络扩容方式承载业务，同时能同步开展新建 SPN/IP RAN 网络的部署工作。

为保持网络可靠稳定运行，需保持原有的接入方式，利用原有接入光缆空余纤芯来组建环网；如原有基站接入光缆纤芯不足，那么新建的接入光缆就要优先考虑从分纤点接入，并使用接入主干光缆的共享纤芯组建环网。

新建 SPN/IP RAN 网络：SPN/IP RAN 设备部署于自有基站和铁塔站时，光缆接入方案可以参考原有 PTN/IP RAN 网络扩容；SPN/IP RAN 设备部署于业务汇聚机房时，可以使用“一张光缆网”接入主干光缆的共享纤芯组建环网。

④ 基站前传光缆规划原则

由于 2G/4G/5G CU/DU/BBU 集中部署，基站前传如针对每种网络制式单独新建前传光缆，纤芯就会消耗巨大，所以建议基站前传可考虑选取彩光＋无源波分的方案，前传光口采用彩光模块，以无源波分来进行纤芯复用、节省纤芯资源消耗。

一般规划原则如下：

a. DU/BBU应选择部署于具有丰富的管道、光缆、电源等资源的机房，这能确保满足中远期装机需求和前传部署需求。

b. 在规划AAU/RRU归属DU/BBU时，要依托现有综合业务接入，按照相邻微网格来进行统一规划，以确保末端接入的唯一性，所以原则上要求不进行跨综合业务接入区接入AAU/RRU。

2.5.6 管道网规划部署

1）总体规划要求及思路

（1）总体要求

① 管道作为城市基础设施之一，它的规划建设要满足国家及地方市政设施建设的相关规定。要充分利用道路或建筑物的新建、改建机会，积极跟进管道建设，不断提高市政道路管道覆盖率。

② 管道工程设计使用寿命应大于30年。

③ 管道建设应积极采用共建共享方式，减少重复建设，以降低投资造价，在有条件的情况下能分设共建管道的人(手)孔。

④ 管道建设时，要预留备用管孔，满足终期光缆的敷设需求。

⑤ 采用购置方式获取的通信管道应符合相关标准规范。

（2）总体思路

管道建设要遵循“降本增效”的原则，与城市规划和道路建设能紧密结合，要坚持“覆盖率”和“连通率”并重，以“全面规划、分步实施”为指导方针，以“规模化、网络化”为目标，重点对市政道路，特别是城区主要(主干、次干)道路和各类功能区周边道路，开展建设管道要以规划的核心节点、汇聚节点的布局及综合业务接入区的划分为基础，整体布局，统筹进行规划、建设和优化；着重解决目前管道出口少、过路资源少、断点多、重点段落资源匮乏、覆盖深度不足等问题。

新建管道要能充分利用城市道路改扩建等机会，要采用自建、共建、外购、置换、租用等方式，以逐步提升市政道路管道的覆盖率和连通率；市政道路管道的建设和城市建设要保持同步规划；城市的桥梁、隧道、高速公路等建筑需同步建设管道和预留管道的位置，必要时要进行管道特殊设计；对于市政部门统一建设的购置管道，要尽可能在管道建设前期就提出个性化建设需求，包括人(手)孔、分支等需求，以提高购置管道的效益。

向客户侧延伸的引接管道要根据业务需求开展建设。要结合综合业务接入区、微格化的规划，能根据《住宅区和住宅建筑内光纤到户通信设施工程设计规范》、《住宅区和住宅建筑内光纤到户通信设施工程施工及验收规范》(以下简称“两国标”)要求，对于“两国标”落地的住宅小区，不再进行小区内通信管道及用户光缆建设。对于既有住宅小区，要积极配合省电信管理局，制订相对平等的接入改造方案，在设施改造工程中优先使用原有配线管网。

2）规划目标

总体规划的目标是紧密结合城市路网进程进行管道规划建设，坚持“覆盖率”与“连通率”并重，以“全面规划、分步实施”为指导方针。统筹兼顾近期和中远期各类规划业务需求、组网目标和网络发展相结合，和城市发展及市政建设水平相结合，实施分期、分批、差异化的管道建设策略。按需建设末端接入管道，积极做好基础战略资源的储备。力争建立覆盖全面、容量上满足光缆网络组网需求，覆盖深度上满足接入需求的管道网络。

3）通信管道概述

通信管道(以下简称“管道”)是光缆线路建设的基础设施，分为长途管道、城域管道。长途管道主要在郊外埋设，能满足城市之间骨干传送网光缆的敷设需求，一般沿国道公路、省道/县道公路、铁路或高速公路建设；城域管道主要沿城市道路埋设，满足城域传送网光缆的敷设需要，可分为主干管道、支路管道、引接管道。管道分类如图 2-141 所示。

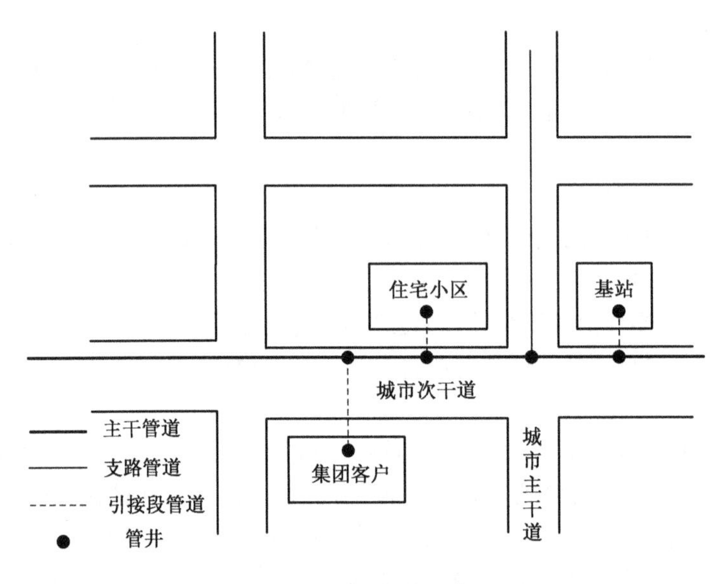

图 2-141 管道分类

4）长途管道规划要求

(1) 规划原则

① 长途管道的规划要与省际/省内骨干传送网光缆规划同步进行，要以省际/省内骨干传送网光缆规划为基础，进行具有前瞻性的合理布局。

② 长途管道郊外段落外壁需有色谱标识，管孔容量建议为 3～5 孔。

(2) 路由选择规划要求

① 管道规划路由如果沿靠公路时，需要知道公路是否有拓宽、改造计划。如果公路为定型公路，管道的位置宜选择在公路用地边缘或公路红线之外，其次宜选择在公路的边沟、路肩，管道也可离开公路敷设；如公路为非定型公路，管道不仅要离开公路敷设，还要避开公路升级改造、取直拓宽路边其他规划的影响。管道离开公路敷设时和公路的距离不宜超过 200 m，以便光缆的施工和维护。

② 管道若要沿靠高等级公路时要选择在公路的中间隔离带敷设，若沿靠没有拓宽改造计划的公路，要优先选择在路肩及边坡、路侧隔离栅以内进行敷设。

③ 管道沿靠铁路建设时，管道的位置要便于施工和维护。

④ 长途管道在沿途进入市区或集镇时，要充分考虑城市或集镇发展对管道路由的影响，要尽量使市政道路管道向郊外延伸，选取安全、稳定的地点和城域管道衔接，以避开地势沉降、土建施工等对管道安全具有隐患的区域，可以选用简易管道与城域管道衔接。

(3) 管道容量及人(手)孔设置

① 长途管道管孔容量要根据远期省际/省内骨干传送网光缆规划条数确定，并适当预留冗余管孔。

② 长途管道人(手)孔的位置要根据敷设地段的环境条件和光缆盘长等因素来确定。在大角度转角处和特殊障碍点两侧，要根据需要增设的人(手)孔情况，配合光缆的布放。

③ 人(手)孔的建设形式既要便于光缆的施工和维护，也要考虑安全性。人(手)孔的建设地点要选在地形平坦、地质稳固、地势较高的地方，要避免安排在安全性差、常年积水和进出不便的地方及铁路、公路路基下。

④ 人(手)孔被设置于市政道路两侧以及高速公路的中间隔离带、路肩、边坡时，需要设置上覆、装配口圈等套件；在农田时，需要用埋式手孔；在野外一般道路的两侧或者高速公路隔离栅以内的其他位置时，需要使用水泥盖。埋式手孔的手孔盖距地面一般为 0.6 m。

5) 本地传输管道规划要求

(1) 总体架构

本地传输管道一般可以从两个维度进行划分：一是从管道建设所依附的道路等级以及类型进行划分；二是从管道的功能进行划分。前者划分方式更贴近实际的工程建设及运维，便于制订相关的规划原则以及规范；后者划分方式将管道的功能进行抽象提炼，主要便于在规划层面制订规划计划以及建设蓝图。本章节后面规划原则部分，主要基于前一种划分方式进行阐述。

从管道所依附道路类型的划分维度，城域网管道可分为路政道路管道、市政道路管道和驻地网管道 3 类。路政道路管道又分为城市快速路/高速公路管道、国道管道、省道管道、市县道路管道、县乡道路管道；市政道路管道又分为城市主干道路管道、城市支路道路管道、末端接入管道、局前管道；另外，驻地网管道又叫小区管道。

从管道功能的划分维度，本地传输管道网络采用垂直分层和水平分区(简称“分层分区”)的架构。

垂直面总体分为主干管道、支路管道和引接管道 3 个层面。道路交通系统直接影响城市的规划布局及发展趋势，因此作为城市配套的基础设施，依附于道路的通信管道网络亦需按照道路等级、功能和位置来进行网络架构的规划建设。一般来讲，沿城市快速路、主干路、重要次干路(替代或补充主干路的道路)敷设的管道为主干管道，沿次干路和支路(包括主要街道)敷设的管道为支路管道，沿街/巷道敷设，以业务点为接入目标的末端引入管道(包括小区管道)为引接管道。沿高速公路、国道和省道敷设，连接城市至县级市和县城的管道称为市县管道。沿县道和乡道敷设，连接县城至乡村的管道称为乡镇管道。随着城市化进程的加快，公路越来越多地承担起城市道路的功能，鉴于公路在地市区域间的交通功能，把市县管道归属于主干管道层面，把乡镇管道归属于支路管道层面。

水平面按行政区总体划分为城区、市县和乡镇 3 个区域，按功能区可划分为中心商贸区、中心生活区、普通商住区、高新技术和工业园区、旅游服务区等。

(2) 规划总体原则

① 管道网规划要因地制宜切合实际,遵循高效实用、辐射周边、顾及长远和可持续发展的原则。

② 管道的规划应本着安全、合理、经济的原则,既考虑市政对环境的要求和自身业务发展的需求,又同时考虑投资的回报率。

③ 理解政府政策、经济走向、最新动向,能积极与政府部门沟通,要充分利用政府有关管道建设的政策,掌握管道建设的主动性。

④ 管道网规划要体现"近细远粗"和"轻重缓急"的原则,做好近期急需建设管道规划和重点区域的规划。优先考虑新建规划区域的覆盖,重点规划核心层、骨干层、汇聚层、宽带接入光缆路由的管道建设,以满足未来光缆网络建设对管道的需求,从而提高规划的实用性。

⑤ 管道规划要以城市道路规划和功能区域规划为基础,完善光缆网络物理结构为方向,便于实现节点接入为目标。

⑥ 在管道网络规划时,要同时考虑人口密度、本地功能区域规划、经济情况、道路分布情况,以及居民小区、楼宇、各类场所的分布特点和规模,分析潜在客户的类型和数量,并能初步划分业务需求区域(例如,集团客户密集区、宽带接入密集区等),遵循用户信息源、支路管道、主干管道的顺序,分段上行叠加的思路,从而确定管道网络的建设模型、建设密度、道路/区域/用户覆盖率等指标。

2.6 5G网络风险解决方案

电力物联网5G网络安全解决方案的总体设计思路,是以电力物联网5G网络为防护对象,通过建立网络安全治理组织体系,逐步实现电力物联网5G安全风险识别能力、安全检测能力、安全防御能力、安全响应能力和安全恢复能力,其具有检测和业务连续性管理模型,从而实现风险防御主动化、可见化、运行自动化的安全目标,其主动性能达到自适应的安全能力,达到全面保障电力物联网5G网络安全的目的。

电力物联网5G网络安全保障体系框架的设计,我们可以参考美国国家标准与技术研究院(NIST)的网络空间安全框架中的"企业安全能力框架"(IP DRR)模型。该模型包括风险识别、安全防御、安全检测、安全响应和安全恢复五大能力。"企业安全能力框架"(IP DRR)模型实现了"事前、事中、事后"的全过程覆盖,从原来以防护能力为核心的模型,转向以闭环安全管理为中心的核心检测能力模型,支撑识别、预防、发现、响应等,具备直接自适应(Adaptive)的安全保障系统化思想。

2.6.1 统一安全认证框架

电力物联网5G网络要支持多种应用场景,不同的应用场景使用不同类型的终端,会采用不同的接入技术。为了使用户能在不同接入网间实现无缝切换,5G网络需要有一个统一的认证框架,以实现灵活且高效地支持多种接入方式和接入凭证,进而保证终端的合法接入,为终端和网络提供安全接入。

5G统一认证需求的备选方案之一是可扩展认证协议(Extensible Authentication Protocol, EAP)认证框架。该框架适用于任何类型的订阅者以任何一种3GPP定义的接入技术和非3GPP定义的接入技术进行接入网认证,并通过IP DRR闭环保障安全。

EAP认证框架是一种支持多种可拓展身份认证方法的三方认证框架,框架支持多种链路层认证方式,其本身不提供任何安全性,只规定了消息的封装格式,具体的安全目标依赖于使用的认证方法。目前,EAP支持的认证方法有EAP-MD5、EAP-OTP、EAP-GTC、EAP-TLS、EAP-SIM和EAP-AKA,还包括只需要在ISA服务器上安装EAP类型如一些厂商提供的方法和建议。在5G中,具体的EAP运行于UE、鉴权服务功能(AUSF)和安全锚功能(SEAF)之间,AUSF和SEAF分别相当于后端服务器和前端认证器。

在5G统一认证框架里,各种接入方式都能够在EAP框架下接入5G核心网。用户通过WLAN接入时可使用EAP-AKA认证(协议的实现由WLAN-UE、WLAN-AN、3GPP AAA服务器和HSS/HLR来完成),有线接入时可采用IEEE 802.1×认证(由客户端、认证系统、认证服务器交互信息完成),5G NR接入时可使用EAP AKA认证。不同的接入网选用逻辑功能统一的认证凭证库及处理功能(ARPF)来进行认证服务,基于此,用户在不同接入网间进行无缝灵活切换成为可能。5G网络的安全架构明显区别以太网移动网络的安全架构,其通过远程VPN客户端和验证程序协商使用确切身份验证方案,对任意身份验证机制都可以远程连接访问并身份验证。其统一认证框架的引入不仅降低运营商的投资和运营成本,也为5G网络未来提供新业务时对用户的认证打下坚实的基础。

2.6.2 满足海量终端设备接入的认证方案

电力物联网会存在大量的终端需要接入网络,这些终端通常为功耗受限设备,如用传统接入认证机制接收海量终端并接入到网络,则会产生信令风暴,造成网络拥塞。解决该问题,需要对传统认证机制进行优化以满足海量终端接入网络的要求。

1) 采用聚合认证方式优化网络信令开销

该方案通过在近用户端部署消息聚合设备,当消息聚合设备部署在无线接入网络域时,会配合认证设备(接入认证点、认证服务器)完成对MTC终端接入网络的接入认证。

消息聚合设备接收海量MTC终端发送的消息后,首先对每个终端的信令消息进行解析,然后按照一定的策略进行消息聚合处理,如将同为接入请求的消息进行解析,并提取必要的用户信息后,将其合并为一条接入请求消息。消息聚合设备将聚合消息发送给接入认证点和认证服务器。认证服务器根据接收的消息,完成对消息的(包含的所有用户的认证)批处理,例如向签约信息服务器获取对应用户的聚合认证向量。认证服务器将认证结果返回给消息聚合设备,消息聚合设备进行消息解析并将认证结果返回给每个MTC终端。这样聚合认证方式降低了信令开销,减轻了认证设备的处理负担及网络中的传输流量。

2) 采用群组认证方式优化网络信令开销

群组认证方案对海量MTC终端进行分组,为每组用户设立群组网关,负责组内MTC终端的接入认证。群组用户接入网络的前提是群组网关先接入网络。群组网关接入网络发起认证时,签约信息服务器接收到群组网关的接入认证参数请求,此时根据群组签约信息,签约信息服务器为群组网关接入产生认证向量,同时还为群组内的所有用户产生认证向量并将群组认证向量(包含网关认证向量和组用户认证向量)返回给认证服务器。在群组网关接入认证成功后,认证服务器对应的组用户认证向量发送给群组网关保存。后续当群组内的用户接入网络发起认证时,由群组网关作为认证代理,完成对群组用户的接入认证。MTC终端的认证直接和群组网关交互完成,并不需要另外和接入认证点、认证服务器、签约信息服务器等进行信令交互。

2.6.3 基于标识的切片安全隔离

网络切片是5G的重要组件,它使网络运营商可以根据不同的市场情景(行业应用多样化)和丰富的需求定制网络(网络性能需求差异化),其能提供最优的服务,而传统网络无法响应这种碎片化运营变化。一个网络切片能为一系列特定场景提供通信服务逻辑组合,部署灵活。网络切片本身是一种网络虚拟化技术,能定制服务网络及弹性伸缩网络容量,因此不同切片的隔离是切片网络的基本配置要求。

切片的隔离要考虑切片的生成阶段。一个切片就可以横跨多个子域,网元(NE)能被拆分成若干个自包含、自管理、可重用的网络功能,例如对终端、接入网、核心网、承载网等能相互解耦,能独立升级,各子域的隔离都可实现,并进行资源的统筹安排(弹性强),并能达到一致的端到端的隔离要求。其次,在实际业务运行时,终端与切片网络的网元交互、安全协议、流程都能做到相应的隔离。

为了实现切片隔离,每个切片会被预先配置一个切片ID,同时符合网络规范条件的切片安全规则(多个网络功能编排组合)被存放于切片安全服务器(Slice Security Server, SSS)中。用户设备(User Equipment, UE)在附着网络时需要提供切片ID,附着请求到达归属签约用户服务器(Home Subscriber Server, HSS)时,由HSS根据SSS中对应切片的安全配置采取与该切片ID对应的安全措施,并能选择对应的安全算法,再据此创建UE的认证矢量,该认证矢量的计算将绑定切片ID。通过如上步骤,就能实现切片之间的安全隔离。网络切片本身是一个非常复杂的系统,切片之间通过共享基础设施或者共同协作能实现更高级别的功能,因此切片之间的通信安全至关重要。目前对这个问题的研究仍然处在初级阶段,随着5G网络架构的不断完善,这个问题在未来的研究中必将得到解决。

5G网络能通过网络切片实现不同安全等级的网络,实现按需来组网,安全分级,能根据业务场景及业务需求实现切片的安全隔离,采用不同的安全机制能实现不同的安全等级,从而实现终端的接入认证、鉴权和切片间的通信安全。

2.6.4 差异化的隐私保护机制

5G网络承载着很多用户的隐私和敏感信息,不同用户、不同业务场景对隐私保护的需求不尽相同,因此对于不同的用户和业务场景要采用不同的技术措施来解决5G网络的隐私保护问题。另外,根据隐私数据在5G网络中的实际使用情况,从数据采集传输、数据加密、数据脱敏、安全基线建立、数据发布保护等方面,要采用不同技术措施来保证数据的隐私安全。5G网络中隐私保护所采用的主要技术措施如下。

1) 数据加密技术

数据加密是5G生态系统中保证数据隐私安全的常见且有效的手段之一,按照实现思路，数据加密可以划分为静态加密技术和动态加密技术。从实现层次上，数据加密可以分为存储加密、网络层加密、链路层加密、传输层加密等。采用加密技术可以有效保证5G网络隐私数据的机密性、完整性、可用性。针对5G网络虚拟化和云化的新特点，有必要引入一些新的加密技术来保证数据的隐私安全，如同态加密技术，该技术能提供一种对加密数据进行处理的功能。同态加密技术对加密数据进行处理得到输出，对输出进行解密，其结果与用同一方法处理未加密的原始数据得到的结果相同。

2）基于限制发布的隐私保护技术

限制发布技术即有选择地发布原始数据、不发布或发布精度较低的敏感数据，以实现隐私保护。当前此类技术的研究集中在数据匿名化，即在隐私披露风险和数据精度之间进行折中，并有选择地发布敏感数据，但能保证对敏感数据及隐私的披露风险在可接受范围内。目前，比较成熟的匿名化技术有 k-anonymity（k-匿名化）、l-diversity（l-多样化）、t-closeness（t-贴近性）等技术。

3）访问控制技术

访问控制技术是5G网络隐私保护较常用的技术手段之一。访问控制能通过策略和技术手段保证隐私数据不被非法使用和窃取。传统的访问控制技术如用户口令、数字证书、生物识别技术等依然可以应用到5G网络之中。另外，针对5G网络功能实体的协议交互流程处理中的隐私安全，建议采用基于规则、流程的访问控制技术，使攻击者无法通过假冒合法用户访问方式，来窃取用户隐私信息。

4）虚拟存储和传输保护技术

为保证用户5G虚拟化网络存储过程中隐私信息安全，还可以采用用户数据库的动态迁移技术和随机化存储技术。动态迁移技术能在保证虚拟机正常服务运行的同时，将一个虚拟机的数据从一个物理主机迁移到另一个物理主机。这使攻击者即使成功入侵用户数据库，也无法窃取到用户数据。隐私信息在5G网络传递过程中的隐私安全能够根据5G网络传输协议交互流程，采用与此相关信息的动态关联和协同重组技术，使攻击者无法通过数据挖掘技术，从散布的用户数据中分析得出有价值的用户隐私信息。

5）5G网络隐私增强技术

目前，5G网络隐私增强技术的研究重点主要集中在使用非对称密钥加密的方法，来加密5G网络的集合数学与统计函数的链接库（IMSI），或使用伪IMSI的方法来隐藏用户的识别码。这两种方法都能有效地防止用户签约身份信息的泄露。同时由于有效地保护用户的身份隐私不被泄露，所以即使攻击者得到了用户的位置信息，也仍然不知道对应这个位置的身份是谁，通过保护用户身份的方法也间接地保护了用户的位置隐私。

2.6.5 移动边缘计算安全机制

针对边缘云（MEC系统）的特殊安全需求，在传统安全机制的基础上设计考虑了MEC系统隐私泄露防护、MEC边缘节点硬件设施保护、MEC三元认证和鉴权方案。其中，MEC边缘节点硬件设施保护方案是针对物理设施防护的安全需求，旨在消除边缘节点暴露的硬件基础设施所带来的安全威胁；MEC系统隐私泄露防护方案针对隐私和数据保护的安全需求，通过管控运行在移动边缘计算（MEC）系统中的第三方应用来阻止隐私信息流出；而

MEC三元认证与鉴权方案针对认证、鉴权、权限管理的安全需求，主要解决的是服务下沉至网络边缘，带来的实体间互认证和权限分配问题。

1）MEC边缘节点硬件设施保护方案

MEC边缘节点硬件设施保护方案的策略为“尽力保护，按需备份”。“尽力保护”指采取一切可行的措施，以降低MEC边缘节点硬件基础设施被破坏的可能性。由于MEC服务被下沉到网络边缘，客观上缩短了其与攻击者间的物理距离，“尽力保护”的首要目标是减少攻击者接触到MEC边缘节点硬件设施的机会。另一目标是降低恶劣环境破坏MEC边缘节点硬件设施的风险。为此，有必要强化边缘节点硬件基础设施的防火、防水、防尘、防辐射的能力，要采用耐高温、防水的线缆材料、防护外壳来制作高等级的MEC边缘节点服务器设备。

2）MEC系统隐私泄露防护

为了向用户提供精准服务，多接入边缘计算（MEC）系统将无法避免地接触到大量移动用户与设备的隐私信息，如用户身份、位置、移动轨迹等。因此，MEC隐私保护的关键在保证用户隐私信息不通过MEC系统任意泄露。

第三方MEC应用合法获得用户隐私信息的途径有两种：直接通过终端客户端获取或者通过MEC基础平台的5G标准开放服务获取。为了解决第三方MEC应用泄露（滥用）用户隐私信息的问题，要指定MEC节点与MEC控制器协同工作，增强MEC系统的隐私保护，其特点如下。

（1）隐私保护策略可适配

用于限制MEC应用行为的隐私保护策略，能由用户制订或由MEC系统适配，隐私保护策略能够同时满足隐私信息的安全需求与应用的基本服务要求。

（2）MEC节点监控应用行为

考虑到MEC低时延的特性，服务提供方需要提前根据可能的安全策略，构建应用并提供给MEC系统。在MEC接收到用户发布或自主生成的安全策略后，MEC系统会检索与之匹配的应用，同时会在MEC节点配置相应的虚拟环境，使得符合安全策略的应用在MEC节点的专用虚拟环境中实例化。MEC节点可通过多种措施监控MEC应用的行为。

（3）MEC控制器管控应用与第三方通信

MEC应用与外界的通信是由MEC控制器进行统一代理与监管的。MEC控制器代理服务提供方或连接应用的请求使服务提供方无法直接连接到运行于边缘节点上的应用。同时MEC控制器负责监管应用发往外界的全部通信，过滤所有数据流中的隐私信息，阻止其流向非法第三方。简单来说，MEC协调器能充当将应用程序连接到正确的MEC服务器的代理角色。

3）MEC三元认证与鉴权

为保障基本的安全和服务，MEC系统会为各实体分配身份，并实现所有实体间的互认证，从而判断是否允许进行系统后续操作。MEC通用场景中的相关实体包括隶属于运营商的MEC系统（以下简称MEC系统）、第三方提供的MEC应用（以下简称应用），MEC用户使用的用户设备（以下简称用户），这三者构成了MEC基本的三元信任模型。其中，信任闭环建立的关键在用户与应用、MEC系统与应用间的互认证。另外在三元信任模型内部，

MEC系统是由MEC控制器与MEC节点组成，为防止“伪节点”的出现，需要由MEC控制器对每个新加入的节点进行认证。而在三元信任模型外部，5G网络也要对MEC系统进行再次认证。

同时，在资源配置过程中，移动边缘协调器分别会对MEC节点和用户进行鉴权（服务端对后续用户请求鉴别判断其访问权限），面向不同权限的节点和用户选择性地开放部分服务，session（会话控制）方式是让服务端保存用户端的状态信息，同时以cookie（小型文本文件）将该session标记设置返回给用户，后续用户再访问携带该session标记时，服务端检查session标记是否有效来决定请求的处理。token（令牌）方式是指服务端以客户的用户名、密码等信息计算出一个字符串，称为token，并返回给用户，服务端不保存该字符串。用户在后续的请求中携带该token发送请求，服务端收到请求后，再次利用用户名、密码等其他材料计算一遍，判断携带的token是否与计算的一样，以判断是否处理该请求。MEC节点进一步对运行于其上的MEC应用进行鉴权，给不同的应用开放相应的服务。

2.6.6 数据完整性和机密性安全机制

为了应对网络窃听、篡改等安全威胁，5G网络在移动终端和网络设备之间能提供数据完整性保护和机密性保护，为用户提供5G网络安全保障。

5G网络数据保护是通过IP协议的分组加密认证进行的，体现在对用户面、数据面的数据完整性保护和机密性保护。目前，5G网络用户面数据保护终结点为基站，即提供移动终端到基站之间的用户面数据完整性保护和机密性保护。5G网络信令面数据保护终结点为基站和核心网，即同时提供移动终端到基站之间的信令面的数据完整性保护和机密性保护、移动终端到核心网之间的信令面数据完整性保护和机密性保护。

为了应对5G网络域内和不同网络域之间的信息安全问题，5G网络域内和不同网络域之间一般采用国际互联网工程技术小组提出的使用密码学保护IP通信安全保密架构，即互联网安全协议（Internet Protocol Security，IPsec）对传输的数据进行完整性保护和机密性保护。对于边界保护采用划分安全域的方式，在安全域的边界进行保护，其组成包括认证头（AH）、封装安全载荷（ESP）、安全关联（SA）和密钥协议（KE）。

为进一步保证行业的业务应用安全性，5G网络也能够在终端的应用层增加端到端的数据保护，对传输的数据进行完整性保护和机密性保护。

2.6.7 开放的安全能力

将5G移动网络的强大安全功能，开放给电力行业应用，能有效满足电力行业的网络和业务的安全需求。当然5G网络会以受控的方式，进行网络安全能力开放，这不会危及5G网络运营商，能确保运营商网络自身的运营能力。

业务开放在带来安全挑战的同时，给运营商安全业务创造了更多的机会。作为5G连接基础设施平台的提供者和运营者，5G网络运营商是电力物联网业务提供商的最佳使能者和可信任的商业伙伴。

垂直行业可以直接使用运营商开放的安全功能，这能降低一些新型垂直行业的业务门槛及成本、缩短上市时间。通过安全能力开放，运营商能盘活网络资产及基础设施，开创新的利益增长点；能打破现有管道化运营和封闭网络模式，以 5G 网络为中心构建新的安全生态系统，从而提升差异化竞争力，并形成运营商、垂直行业、安全厂商、个人用户的生态链，合作共赢共创商业价值。

安全能力开放要求 5G 网络内的安全功能以模块化方式部署，并能够通过对应接口方便调用。通过组合不同的安全功能，5G 网络能够快速提供安全能力，以满足多种业务的端到端安全需求。通过安全能力开放电力行业应用可以直接安全地部署业务，从而降低业务门槛并缩短部署时间。运营商可以充分利用 5G 网络安全基础设施丰富业务体验，和电力行业一起共同创造和分享价值。这里的安全功能（能力）包含用户身份管理、认证鉴权、密钥管理及安全上下文的管理等。

2.6.8 终端安全体系结构

在终端安全体系中，密码是其核心支撑技术。密码技术与终端的不同结合方式带来了两种大不同的安全体系结构，这两种安全体系结构各有其鲜明的特点。

1）物理门卫式安全体系结构

红黑隔离的物理门卫式安全体系架构是在终端内部的信息通路上串接密码处理部件，从而形成物理流过式的密码安全处理，这能实现安全数据所在的“红区”与非安全数据所在的“黑区”隔离的安全架构。

该架构具有以下 3 个特点：

其一，可确保在“红区”没有任何来自“黑区”的非安全数据；

其二，可为“红区”阻拦来自“黑区”的所有已知和未知的网络攻击，包括“零日”漏洞攻击等；

其三，该架构的安全性易于证明，能够适用于民用安全、商用安全、特殊安全等多种使用场景。

2）逻辑门卫式安全体系结构

逻辑门卫式安全体系结构是在终端内部的信息处理通路上，通过系统软件调用安全模块的方式，来实现对信息的保护和执行环境的保护。从执行环境的安全启动、操作系统加固、存储加密、运行时动态度量到信息的传输加密、应用安全、输入/输出控制等功能，采用分层组合的方式调用安全模块，达到逻辑门卫式的安全防护效果。逻辑门卫式安全体系结构，可以根据行业安全需求或者业务类型的安全需求，按需部署相应的安全保护机制，为不同行业或业务提供差异化安全服务。

2.6.9 丰富的密钥层级架构

5G 的密钥层级要考虑的是如何利用一个根密钥为不同层面和不同类型的消息流提供多个相互独立的密钥问题。因此，在 5G 的密钥层次中，需要考虑不同的接入方式、核心网与接入网的分离、移动性管理与会话管理的分离、加密与完整性、由移动性引入的密钥更新与隔离、密钥之间的相互独立性。

此外，未来5G需要考虑大规模物联网终端接入、超低时延、超高可靠性等场景，及可能出现用户凭证使用非对称密钥的情况。未来5G的密钥体系也有可能随着这些场景与用户凭证的变化而发生变化。

通过丰富的密钥层级架构，5G系统能提供核心网控制面（即非接入层）的机密性、完整性密钥，还能够提供无线网（即接入层）控制面的机密性、完整性密钥，用户面的机密性、可选的完整性密钥，及用来支持不同需求的密钥。

1）支持新空口

目前，5G将空口安全的终结点放在接入网内。而针对切片的安全就留待将来解决，因此目前的核心网、接入网的密钥主要考虑面向移动性管理（MM）的安全密钥衍生问题。

2）支持非3GPP无线接入网

考虑到其他接入方式，还引入了3GPP之外的其他接入网的密钥。因此，密钥层次中针对的不仅是现有3GPP无线网络，也针对非3GPP无线网络都能产生独立的密钥。

3）适应网络切片

每个切片中会有一个会话管理功能（SMF）尚未达成共识，因为核心网被认为是可信赖的，而核心网切片之间通过虚拟化技术实现了资源的隔离；到各个切片的信令，由可信的AMF来进行转发，且AMF和SMF之间是安全链路，所以可认为AMF与各个切片的SMF之间是安全的，因此在虚拟化技术做好切片间隔离的前提下，不需要单独的SM密钥来保护NAS SM。

4）向后兼容SEAF/LTE

目前5G密钥衍生是基于有共享密钥的前提，以LTE的密钥层级作为基础，还考虑了5G会引入多种认证机制，考虑了所有密钥是否需要以及密钥如何衍生。接入层密钥可以直接由SEAF进行推衍，而非接入层的机密性、完整性保护密钥不能像4G那样直接由SEAF进行推衍。

5）隔离接入层与非接入层

针对攻击者通过核心网攻击获取接入层的密钥参数的状况，隔离接入层与非接入层的密钥体系思想被提出。思路是通过与无线链路相关的、不需要分发的物理层密钥，使终端和接入点能够不依赖核心网，就能独立产生并更新与无线链路、节点强相关性的加密和完整性保护密钥，作为接入层密钥；而终端和核心网协商使用与身份信息强相关的加密和完整性保护密钥作为非接入层密钥；接入层密钥的更新过程与非接入层密钥的更新过程完全独立；接入层密钥根据无线通信信道特征的变化随时更新。

2.6.10　一体化的安全监测管控平台

随着5G时代的到来，外部威胁变得更加突出，自动化攻击和黑色产业链日臻完善，我们既要保护5G平台自身的安全，又要提供方法和机制保护那些建立在5G平台之上的服务。以前以策略和网络防护为核心的理念已经无法适应新的环境。新一代5G网络安全保障体系的建设目标至少包含以下3点。

① 风险可视化：未知攻，焉知防，只有看得见风险，才能做好防范风险工作。

② 防御主动化：进行主动防御、纵深防御。

③ 运行自动化：保证全天候自动化的安全运营，以保障安全体系的落实。

在严峻的网络空间安全威胁的形势下，5G平台必须结合当前移动互联网威胁监测机制，适应5G网络大带宽、低时延、广连接的特性，引入更加智能的态势感知技术，建立更完善、更合理的安全监测管控平台，以便为5G网络的安全监测预警与应急处置提供强有力的支撑。

1）沿用当前互联网威胁监测机制

（1）基于信令面数据

针对网络数据流量大、范围广的特点，5G网络应采用分布式流量监测方式，将分析速率、接通率、掉话率等多个性能作为指标参数，预警网络异常情况。

（2）基于用户面数据

5G网络要利用设置业务网关/代理/平台的方式，在移动互联网网络边界构建用户网络防护接口（User Network Interface，UNI），规范用户对网络侧系统和设备的访问行为。

（3）基于DFI（动态流检测）数据

对常用端口、流量峰值、重点IP吞吐量等网络测量数据，要关联用户身份，细分流量与业务，提升网络感知的能力，实现对网络流量异常分析；同时要利用智能管道技术，实现高精度流量的控制，对重点业务和用户的网络情况进行重点的监测。

（4）基于DPI（深度包检测）数据

要根据网络传输中的IP地址、HTTP会话连接，以及移动终端中的IMSI号等进行网络溯源，还原移动应用流量，实现对网络应用异常的检测。

在关键安全域内部署入侵检测和防御系统，监测记录网络内的相关操作，判别非法进入网络和破坏系统的恶意行为，发现违规、越权等恶意操作。

2）适应5G网络特性的安全检测技术

在移动互联网（3G、4G）较为成熟的网络安全监测预警机制的基础上，结合5G的业务与技术特点，通过将5G系统中多维度、多种类的安全业务数据进行融合，健全5G网络安全事中监测技术体系。

（1）结合5G网络的海量终端通信的特点，对海量物联网终端所发起，多来源、多粒度的信令和多种用户类型上报的数据等进行全方位收集，通过大数据平台技术实现海量数据分析，进而精准定位网络异常。

（2）结合5G网络大带宽、低成本、攻击成本低的特点，利用多源数据采集技术，对5G网络的系统日志、资产数据、网络流量等数据，进行实时在线监测、自动采集和预处理，发现原始数据中的异常信息并及时告警，提升安全监控响应速度，以对抗大规模网络攻击。

（3）结合5G网络业务场景多样化特点，通过用户行为分析对已经收集的5G网络多样化的异构数据、威胁情报，利用人工智能、数据挖掘、精量化威胁分析等手段进行多维度智能分析、对安全事件追踪溯源，快速聚合有效高危告警。

3）建立智能化的监测与管控平台

5G是开放的网络，海量电力物联网设备暴露在户外无人值守，易受黑客攻击和控制，因此网络将会面临大量的网络攻击。如果采用现有的人工防御机制，不仅响应速度慢，还会导致防御成本急剧增加，所以要考虑采用智能化手段防御海量电力物联网设备的安全威胁。此外网络攻击日趋自动化，“零日”攻击的可能性越来越大，5G需要适应被动变主动的安全防御机制。

5G网络的复杂性和开放性、海量电力物联网设备的接入、行业用户安全需求的多样性，会使安全管理的复杂性和工作量大增。完全依赖人工进行安全管理会导致响应慢、成本高等问题。因此，5G网络需要适当引入智能化的主动防御技术，结合IT网络的防御机制，形成一个统一情报威胁分析、能支持ICT联动的智能化监测预警管控平台。

3 配电终端单元(DTU)

3.1　DTU 在配网系统中的应用

在电力系统中,DTU 属于配电网中的监测设备,其能将串口数据或 IP 数据相互转换,是通过无线通信网络进行传送的无线终端设备,其优点如下:

(1) 在配置软件协议下能够进行自由组合,将串口和用户设备相互连接起来,并对电力系统中的故障信息及设备等展开实时监测,组网灵活,周期短、成本低。

(2) DTU 设备中的功能模块和通信模块能建立永久链路,在线能对线路的电源进行遥控,并对线路中的故障进行实时检测。

(3) 通信模块当中 TCP/UDP 透明数据传输;支持多种工作模式。心跳包技术、智能防掉线,支持在线检测,在线维持,掉线自动重拨,多接口模式与独特通信规则,能够将故障区域切除,实现对线路的保护。

(4) DTU 内的 DTU 终端使用集散式的设计方式,虚拟值守功能,实现对各类数据的记录、储存、传输等,能对自身数据进行管理,又能完成各类数据的(支持虚拟数据专用网、支持数据中心动态域名和 IP 访问)传输,还能对线路中的计算机保护展开独立配置。

(5) DTU 终端简化配电站中终端设备的种类,将数据按照统一标准或接口(内部集成 TCP/IP 协议栈、双向转换功能)展开与主系统的永久通信(支持自动心跳),满足 DTU 设备实时控制线路的要求。

总体来说,DTU 能结合变电站对线路进行监测并发现和识别各种故障,能将故障区域从整个配电网系统中隔离出来,有利于实现配电网自动化,起到对开关的监测和保护作用,并能在电力行业中得到广泛应用。

3.1.1　DTU 在线路故障定位中的应用

DTU 设备被设置在线路单元当中,能对这个单元内线路中的所有信息实现采集传输,为线路故障的定位提供判断依据。

如在电网中线路单元的 5 条环网柜里分别安装 1 个 DTU,对这 5 条线路中的交流信息以及开关信息进行分别采集,就能判断出 DTU 接地故障位置。在各个时段内按照功率方向判断当前为荷载出线或者电源进线,但线路中潮流方向各不相同,这就是配电线路出现负荷转供。DTU 装置直接显示出故障结果，并将其传输至主电站当中的情况有以下几种：

(1) 当线路向母线流向时，边界元件、方向元件、故障级判别元件会判定为反向，反之则定义为正向。

(2) 当线路正常运行时不满足正向标准(边界元件、方向元件、故障级判别元件判别)，并持续 5 s 以上，则可判断出线路处于电源进线，否则即为荷载出线。

(3) 判断出线路存在母线接地故障的依据是，当边界处于电源进线或荷载出线位置时，故障产生的高频电压分量在线路中故障电流最大位置处无阻隔。

3.1.2 DTU 保护母线应用

在配电网中，母线产生故障的概率较高，易造成开关设备烧毁及大面积停电，没有装设专用保护的母线一般是传统配电网中的 10 kV 配电母线，这很容易烧坏直流操作回路，造成整站保护拒动。

随着用户对供电可靠性的要求越来越高，当母线发生故障时，故障电流严重威胁母线及其相邻的变压器和开关设备的安全，并且往往要扩大停电范围，这时只能使用母线上的一级过流保护，通过定值及延时的配合整定反应并切除母线故障，动作时间会较长。所以有必要配置专用的制动特性配电网母线保护。

传统变电站不具有母线保护功能的原因，主要有以下几点：

(1) 二次回路接线复杂且施工量大(二次保护回路主要通过硬接线配合)。

(2) 运行可靠性低，维护困难，无法有效监视闭锁回路。

(3) 传统变电站母线保护对低压母线小电源处理困难，无法做到信息共享和兼顾全局。

(4) 早期为电流闭锁式简易母线保护，实际中，当母线系统外部发生故障时母线差动电流 $I_d \neq 0$，而为一小的数值，这就是由于电流互感器误差而产生的差动不平衡电流误动情况。也没有考虑分段合位母线并列运行情况，在间隔检修与通信中断时，会同时发生退出保护的问题。

目前大多数智能变电站中配置了简易母线保护，但存在故障判别不能判定方向，不能处理小电源的影响等问题。DTU 属于配电网中控制远方开关开闭的终端设备，要检测的线路与开关相对较多，所以对数字输入、开关输入、模拟输入的数量要求较高。当前在配电网中对母线进行保护主要有两种类型。

(1) 对 RTU 集中控制，能实现 RTU 的故障检测、电源自投以及继电保护等功能。这种方案具有系统稳定性低、扩充系统困难、安装维护难度大等缺陷。

(2) 将具有各类馈线的 DTU 装置安装在开关柜内，使得公共电柜中具有远程控制、信息汇集功能，通过这种方式，不同的安全格中具有单独显示功能，这种安装接线过程操作简单，有利于对电网的后期扩充以及维护等。

使用分布式的 DTU 设备，能将间隔单元与公共单元进行组合，并在公共单元的总线中将间隔单元进行连接，使二者能够互相配合，将 DTU 的作用发挥出来。

例如：一个分布式的 DTU 装置实现对配电网中母线的保护，通常要设置 8 个互相间隔的 DTU。

当同时满足母线的保护处于投入状态时，由下方支路上的 DTU 来接收处于公共区域的DTU信息，这样才能形成具有故障启动、动作、方向等元件的保护方案。

所有的DTU电流流出方向和DTU的启动间隔不一致且有一个或一个以上没有间隔通信状况的异常闭锁现象时，能通过向不同的间隔DTU发出命令并将母线保护的动作进行延时之后，从而实现跳闸操作。间隔DTU对间隔的方向以及启动等做出判断后，方向、启动等判断元件处在间隔接地保护中，能通过状态量信号传输给公共DTU装置，并且异常判断处于公共DTU中，在其中设计母线保护及退投板，确保各个间隔DTU正常工作，对母线实现保护。

目前分布式控制技术的发展，可以支持分布式DTU方案的实现，分布式DTU也是发展趋势。分布式DTU可分散安装在各间隔单元且功能能独立，其接线相对简单，便于系统扩充和运行维护。在配网系统中，DTU终端设备可以实现监控保护配电线路，隔离故障单元等，因此要重点应用DTU设备的各项功能，促进电力系统的正常运行。

3.2 配网自动化通信协议及通信方式选择

随着我国经济建设的飞速发展，用电负荷也日益增加，用电可靠性逐渐成为电力用户最关切的问题。配网自动化技术的快速发展为解决这个问题提供了有力的技术支撑。

配网自动化系统由配电主站、配电终端以及通信网络层组成。通过现代通信技术(5G)对配网实时信息进行数据处理分析，根据数据分析结果进行适当的控制操作，从而建立起稳定可靠的配电自动化系统，来提升配电网络供电可靠性。

3.2.1 配网自动化通信协议

终端与配电主站之间的通信协议是非常关键的一个部分。

在配网自动化系统的建设过程中，当前配电自动化系统主要应符合《配电自动化系统应用DLT634.5104—2009实施细则》和《配电自动化系统应用DLT634.5101—2002实施细则》，根据上述细则的规定，配电终端需要支持包括三遥信息、定值参数、定点、极值以及波形文件等数据上送配电主站，来实现配电主站和终端之间的通信数据交互和实时监控。

3.2.2 配网自动化通信方式

配网自动化通信系统一般有实时性、稳定性、双向性和经济性四个方面要求。

首先，实时性指的是要能实现对系统运行状态进行实时监控，这对数据采集有实时性的要求。

其次，稳定性主要指通信系统必须具备良好的抗干扰能力，工作稳定。

再次，双向性指的是配电自动化主站除了具备向终端发送指令的能力，还要具备接收来自终端的监测数据的能力。

最后，经济性主要指在建设过程中通过设备选型和优化规划设计方案，能够降低建设运维成本，实现通信系统的经济运行。

结合配网自动化通信系统四个方面的建设要求，下面对配电通信系统中主要的通信方式进行介绍。

3.2.2.1 光纤通信

目前,光纤材料在传输信号中的高准确性和高速性已经成为信息传输的主导者,同时它也是通信传输的最基本材料,但是光纤通信传输中仍然存在很多问题。

光纤通信传输技术与传统的信息技术相比具有明显的优势,这些优势主要表现在传输信息量大、传输的信息质量好、传输速度快、传输安全性高等方面。但是任何事物也具有自身的劣势,光纤通信技术也不例外,光纤通信往往将信号强度衰耗的强弱作为评价通信传输质量高低的重要指标,在传输过程中不可避免地会遇到信号强度损耗的问题,而且随着光纤通信的广泛应用,光纤通信逐渐暴露处理数据传输质量受传输距离和光纤材质的影响。

1) 熔接技术

熔接技术是影响光纤弯曲的重要因素之一,光纤具有一定的弯曲度甚至是微弯都会带来损耗增加的危险。就目前我国的实际情况而言,纤断熔接术效果仍然不是很理想。在光纤通信传输的过程中,光信号需要经过接点位置,而接点处往往会出现光波散射现象,从而增加了传输的损耗,这样就大幅度降低了传输的强度。光纤的熔接作业无法做到隔绝空气,而在空气中往往存在微小物质的影响,所以在熔接点处存在异物的可能性很大。如果在熔接点存在异物时,光信号传输到此位置时,部分光因异物的存在而产生散射现象,从而直接降低了传输信号的质量。

2) 光纤特性的限制

光纤通信的原始性能较低,所以在传输过程中可能会产生连续的附加损耗。

光纤材料的制造效果就是原始性能,材质和工艺又直接影响着光纤的制造效果,制造效果又和光纤传输的质量有着紧密的联系。

例如,制造工艺管理不恰当造成了气泡和突起现象,而出现这些现象会大大增加使用过程的附属损耗值并降低通信传输质量,从而会增加成本而降低企业的相应利益。只有高专业水平的工作人员才能制造出膜场直径匹配误差小、内部材质分布均匀、内径和包层恰好围绕中心点的光纤通信材料,归根结底,人才是影响光纤制造质量的重要因素。所以在光纤制造的过程中,需要聘请高专业水平和高素质人才,综上所述,如果想提高通信传输质量,需要保证光纤制造工艺和材质。

3) 断线技术

光纤通信传输出现问题的另一个因素是断线技术水平不够高。光纤断线对信号的传输至关重要,断线技术不过关会增加光纤的损耗值,同时断线和光纤的损耗有着紧密的联系,这是光纤设备装备与用户技术的一个重要环节,而由于我国在光纤断线技术方面起步较晚,所以该技术仍然比较粗糙,使得作业断面整齐度不高,附加损耗较大。而光纤在入户的过程中进行断线处理时,空气中微小物质的影响较大,该微小物质的进入会使得光纤端面出现凸起,这样直接造成了信号传导的损耗。

3.2.2.2 电力线载波通信

电力线载波通信是指利用现有的电力线,通过载波方式将模拟信号或数字信号进行高速传递的技术，是利用电力系统中的高压电力线路进行通信的一种传送方式，通常是以输电线路为载波信号的传输媒介的电力系统通信。由于输电线路具备十分牢固的支撑结构，并架设3条以上的导体(一般有三相良导体及一或两根架空地线)，所以输电线输送工频电流的同时用之传送载波信号，这种综合利用早已成为世界上所有电力部门优先采用的特有通信手段，既经济又十分可靠。电力线载波通信是将话音信号送入电力载波机(PLC)的发信支路后，调制成40～500 kHz的高频信号，经结合设备送到高压电力线路的一相或两相导线上，高频信号经线路传送到对方后，再经对方的结合设备送入电力载波机的接收支路，经解调还原成语音信号，使用两相的称为“相-相”耦合接线方式，使用一相的称为“相-地”耦合接线方式。

主站要发送的数据通过数据通信接口发送到发送端的信号处理模块，发送端的微处理器接收需要发送的数据，并对发送的数据进行处理，经过不同编码方式进行编码、将发送数据进行调制后，通信信号通过电力线耦合电路发送到电力线上。接收端通过电力线耦合接口电路接收发送端发送的调制信号，通过解调得到发送的数据信息，送到接收端的微处理器进行分析处理，再通过通信接口送到从站通信设备中。从站也可以采用类似的过程向主站发送数据信息。

电力线载波通信缺点如下：

(1) 电力线载波信号只能在一个配电变压器区域范围内传送，配电变压器对电力线载波信号有阻隔作用；

(2) 一般电力线载波信号只能在单相电力线上传输，通信距离很近时，不同相间可能会收到信号，三相电力线间有很大信号损失(10～30 dB)；

(3) 耦合方式有线-地耦合和线-中线耦合，不同信号耦合方式对电力线载波信号损失不同，线-地耦合方式不是所有地区电力系统都适用，且与线-中线耦合方式相比，电力线载波信号少损失十几dB；

(4) 目前使用的交流电有50 Hz和60 Hz，则周期为20 ms和16.7 ms，电力线存在本身固有的脉冲干扰，通信质量相对较差。在每一交流周期中，出现两次峰值，两次峰值会带来两次脉冲干扰，即电力线上有固定的100 Hz或120 Hz脉冲干扰，干扰时间约2 ms，固定干扰必须加以处理。有一种利用波形过0点的短时间内进行数据传输的方法，但由于过0点时间短，实际应用与交流波形同步不好控制，现代通信数据帧又比较长，所以难以应用。

电力线载波通信将电力线路作为信道载体，其优点是实施方便，经济性好，组网灵活，通信接口兼容性良好，与电气网连接理论上可以实现任意2个电气节点的通信。而由于电力线载波具有频率选择性和使命性一些固有特征，使得电力线载波通信方式存在着一些缺点，如信号容易受到干扰、易受供电线路中断影响、信号传输距离有限等。

(5) 当电力线空载时，点对点载波信号可传输到几千米，但当电力线上负荷很重时线路阻抗可达1 Ω以下，造成对载波信号的高削减，只能传输几十米。现在PLC除了在远程抄表上有所应用外，已没有当初的豪言壮语，2000年以来各大运营商大规模推出ADSL、光纤、无线网络等多种宽带接入业务，虽然技术问题随着时间的推移，最终都被解决和克服，但是从目前国内宽带网建设的情况来看，留给电力线上网的生存空间，已经不断被其他接入方式压缩。

电力线载波通信在电力线路的电流对信号的干扰影响是不能忽略的，且三相电力线路传输有很大的衰耗，往小了说影响通信质量，往大了说可能会涉及信息安全问题。从技术上来说，电力线载波的优势仅仅是不需要在基础网络建设上投入太多，直接用现成的。此外，线路空载和重载情况的不同对通信要求的实时可靠来说，也会影响到线路阻抗，进而影响到信号的传输距离，这点也是不能接受的。

电力线传输存在很多的弊病，但在理论上应该是可行的，利用现有网络进行传输，是目前最可靠的方式。网络信号不同于电力的传输，如果利用电力线进行网络传输，网络长距离存在信号的衰减，面对不同的用户，一条电力线路不能区分哪一条信息应该传给哪一位用户，不利于信息的交换，也存在泄密的风险。

3.2.2.3 无线公网通信

中国无线公网主要是面向公共开发的一种通信系统以及相关设备，目前我国的电信、移动等运营商是中国无线公网建设的主体，配电通信系统中无线公网作为租用网络，具有建设维护成本低、无线公网通信技术成熟、无线通信覆盖面广等优点。

目前衡量无线公网的通信可用性一般使用终端在线率指标，因为终端在线率受系统、终端、通信模块和运营商网络等诸多方面影响，其具有一定的局限性。

无线公网通信技术在配电自动化中应用范围较广，具有投入成本低、覆盖范围广、实施方便等特点，能较好地应用于对通信可靠性要求不高、非“三遥”设备和光纤难以铺设的场合。

配电通信网是配电自动化的重要组成部分，都依赖通信网来实现。目前，采用以太网无源光网络(EPON)技术进行配电网运行状态的监视、控制和故障处理无疑是一个比较好的选择，但是由于光缆施工困难，城市建设和电力线路规划的原因，因此考虑采用无线通信方案来实现配电自动化数据采集。

无线公网通信因其部署迅速、覆盖率高、地域限制等特点，随着灾难应急、移动抢修等需求的提出，在配电自动化中的应用越来越多，无线专网由于建设复杂、投入成本大等原因，有一些试点应用但还没有大范围建设。

无线公网在配电通信系统的建设中也存在着一些缺点：

(1) 无线公网的数据传输实时性难以保证，服务质量与多种因素有关。

(2) 无线公网作为广泛覆盖的公共网络资源，需要在业务层增加有效的安全措施才能满足配电自动化业务安全需求，安全防护能力较弱。

3.2.2.4 无线专网通信

当前我国各项科学技术的发展速度不断加快，现阶段在电力无线通信的覆盖领域上正在大面积扩张，带动着我国电力无线通信行业快速发展，无线通信领域已经覆盖到了全国大部分地区，并建立起了更加先进的交叉式立体通信网络结构，同时也提高了信息通信的稳定性和效率。随着人们的生活质量越来越高，社会的不断向前发展，在日常生活中也在不断提升对通信技术的要求层次，在实际的使用过程中，信息通信技术仍然存在一定的缺陷还没有得到完善，因此需要针对在运行中的电力无线通信专网存在的不足和问题，让相关电力无线通信单位进行改进,并充分满足社会工作和生产的要求。

当前,电力无线通信专网在人们的日常生活当中会经常用到,其中几种重点的关键性技术包含了 Wi-Fi, WiMax, WMN 等,具体如下:

人们日常生活当中使用最广泛的无线网络通信技术就是 Wi-Fi 技术,通过 Wi-Fi 人们可以节省大量的手机流量来实现无线上网,同时还提高人们的网络信息通信效率。该项技术主要是基于计算机网络技术和无线通信技术的融合,Wi-Fi 技术的使用让人们随时随地都能进行上网,不再受到空间和时间条件的约束。同时 Wi-Fi 技术的传输速率相对较快,可以超过 90 m 以上的覆盖范围,甚至可以让 Wi-Fi 覆盖整个楼层,有效地实现了互联网企业办公工作的要求。

与此同时一种新型的无线通信网络技术 WiMax 诞生,我国研究该技术的起步时间相对较晚,但 WiMax 技术在实际的应用过程中所发挥出的优势非常明显。因为该项技术还处于初期的升级和研发阶段,但仍然存在一系列问题还需要进一步的改进,相对于 Wi-Fi 来讲,WiMax 技术的覆盖范围更加宽泛,在距离方面也充分满足了人们的信息传输工作要求。传输距离能达到 Wi-Fi 技术的几百倍以上,可以实现远距离传输信息通过对 WiMax 技术的有效应用,信息传输站的工作要求相对较低,同时不需要太多基站即可完成信息的远距离传输工作。

基于移动 Ad Hoc 网络,研发出来的一种新型无线通信网络技术 WMN。WMN 技术具有较高的先进性,信息传输的容量更大、效率更快、稳定性也更高。通过 WMN 技术的使用,在实际的工作过程中可以实现分布式传输信息工作效果,不但可以对数据信息和一些图像信息进行采集,发现故障问题可以及时解决,还能对目标进行实时性监控,但我国在这种技术的研究并没有完全投入实践工作当中,还处于理论层面上。

电力无线通信专网的建设需求如下:

1) 安全保障水平能提高

我国电力通信产业的发展和无线通信专网建设工作的推动离不开,同时也对电力通信的信息传输质量有着直接影响。在建设工作中,电力无线通信专网的信息通信必须要充分考虑安全问题,并且人们日常生活的稳定性和我国国民经济发展也会受到影响。随着我国电力通信产业进一步发展,科学技术在通信专网的建设工作中会使用到更加复杂和先进的信息通信网络系统,同时电力无线通信网络当中的安全隐患问题必须加以充分重视,为信息通信的信息安全提供重要的保障。

2) 能合理分配资源

为了保证电力无线通信系统运行的安全性,建立起完善的信息化系统十分必要,该系统要能实时性监控网络通信工作,同时电力系统资源的科学化管理也可以充分实现,对电力无线通信系统的资源能合理地进行分配,同时相关数据信息还可以实现实时性地交流与交换,电力无线通信系统能更加科学地解决电力系统运行工作中的各种问题,各种安全性影响因素也能有效排除,系统运行的安全性和稳定性也能提高。

3.2.2.5 配网自动化通信方式选择 5G 专网的优势

随着社会不断进步,信息技术与互联网技术也在快速更新与发展,4G 技术的应用已经不能满足人们的需求,与此同时5G技术来到人们的身边。4G和5G技术之间存在很大的不同:5G技术为人们带来更加多样化的服务场景,网络宽带体验也更加高速,从而服务体验感也大幅度提升。在大环境下,信息技术与垂直网络的有效融合也大幅度提高了智能化决策水平和整体运营效率,于是5G技术应运而生,并在多个领域中逐渐被应用。

随着国家电网公司不断完善战略目标,电力物联网的重要性近几年也在不断提升。在智能电网中,电力物联网是物联网技术的应用落地和一种具体表现形式,电力物联网包含了信息和电能的各种互联互通。因此,对先进能源互联网的重要性而言,通信技术的支撑不言而喻。4G在网络性能和应用场景方面的进一步演进成果变成了5G移动通信技术,目前5G通信的部署和研发方面,世界各国都在不断发力,在5G通信领域的研究里中国也有大量的成果,因此在国际上有着较高的话语权。5G移动通信技术相比于4G来说,在时延、用户感知速率和覆盖范围等技术指标上都有明显优势。

5G电力专网的具体特色如下:

第一,5G通信系统的峰值速率不低于20 Gbit/s,并且在小区内的各个位置能达到100 Mbit/s~1 Gbit/s的用户感知速率要求,从而实现数据高速传输。

第二,可支持终端海量连接5G通信系统,为实现万物互联提供了技术基础,移动通信终端和物联网终端接入密度也能实现100万台/km^2级别。

第三,5G通信系统丢包率仅为0.001%,发送1个32字节数据单元的成功概率高达99.999%,具有很高的可靠性。

第四,5G通信系统网络提升了系统响应各种业务的速度,端到端时延小于10 ms。

第五,降低设备能耗,这对5G通信系统来说可以延长通信设备与传感器的电池更换或充电周期,从而使各类设备纳入万物互联并保持长期在线。

5G电力专网的优势如下:

(1) 灵活化资源。通过VPN、VLAN、5G切片、SDN、NFV、AI虚拟化等技术,在电力系统方面对各类电网资源、发电资源、负荷资源进行灵活化处理,通过采用一系列关键智能电网技术和先进ICT技术来实现电网软件定义,使得电网运行灵活化,大幅提升调控能力。

(2) 定制服务个性化。5G网络通过切片、MEC、UPF下沉等技术资源的灵活化设计,以此实现源网荷友好双向互动及供电服务的个性化,在应对电网故障提供供电服务时,可以做到对不同用户的不同系统、用电设备实现区别对待,实现服务的差异化。

(3) 专项专用,分区隔离。在传统负荷分级的基础上,进一步在用户区域内进行类别区分,区分出可中断负荷、连续供电不可中断负荷等类别。在此基础上对用户用电负荷进行精确精准调控,既可保证用户生产安全,也能应对电网调控需求,通信网络的资源纵向通过切片技术分割,专项专用。

(4) 全面提升效益,优化系统效率。发电、电网侧、储电等节点电网的各种电力资源通过MEC+UPF、5G切片技术、时延控制、安全增强等技术进行整体调控优化,大范围减少故障造成的影响,最大化实现系统运行效率。

基于MEC云网一体、终端融合管理、企业网综合管理等网边端协同能力的5G专网,对内外网、端、云的集约化管理及数字化运营的需求可进一步满足配电自动化,实现对专网的可视、可维、可管、可控,5G专网为配电自动化提供更高效、更完善、更优质的服务。

能实现配网线路区段或配网设备的准确定位及故障判断，配网线路故障区段或故障设备快速隔离，故障停电时间和范围最大可能地缩小，配网故障处理时间能从分钟级缩短到毫秒级。

3.3 分布式 DTU 技术

将 IP 数据转换为串口数据或将串口数据转换为 IP 数据，通过无线通信网络进行传送的无线终端设备叫做分布式 DTU，将终端设备、硬件平台和模块功能统计到一起，配电终端采用的设计思想是应用标准化的分布式概念，实现配电网的自动分布。

分布式 DTU 终端技术相比较于集中式 DTU 终端技术灵活性更强，配电容量更大，分布式 DTU 终端在短时间内可以实现用户升级，性价比也有效增强。

分布式 DTU 配电终端可以安装在不同的开关本体上，具有极强的灵活性。使用配电网内部的主控终端和光纤网络的连接方式可以更好地检测配电网故障，缩短现场安装施工的时间，简化配电网施工复杂程度。

3.3.1 分布式 DTU 终端的技术原理

由若干个间隔单元和公共单元组成的分布式 DTU 终端，也是标准化站所终端。DTU 间隔单元在常规场景下分散安装于间隔柜内，对本间隔能实现故障判别和“三遥”功能，公共单元柜内安装 DTU 间隔单元，负责与主站通信并汇集各间隔单元信息。可分散安装是分布式 DTU 的优势，且各间隔单元可根据站房实际需求灵活组合配置，功能独立，便于运行维护和系统扩充，为客户提供高性价比的产品选择和便捷的升级扩容方案。

为构建基于物联网技术的辅助运维系统与低压配电网运行状态分析，实现低压配电网的智能运维运行与状态分析，整体架构如图 3-1 所示。

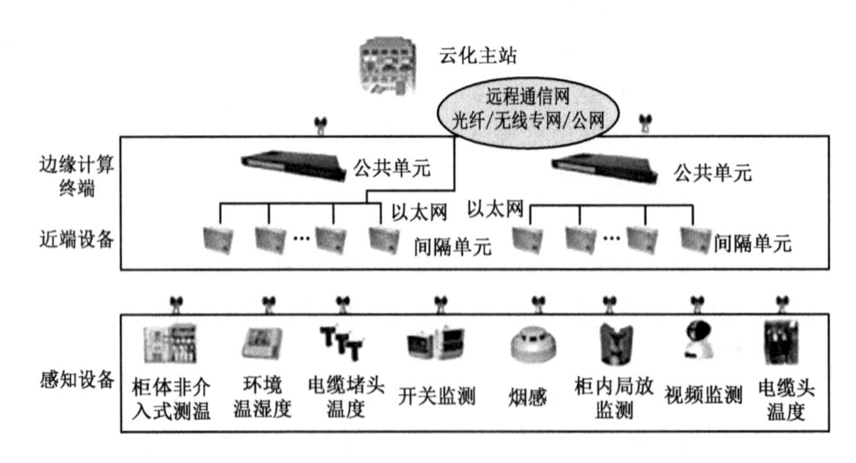

图 3-1 配电物联网体系架构

常规的分布式 DTU 并不具备边缘计算及物联通信的能力，配电物联网中边设备的功能无法实现。基于物联网的标准化站所终端公共单元，作为中压环网柜的边缘计算核心节点和数据汇聚中心，为了实现与主站的远程通信，各间隔数据能进行存储、采集、管理，还能与间隔单元及其他物联终端配合，实现故障定位与研判、智能感知、双向信息流即插即用以及设备状态监测与评估等功能。

3.3.2 分布式 DTU 配电终端模型基于神经网络的结构分析

在确定分布式 DTU 技术后，应建立分布式 DTU 配电终端神经网络模型。要遵循可持续发展理念建立分布式配电网终端模型，在终端部位要设置配电网智能主控模块、监控模块和电源管理模块。在不同的开关柜里分布监控模块实现故障判别，在监控模块获得信息后与主控模块通过网络传递进行信息存储和管理。除此之外，主控模块具备与主站进行远程通信的能力，能够与远方主站建立信息连接，方便主站进行远程数据交互。主控模块引入神经网络后能够利用实时数据以及环境信息、历史电力系统运行信息进行计算，要能输出预测当前所属区的未来功率和预测模型、负荷等信息。

电源管理负责管理配电网内部所有自动化测试终端的电源的同时，作为一个独立模块还需要确保主控模块、监控模块和电源模块都能够保持通电状态。

在基于神经网络的分布式 DTU 配电终端模型上可以更好地升级兼容，结构灵活性强，在馈线自动化方面通过重构网络与分布式控制结合具有良好的效果，能实现闭环运行，优化控制能力。

基于神经网络的分布式 DTU 配电终端模型结构，以集成式的方式在开关柜中部署，确保开关柜能实现一体化智能性设计。

镜像快速通信技术应用在 DTU 配电终端模型里，不用通过配电网主站的控制就能直接实现故障定位、分析和自动隔离，在 30 s 内就能保证未出现故障的区域正常供电，这也被称为配电网的智能自愈功能。在电源设计上对电源初始充电的功率要求高，由于配电网现场设备多，所以必须进行防爆考虑，防止电池出现过放和过充现象。

3.3.3 基于神经网络的分布式 DTU 配电终端优势

基于神经网络的分布式 DTU 配电终端与传统的集中式 DTU 配电终端相比，具有如下优势：

第一，更方便的供电路径方案搜寻。故障位置能够快速确定，主控单元根据确定结果进行分析，精准地给出供电路径方案。

第二，更快的故障定位。在短时间内分析信息，并且实现定位，配电终端工作性能得以提高。

第三，占地面积很小的主控模块具有更加灵活的结构，安装起来更加方便。

基于神经网络的分布式 DTU 配电终端，非常适合应用在分支箱及户外环网柜的自动改造上，安装过程耗费的工程量小。配电网分布式 DTU 配电终端在安装时以智能的方式将一、二次设备融合到一起，且相应的安装问题仅需要安装一次就可以解决。

3.3.4 基于边缘计算能力的关键技术

1）容器技术的应用

容器(Container)技术是一种全新意义上的Docker虚拟化技术，由操作系统提供虚拟化的支持，属于操作系统虚拟化的范畴。目前最受欢迎的容器环境是Docker，其是开源应用容器引擎，开发者能将应用或者依赖包打包到一个可移植的镜像中，然后发布到操作系统上，且不需要接口。

容器技术能更好地在组之间平衡有冲突的资源使用需求，能将环境管理复杂的单个操作系统资源划分到孤立的组中，解决硬件管理问题。如传统方式解决这类问题需要虚拟机创建一个应用，但虚拟机本身就占用了许多的系统资源，不能实现轻量级虚拟化。又比如，应用需要在运维和开发之间转移、协作，而当运维和开发的操作环境不同时，也会影响运行结果。如将应用使用容器技术隔离在独立的运行环境中，Docker容器就被称之为独立环境，运行程序快且带来的额外消耗占用就会减少，也能以相同的方式在任何地方运行，这便于构建隔离标准化运行环境，以及一切横向扩展的应用。

容器虚拟化有以下四种基于虚拟化目的的分类：

(1) 平台容器的虚拟化

这是针对计算机的虚拟化和操作系统的虚拟化，又能分别对应服务器虚拟化和桌面虚拟化，平台的虚拟化主要通过I/O虚拟化或者CPU虚拟内存虚拟化来实现。

① 服务器物理资源(硬件虚拟化)可抽象理解成逻辑资源，这叫做服务器虚拟化，是多个相互隔离分割、互不影响的虚拟服务器。

② 将计算机桌面进行虚拟化及资源的配额和度量叫做桌面虚拟化，以达到桌面使用的安全性和灵活性，在任何时间、地点可以通过任何设备和网络访问我们的个人目录系统。简单来说，我们个人的桌面系统有类似文件接口，就可通过网络连接到服务器，即可对进程资源进行控制，省略开机过程或者重装操作系统这一类的维护成本，服务器虚拟化技术的成熟依赖于桌面虚拟化的发展。

(2) 资源容器的虚拟化

此类虚拟化主要针对特定的计算机资源进行，例如内存虚拟化、存储虚拟化、网络虚拟化等。

① 在一个物理网络上模拟出多个模拟网络(将网络节点分成“逻辑工作组”)就是网络虚拟化(VLAN)，可以把广播限制在各个虚拟网范围内，这用来防止来自Internet的威胁、虚拟专用网络(VPN)、VPN允许远程用户通过路由访问组织的内部网络，这就保证了用户对应用程序和数据能够快速安全的访问。

② 存储设备的能力、接口协议差异很大，要将不同存储设备进行格式化，如将各种存储资源统一转化成统一管理，这种抽象化方式叫做存储虚拟化，其便于集中管理，有统一的存储池，磁盘的利用率与传统存储相比扩展性更加同质化。

(3) 应用容器的虚拟化

Java虚拟机就是一个典型的在应用层进行虚拟化的例子。应用虚拟化能将应用程序与操作系统解耦合，为应用程序提供了一个虚拟的运行环境。

(4) 表示层容器的虚拟化

表示层容器虚拟化与应用虚拟化类似,但不同的是,表示层虚拟化中的应用程序运行在服务器上,客户端只显示应用程序的 U 界面和用户操作。主要的应用有微软的 Windows 远程桌面等。

装置在容器虚拟化技术的应用下会得到如下提升:

① 装置内的各容器在使用有压力时,不会连累到整个系统,其有封装隔离进程,具备独立空间,实现操作系统层面能支持多个计算机环境,环境包括操作系统以及应用程序和数据的虚拟化。

② 容器平台有独立网络堆栈,可对容器的日志、告警、资源配置、卸载和启停安装等操作进行管理。

③ 为了对容器进行安全访问操作并确保在证书保护机制认证下,利用安全超文本传输协议(Hypertext Transfer Protocol Secure, HTTPS)。

④ 为了将破坏降到最低,通过白名单机制和内核能力机制对容器进行权限访问控制。

此外,各项应用功能如拓扑识别、消息队列遥测传输协议(Message Queuing Telemetry Transport, MQTT)、IEC104 等均开发为 App 应用,并可灵活部署于相应容器内。优点如下所示:

① 容器平台可使用状态查看和资源分配回收等管理操作,对 App 进行安装卸载、启停。

② 容器平台保证 App 的独立性、封装性和可移植性,支撑 App 统一编程模型、应用扩展技术和接口技术,满足不同用户差异化需求以及自定义、自扩展需求。

虚拟化能优化 IT 结构,简化管理,优化资源的解决方案就是将计算机的各种实体资源进行容器虚拟化。目前服务器、内存、网络、存储都以抽象转化呈现,打破实体结构不可分割的障碍,以更好组态应用这些资源,同时云计算基础架构层面(IaaS)的核心技术也是对容器虚拟化,这不仅帮助企业节约了服务器成本、同时大大降低了占地成本、能源消耗和管理成本,同时对企业数字化转型有很大帮助,有深远影响及积极意义。

2) MQTT 技术应用

在物联网应用中,通信是不可或缺的重要一环,通信需求在不同的应用场景中的要求不尽相同。

无线连接技术(比如 Wi-Fi 和蓝牙)、蜂窝网络、有线以太网、卫星等通信技术,如今在各类 IoT 设备中被广泛应用,所有 IoT 技术的关键都是通信协议,IoT 设备只有通过特定的标准通信协议,才会进行数据交换与传输。为了满足当下多样化需求的 IoT 应用,市面上已经标准化了包括 XMPP、CoAP 和 DDS 在内的多种协议,以便在各个应用场景按需进行选择,基于发布订阅“轻量级”的消息协议,就是消息队列遥测传输(MQTT)协议,它工作在 TCP/IP 协议族上。

MQTT 具有两个功能:实体 MQTT 服务器和 MQTT 客户端发布/订阅传输,MQTT 基于订阅模型和发布,其具有轻量、简单、开放特点,但并不是“客户端服务器”模型,IoT 网络上无论是软件程序还是硬件设备,能提供一对多的信息发布、解除应用程序耦合的,可被视为 MQTT 客户端。

所有的客户端不是直接向彼此发布或订阅消息而是向 MQTT 服务器所管理的“主题”来发布或订阅消息。“主题”就是电子邮件里的收件箱向主题发布消息，于是其他通过 TCP/IP 网络连接的客户端都能订阅该主题的消息。MQTT 服务不仅能确保将已发布的消息让所有订阅的客户端接收，并根据多个商定的发布顺序 QoS 级别进行，网络上的所有 IoT 设备能对服务器进行验证，进而管理会话(SM)、连接、订阅。MQTT 的优势如下：

(1) 开发更简单：MQTT 是一种消息队列协议，能提供一对多的消息发布，使用发布/订阅消息模式，解除应用程序的耦合，相对于其他协议开发更简单。

(2) 网络更稳定：工作在 TCP/IP 协议上，由 TCP/IP 协议提供稳定的网络连接。

(3) 更轻量级：MQTT 属于小型传输，为了降低网络流量，协议交换和开销都是最小化(固定长度的头部是 2 字节)适合数据量较小，低带宽的应用。

(4) 更加容易实现：MQTT 协议的服务端程序已经很成熟，Java、PHP、Python、C 等系统都可以向 MQTT 发送相关的消息。

(5) 具有开放性：MQTT 是源代码开放(开源)，这有力推动了 MQTT 的发展，所有的开放性物联网平台现在几乎都能支持 MQTT，例如百度云、阿里云、中国移动 Onenet 等。

DTU 公共单元利用 MQTT 协议多点通信、异步的特点，使通信的参与者在时间、空间和控制流上完全能解耦，电力物联网系统需要松散通信的需求能够很好地满足，在部署 MQTT 后，DTU 公共单元的对上、对下通信(串口到网络双向透传)，均可通过发布和订阅机制交互进行。在配置及下载 DTU 参数后，客户端通过 TTL(RS232\RS485)发布带有标识的特定主题名消息，代理服务器通过 MQTT 工具发送基于主题的过滤后向客户端完成该消息的订阅转发，从而实现 DTU 和 MQTT 服务器之间数据的传输。

装置部署 MQTT 协议时，消息体选择 JSON 描述，考虑提高信息传输兼容和营销业务 698 协议的效率，也能采用 A - XDR 编码。各类 App 按需获取数据，通过数据中心与 MQTT 代理服务器进行信息的交互，完成高级应用功能。

3) 基于 HTTPS 的数据安全传输

公共单元 HTTPS 服务结构的设计如图 3-2 所示。

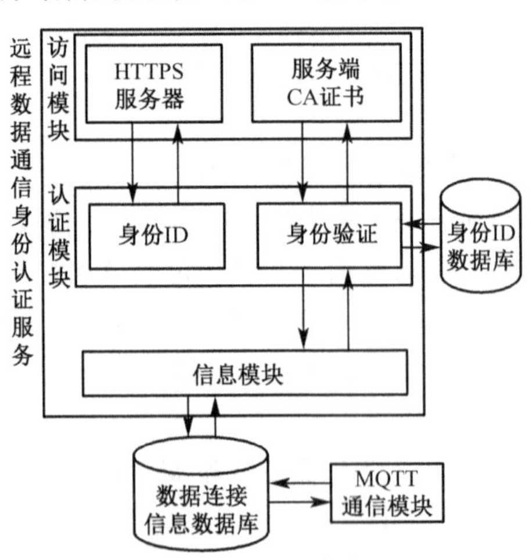

图 3-2 HTTPS 服务结构设计图

经SSL加密后的HTTP产生的HTTPS，主要通过加密算法、数字证书和非对称密钥等技术实现互联网数据安全可靠传输，这样安全服务公共单元就能具备秘密性、完整性和认证性。远程数据通信身份认证服务的采用，能够适应任意数据通信协议，具体身份认证的流程如下。

(1) 首先需要获取身份ID，客户端向云平台发HTTPS请求。

(2) 建立客户端与服务端的HTTPS安全通信通道的访问模块。

(3) 客户端唯一性用服务端的身份ID模块来验证，返回客户端的一串随机数作为身份ID。

(4) 客户端再利用该身份ID作为token向服务端获取数据通道连接信息的HTTPS请求。

(5) 认证模块接着校验身份ID，通过后就调取信息模块。

(6) 信息模块对数据通道的唯一标志进行认证，通过后将连接信息(包括URL地址、密码、用户名等)返回客户端。

(7) 客户端按照连接信息完成基于HTTPS的身份认证，接着与服务器建立连接，然后通过MQTT数据通道将采集数据发送到远程数据平台。

3.4　5G分布式DTU软硬件设计方案

3.4.1　智能分布式配电终端硬件设计

3.4.1.1　分布式DTU结构

图3-3是分布式DTU的硬件结构，可以选用STM32单片机作为分布式DTU系统的控制器，利用电流互感器或者电压互感器进行节点电压和电流测量，将电压和电流信号输入到控制器。用4路电流和4路电压组成该模块，这8路模拟信号利用多路开关、采样保持器、A/D转换器来实现分时转换和同时采样工作。

触摸屏液晶显示模块具有通信功能，能实现人机交互；采用以太网转换模块与相邻DTU和上位机完成信息交互；开关量输出模块采用光电隔离器件，其输出控制一次开关设备。

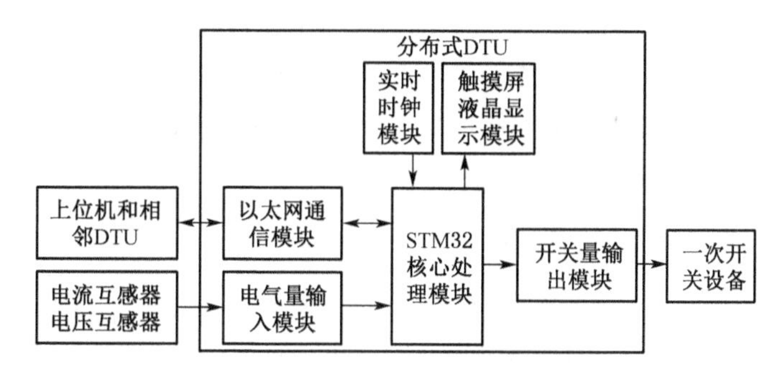

图3-3　分布式DTU结构图

3.4.1.2 控制器硬件模块

STM32 单片机作为核心控制器，选用 Cortex－M3 内核，其 CPU 最高速度达 72 MHz，具有 1 MB Flash，这能满足分布式 DTU 对控制器硬件的要求。

3.4.1.3 交流信号调理模块

DTU 共 8 路模拟信号，需要同时采集零序电压、三相电压、三相电流和零序电流。对于 10 kV 配电网来说，只需要经过两级的互感器变换，第一级为安装在电网一次侧的一次设备，电压互感器的输出电压为 0～100 V，电流互感器的输出电流为 0～5 A；第二级变换是将电压和电流信号转换成 0～20 mA 的电流信号这个双极性信号，还应采用信号调理电路将其转变成单极性电压信号来满足 A/D 转换模块的要求。

如图 3-4 所示是交流信号的调理电路图。

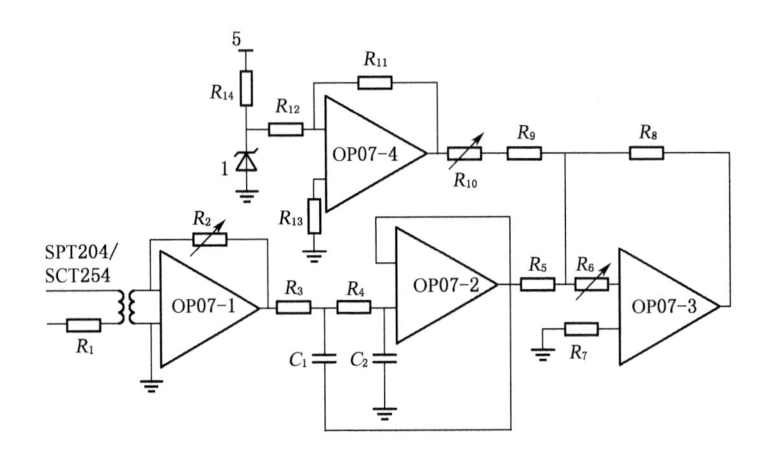

图 3-4 交流信号调理电路

① 电流信号采用电流互感器 SCT254FK，电阻 R_1 取 5.9 kΩ，输入 0～5 A 的电流转换为 0～2.5 mA 的电流信号。

② 采用电压互感器 SPT204A 作为电压信号，电阻 R_1 取 50.9 kΩ，将 0～2 mA 的电流转换为输入 0～100 V 的电压信号，运算放大器 OP07-4、OP07-3、稳压二极管组成的反向比例和稳压放大电路，由运算放大器 OP07-1 构成 *I/V* 转换电路。

③ *I/V* 转换电路首先将电流/电压互感器采集到的交流电流信号转换为交流电压信号，然后由电阻、电容和 OP07-2 组成的二阶低通滤波电路对交流电压信号进行滤波，最后将交流电压信号由 OP07-3 组成的加法器加上一个直流电压转变成一个单极性信号，再输入到 A/D 变换模块。

3.4.1.4 数字信号处理模块

在运行过程中，要通过遥信操作实现 DTU 判断各种模块的工作状态，以便根据状态信息判断输出相应的操作命令。为避免开关量受外界干扰影响而获取错误的状态信息，该设计开关量输入电路中有光电隔离，其采用光电耦合芯片 NEC2501 进行，如图 3-5 所示。

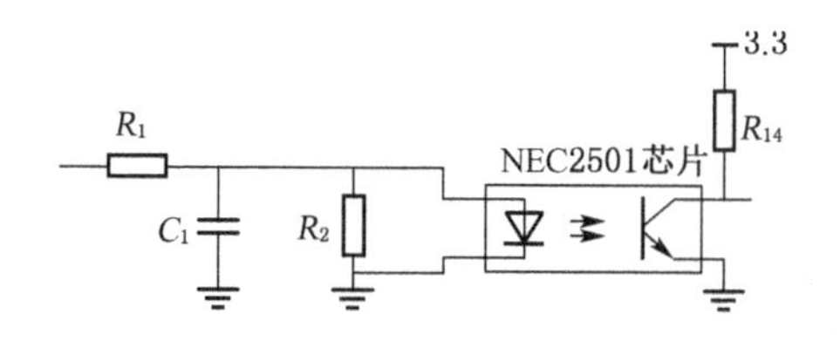

图 3-5 开关量输入电路

在进行供电恢复或故障隔离时，控制器是通过控制相应的继电器通/断实现，同时 DTU 也需要对断路器进行分/合闸的操作。为了进行电气隔离和实现抗干扰，控制器输出的开关量通过光电耦合芯片 NEC2501 进行光电隔离，开关量输出电路如图 3-6 所示。

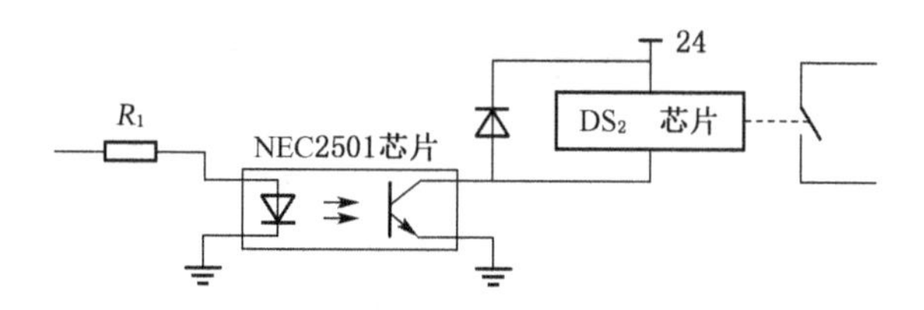

图 3-6 开关量输出电路

3.4.1.5 A/D 转换模块

采用 8 通道的 AD7606 16 位 A/D 转换模块能实现对模拟信号的精确转换，该模块片内集成了过压保护电路、输入放大器、模拟多路复用器、二阶模拟抗混叠滤波器、16 位的 200 kS/s SAR ADC、一个数字滤波器，能满足 DTU 对 A/D 转换的要求。

由于电压和电流信号采集的要求同步，将其控制端子 CONVST B 和 CONVST A 连在一起，受控制器的同一个 I/O 控制。

3.4.1.6 以太网通信电路

以太网接口设计能实现 DTU 与其他 DTU 或主站的信息交互，能够快速可靠弥补主站和 DTU 之间以及各 DTU 之间距离较远的缺陷。以太网接口模块采用的是 ENC28J60 芯片，利用数据输出端口与 ENC28J60 芯片进行通信。

3.4.2 智能分布式配电终端软件设计

3.4.2.1 故障启动方法

采用突变量启动方式来实现快速故障检测。

当 DTU 检测的相电流连续出现 3 个采样值满足如下公式时，即判断发生了短路故障，启动短路故障定位。

$$\begin{cases} i_p(t_0) - i_p(t_0 - T) \geqslant k_e I_p \\ i_p(t_p) - i_p(t_0 - T) \geqslant k_i I_p(t_0 - T) \end{cases} \tag{1}$$

其中，相电流在当前时刻和一个周波前的采样值分别为 $i_p(t_0)$ 和 $i_p(t_0-T)$；T 为工频周期；k_e 为突变量可靠系数，取 $k_e=0.1\sim0.3$；I_p 为馈线负荷相电流有效值，k_i 为突变量比例系数。

启动短路故障定位后，故障起始时刻就是 DTU 满足判据的初始时刻，共记录 2 个周波的故障相电流信号：故障前半个周波和故障后 1.5 个周波，以便用波形相似度比较法进行故障定位。

3.4.2.2 故障定位的方法

用基于波形相似度比较的方法实现快速的分布式故障定位。DTU 获取下游 DTU 记录的 2 个周波的故障相电流信号后启动故障定位，再各获取故障开始时刻后的一个周波故障电流信号，这两相邻检测点的故障相电流波形相似度按如下公式计算：

$$\rho_{k,k+1}=\frac{\sum_{t=t_0}^{T} i_{kp}(t)i_{(k+1)p}(t)}{\sqrt{\sum_{t=t_0}^{T} i_{kp}^2(t)\sum_{t=t_0}^{T} i_{(k+1)p}^2(t)}} \tag{2}$$

其中，$i_{kp}(t)$为相邻 DTU 的采样值，$i_{(k+1)p}(t)$ 为 DTU 的采样值。

当下游 DTU 未检测到故障电流，故障相电流采样值为 t 时刻，令 $\rho_{k,k+1}=0$。若两相邻的检测故障相电流和相关系数满足如下公式，则判断故障区段就是此相邻 DTU 间的区段：

$$\rho_{k,k+1}<\rho_{th} \tag{3}$$

其中，ρ_{th}为故障区段相关系数阈值，可取 $0.5<\rho_{th}<0.8$。

3.4.2.3 故障恢复方法

在 DTU 确定故障区段后故障区段的上下游 DTU 分别输出分闸命令，使故障区段的上下游断路器分闸，实现故障隔离。故障隔离后会导致故障区段下游负荷停电，停电负荷组成故障恢复区，这时需要采用基于负载率均衡的故障恢复方法，利用 DTU 实现快速的分布式故障恢复。

参与故障恢复区供电恢复的馈线负载率期望值按如下公式计算：

$$\overline{S}=\frac{\sum_{j=1}^{J} I_{Lj}+\sum_{f=1}^{F} S_f I_{f,\max}}{\sum_{f=1}^{F} I_{f,\max}} \tag{4}$$

式中，I_{Lj}为故障恢复区中第 j 条区段的负荷电流；S 为负载率期望值；J 为故障恢复区中区段总数；$I_{f,\max}$为第 f 条馈线的最大允许电流；S_f 为第 f 条参与供电恢复的馈线在执行故障恢复前的负载率。

根据故障恢复区的负荷、本馈线负荷、供电恢复区连接的联络开关处 DTU 计算本馈线设定的负载率期望值，然后以设定负载率期望值为目标，进行故障恢复区的负荷恢复，最后所有参与供电恢复的馈线均达到其设定负载率期望值后，故障恢复才算完成。

3.4.2.4 算法流程

图 3-7 是基于 DTU 的分布式故障定位算法流程，具体步骤如下：

(1) 各 DTU 实时检测并判断是否满足公式(1)的三相电流启动判据，若启动判据满足条件，则执行如下操作。

(2) 获取下游 DTU 的故障电流信号，并记录 2 个周波的故障相电流信号，然后根据公式(2)计算上下游检测点故障电流的相关系数。依据公式(3)判断是否满足故障区段判据，若不满足，则返回步骤(1)；若满足则执行如下操作。

(3) DTU 控制本地断路器跳闸，并向下游 DTU 发送跳闸命令。

在故障隔离之后，故障区段下游的 DTU 就按照图 3-8 所示的算法流程来计算参与供电恢复的各馈线负载率期望值。

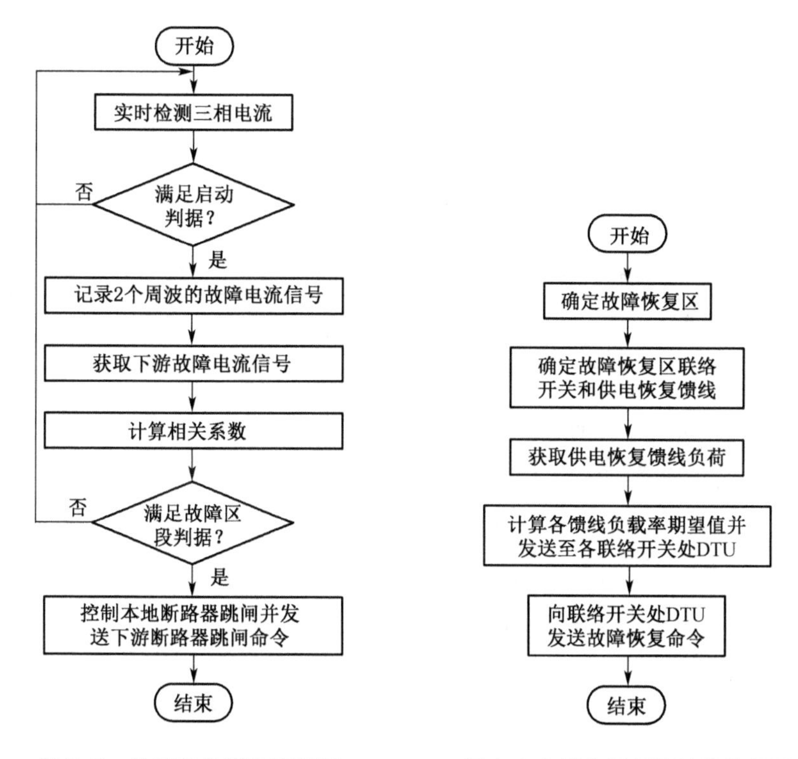

图 3-7 故障定位算法流程图　　图 3-8 负载率期望值计算流程图

具体算法如下：

(1) 首先确定故障恢复区和与其相连的联络开关和馈线，并获取参与供电恢复的所有馈线的负荷。

(2) 然后根据故障恢复区的负荷和各馈线负荷，计算负载率期望值。

(3) 最后各联络开关处的 DTU 要根据负载率的期望值和其馈线的负荷向联络开关处 DTU 发送负载率期望值和故障恢复命令，完成各馈线的故障恢复。

3.4.3 DTU 功能测试和校准方法

1）自动校准 DTU 终端

第一步，根据预设的参数传输命令，控制标准电源、直流信号源。

第二步，后台主机输出指定大小的交流电流、交流电压、直流电流、直流电压等信号到需测试 DTU 终端。

第三步，后台的终端自动校准及测试系统读取测试终端 DTU 单元的上送数据并进行分析，将标准源数据与 DTU 上送的测试数据进行比较，校准值被系统自动计算出来。

第四步，通过后台主机发出送写命令，测试 DTU 终端的校准寄存器中就会有校准值的写入，完成一个参数值的校准。

第五步，系统自动投切至完成下一参数的校准，直到完成电参量所有参数的校准，控制过程如图 3-9 自动校准时序图所示。

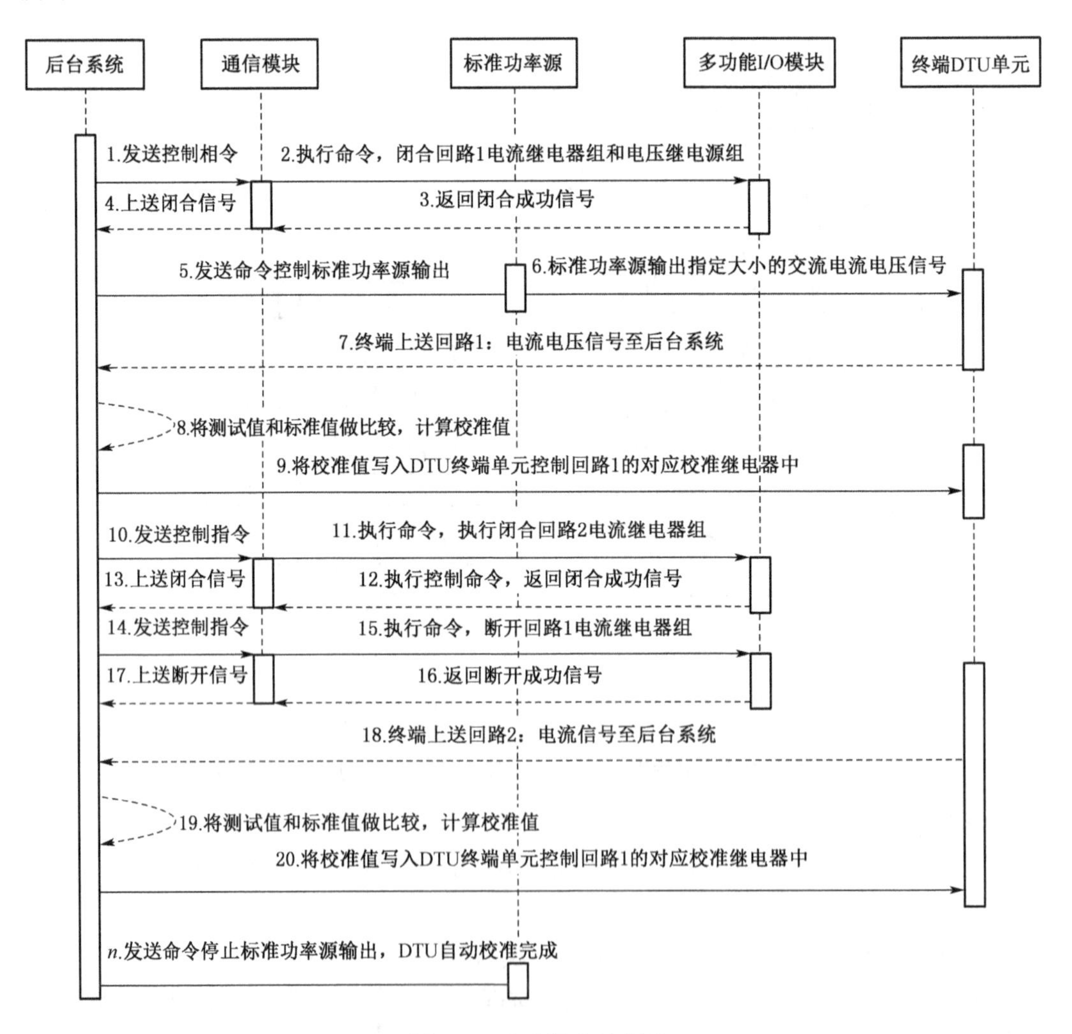

图 3-9　自动校准时序图

2) 采集模拟量功能测试

第一步,运行通信模块发出控制命令,关闭多功能 I/O 模块中控制电路 1 的电压继电器组和电流继电器组。

第二步,后台主机同步发出控制命令到标准程控电源,三相交流电流、电压信号均要输出指定大小值,通过多功能 I/O 模块输入至测试 DTU 终端单元。

第三步,根据测试逻辑,后台主机通过通信模块发出控制指令,来控制多功能的 I/O 模块继电器开关,测试 DTU 终端的指定间隔单元再依次控制模拟电流、电压信号的输入输出。

第四步,DTU 单元将采集到的相应间隔回路模拟量值转发给后台主机后,系统将采集到的测量值与标准源输出值对比并自动计算精度,然后切换到下一间隔单元测试。

模拟量循环测试基于完成测试的 DTU 终端多个间隔的回路,时序也与校准和控制过程相似。

3) 开入开出量功能测试

根据配电网需求,DTU 配电终端的开入、开出量接入要有多路。开入量功能测试是验证终端中的遥信是否被及时、准确的接收,开出量功能测试是验证终端中执行后台系统遥控命令的准确性。

多功能 I/O 模块通过控制后台系统测试终端 DTU 单元中被输入模块相应的开入开出信号,DTU 后台系统通过电力标准通信协议再传入模拟信号,后台系统对遥控执行及综合逻辑进行信号的准确性验证。如图 3-10 所示是开入量测试的时序图,在测试过程中一旦出现了异常,系统就会自动终止测试,并输出报警信号然后等待处理。

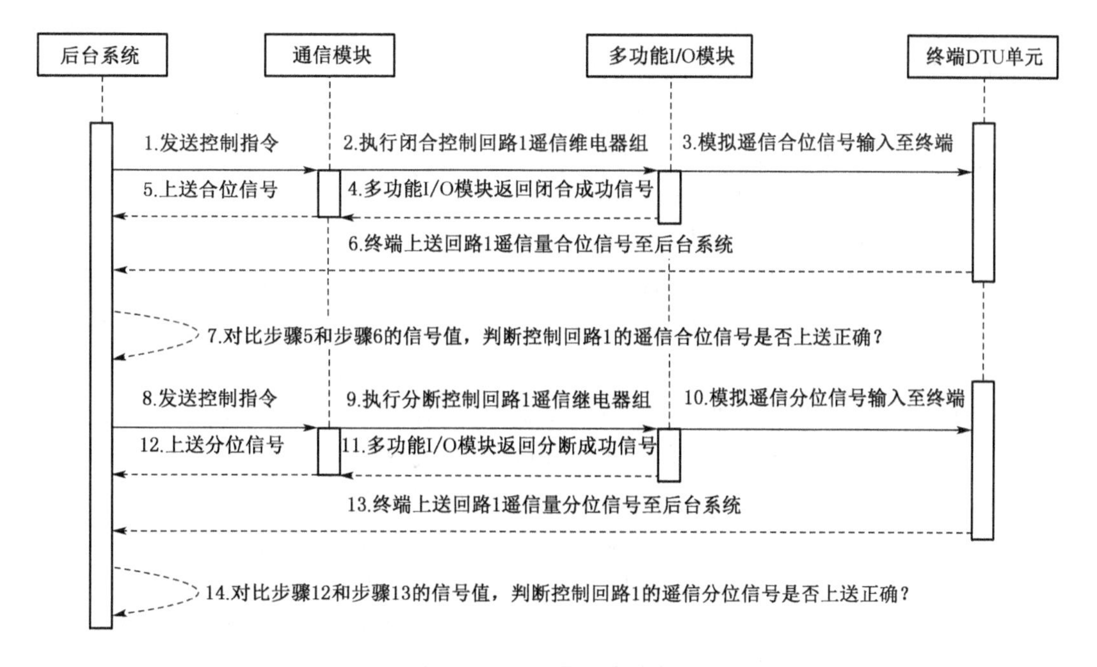

图 3-10 开入量测试时序图

4 差动保护

4.1　5G 通信配网差动保护自同步关键技术

4.1.1　故障时刻自同步技术

随着分布式电源(Distributed Generation, DG)以光伏和风电为代表在配电网中高度渗透、就地消纳,配电网逐渐变成了有源网络,原来的辐射型配电网络被慢慢淘汰,故障电流的故障特性也因此呈现多变、双向流动等新特点。

随着产业技术的发展及配电网络的高供电可靠性,我国已有较多地区建设了双环网或单环网结构并投入实际运行。但随着有源配电网或多源配电网的出现,三段式基于过流原理馈线自动化难以直接适用,依据电流分布特点和有源配电网的故障特性,电流差动纵联保护具有绝对选择性,才是解决新问题的最佳方案。

通过实时交换、对比线路两端的电流数据,电流差动纵联保护才能识别内外故障。这需要首先解决在配电网应用时的通道问题,根据应用实践,输电网差动纵联保护应和有源配电网的实际情况进行结合,配网差动保护通道的基本要求是:可靠性不得低于 99.999%,带宽不得小于 2 Mb/s,时延不得大于 15 ms,Ⅰ区的安全等级。

配电网点多面广,如果大规模铺设光纤,虽然对等通信能够满足配电网分布式差动保护的通道要求,但面临投资高、难度大、工期长等困难,目前成了制约配网差动保护推广应用的主要瓶颈。

如图 4-1 所示为配网差动保护的构成方式。

图中,*MN* 代表有源配电网中的某个馈线区段,两端保护装置通过 5G 终端模块接入 uRLLC 切片网络,这样保护装置之间就实现了基于 5G 网络的实时数据交换。

基尔霍夫电流定律是差动保护的基础,在原理上需要两端电流数据做到同步。与输电系统专用光纤通道不同,5G 通信来回时延不等,增加接收装置和同步电路,能做到同步。

由于配电线路较短(几百米至十几千米),电磁波在线路上的传播时间只有几微秒至几十微秒,故障发生时配电线路的两端会出现故障引发的电流突变且时间很短,只有用故障时刻自同步技术才能解决以上矛盾。如图 4-2 所示,两端保护将检测到的故障发生时刻作为时间起点,两侧的电流量(相量或瞬时值)分别计算或提取出来,并实现同步测量,然后经

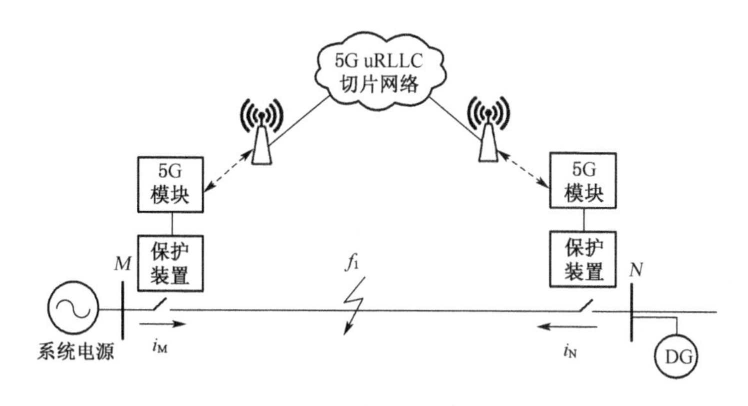

图 4-1 配网差动保护构成方式

5G 信道将同步测量数据传到对侧并打上时标，此时差动保护就完成了实时交互与数据同步，保护装置的采样率决定同步精度与故障时刻检测算法。

结果表明采样率不低于 6.4 kHz，而故障时刻用曲线拟合相电流与突变量启动相结合，同步误差能保证在 3%～6%之间波动，差动保护的同步要求能够满足。

故障时刻自同步技术虽然一定程度可以依赖外部同步时钟，但自身软件也能实现数据同步，这样安装环境和通道来回的时延影响可以消除，5G 通信配网差动保护完全适配。

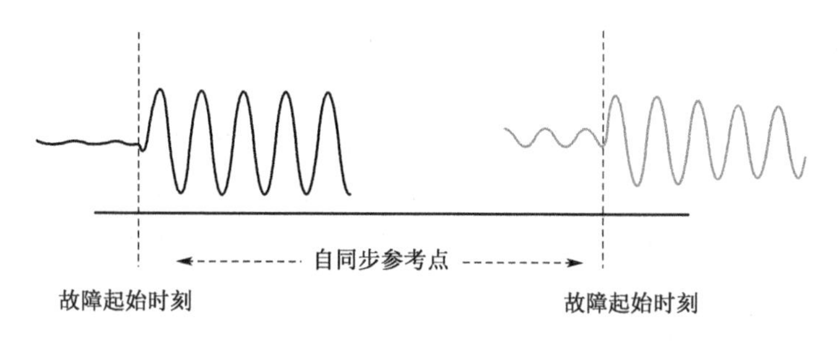

图 4-2 故障时刻自同步技术

4.1.2 差动保护动作判据

快速识别馈线区段上发生的相间短路状况，这是配网差动保护的判断依据，也是差动保护隔离动作的基础。为了适应配电网在故障特性、结构和负荷特性上的多样性，要分别采用不同的电流量及差动判据形式。

1) 无分支区段——全电流的分相差动

在无分支区段内配网场景下，类似于图 4-1 所示的 MN 线路，环网柜之间馈线上没有负荷分支，全电流的分相差动可以作为动作判据，如式(4-1)所示。

$$\begin{cases} |\dot{I}_{M\varphi}+\dot{I}_{N\varphi}|>K|\dot{I}_{M\varphi}-\dot{I}_{N\varphi}| \\ |\dot{I}_{M\varphi}+\dot{I}_{N\varphi}|>I_{op} \end{cases} \tag{4-1}$$

第一个方程为带有比率制动特性的主判据，用此方程能有效区分区段内、外部的短路故障情况;第二个方程能进行辅助判据,防止保护在稳态情况下的误动(因不平衡电流、负荷波动等因素引起)。

环网或有源配网被保护区段上发生两相或三相短路的情况时,分相差动动作判据是能够正确检测到的,小电阻接地系统也能够辅助反映单相接地短路的情况。当某一端为逆变类 DG 或单侧电源供电(如开环运行)弱馈现象情况发生时,系统侧电流会很大,而一端电流为零或很小时,比率制动系数 $K < 1$,负荷电流又大于最小动作门槛,依据(4-1)中两式就能满足保护动作的可靠。

2) *有分支区段内配网场景*

在有分支区段内配网场景下,环网柜之间(常接有分支电源或分支负荷)形成 T 接馈线。若分支电源场景分支点处的电流可测,则可采用三端线路差动保护作为判据形式:将分支线路电流在式(1)的基础上添加到制动电流与差动电流中,内部故障在任一分支发生短路后均可进行判定。若出现分支点处的电流不可测的情况(如分支负荷场景),差动保护就要考虑基于故障分量的差动判据形式来对分支负荷变化产生的影响进行分析。考虑到任何的故障类型都会存在正序分量和逆变类故障的情况,正序电流主要是输出,能够适应不可测分支电流,这种场景下能采用基于正序故障分量电流作为差动判据。

4.1.3 数据帧结构和通信协议

5G 差动终端采用面向连接的 TCP/IP 协议来进行终端之间的通信,其由报文头、时间标签、采样值标号、控制位、电流量、校验位、报文尾、电压量、开关量等信息组成的数据帧。其中的电流信息可以根据保护判据的需要,来选择三相电流瞬时值、三相电流相量、序分量,电压信息能根据现场条件及判据来选择线电压、相电压或零序电压相量。不同形式的电流、电压信息会因每帧数据的字节数传送而发生变化,(考虑到备用信息裕度后)字节数将不少于 60 字节。5G 终端置入 SIM 卡,在 CPE 中通过设置镜像连接,会使保护发出的数据帧由 CPE 经过 5G 切片网络发送到对端。

在一般情况下,保护装置通过固定间隔发送测试帧监测通道的状态变化。在故障状态下,两端执行故障处理程序(通过交换数据帧来实现差动判定)并启动保护。

4.1.4 基于 5G 的配电网差动保护与终端接口方法

现有的光纤电流差动保护光纤敷设成本高,这制约着配电网的大规模推广使用,且这种差动业务和配电自动化共用光缆,会降低保护两端站点之间可靠性,会出现跳纤等问题。

电流差动保护具有原理简单、动作可靠、故障区段选择性强、适用范围广等特点。分布式电源(DG)接入对配电网带来的诸多困扰和保护整定失配的问题,基于 5G 配电网差动保护能够很好地解决这类问题。5G 在配电网供电领域里最典型、最具开创性的应用则是配电网差动。在 3GPP 通信国际标准中,差动保护业务围绕配电网差动所需的无线授时技术(RCT)就是授时精度和通道时延等技术要求。核心网络优化和基站空口授时技术及客户终端设备(CPE),主流的通信设备供应商已开展了研制,支持多 IP 共口传输、高精度时标及时标品质信息、耗能水平在开关柜电源之内等条件都符合要求。关于配电自动化终端中的集成要适应高精度时标配电网差动保护功能，主流配电网终端供应商也在准备研制，原理上能确保无线通信机制的适应，通信协议能满足无线通信协议的需求，同时流量控制在合理水平内。

通信专业和继电保护共识一致，就越利于行业技术的快速融合，反之实施联调成本将会很高。

1）客户终端(CPE)接口协议的研究

(1) 对协议进行适配性分析

5G 通信网络的要求是传输 IP 协议报文，TCP 和 UDP 协议可用在传输层。其中可靠性要求高、实时性不强的主要应用 TCP 协议；如提高传输效率的情景则要用 UDP 协议，UDP 协议是“无连接”的协议，其用于实时性强、数据量大的业务。

System Verilog(SV)的报文业务中，配电网终端不支持可路由协议，通常采用链路层报文，不适合直接用于站间传输。一则，UDP 协议和差动保护信息接收和发送不需要双端先建立连接，都是“无连接”报文；二则，通信的实时响应能力的降低和 TCP/IP 协议栈开销、操作系统与任务调度等因素有关。

要最大化兼容现有的采样数据报文，会话层应用协议用报文的应用协议数据单元(APDU)封装，按照以 UDP/IP 协议为信息传输提供可路由的功能，UDP 报文帧结构如图 4-3 所示。

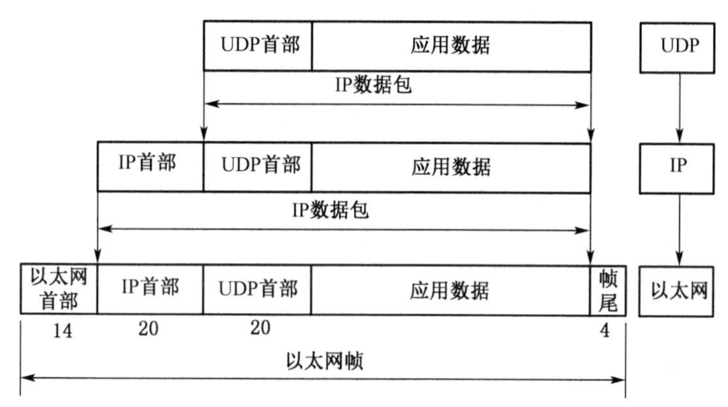

图 4-3 UDP 报文帧结构

(2) 协议转换的实现形式

DTU 采样产生的双状态数据经过协议转换，就可以形成在无线通信网上传输的 UDP 报文，这类数据具有更好的性能，更低的内存。图 4-4 所示，其物理载体可以采用多种模式，协议转换就由测试接口设备(TUE)实现。

第 3 层协议数据被 CPE 原型机接收，第 2 层协议数据被 DTU 输出，采用外置式协议转换模块。在 2020 年 8 月，商用版的 CPE 正式投入运行，3 层的协议数据 DTU 输出已实现，DTU 也实现了和对端的信息交互，图 4-4 中的几种模式都为可行方案。UDP 的报文封装处理时间在 1 ms 左右，远低于无线通信通道时延的离散度，因此不同模式下的协议转件速度无法对比。考虑到 CPE 的通用性，由通信接口的模式适配具体业务，所以 DTU 内置更为合适。

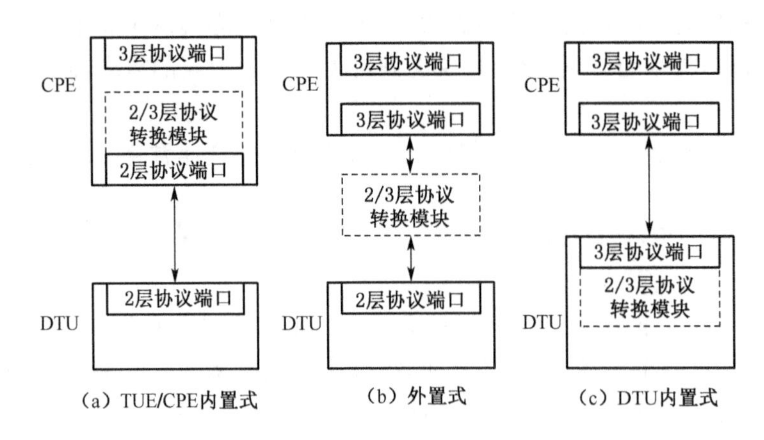

图 4-4　配电网终端差动业务数据接口形式

2）硬件接口的设计

配电网终端要能支撑很多的业务类型，比如三遥、差动等。进主站业务以三遥等为代表、跨基站业务和对时同步业务以差动业务为代表。对时业务与数据进主站业务要能共端口，要能降低配电网终端的接口数量；跨基站业务和进主站业务要实现共端口，简化二次回路，减少运维复杂性。

(1) 对时业务与数据业务的共端口问题

B码对时或1588对时都能用于对时业务。1588对时技术和B码对时技术从授时性能本身而言没有显著的差异，但采用1588对时后各类终端都需要进行改造，工作量较大。

B码对时是采用独立的对时端口，数据业务可以与1588对时业务传输，端口数量和设备间连线减少，但通信资源会被挤占。

考虑到差动保护同时授时两侧至关重要，选择采用B码对时。通信接口与DTU终端设备的电磁兼容的影响不大。

综上，CPE和DTU之间最适合通过专用的电B码对接授时端口。

(2) 跨基站业务与进主站业务的共端口问题

三遥业务和差动业务的差异主要体现在以下几个方面：

① 信息加密及路径需求

经过“终端—基站—主站—基站—终端”后，三遥业务的数据才会交互，而“终端—基站—终端”则属于差动业务的直接数据交互。根据《配电自动化系统安全防护技术导则》的规定，“主站与配电端之间的业务数据应采用经国家有关单位检测和认证的对称密码算法的加密措施”，“配电终端采用无线等通信方式接入配电自动化主站后，应设立安全接入区”，三遥业务进主站后“应优先采用微型纵向加密认装置”。

因此，目前电网对差动业务没有强制要求，而对于三遥（遥测、遥信、遥控）业务电网有强制的加密要求。

② 耗时加密处理对业务的影响

业务数据的加密能选择外置安全模块、内置安全芯片、业务终端或通信接口设备内嵌加密算法等方式。

外置安全模块采用的 100 MHz 运行频率，对终端设备不用进行其他的软件配置和硬件额外改造，外置安全模块的加密运算时间大约在 200 ms 左右。自动化遥控业务的时延需求只要数十毫秒级的时延就能够满足，但差动业务对实时性的要求会更高，随着技术水平的不断发展，加密解密耗时会不断缩短，加密模块的处理性能也会得到不断提升。

③ 对安全防护的要求

在配电网终端中，差动业务和三遥业务的端口独立，能用于业务之间的软隔离和端口之间的物理隔离，这将能起到很好的防护作用；若差动业务和三遥共用端口就只能软隔离，网络安全的风险就会有一定增加。

④ 通信规约

配电网终端的三遥数据带宽需求是 19.2 Kbit/s，但其对时延、同步的要求较低，对上通信一般为 104 规约。但终端的差动保护数据的实时性较高，数据量也很大，这对通道传输可靠性和时延要求就比较高，保护终端之间的差动采样数据通信，一般会用厂家的私有协议来实现。

通过分析配电网差动保护的业务需求，我们建议 DTU 和 CPE 的差动业务及三遥业务端口独立为好、DTU 和 CPE 之间通过专用的电 B 码授时进行端口对接为好、SV 报文封装成会话层应用协议为好、采用时标同步技术进行配电网差动为好，这些措施都将有力推动配电网差动技术和 5G 授时技术的发展。

4.1.5 不稳定传输时的差动保护方法

乒乓原理可以用来调整传统光纤差动保护的采样时刻，可以使得参加两端/多端的保护在同一个时刻采样，该方法能够不依赖外部时钟，就能实现两端系统的同步。但上升到多端系统之后，复杂度上升，错误率也上升了。

配电网无法确定传输的通道，且通道传输延时会不稳定，应采用采样点插值同步法并保证通道双向延时相等。差动保护的两端/多端从设置每侧的保护到插值都会参加运算，电流、电压值则回溯到采样时刻，图 4-5 为示意图。

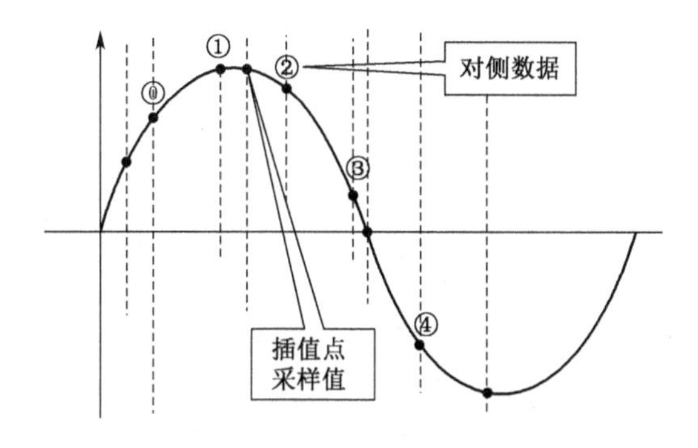

图 4-5 采样点插值同步法

采样点插值同步法遵循着“谁用谁同步”的原则，对侧数据接收到本侧后，根据对侧报文中携带的时标数据，就能计算出对侧的采样时刻，对侧数据就是图中的数据点 0、1、2、3、

4。然后本侧的采样间隔根据插值同步法进行重采样，将两侧数据同步。采样间隔根据插值同步要求参与差动保护的数据有相同的时间（参考全局时间），且只要参与差动保护的装置接收（同一个时间的）主钟即可。针对通道延时传输不稳定的问题，应增加每侧保护的采样缓冲区，采样缓冲区中存储数据的能力只要覆盖通道最大延时就可以。

4.1.6 负荷不可测分支接入的自适应差动保护方法

1）方案原理

为降低负荷不可测分支对有源配电网的影响，通过区内或区外故障在不同位置下两侧电流的特征和相似度计算分析，确保电流差动保护正确动作。方法是要计算曲线余弦距离、欧式距离等。若采用欧式距离来计算，两个向量 $\boldsymbol{a}$ 与 $\boldsymbol{b}$ 之间的距离能够用向量欧式距离表示，其表达式为：

$$d_{\text{Euclidean}}=\sqrt{\sum_{k=1}^{n}(\boldsymbol{a}_k-\boldsymbol{b}_k)^2} \tag{4-2}$$

其中，n 为向量 $\boldsymbol{a}$ 及 $\boldsymbol{b}$ 中的变量个数。

如要计算线路 MN 两侧电流间的欧式距离，就需要将采样时间窗定在计算两侧同一个周期时间内（20 ms）。在正常运行的情况下，在无负荷不可测分支接入时，线路 M、N 两侧电流大小会相同，方向若相反，此时 $\boldsymbol{i}_M$ 与 $-\boldsymbol{i}_N$ 的欧式距离就为零。

当接入负荷不可测分支后，两侧电流会存在一定的差值，然而由于负荷较小、对应等值阻抗会比较大，流过不可测负荷分支的电流会比较小，故此，在正常运行或者区外故障下，$\boldsymbol{i}_M$ 与 $-\boldsymbol{i}_N$ 仍会近似相等，那么其欧式距离就会较小。发生区内故障时，两侧电流会存在比较大差异，这样其欧式距离也会急剧变大。借助分析此差别，就能构建自适应差动保护判断依据。

1）保护判据

自适应差动保护判据表达式为：

$$\begin{cases} I_{\text{d}}=|\dot{\boldsymbol{I}}_M+\dot{\boldsymbol{I}}_N| \\ I_{\text{r}}=|\dot{\boldsymbol{I}}_M-\dot{\boldsymbol{I}}_N| \\ I_{\text{d}}>K(d(\dot{\boldsymbol{I}}_M,\dot{\boldsymbol{I}}_N))I_{\text{r}}+I_{\text{set}} \end{cases} \tag{4-3}$$

传统电流差动保护的制动系数会为0.3～0.9范围内的某个固定值。在实践中，如当发生某区外故障时，两侧电流的欧式距离会较小，要提高制动的系数，才能降低可能的保护误动。区内故障时，两侧电流的欧式距离会较大，为提高保护的灵敏性，要降低制动系数。

故此，自适应制动系数的设定，要满足以上要求，要利用高斯核函数，能够构建关于欧式距离的函数值，作为制动系数的整定值。高斯核函数的输出与输入的关系如图 4-6 所示。

其表达式为：

$$K(x_i)=\mathrm{e}^{\left(-\frac{x_i^2}{2}\right)} \tag{4-4}$$

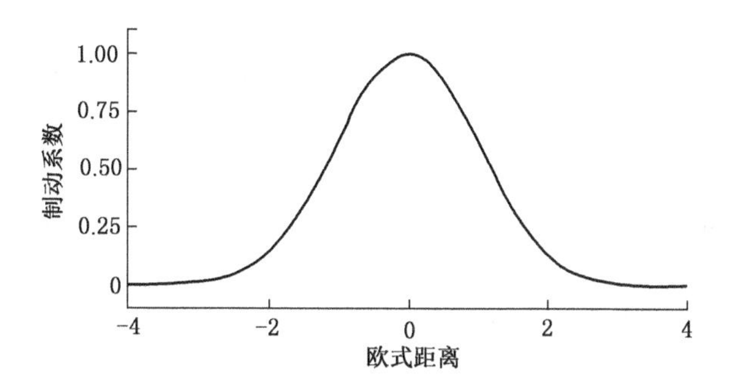

图 4-6 高斯核函数特性示意图

为了能使制动系数保持在规定范围之内，需要对两侧电流的欧式距离进行一定调整，除以一个设定值 d_{set} 后，再计算出制动设定系数值，从而能保证在正常运行时，制动系数在 0.6 左右。其设定值可选择在接入负荷不可测分支之后的两侧电流欧式距离。

自适应制动系数的表达式为：

$$\begin{cases} K(d_i) = e^{\left(-\frac{D_i^2}{2}\right)} \\ D_i = \dfrac{d_i}{d_{set}} \end{cases} \tag{4-5}$$

就此，能画出自适应的差动保护动作特性曲线，如图 4-7 所示。其比传统电流差动保护灵活，这种差动保护方案中制动系数能够随故障位置自适应进行整定。当区外故障时制动系数增大，而区内故障时减小到零，此时差动电流只需大于门槛值，这时保护即可动作。

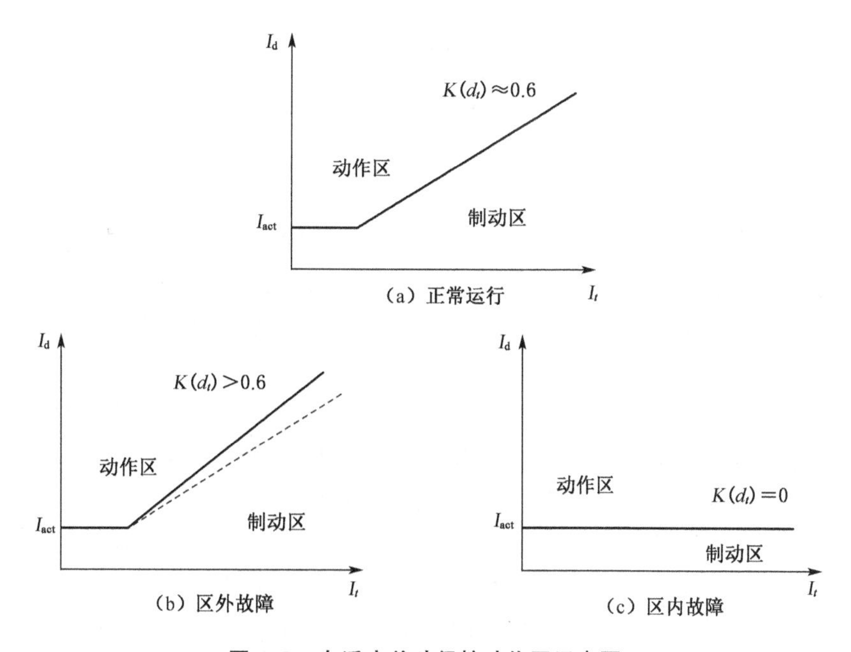

图 4-7 自适应差动保护动作区示意图

2）保护工作流程

针对含有负荷不可测的分支线路、分布式电源的配电网系统，采用自适应差动保护，要根据保护区内两侧电流相关性去修改制动系数，从而避免保护误动、拒动的问题。自适应差动保护整定流程图如图 4-8 所示，主要步骤如下：

（1）先采集线路两侧一个完整周波的电流数据，并且通过智能终端上传到变电主站或者分布式主站。

（2）再利用两侧电流信息，计算出欧式距离 d，从而判断出是区内故障，还是区外故障。

（3）接着根据欧式距离 d 和故障位置判定结果，依据自适应来调整制动系数。

（4）最后，比较差动电流和制动电流大小，如果满足条件就保护动作。否则返回步骤(1)进行循环。

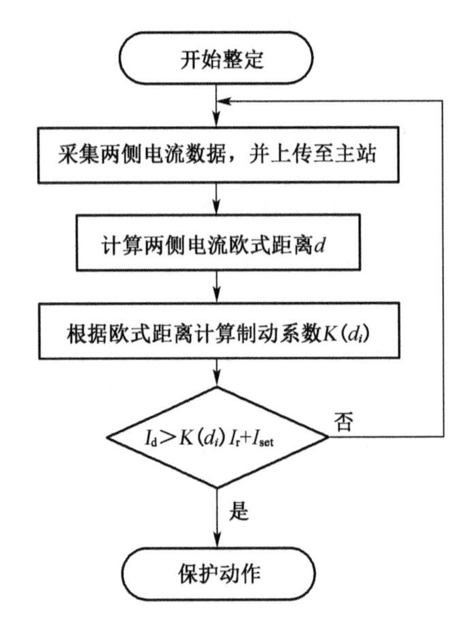

图 4-8　保护方案流程图

传统电流差动保护是采用定制动系数策略，无论故障发生在何处，制动系数都会保持不变。制动系数要随故障点位置的不同进行自适应性的改变，当区外发生故障时，要增大制动系数，以便减小保护动作区，区内发生故障时要将制动系数设置为零，从而扩大保护动作区。

考虑到区内经过渡电阻短路时，线路两侧的短路电流幅值将会减小，但仍会存在相角差。故此，动作判据的差动值和制动值采用两侧电流相量来进行计算，当差动值与制动值之比较大时，如果此时的制动系数为零，就能够保障动作区。

在部分电流差动保护中，若只使用两侧电流的幅值计算差动值和制动值，将会导致两者比值比较小，如果制动系数不变，就可能造成保护位于制动区，从而无法快速、可靠动作。

如上所述，保护方案不受故障条件、过渡电阻的影响情况下，同时存在负荷不可测分支接人配电网时，如果能够正确反应，也是能够提高保护的可靠性、灵敏性。

4.2 5G 差动测试方法

4.2.1 5G 差动时延分析和测试的方法

动作时间是衡量差动保护性能的重要指标之一，5G 通信条件下，需要分析时延构成和理论数值。如图 4-9 所示，若区段内部发生故障，基于故障时刻自同步的原理，需要经数据发送、数据接收、动作判定和跳闸出口等环节才能完成故障处理过程。

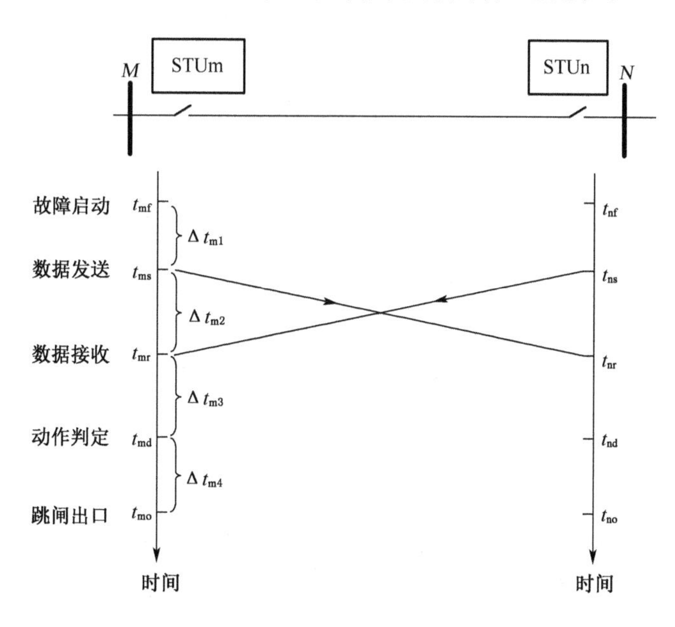

图 4-9 5G 差动保护动作时间构成

由于两端保护会采用对等通信，N 端保护动作时间与 M 端保护大致相等。5G 通信差动保护其动作时间，在理论上能够控制在小于 60 ms 内。如果采用就地跳闸，则故障的隔离时间就在 100 ms 内。这对于缩短敏感负荷的运行时间，实现配电网快速故障自愈，具有重要的支撑作用。

4.2.2 数字仿真闭环测试方法

1）仿真系统搭建

实时数字仿真系统(RTDS)是基于物理平台搭建的，能够与放大器组合在一起模拟输出电压、电流的二次值。同时 RTDS 还能够采集外接装置或者板卡的开出量，并能够在仿真软件中做出相应反馈，并能够将信号量的变化再输出到外接装置。利用 RTDS 可以和硬件装置共同组成闭环测试系统，能够更加真实地对装置的性能进行仿真测试。RTDS 中搭建的配网一次系统模型如图 4-10 所示。

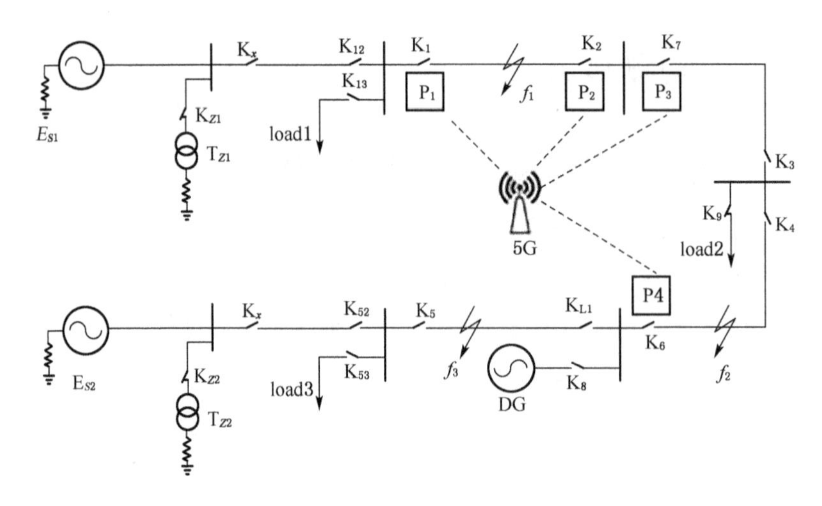

图 4-10　配网一次系统模型图

其所搭建的系统是双侧电源闭环结构，包含有两个主电源及一个逆变类 DG 电源。联络开关 K_{L1} 处会保持常开，系统能开环运行。系统的运行方式能在不接地方式及小电阻接地方式下进行切换，通过对接地变压器控制开关 K_{Z1}/K_{Z2} 进行控制。由于 RTDS 输出量及功率放大器路数的限制原因，只在 K_1、K_2、K_7、K_6 处加装四台 5G 差动保护装置。这四台保护装置之间会通过 5G 无线网络进行通信。

2）仿真测试实例

图 4-10 中的 f_1 处分别设置单相接地、两相短路及三相短路三种故障类型，通过调整过渡电阻的大小，测试保护 P_1、P_2、P_3、P_4 的动作时间及动作的正确性。

通过调整过渡电阻的大小及故障点位置，每种故障类型进行五次试验。对多次试验数据进行分析，可以得到以下结论：

（1）当 f_1 处发生故障时，对应的各种短路类型，保护 P_1、P_2 反映区内故障，能可靠动作，K_1、K_2 处断路器会断开。当保护 P_3、P_4 反映区外故障，能可靠不动作，K_7、K_6 处断路器保持闭合。f_2 处产生故障时对应结果类似。保护的可靠性从而得到检验。

（2）故障发生后，故障点上游电流由主电源提供，故障电流增加明显。故障切除后，K_1 和 K_2 处电流减小为零。故障下游的电流由 DG 提供，其输出电流能力很有限，故障电流与负荷电流相比变化不大。K_1 和 K_2 处断路器动作之后，K_7 处将不再能检测到电流，K_6 处仍有较小的负荷电流。

（3）设置故障点过渡电阻大小，如分别为 0、5、109 三种类型。当故障类型为单相接地短路时，故障点下游 DG 出力有限，保护就会执行单端启动逻辑，启动侧动作时间会在50 ms 左右，弱馈侧动作时间大约 40 ms 左右。这样就能保护在各种过渡电阻下，均能快速动作，且不受过渡电阻大小的影响。当故障类型为相间短路或者三相短路时，若过渡电阻小于 58 Ω 时，两端保护都可以快速启动和快速的动作，且动作时间在 40 ms 左右。当过渡电阻升至 100 Ω 及以上时候，受 DG 的影响，故障区段下游保护会不启动，保护执行单端启动逻辑，两端保护仍会快速切除故障。以上动作时间与理论分析值就是一致的，从而保护的速动性和耐受过渡电阻能力得到检验。

(4) RTDS上所测得的保护动作时间的统计结果如图4-11所示。由图中可以看出:保护双端启动时,5G差动保护的动作时间平均在40 ms左右,最大不会超过45 ms。单端启动时,启动端的动作时间的平均值在50 ms左右,弱馈端响应时间会比启动端快一个通道时延,大约在10 ms左右。

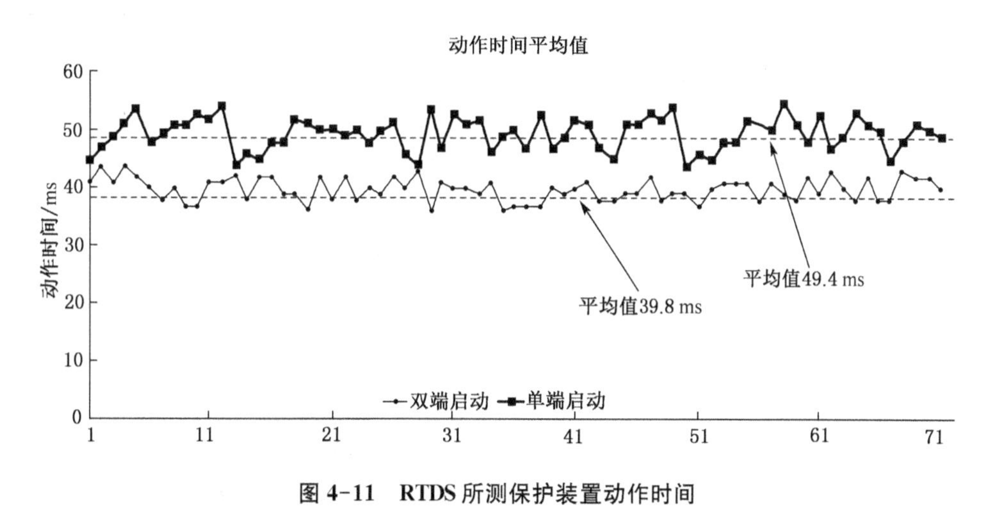

图4-11 RTDS所测保护装置动作时间

通过现场试验结果证明:在现场试验中,保护装置至少能耐受过渡电阻(小电阻接地系统);通过试验论证得到,在试验过程中保护装置的平均故障隔离时间为79 ms左右,这验证了5G差动保护装置的速动性能。

4.2.3 系统响应分析

基于5G切片独立组网及自适应的相关系数算法,由于信号采集及传输导致了电气信号的误差,在短时间内达到保护的启动值后,设定此刻的差动计算响应输入值则为1,在开关保护延时后系统将进行保护动作。模拟验证响应后的输入值如表4-1所示。

表4-1 差动计算响应输入值参数设定

时间/min	差动计算响应输入值
0	0
5	0
10	1
15	0
20	0
25	0
30	1
35	0
40	0

(续表 4-1)

时间/min	差动计算响应输入值
45	0
50	0
55	0
60	1
65	1
70	1
75	1

把表 4-1 的输入值当做分布式 DTU 差动保护系统的原始激励,和传统时延方式的控制策略与电气参数相关系数方式进行对比,系统保护动作运行状态的情况如图 4-12 所示。

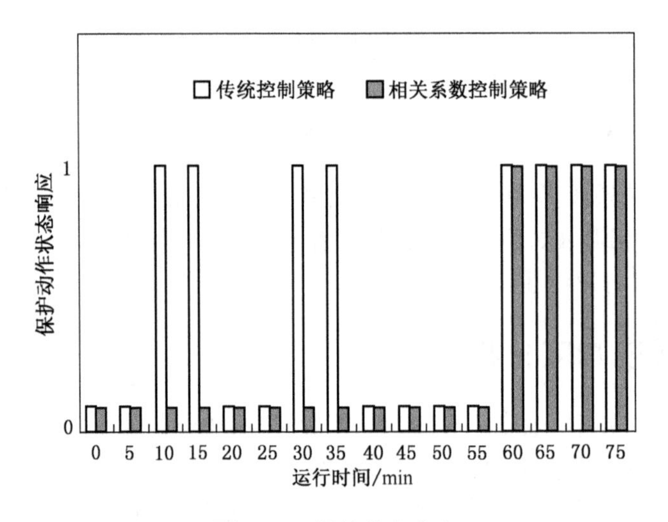

图 4-12 保护状态响应

从图中可以看出,传统的控制策略在有保护激励的状况下,线路开关会发生响应动作,当激励结束后,系统就会启动重合闸,线路恢复。基于自适应相关系数算法的统计学特点,是能够分析两组数据的相关性的,能避免单一数据或局部数据误差而引起的误操作来防止系统发生抖动,影响供电的稳定性状况。这种方法只有在 60 min 后,输入参数才会出现连续差动保护的启动信号,然后输出保护动作。系统的响应方法要兼顾信号的稳定性和系统的响应速度,以此实现故障隔离保护。

5 5G DTU差动保护的难点问题

5.1 有源配电网智能终端的自适应保护策略

配电网自动化系统是实现主动配电网自愈控制的关键,配电终端是它的核心设备。在集中式的配电网自动化系统中,FTU就只有监测和控制功能,主站与终端之间的配合过于依赖通信网络,一旦出现通信网络异常,就难以实现配电网故障隔离和恢复供电。

主动配电网能够弥补传统配电网的缺陷,其具有灵活的拓扑关系,且具有较强的分布式电源消纳能力,能够利用自动化、信息通信、现代电力电子等技术,能对配网进行主动管理、主动控制、主动规划、主动服务。自愈控制是主动配电网智能化的一个重要体现,通过该系统能实现对配电网必要的预防性控制及可靠的故障处理。

配电网自动化技术是实现自愈控制的一个重要的手段,其主要通过配置在馈线上的终端设备,采集配电网运行数据信息,并通过通信网络系统将信息上传至主/子站,经控制中心进行分析后,将控制指令回传到终端,终端再根据接收到的指令,操纵对应的馈线开关,实现对所属故障隔离及供电恢复。

这种控制方式,在一定程度上实现了对配电网故障的智能化处理,但它太过于依赖通信网络,如果通信网络出现异常,就会影响到整套系统的正常工作。智能分布式的配电网自动化系统不需要主/子站的参与,只需依靠终端检测故障信息,和各终端之间的交互配合就可完成对故障的处理。常规的馈线终端单元受开关类型的限制,只适用在联络开关位置固定不变的场合,所以难以适应复杂的配电网系统。智能配电终端,是一种智能分布式配电自动化系统的核心设备,它不仅有FTU的一切功能,还能配置在所有类型的开关设备上,不用受系统的运行方式和网络拓扑结构影响,可以实时采集配电网中正常及故障运行的数据,并通过它内部保护控制的模块就能完成对配电网故障的隔离,还具有很强的工程适用性。

另外,DTU也拥有很强的功能扩展性,除了对系统的监测和故障处理外,还能通过它内部的控制器算法,根据需要去实现对配电网的其他控制功能,具有广阔的发展前景。主动配电网不同于传统配电网,由于高渗透率DG的接入,它具有双向潮流流向等特点,就经常会导致常规的继电保护策略失效,如此一来就要对保护的选择性和可靠性提出更严格的要求。

故此，需掌握智能控制的终端保护和控制关键技术，对于主动配电网来说，提高自愈控制的能力和供电的可靠性会有很好的作用，还能保证主动配电网运行的经济性、安全性及可靠性。

5.1.1 终端的保护控制方法

传统的三段式的电流保护和距离保护都受到系统的运行方式和接线形式的影响，不适合用在结构复杂、高渗透率DG接入、自动化水平高的主动配电网系统。纵联保护可以对被保护的线路范围内一切区域进行保护，还不用受系统过负荷、系统振荡、网络拓扑结构的影响，所以要选择纵联电流差动保护来作为主保护的方式。

纵联电流差动保护会直接比较线路两侧的电气量信息，对数据信息的完备性要求较高。智能控制终端的内部具有数据采集的模块，能够实时采集本端线路的运行信息，还能将信息存储在数据库中，终端内部的模块可以随时调用，能够保证信息具有完备性和不可丢失性，终端内部的GPS模块也保证了两端信息采集的同步性。

5.1.2 改进纵差保护的方法

差动保护受过渡电阻和重负荷的影响较为显著。根据保护的判断依据公式和动作特性曲线可知，制动系数K_{res}是影响差动保护性能的关键因素，保护动作区域的大小也会随着K_{res}的变化而变化。

当发生区外短路的时候，根据线路两侧保护通过短路电流的特点，可将判据公式整理为：

$$I_1 \leqslant \frac{1+K_{res}}{1-K_{res}} I_2 \tag{5-1}$$

当$K_{res} \in (0,1]$时，区外故障时的制动特性角θ的取值范围为$\theta \in [45°,90°]$。而根据制动特性曲线可知，当$0 \leqslant K_{res} \leqslant 1$时，区外故障的非动作区会比较大，可靠性也较高。

当$K_{res} \in [0,1]$，$n \in (0,1]$时，相角特性函数的曲线如图5-1所示。

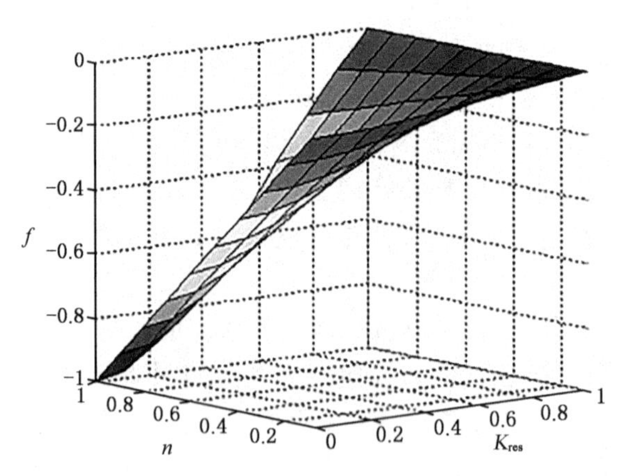

图5-1 相角特性函数曲线

由图 5-1 可知，相角特性函数的取值范围为 $f(K_{res},n)\in[-1,0]$，所以相角 α 的取值范围是 $\alpha\in(0°,90°)$，因此在发生区内故障的时候，相角应满足于区间内部。

为了提高纵差保护的灵敏性及可靠性，在保护判据中需引入调整因子，使得制动系数能够根据系统不同的运行状态来进行自适应的调整，因此改进后的保护判断依据为：

$$\begin{cases} I_d > I_{set} \\ I_d > [K_1 + K_2 Q(B)] I_{res} \end{cases} \tag{5-2}$$

式中的 $Q(B)$ 是调整因子，K_1 是差动保护整定的制动系数，K_2 是某一比例的常数，$Q(B)$ 的取值是根据差动保护制动特性和相角特性来确定的。差动保护制动的特性系数 $K_1=I_d$，所以调整因子可根据式(5-3)来进行修改：

$$\begin{cases} \text{区内}: B_1 > K_{res} I_{res}, B_2 \geqslant 90° \Rightarrow Q(B) < 0 \\ \text{区内}: B_1 > K_{res} I_{res}, 0° < B_2 < 90° \Rightarrow Q(B) > 0 \end{cases} \tag{5-3}$$

5.1.3　鉴别涌流、短路电流故障技术

高压侧变压器的空载合闸，能瞬间产生励磁涌流和低压侧的并联电容器投切，瞬间产生冲击涌流都是一种正常的工作状态。而涌流的产生能使智能终端采集到的电流和短路故障的电流相当，很容易引起差动保护的误动作。

涌流电流的谐波含量远高于故障电流，在智能终端中，保护控制模块的内部加装快速傅里叶变换(FFT)模块来对涌流和故障电流进行鉴别，如果鉴定情况是涌流，终端就不能采取保护控制的措施，它的工作流程如图 5-2 所示。

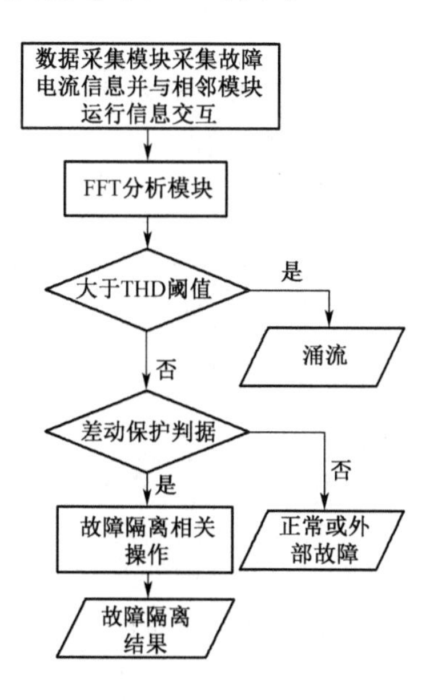

图 5-2　智能控制终端励磁涌流鉴别流程

5.1.4 多方法相结合的差动自适应的整定策略

主动配电网中，由于网络结构复杂，潮流方向多变，导致差动保护整定困难，而差动保护的整定值又与网络拓扑、负荷、DG出力有很大的关系，这就需要通过保护整定值，然后根据配电网的运行情况来进行及时的调整。

在主动配电网中，拓扑结构经常会根据需要而发生变化，这就对差动保护整定值的选取造成严重的影响。于是，针对这一影响因素，提出了基于穷举法的自适应保护整定方案，穷举的所有类型的网络拓扑结构必须满足开环运行、潮流分布正常的条件。然后在负荷和DG都出力不变的前提下，分别对各种拓扑结构来进行整定值的计算，就能找到让整定值最大的网络拓扑结构，此值就是网络拓扑影响的整定权重系数。对于负荷和DG出力的变化情况来说，应提出基于场景分析法的自适应差动保护的方案。

基于场景分析法的自适应差动保护方案，它的基本思路就是将某地区的负荷及DG出力情况进行聚类分析，从而划分为几种典型的场景。粒子群算法(PSO)由于拥有很好的全局寻优能力，能够有效克服K－means因为初始质心的选取不当导致的局部最优问题，所以采用了PSO－K－means算法，在选取的拓扑结构的基础上利用控制变量法，分别求得各种场景下的DG出力影响整定权重系数和负荷影响整定权重系数。最后再利用灰度模型对下一年的负荷进行预测，并利用基于时间序列的ARMA模型来对下一年的DG出力进行预测。

预测后的结果也可按照上述方法，确定在各种场景下，影响因素的整定权重系数，此举可达到对配电网的各段线路的差动保护自适应整定的目的。如图5-3所示，是基于穷举和场景分析法的自适应整定方案流程。

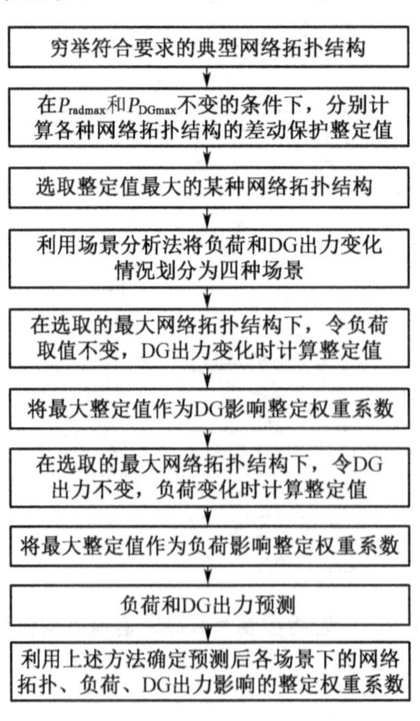

图5-3 自适应整定方案流程

5.2 信息物理融合的分析和风险评估方法

能源互联网被称为下一代工业革命的核心技术，是因为它借助了信息互联网技术，并充分有效地利用了分布式能源，还能满足能源消费者多样化的需求，它能与消费者互动，是一种新型的能源体系结构，能源互联网的核心技术就是信息系统和物理系统之间的紧密融合。

依托着智能电网技术及特高压交直流技术，能源互联网的发展和建立，推动着和促进着世界范围内的能源安全、清洁及高效利用，在适应未来新发展的阶段，和满足全球的能源电力需求前提下，能够实现能源供给和人类社会的政治、经济和环境协调进行可持续发展。因此，电力系统的未来发展方向，就被认为是能源互联网，而在电网中，信息物理融合的基础理论和关键方法，将是支撑它实现今后的重点研究和突破的内容。

随着自动化程度和智能化水平的不断提高，信息利用率和集成化的程度也越来越高，在新型传感、云计算、智能控制及通信等新一代信息技术的迅速发展和推动下，所形成的信息物理系统是控制和嵌入式系统的扩展及延伸。

因此，系统性能和实现先进控制及解决复杂问题的能力也逐渐提高。CPS 依靠分布在现实世界中的丰富传感监测设备资源，和高速可靠的通信网络来实现物理过程中所涉及的内部及外部数据等信息量的集成融合并相互使用，能更好地描述现实对象的本质，并能对物理过程进行更加精确的有效控制。任何和信息化高度紧密结合着的工业领域，都可以被理解为 CPS 在不同专业学科中的应用。

信息物理系统通过集成先进的计算、感知、通信和自动控制等一系列信息技术，也构建了物理空间和信息空间中的人、机、物，环境和信息等要素在相互映射、适时交互并高效协同的复杂系统，以此来实现系统内的资源配置和运行的快速迭代、动态优化和按需响应。

信息物理系统的本质，是构建一套信息空间与物理空间之间的闭环赋能体系，能够基于数据自动流动进行状态感知、科学决策、实时分析和精准执行，可以解决生产制造和应用服务过程中的复杂性及不确定性问题，能提高资源配置的效率，实现资源的优化。信息物理系统还拥有六大典型特征，分别为：软件定义、数据驱动、泛在连接、异构集成、虚实映射和系统自治。

电网 CPS 的基础保障是通信，它能够实现 CPS 组件内部单元之间和其他组件之间的互联互通。网络通信具有明显的泛在连接特征，将会更加全面深入地融合进信息和物理空间中，能实现安全、高速、可靠的通信。会支撑起跨网络及异构多种技术的协同与融合，来保障数据在系统中的自由流动。通过泛在连接对物理电网状态进行实时的采集和传输，以及对信息系统控制指令能够实时反馈，还能提供优化决策和智能的服务。

电网 CPS 通过构筑物理空间与信息空间之间的数据交互闭环通道，可以实现物理实体和信息虚体之间的交互联动。以物理实体建模产生的静态模型为基础，通过实时的数据采集、数据集成及监控，还有动态的跟踪物理实体的工作状态及工作进展，将物理空间中的物理实体在信息空间中进行全要素的重建，就能形成具有感知、分析、决策和执行能力的数字化的映射或镜像。同时借助信息空间对数据进行综合分析处理，形成对外部复杂环境的变化的有效决策,并通过以虚控实的方式进入到物理电网实体。在这一过程中,信息虚体与物理实体之间可以交互联动及虚实映射,共同作用来提升资源优化及配置效率。并且,电网 CPS 可以通过感知到的环境信息变化,在信息空间中进行处理分析,形成知识库、模型库和资源库,让系统能够不断地自我演进和学习提升,尽快提高应对复杂环境变化的能力,对外部变化能有效地自适应响应。

因此,能源互联网是电力系统技术与信息网络的充分融合。电网一次、二次系统相互的影响、融合及促进,多源的海量信息能得到高效利用的新型电网。然而,因为没有从信息物理深度去融合的角度和眼光,当前已经客观存在信息与物理交织融合并交互作用的电网,但没有对基于信息物理的交互机理电网和信息物理系统进行全新的建模表达和形式验证,也没有对应用的理论方法体系进行研究,所以导致电力系统的方法与传统理论的适应性正在下降。

安全在电网中是稳定可靠运行的第一前提。对于信息物理融合的电网来说,风险性与安全性问题的范围已远远超过传统系统的暂态稳定及供电安全层面。在信息物理融合过程中,由于深度的交织耦合,信息空间之间的通信、计算和时序配合以及运算性能,还有信息空间要面临的病毒、恶意代码和窃密篡权等一系列严重问题,共同作用在电网物理系统中,产生了客观存在且不可忽视的直接影响,从而和物理系统的连续过程发生叠加发展和连锁传导,由此造成了难以想象的严重后果。

由于电网信息物理系统中的安全风险问题更为复杂,且求解难度也更大。因此,在这一背景下凸显出的信息物理融合的主动配电网分析与风险评估策略具有重要的价值和意义。如图 5-4 所示,总结了这一领域当前对于考虑电网信息物理融合系统及关键因素进行安全风险性评估和分析所采取的技术路线及主要方法。

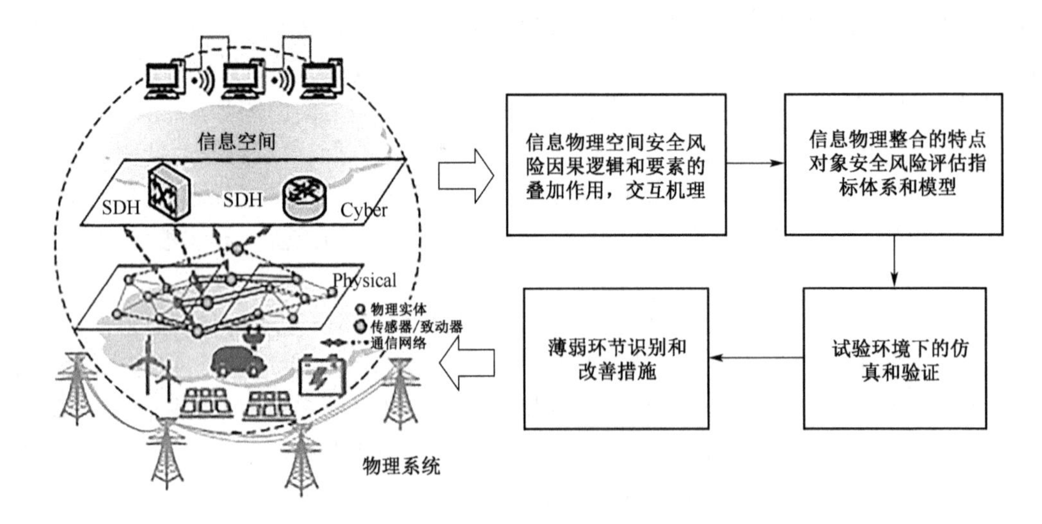

图 5-4　信息与物理系统交互影响的电网安全风险研究方法

潮流计算在电力系统中是很重要的基础性分析方法之一,也是状态估计、无功优化和静态安全分析等一系列能量管理系统高级应用的基础。然而,在面对不确定性的增强、功率扰动明显增多、潮流分布特性发生了改变的明显动态特征等现状,传统潮流方法的基于单个时间断面的适用性正在下降。特别是在有多样化负荷和接入分布式能源的主动配电网中，分布式电源的协调控制和功率的多级分层消纳会带来潮流的双向分布和较强的随机性特征，都会使传统的前推回代等方法不能使用。

当前研究成果中，面对不确定性的潮流问题，大多都可以从随机理论的角度对分布式电源中输出功率的不确定性进行数学建模，并以最优化的解析法或者模拟法来求解随机状态下变量的概率分布，从而可以得出电网潮流中概率的分布。

对于确定性的潮流问题，主要研究方法包括：

(1) 将不平衡功率或者时变的网络损耗，在机组间进行合理的优化分配，这样系统就能够达到新的平衡点。

(2) 在连续时间过程内可以满足于电网各种动态变化的场景，也能运行情况当中综合最优的潮流问题。但现有的方法并不能较好的提供主动配电网在随机不确定性的运行场景下确定潮流计算方法。

因为连续的物理模型与异构的离散信息相互融合，所以电网信息物理融合系统才能具有信息和物理的交互作用和虚实映射的复杂机理。正是因为在这种信息、物理的高度融合下，能源互联网才能充分地感知到电网的运行环境与场景的变化，并将反映出来的信息通过快速理解和即时分析处理，形成闭环决策的控制指令，并且无缝施加电网物理部分成了可能。

基于信息物理融合的多源配电网动态潮流网损分析方法用于深入揭示电网运行的复杂内在特性。该方法核心在于快速跟踪分布式电源的随机注入功率和场景变化，经信息流采集传输与作用的过程，连续地调节可控储能设备的输出以分担不平衡功率，获得系统在所研究的连续时间段内的确定性潮流分布和运行轨迹。该方法的实现基于一套信息流的运算处理流程及其与物理电网的紧密映射，体现了信息物理流的融合。而对于有各类型分布式电源和储能接入的主动配电网，其特征是要求实现对多种分布式能源的灵活协调控制和能源的高效利用消纳，需要时刻保持全局最优。在如何优化分配与承担系统功率差额、损耗的问题中，无需考虑传统大型输电网里的发电机组，及过于明显的负荷频率响应特性。作为唯一的可控电源来说，储能可以充分利用其调节能力，并最大程度地，尽可能地发挥它的平抑波动和提升。分布式电源的输出带来了稳定性的作用，但储能只能在满足自身的容量和充放的电速率等约束条件下，才会提供对功率的支撑，若超出了它的调节范围，就由配电网的平衡节点来承担，储能还不用分担网络中的功率损耗。

最优潮流需要求解的最优规划模型，可以获得各电源中输出的最佳调度计划，也方便达到运行成本和网络损耗等最低目标，用来计算多时段的最优潮流问题也是这样。该模型的约束条件一般包括：

(1) 节点功率的平衡。

(2) 节点电压的上下限。

(3) 电源有功和无功的出力上下限。

(4) 线路传输功率的容量。

故此，应该在信息物理融合中的主动配电网运行分析方面，基于信息物理交融的深入影响，和虚实映射的条件下提出动态的智能分析，信息物理融合的主动配电网的动态潮流方法，不仅需要反映出配电网跟踪的运行场景及变化，可控的设备能快速地灵活响应调节，以应对随机、频繁及不确定的功率扰动，还能基于运算场景，并在线滚动运行下，求得配电网在连续时间段内的系统潮流的动态分布、运行的轨迹及系统关键量的变化，在深入挖掘分析中，主动配电网能够为分布式电源的灵活控制和高效优化运行的高级决策提供支撑，能够体现出主动配电网的技术特征。

5.2.1 信息流、物理流双融合分析方法的机理

在高度信息化和智能化的条件下，电网物理的演变过程和信息处理环节高度的融合已经成了它的重要特征。

对于主动配电网来说，通过借助全面覆盖的信息通信系统，并依靠广泛的配置于每条的馈线、每个控制的区域、每个分布式电源，负荷的各类型配电网中的智能监控终端和彼此之间的沟通协作，系统具备采集传输、感知、协同交互、分析处理和自主控制等作用，能够更为先进的实现配电网的高级应用。

通过运用配电网的多元海量的信息集成方案，还有信息流上下传输的流动方式，并且，在通过各信息子系统之间的快速互动及综合考虑整体协调下，主动配电网的协调优化控制的实现也能满足能源的高效利用和充分消纳的需求。

故此，电网的物理系统在关键状态量中的信息，基于此信息集成方式，能充分流动在映射着电网的物理部分及信息空间中，并通过协同交互和组合叠加的机制，能实现并完成主动配电网运行的各项深入的分析及优化调节的控制功能。

所以，系统可以动态实时地监测到网络运行方式，以完成拓扑分析和节点优化编号，并将其中的支路和变压器等网络的参数保存在配电网的主站系统里，并让它们能及时更新，然后对应并生成相应的节点导纳矩阵。

分布式电源和负荷等配电网的底层设备中的智能终端，能够随时感知着监测的环境及外部的输入变化，然后加以理解分析，并根据设备的类型、功率因数和内部等值电路的参数等信息，来识别当前的运行状态，综合决定它在潮流算法中动态转换和节点类型的方式。

如图 5-5 所示，是主动配电网的潮流计算实现机理。通过基于相应的信息化支撑技术，来反映配电网的运行情况中实际物理量，用智能终端来完成采集，又用信息量的形式表示，并代入到潮流计算与电网及其他高级应用的分析运算中，也体现了配电网自身物理的演变过程与信息处理融合。由于电网在运行状态之中处于不断变化的情况，图 5-5 所示的各项工作的任务和执行的流程一直进行着在线的反复滚动。

为了更准确地分析连续时间段的电网运行，配电网在监测跟踪这种节点，并注入功率的即时变化基础上，在核心算法上使用动态的计算机制方法进行求解，然后基于所得的潮流结果，通过相关理论和模型来完成对配电网的运行态势更为深入的推断和评估。

故此，在动态潮流的信息与物理的融合实现机理中，物理过程要考虑配电系统中的电源、负荷还有网络变化场景下的潮流动态模型。信息过程要以电网的监测信息断面作为起点，并结合场景变化的推理分析过程，得到连续的信息流和对信息流的处理。

基于所讲的信息化支撑技术，在电网运行场景中的连续变化下，都可以同步实时地映射到信息部分中，然后以信息量的方式，分别存在网络导纳矩阵和负荷支路功率及节点电

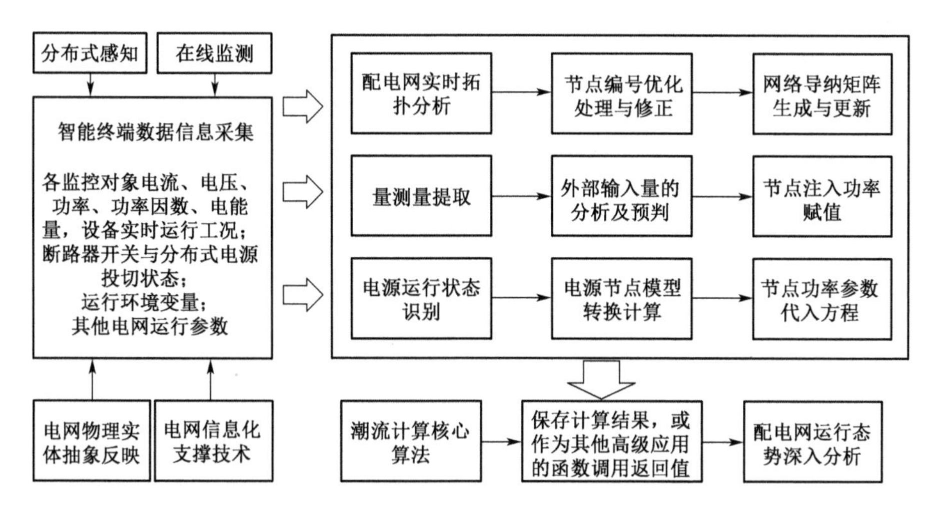

图 5-5　信息物理融合的配电网潮流计算实现机理

压与输出功率的各项指标等不同模块中。

上面的环节分别独立进行运算，然后各自的输出结果全部代入到潮流计算的核心算法中。但潮流结果又可当做基础数据，被运用于电网其他的高级应用，生成后可用于物理电网中的调控指令。信息流与物理流相互结合，随着场景和时间的演变而彼此推进，将电网中的实时运行状况和未来的发展趋势联系起来，以上内容便体现了主动配电网中潮流计算里的信息和物理过程的融合。

5.2.2　主动配电网动态潮流模型求解方法

5.2.2.1　储能的混合逻辑动态模型

如式(5-4)所示，根据混合的逻辑动态模型一般形式来看，可以结合信息和物理融合条件，跟踪场景的变化来完成储能中输出调节的相关机制，然后建立将连续功率输出和有限种离散状态特征予以反映的混合系统模型，能比较明确清晰地体现出，从运行场景和储能功率的输出，再到系统潮流分布信息和物理过程的变化。

$$\begin{cases}\boldsymbol{x}(t+1)=\boldsymbol{A}\boldsymbol{x}(t)+\boldsymbol{B}_1\boldsymbol{u}(t)+\boldsymbol{B}_2\boldsymbol{\delta}(t)+\boldsymbol{B}_3\boldsymbol{z}(t)\\ \boldsymbol{y}(t)=\boldsymbol{C}\boldsymbol{x}(t)+\boldsymbol{D}_1\boldsymbol{u}(t)+\boldsymbol{D}_2\boldsymbol{\delta}(t)+\boldsymbol{D}_3\boldsymbol{z}(t)\\ \boldsymbol{E}_2\boldsymbol{\delta}(t)+\boldsymbol{E}_3\boldsymbol{z}(t)\leqslant\boldsymbol{E}_1\boldsymbol{u}(t)+\boldsymbol{E}_4\boldsymbol{x}(t)+\boldsymbol{E}_5\end{cases}\tag{5-4}$$

式(5-4)是混合逻辑动态模型(MLD)的标准形式，由状态方程、输出方程和不等式约束所组成。其中，$\boldsymbol{A}\sim\boldsymbol{E}$ 代表各系数矩阵、$\boldsymbol{x}(t)$是系统状态的变量，$\boldsymbol{u}(t)$为系统输入的控制量，$\boldsymbol{y}(t)$ 是系统的输出量，都通过具有维数连续与离散的变量所构成；$\boldsymbol{\delta}(t)\boldsymbol{z}(t)$是辅助的连续变量。辅助逻辑的变量与辅助连续的变量的引入，能让相应的逻辑关系，或者不同系统的运行模式和状态、不同的运行区域约束和物理或安全约束等都得到定量的描述。

式(5-4)所示的 MLD 模型，提供了一个统一框架，用来集成系统的所有连续的动态、运行状态的切换及操作的约束等，方便于在统一的形式中能够分析并研究目标。因此，选取

MLD模型来用于主动配电网的区域协调控制建模之中，具有物理意义的实际研究系统应是良定的，在确定了初始的状态量和控制的变量序列后，输出的变量能够确定，而且辅助变量只存在唯一的解，可以确定下一时刻的系统状态量和系统输出的演化轨迹。

考虑到分布式电源随机输出，和场景跟踪因子形成不同的组合，式(5-5)所示的折线分段线性的储能输出模型基础上，引入辅助的逻辑变量 $\delta_i(t)\in\{0,1\}$，$i=1,2,3$，被定义为根据场景跟踪因子表示的、各种不同条件状态下的命题逻辑，即在任一时刻，若 $\delta_i(t)=1$，则表示反映场景变化下，相应的分布式电源输出的离散状态状况发生，如式(5-6)所示。

$$P_{\mathrm{ESS}}(t)=\begin{cases}P_{\mathrm{ESS}}^{(\mathrm{I})}(t_0)+k_{\mathrm{I}}\cdot t & DIF^{(t)}>0\text{ 且 }\mathrm{d}DIF^{(t)}/\mathrm{d}t>0\\ P_{\mathrm{ESS}}^{(\mathrm{II})}(t_0)+k_{(\mathrm{II})}\cdot t & DIF^{(t)}<0\text{ 且 }\mathrm{d}DIF^{(t)}/\mathrm{d}t<0\\ P_{\mathrm{ESS}}^{(\mathrm{III})}(t_0)+k_{(\mathrm{III})}\cdot t & DIF^{(t)}\cdot(\mathrm{d}DIF^{(t)}/\mathrm{d}t)<0\end{cases}\tag{5-5}$$

$$\begin{aligned}&[\delta_1(t)=1]\leftrightarrow[DIF^{(t)}>0\parallel \mathrm{d}DIF^{(t)}/\mathrm{d}t>0]\\&[\delta_2(t)=1]\leftrightarrow[DIF^{(t)}<0\parallel \mathrm{d}DIF^{(t)}/\mathrm{d}t>0]\\&[\delta_3(t)=1]\leftrightarrow[DIF^{(t)}\cdot(\mathrm{d}DIF^{(t)}/\mathrm{d}t)<0]\end{aligned}\tag{5-6}$$

同时，各辅助逻辑的变量要在任意时刻都能满足如式(5-7)所示的约束条件。

$$\delta_1(t)+\delta_2(t)+\delta_3(t)=1\tag{5-7}$$

所以，基于分布式电源的输出状态及场景变化感知，与分析的计及离散状态和连续输出的过程，如式(5-5)所示，线性分段储能的输出动态模型可以写为：

$$P_{\mathrm{ESS}}(t+1)=\sum_{i=1}^{3}[P_{\mathrm{ESS}}(t)+k_i\cdot\Delta T]\cdot\delta_i(t)\tag{5-8}$$

式中，$P_{\mathrm{ESS}}(t+1)$ 是下一时刻的储能系统的输出量，用相应状态下的控制量 k 和经过的时间间隔 ΔT，以及上一时刻系统的输出来决定。但在式(5-8)储能的输出模型里，初值是状态量，且仅为一个确定的数值，控制量是由 DIF 切线的斜率来决定的 k，也就是充放电倍率，辅助逻辑变量的引入与定义，表示场景状态的变化，而不是储能的自身状态量或控制量。因此，关于辅助逻辑的变量 $\delta_i(t)$，不存在混合整数不等式所表示的约束条件。其中包含了逻辑变量和离散状态还有连续输出模型的式(5-8)，也不再是线性模型，所以需要进一步地引入辅助连续变量，如式(5-9)所示。

$$z_i(t)\xlongequal{\Delta}[P_{\mathrm{ESS}}(t)+k_1\cdot\Delta T]\cdot\delta_i(t)\tag{5-9}$$

由于储能的输出功率是一连续的系统输出量，会受内部的能量约束，就能推导出，在任意时刻的输出功率均要满足上下限边界，如式(5-10)所示。用 m 和 M 来分别表示储能所输出的功率及所在区间的边界。其中，n 是由当前容量、最大容量及充电效率还有持续时间来决定的充电功率的下限，M 是由当前容量、最小容量及放电效率还有持续时间来决定的放电功率的上限。

$$P_{\mathrm{ESS}}(t)\geqslant-(E_{\mathrm{ESS}}^{\max}-E_{\mathrm{ESS}}(t)/\mu\cdot\Delta T)=m$$

$$P_{\mathrm{ESS}}(t) \leqslant \frac{E_{\mathrm{ESS}}(t) - E_{\mathrm{ESS}}^{\max}(t)}{\Delta T} \cdot \eta = M \tag{5-10}$$

储能连续动态的输出和对应场景变换下的有限离散状态，还有关于 k 和容量的约束将统一表达在该模型中。

$$\begin{cases} P_{ESS}(t+1) = \sum_{i=1}^{3} z_i(t) \\ \begin{bmatrix} 0 \\ 0 \\ -M \\ m \\ M \\ m \end{bmatrix} \delta_i(t) + \begin{bmatrix} 0 \\ 0 \\ 1 \\ -1 \\ -1 \\ 1 \end{bmatrix} z_i(t) \leqslant \begin{bmatrix} 0 \\ 0 \\ 0 \\ 0 \\ -1 \\ 1 \end{bmatrix} P_{\mathrm{ESS}}(t) + \begin{bmatrix} 1 \\ -1 \\ 0 \\ 0 \\ -\Delta T \\ \Delta T \end{bmatrix} k_i(t) + \begin{bmatrix} R_c \\ R_d \\ 0 \\ 0 \\ M \\ -m \end{bmatrix} \end{cases} \tag{5-11}$$

如式(5-11)所示，建立了储能的混合逻辑动态模型后，能根据此模型来实现跟踪运行的场景变化，分担不平衡功率的储能控制和响应。同时，可以基于相关的逻辑变量和时变状态量及参数、常定系数还有约束条件，能唯一地确定储能动态的输出。将此应用在系统的动态潮流模型中，就能实现在随机并连续多场景下的潮流分析。

5.2.2.2 网络动态潮流模型

在电网各种不同的运行方式中，节点在注入功率时的改变，特别是节点注入停运会使系统的节点有功无功、发生较大的变化。注入停运，主要指发电机的停运或负荷的停运，注入停运的发生，会导致系统的功率发生较大变化，从而出现严重的不平衡，这使节点电压相位系统的潮流分布会发生很大的改变，还会引起系统的频率变化和发电机有功调节的装置动作，正由于注入停运使系统的中会出现较大的功率扰动，然后潮流计算方法会在以往的这种情况下计算潮流时，往往就会出现收敛性差的计算结果和实际不相符的情况。

系统在计算注入停运的潮流时，首先要考虑的是，停运后系统的功率要怎样平衡，在传统的潮流计算方法中，总是会选取系统中的某一节点来当做平衡节点，停运的功率，完全由平衡节点上的机组所吸收，这样就会得到错误的结果，计算出来的平衡节点的注入功率也经常会出现节点上平衡机组的额定功率较大，或者向系统注入的负功率的情况，所以这样的处理方法，显然不适合系统的实际情况。系统实际的运行情况是：当系统中，某些大电源或者大负荷停运的时候，由于在系统里有一些机组具有备用的容量，所以这些机组都能够根据它自身的调节特性，去改变它向系统里注入的有功功率及无功功率，同样地，系统负荷也会根据它自身的特性调节，而去改变消耗的功率。

由此可见，在系统发生大的注入停运的时候，系统产生的差额功率，就要由系统里全部具有调节能力的发电机，及负荷节点共同来承担。所以，按照此指导思想，在潮流仿真的计算中，假设系统里的所有节点都拥有功率调节的能力，当系统里出现注入停运的情况后，所有节点都要进行调节，共同承担起出现的功率扰动情况。此时的平衡节点只不过是系统电压的一个参考节点，这种假设肯定是符合实际情况的。因此，这种潮流计算的方法就被称为动态潮流法。

在主动配电网中，每个开环并运行的供电区域内，一般会选取变电站端的主变低压侧的出口母线，来作为潮流计算的平衡节点。在节点功率不平衡迭代方程的表达式中，系统节点的集合并不包括配电系统的平衡节点。

对于风电机组来说，异步发电机及其模型，通常使用PQV节点表示。风电机组的有功输出完全可以由自身的电路参数和外部的机械功率输入来决定，而风电机组的无功输出就由有功输出、节点电压和自身的电路参数一起决定，如式(5-12)所示。

$$Q_W = P_W \cdot \tan\delta = \frac{R + X_\sigma(X_m + X_\sigma)s^2}{RX_m s} \tag{5-12}$$

式中，P_W 是有功输出；δ 是功率因数角；R 是转子电阻；X_m是励磁电抗；X_σ是定子电抗和转子电抗的和；转差率 s 可由式(5-13)得到，其中，U 是节点的电压幅值。

$$s = \frac{R(U^2 - \sqrt{U^4 - 4X_\sigma^2 P_W^2})}{2P_W X_\sigma^2} \tag{5-13}$$

但是，由于总渗透率的限制，相比于输电网而言，主动配电网因为风电的接入，会引发大规模的无功偏差或者是导致较小的电压失稳概率，并且可采取辅助措施来提高无功补偿的电压质量和调节电压。

作为一种PI类型的节点，光伏电源最大有功功率的输出，由给定在光辐射强度 G 下光伏模块的开路电压 U_{OC}和短路电流 I_{SC}决定，由式(5-14)给出。在式中，变量 U_{OC}、r_S是标准化的开路电压和串联电阻，a 和 b 是 U_{OC}、r_S 的变量参数，都能由光伏模块的额定参数根据标准测试得到。短路电流 I_{SC}和开路电压 U_{OC}的计算，由式(5-15)和(5-16)决定。在式中，U_{OC}^R、I_{SC}^R分别是标准测试情况下的开路电压和短路电流，G^R是标准测试情况下的辐射照度，T^R是标准测试情况下的温度。

上述的公式都为光伏电源的固定电气参数。T 是光伏电源在辐射照度 G 情况下的开尔文氏温度，是环境温度，k 是光伏电源中开路电压的温度系数。c 是光伏电源中电池面板的表面温度随着辐射照度的变化率，它的数值大多是由光伏电源的隔热程度、安装的方式和空气的流通性等因素来决定。

$$P_{V_{max}} = U_M \cdot U_M = U_{OC} \cdot I_{SC} \cdot \left[1 - \frac{b}{u_{oc}}\ln a - r_S \cdot (1 - a^{-b})\right](1 - a^{-b}) \tag{5-14}$$

$$\begin{cases} U_{OC}(T) = U_{OC}^R + (T - T^R) \cdot k \\ T = T_a + G \cdot c \end{cases} \tag{5-15}$$

$$I_{SC}(G) = \frac{I_{SC}^R}{G^R} \cdot G \tag{5-16}$$

故此，$P_{V_{max}}$ 的数值就由温度 T 和变量 G 来决定，基于以上的额定参数，就能模拟出某一个气象状态下的光伏电源在任意时刻的最大输出的有功功率，在潮流方程式中被作为零的无功输出的特殊PQ节点。

在配电网中，负荷的特点是瞬变性和随机性强，但它的变化频率并不高，同时相对于大电网来说，它的数量级较小。所以不用特别地针对负荷节点，如果要建立它有功和无功的时域动态模型的话，只用在秒级时间的尺度下计算就能得到实时动态量的测数值然后代入潮流方程，这样就可覆盖并反映出，在分钟级别内负荷的波动变化。

$$\begin{cases}\Delta P_i(t)=P_{iW}^{(t)}+\delta_s(t)\cdot P_{iESS}^{(t+1)}(\tau-D)+P_{iV}^{(t)}-P_{iL}^{(t)}-U_i^{(t-1)}\sum\limits_{j\in i}U_j^{(t-1)}(G_{ij}\cos\theta_{ij}^{(t-1)}+B_{ij}\sin\theta_{ij}^{(i-1)})\\ \Delta Q_i(t)=Q_{iW}^{(t)}-Q_{iL}^{(t)}-U_i^{(t-1)}\sum\limits_{j\in i}U_j^{(i-1)}(G_{ij}\sin\theta_{ij}^{(i-1)}-B_{ij}\cos\theta_{ij}^{(i-1)})\end{cases} \tag{5-17}$$

在式(5-17)中给出了，在相应时刻 t 下，基于运行场景的随机变化分析过程和连续的电网潮流模型，并考虑到信息传输的时延感知采集与分析执行，与有限离散状态的动态信息物理过程中，不含平衡节点的主动配电网的节点偏差功率的迭代计算方程式。

在式中，逻辑变量 $\delta_s(t)\in\{0,1\}$ 是由分布式电源随机输出的情况来决定的 DIF 数值和各种切线正负性的组合状态，在任意时刻，储能的输出只能根据监测感知到的信息数据来进行分析，$\Delta_2(t)=1$ 就是判断所处的运行场景状态下的对应线性模型。

$P_{iW}^{(t)}$、$P_{iL}^{(t)}$ 分别是节点 i 处风电电源和负荷所注入的有功功率，与之相对应的是节点注入无功功率，储能设备的输出 $P_{iESS}^{(t+1)}$，则由式(5-17)决定。

节点的相角 θ 和电压幅值 U 是待求的系统状态量，因此，在开始分配不平衡的功率进入到每一轮的迭代时，θ 与 U 都是上一时刻的数值，所以用上标 $(t-1)$ 表示，各节点的注入功率除储能以外，都由该时刻对应采集和感知到的值来测量，用上标(t)表示。

对于储能节点的注入功率来说，考虑到了场景跟踪因子中的分析决策过程和控制指令，会沿一定的通信链路进行下发、接收和消息解析，储能输出的连续曲线上，要附加一定数量的向后时移，然后在节点不平衡偏差的方程中，用 $(t-D)$ 来表示，这就能够体现主动配电网中动态潮流分析过程中物理动态融合和信息进程的并发性。

在实际运行中，储能系统一般都采用 P/Q 控制，且使用中的电力电子设备调节它的功率输出所需的时间很短暂，所以时延只能是控制下发到储能设备的通信时延。

根据网络演算理论计算，采用服务曲线和到达曲线来描述信息和通信网络的边界性能。在网络节点的时延里，上界是通过到达的曲线和服务的曲线中最大水平的偏差 $h(\alpha,\beta)$ 决定的，就是在任意时刻 t，在到达曲线 $\alpha(t)$ 限制的信息流，通过服务曲线 $\beta(t)$ 的节点时延 D 为：

$$D(t)\leqslant h(\alpha,\beta)=\sup_{s\geqslant 0}\{\inf[\tau\geqslant 0:\alpha(s)\leqslant\beta(s+\tau)]\} \tag{5-18}$$

在实时采集的情况下，量测信息后输入有功与无功的负荷及风电的有功功率，还有在实际运行场景里所对应的温度和时变光线的辐照强度等数据基础上，将基于混合逻辑建立的动态光伏输出模型、储能输出模型及风电电源的无功功率模型，代入式(5-18)中来进行潮流分析。

对时域内的分布式电源和负荷功率变化进行即时跟踪，考虑有限的离散状态并计算储能连续响应的调节和通信时延，将各类型节点的注入功率随时间的变化数值代入。

因此，主动配电网动态的潮流模型，基于离散量和前后时刻连续的结合和演算推导，能够实现对网络随机连续运行场景下的动态分析。然后采取适当的潮流求解算法,并通过滚动运行和连续迭代的机制,完成计算。

5.2.2.3 求解方法与流程

考虑到在运行场景中,连续时间段内的支路潮流流向的非单一性,同时也为计算节点的注入功率和动态变化节点的不平衡功率进行迭代方程求解,并且还要避免对部分类型的电源节点的麻烦,比如 PV 节点进行特殊的处理,采用牛顿-拉夫逊算法进行迭代计算比较合适。

由此可知,在式(17)中的各变量里的节点注入功率,风电的电源输出的无功功率只和所接入到的网络节点电压水平有关系,并考虑到求取风电电源的接入节点,和相邻节点的电压幅值偏微分太过于复杂,而且计算过程也很烦琐。在潮流程序中,PQV 类型的节点一般都做如下处理:上一轮迭代时得到的节点电压先求出无功,然后以 PQ 节点的方式来求解,再回代电压中。所以风电的节点电压与无功功率相关的因素可以忽略,并在每次节点获得全部的注入功率数值,通过计算得到节点平衡功率偏差后,就能开始进入迭代,而传统牛顿法和所得到的雅克比矩阵完全一样。考虑到配电网内的电压差,相邻节点间相差很小,而且接地支路很少存在或不存在的状况,因此,牛顿法雅可比矩阵中的正弦分量应略去。

每轮的迭代在得到了相角和节点电压后,对于网络总有功的损耗,可按式(5-19)计算。

$$P_{\text{loss}} = \sum_{i=1}^{n} U_i \sum_{j \in i} U_j G_{ij} \cos\theta_{ij} \tag{5-19}$$

但是,由于累加了大量的支路功率损耗,式(5-19)的计算就会相对复杂,可以通过如下的方法简化改进。

所得到的每一次到达新的稳态运行点的结果,基于连续时间内的动态潮流就可构成各节点的相角和电压等系统状态量中的离散序列,和上一平衡点时的改变量比较。因此可得:

$$P_{\text{loss}}^{(t)} = P_{\text{loss}}^{(t-1)} - [\Delta A \quad \Delta B][\Delta\theta \quad \Delta U/U]^{\mathrm{T}} \tag{5-20}$$

式中的 $\Delta\theta$ 和 $\Delta U/U$ 代表各节点的电压和相角与上一平衡点的改变量向量相比较,并不是潮流功率的迭代方程中的修正量,其中,网络损耗系数的矩阵 $\boldsymbol{X} = [\Delta A \quad \Delta B]$ 就能由式(5-21)计算得到。

$$\begin{cases} \Delta A_{ii} = \dfrac{\partial P_{\text{loss}}}{\partial \theta_i} = -2U_i \sum\limits_{j \in i} U_j G_{ij} \sin\theta_{ij} \\ \Delta A_{ij} = \dfrac{\partial P_{\text{loss}}}{\partial \theta_j} = 2U_j \sum\limits_{j=1}^{n} U_i G_{ij} \sin\theta_{ij} \\ \Delta B_{ii} = \dfrac{\partial P_{\text{loss}}}{\partial U_i} U_i = 2U_i \sum\limits_{j \in i} U_j G_{ij} \cos\theta_{ij} \\ \Delta B_{ij} = \dfrac{\partial P_{\text{loss}}}{\partial U_j} U_j = 2U_j \sum\limits_{i=1}^{n} U_i G_{ij} \cos\theta_{ij} \end{cases} \tag{5-21}$$

由于配电网内，相邻节点之间的相角相差极小，在式(5-21)中，向量分量 ΔA 的数值取为零。所以稳态运行的平衡点所对应时刻的网络损耗，能由式(5-22)计算，可以避免大量的累加运算。

$$P_{\text{loss}}^{(t)} = P_{\text{loss}}^{(t-1)} - \Delta B \cdot \frac{\Delta U}{U} \tag{5-22}$$

基于储能随场景变化下，输出调节方法及模型、节点中注入不平衡功率的迭代模型和相关表达式还有简化潮流雅可比矩阵，所提到的考虑场景变化和感知采集、决策执行、分析推导、连续输出、通信时延，和离散状态下结合的主动配电网动态潮流的模型，采用改进后的网络整体功率损耗的求解方法、牛顿法和连续的迭代机制进行计算。

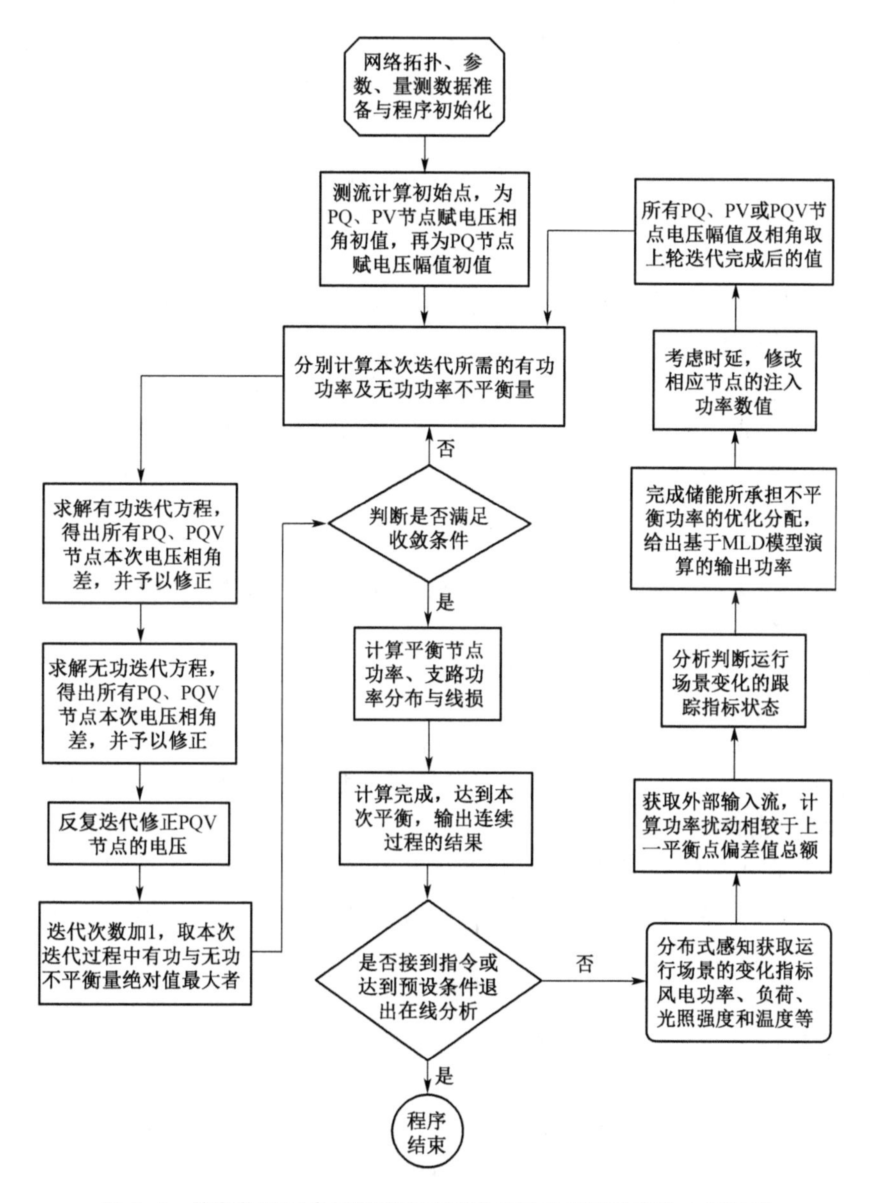

图 5-6　信息物理融合机制下主动配电网动态潮流的算法主要流程

图5-6是在算法迭代层面实现了主动配电网动态潮流的流程图。此算法能在线且连续地滚动运行，能实时监测外部的注入功率扰动，在运行场景变化的基础上进行多轮的迭代和循环。

当算法运行到了一定的时间，并获得了充足的信息或者接到控制指令结束时就可以退出，最终输出的就是这一连续的研究时间段内，系统功率的分布变化结果。

和图5-5的表示一样，在电网物理部分能量流里的迭代求解过程，能与图5-6中的左边流程部分相对应，主动配电网运行场景下的信息流的流动分析处理过程和能量流相映射的信息流，与右边的流程部分相对应。

综上所述，变化运行的场景，根据对推理监测和感知，可以形成连续的信息流，并从起点时刻的断面开始，不断的实时更新。信息流的同步，也反映了电网动态物理量的变化，在所述整个的潮流模型的求解过程中，贯穿了信息流的处理，运算的结果最后又用信息量的形式表达，并连续输出。这体现出了信息和物理融合的机理作用。对主动配电网的动态潮流模型的求解方法进行总结，可知：传统的牛顿-拉夫逊方法和雅可比矩阵、功率偏差量的计算方法及迭代收敛的判断依据都是一致的。差异就在于求解迭代的流程有了改变，还对网络损耗和雅克比矩阵的求解，做了一定的简化，这样就方便简化程序的编写，并加快了求解速度。同时，也方便了可信容量计算公式的推导及求解。

将变电站母线节点作为平衡节点，能对配电网内部充足的有功、无功功率进行调节，在网络电气参数里，即电阻、电抗比合理。分布式电源节点的注入功率变化，就是边界条件的变化，且在一定适当范围的情况下，算法可具有良好的收敛性，然后通过算例结果得到验证。同时，PQV节点上的电压修正问题还需要处理，在理论上，潮流单次结果的运行耗时计算，会比常规的传统方法更多。提升并加强处理器和资源计算的配置，就能满足在线的实时分析要求。

5.2.3 主动配电网运行场景信息物理叠加的分析方法

5.2.3.1 信息系统与物理网络故障的叠加耦合

由于信息物理的融合，在运行环境的条件下将源于信息空间的更多安全风险因素和不确定性变量引入其中，这对跨空间安全风险因素的叠加、融合及电网物理网络的影响来说，运行场景的涵义能起到丰富拓展的意义。

因此，除了在主动配电网里运行的随机波动性场景外，还要对主动配电网里的信息空间和物理网络故障安全风险场景的叠加耦合进行分析，并研究在该场景下，对电网运行的发展变化趋势及可能产生的影响。

作为风险的评估判断和深入的运行状态来说，提供控制和优化调节等高级应用，当前能够掌握实时和未来的运行情况，还能适当优化调节及校正措施，并确保可靠、安全和经济的运行。

对于定性分析来说，在物理电网中，当设备及线路发生了故障，从而导致节点电压越限、线路过载和局部区域发生停电等问题的时候，如果负责监控或故障处理的系统及自愈信息数据采集的信息系统，在对应的时刻工作是正常的，那就会通过自动观测及感知、然后识别，最后完成判定和分析，并且根据设定的动作和处理方法可以采取对应的调控措施，让电网的运行在最短的时间内恢复正常。

信息系统如果因为故障而导致功能失常，物理电网发生的故障及造成的影响也不能监测到，校正措施和动作命令也不能正确的执行，故障的处理更不能及时恢复，这样就会导致运行安全实质性的风险，并可能进一步地导致故障传播及扩大，加剧它的严重性。

另外，如果物理网络并没有发生故障而导致过载和越限还有失电等问题，那就是信息数据的采集和让故障恢复自愈的信息系统出现了故障，来自信息空间的安全风险只是以潜伏的形式存在，但电网运行在整体上并不会造成明显的安全风险。

故此，只有同时发生信息的系统故障和物理的网络故障时，才会实质性的造成主动配电网的跨空间故障场景中相对应的安全风险的耦合效应为 1。

图 5-7 表明了所述的故障场景下，在电网运行中的耦合效应是由安全风险叠加的。图中分别用 C 和 P 代表信息系统和物理网络的故障，Δt 则代表着在不同时间内发生的故障的持续时间。

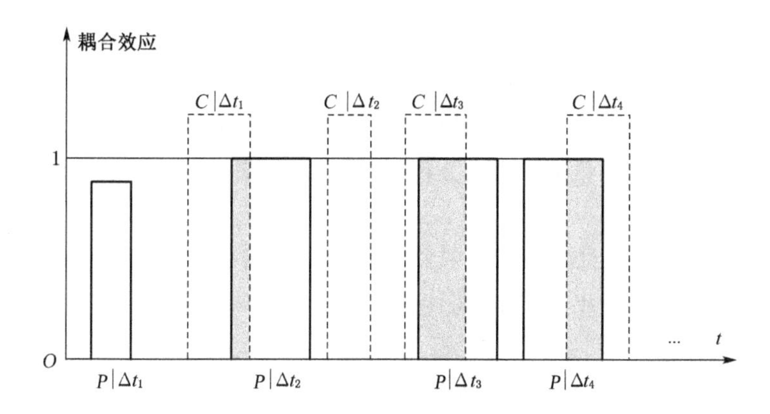

图 5-7 故障场景下的安全风险叠加耦合效应

只有在信息系统和物理网络的故障时间的窗口出现了重合还有叠加的时候，就是在图 5-7 中阴影部分相对应的时间内，电网中若存在实质性的安全风险，会对正常的运行造成影响。

另外，在信息空间中，客观存在的网络攻击会侵入一定的通信路径，正常的监测数据也可能会被篡改，对开关等可控对象也会肆意的操作，更会直接的产生安全风险。

对各局部区域所在的研究时段，和发生物理网络故障的概率进行研究，并构成多个随机的序列然后进行并积运算，得到了电网整体的最大概率发生物理网络故障的分布描述，然后再和信息系统故障的概率序列进行卷积运算，最后对叠加耦合的运行场景的安全风险进行描述、分析和推演。

5.2.3.2 安全风险的运行场景确立及分析

只用物理网络的正常运行和发生故障这两种情况的出现概率来作为物理网络的安全风险，两者有着确立的有限精简的运行场景。

把划分的主动配电网的局部区域集合设为A，将同一时刻内不同区域中的物理网络的安全风险运行场景和发生概率用有限长度的离散随机序列为$a(i)$，$i \in [1,2]$表示：其中，序列的长度是2，$k \in A$。在第k个局部区域的某一时刻，物理网络的安全风险运行场景中的概率序列，则被定义为如式(5-23)所示。

$$\sum_{i=1}^{2} a_k(i) = 1$$
$$a_k(i) = 0, i > 2 \tag{5-23}$$

把它应用到主动配电网的物理网络整体安全风险的运行场景的计算分析问题上。

又由于各区域中的安全风险的运行场景集合只包含故障和正常这两种场景，通过求取来表示多区域中运行场景序列的并积，就是根据各序列中，最大概率值相对应的场景得到主动配电网在各区域内，安全风险场景在叠加后整体的运行场景的序列，并和该时刻物理网络的最大可能的运行场景集合对应。

由式(5-23)可知，一般用计算公式或者概率性的序列并积子空间以及概率最快捷的求取方法，求得最终的k个局部区域的场景序列的并积$x(i)$。从而能确定全局主动配电网中，物理网络安全风险的运行场景，也可表示在研究时刻里，物理网络概率性分布的故障。

由于各区域场景序列长度均为2，求得的并积序列长度依然为2，即主动配电网物理网络的整体性安全风险运行场景依然只有2种，保持了场景集合中场景数量的精简，便于后续计算和分析。

在配电自动化系统中，对全局唯一的监控和信息数据采集等信息系统来说，同样发生故障及正常运行两种情况的出现概率，将作为信息空间中两种确立的安全风险有限的精简运行场景，并用概率性的序列$y()$表示。有$y(i) = 0, i > 2$，且$y(1) + y(2) = 1$。再将通过并积运算得到的序列$x(i)$和序列$y(i)$进行卷和运算，有$g(i) =: x(i) * y(i)$。

根据卷和运算的定义和性质看，新序列$g(i)$得到的长度是各原始的序列长度总和，所以在$g(i)$中一共有4个场景，会对应于物理网络的故障场景叠加耦合和信息系统的整体安全风险的运行场景。也就是信息系统和物理网络都没有发生故障及信息系统或者物理网络，仅当中一个发生故障而且不重叠、信息系统就和物理网络都发生了时域重叠的故障。而且，由于物理网络的故障和信息系统的故障的发生是随机的，因此不同研究时刻的概率水平也会不相同。

因此，对于局部区域、场景概率计算的物理网络的故障运行场景里概率序列的并积和卷和运算，可以得到配电网中整体的信息物理叠加耦合的安全风险场景的序列。这个过程能够随时段推移，需要反复迭代进行。

5.2.4 风险状态的确立及预警机制表达方法

5.2.4.1 风险状态的确立与转换原则

和跨空间的风险因素相融合，与主动配电网的风险指标体系相对应，考虑物理网络和信息空间因素的叠加作用会导致的安全问题。如图5-8所示，配电网中，风险运行的状态主要分为：警戒状态（Alert）、正常状态（Normal）、恢复状态（Recovery）和故障状态（Fault）。

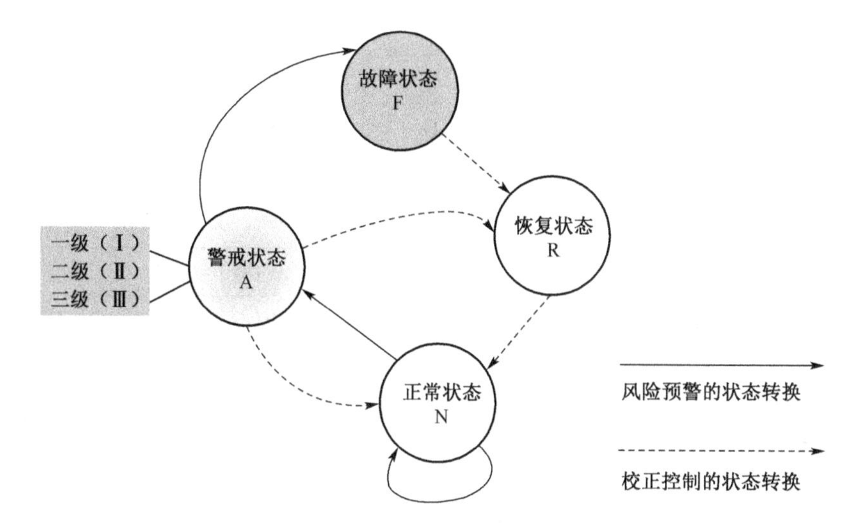

图 5-8 主动配电网信息物理融合的运行风险状态转换图

此时就需要在线监测和实时的评估分析，以此判断配电网所处的运行风险状态。若配电网的运行状况出现恶化，从正常态沿着图中的实线标注方向转变为其他的状态时，就需要启动预警机制，然后采取相应的紧急校正措施和预防控制，就能让系统逐渐恢复到正常状态。

在正常状态中，配电网内的线路等设备不过载，系统电压处于正常范围，以此实现稳定可靠的供电和充分消纳。可同时满足各种约束的条件，如节支路电流约束、点电压约束及潮流约束。可以通过分析该状态下，主动配电网的各种实时数据，也能得到线路的损耗、电能的质量及可靠性等综合指标，还有更优的运行方案并进行实施、优化和调节，也能对主动配电网的运行状态进行连续的在线评估，提供了预防性的决策方案的支持，能够快速诊断、及时辨识和消除故障隐患，降低了消除风险，确保了安全经济运行。

在警戒状态下，配电网若出现了设备的过载、电压的越限或分布式电源的切除情况，各项的运行参数状态量越界，就会导致系统的安全裕度减小和降低。警戒状态会根据过载和越限严重程度的不同，分为一、二、三级等。要对当前警戒的状态预警，并且通过预先的仿真分析，对系统进行风险的预测，提供运行方式的调整等手段，要快速调整到正常的状态，防止进一步的恶化。

由于各种物理网络和信息空间内、外部因素的影响，配电网当发生故障或连锁式的故障就会进入故障状态，这就是最严重的风险状态。所以，需要迅速地对故障点进行准确定位和隔离，为非故障区域的负荷恢复供电，同时还要准备对故障区域内的恢复，进入到恢复状态，最后使配电网恢复到正常的状态下运行。

图 5-8 所示的主动配电网风险状态还和风险指标的求解结果，就是风险水平的值相关。

给定各风险指标的安全边界值为 W，并根据各项风险的指标数值是否超越它的安全边界的条件组合，对当前配电网所处的运行状态进行划分及确定，如表 5-1 所示。

表 5-1　风险指标确定的主动配电网风险状态

$R_{sys}(ol)$	$R_{sys}(w)$	$R_{sys}(DG)$	$R_{sys}(cf)$	风险状态
$<W(ol)$	$<W(w)$	$<W(DG)$	$<W(cf)$	正常(N)
$\geqslant W(ol)$	$<W(w)$	$<W(DG)$	$<W(cf)$	三级警戒(AⅢ)
$<W(ol)$	$\geqslant W(w)$	$<W(DG)$	$<W(cf)$	三级警戒(AⅢ)
$<W(ol)$	$<W(w)$	$\geqslant W(DG)$	$<W(cf)$	三级警戒(AⅢ)
$<W(ol)$	$\geqslant W(w)$	$\geqslant W(DG)$	$<W(cf)$	二级警戒(AⅡ)
$\geqslant W(ol)$	$<W(w)$	$\geqslant W(DG)$	$<W(cf)$	二级警戒(AⅡ)
$\geqslant W(ol)$	$\geqslant W(w)$	$<W(DG)$	$<W(cf)$	二级警戒(AⅡ)
$\geqslant W(ol)$	$\geqslant W(w)$	$\geqslant W(DG)$	$<W(cf)$	一级警戒(AⅠ)
…	…	…	$\geqslant W(cf)$	故障(F)

由表 5-1 可知，风险等级最高的是跨空间连锁故障的风险，一旦它的评估数值超出了安全设定边界，整个网络就会进入故障状态。在主动配电网的风险状态中，故障态只由跨空间连锁性的故障指标超越了安全边界的逻辑和条件决定。

运行场景由于连续的随机变化和离散化，信息空间的风险因素和事件的不确定性，在此研究及评估的时段内，信息和物理风险的因素，主动配电网叠加的各项风险指标的计算数值，将会在归一化的区间内，呈现出一定的波动和变化。

由表 5-1 可知各项指标是否超过了安全边界的条件组合并发生改变，预示着系统的风险状态会发生改变。也就是根据完整的风险评估模型和相应的求解方法还有连续时段内的配电网动态潮流和运行状态量的输出，让主动配电网的复杂运行情况，能抽象成由表 5-1 表达的有限种离散的条件组合及风险状态。

因此，随着时间和运行场景的演变推移，需要在风险状态间很有可能的迁移过程中，能够根据恶化的程度及演变的趋势来进行正确及时的预警。

5.2.4.2　事件驱动混合系统模型的风险预警方法

有限状态机是具有离散动态特性的一种系统模型，每个响应都是基于当前的状态，从输入值到输出值的映射。各种状态的模型，根据系统行为的定义，有限数目模式及工况，状态间要依照预设的条件发生转移。

通过有限状态的描述及建模对象的全部工作情况，闭环的 FSM 仅在工作环内循环转换，就能实现有限的模型描述无限的事件。

分层组合和并发组合，是状态机的两种重要的组合方式。并发组合能通过共享变量和端口的方式，在状态机之间来进行通信，分层组合则运用状态的精化，把状态机的内部描述为其他的状态机，此状态机可处于内部若干的状态机中的某一个状态。

由于具有有限个状态，此模型只适用于电网的信息物理系统研究对象的建模。上述提出及确立的信息物理融合的主动配电网的风险运行状态，和它之间的逻辑转换关系，可基于有限的状态机形式表达。

有限状态机只反映建模对象的离散状态和转换逻辑，不能进行定量的分析和判断。所以，运用混合系统的模型，可以将关于时间连续的分析模型和离散的状态机模型相结合，就能允许有限状态机和其他的计算模型按层次的方式进行组合，用来实现需要的功能，系统在不同的状态中，通过输入判定，完成离散状态的转换。

实际上，该转换是由事件进行驱动的，当输入导致了某个事件的发生，则系统就转入另一状态。在每个状态的内部就通过基于时间状态的精化来描述，能够很好地表示每个状态内部连续动态的行为。

混合系统模型根据形式化描述，采用了六元组 $S=\{T,D,C,E,Q,I\}$ 表示。其中 T 是系统的时间基，事件排序的集合用它描述的；D 是离散状态的集合；C 是由各项风险指标的完整评估模型组成的，是连续动态模型的集合；E 是由风险指标的安全边界条件构成的状态切换，是规则离散的事件集合；Q 是状态变迁的函数，为一个映射；I 是配电网内风险评估的初始状态的集合。

通过分布式的采集底层的数据和感知电网中运行的环境变化，并对实时数据信息进行处理，从而进行主动配电网的运行状况仿真和动态潮流分析，基于数据运用风险指标的评估模型，以此求解实时评估的电网运行的风险水平，然后通过风险安全中，边界条件的组合判定风险状态，就能分析可能的状态迁移。

混合系统模型可以运用事件驱动型，把连续动态的分析和离散状态的转换相结合，就能对风险状态的恶化启动预警，并且采取防御性的控制措施，再通过实时更新风险水平，反馈就能形成闭环。

在风险评估的过程中，每一种考虑了物理网络和信息空间的风险因素而融合的风险运行状态，都和基于时间的电网运行的风险水平有关，而风险水平又由风险指标体系里的连续时域的评估模型来决定。因此，能够进行状态的精化，并在时基中嵌入离散的风险状态和分析风险状态之间的迁移转换，不同风险状态间的转移，用分层和并发组合描述。

5.3　配电终端安全问题

近几年，随着国家社会经济水平的不断提升，配电网的负荷容量需求也不断扩大，但是，由于目前配电网的建设水平比较落后，才让当前配电网的电荷供需进一步激化矛盾。这一现象的存在也导致电力系统中的供电可靠性受到了一定程度的影响，成为我国的电力发展和国际的先进水平出现较大差距的原因。

通过对近几年我国电力的供应情况进行分析，在出现了电力故障的问题时，一方面，引发的停电事故涉及范围比较大，所以无法在第一时间内找出故障点的具体位置。

另一方面，由于发生电力故障之后，处理的时间延长，产生的经济损失也在不断地增加。智能配电网能实现故障的快速定位，未来对于配电网的安全及稳定运行具有较高的意义和价值。

当前电力领域的研究人员，将这方面作为重点的研究内容，并对故障定位、故障检测等技术展开了深入研究。但是，上述的技术还是只适合用于配电网里已经出现故障问题的时候，在故障发生前根本无法实现对它的预测和预防。

因此,配电网为了避免在运行时出现故障,除了将配电网的安全性提高到最大程度外,还要对配电网终端的安全技术进行研究和设计。

5G 通信技术的应用逐渐广泛,并且应用的成熟度也在不断提高,所以将 5G 通信技术应用在配电网的运行方面,能够让它提供更加有利的通信服务条件。故此,在引入了 5G 通信技术的基础上,还要开展智能配电网终端的安全技术研究。

5.3.1 身份验证的流程和方法

在进行智能配电网的终端通信传输时,首先需要确保的是,终端用户的身份信息和它对应的权限。要利用公钥的基础设施里的 PKI,可以为终端通信的双方提供两个对等体当中的共享秘密的令牌机制。

在传输到终端的过程中,需通过提供 PKI 和管理终端的双方用户的身份证书,再将生成的公钥绑定在它对等的身份上,这样就方便第三方来验证。在引入了 PKI 后,智能配电网的终端用户的身份验证基本流程,就如图 5-9 所示。

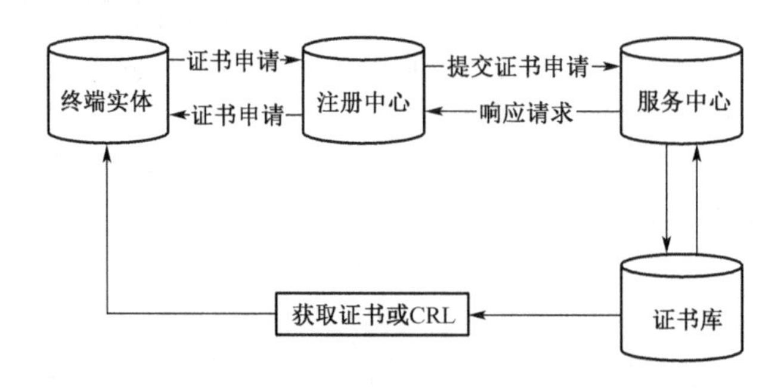

图 5-9　引入 PKI 的智能配电网终端用户身份验证流程

通过图 5-9 所示的验证流程就可以看出,在终端实体把证书的请求发送至相应的注册中心后,再由注册中心对请求来进行验证,最后将请求发送到 CA 的注册机构上。

CA 拥有公共的主密钥和私有的主密钥,然后根据递交的参数再生成相应验证的证书,并使用它对应的私钥来签名。最后,CA 创建的身份证书再返回发送至最终的实体上,以此就能实现终端用户对身份的验证。在该过程中,CA 的公钥是终端通信里的各方都知道的,所以终端实体的身份证书,就由需要连接的第三方来对其进行独立的验证。同时,第三方还能够通过跟踪和查询的方式,获取到所有已经颁发了身份证书的验证机构,来请求证书的状态,其中包括有效状态及已撤销的状态等。完成了上述操作后,若用户身份的验证正确,就会生成对应的身份证书,然后利用证书就能证明它在终端通信中公钥的所有权。

在利用了 CA 对终端用户的身份验证时,还要完成对申请人的凭证验证工作,从而确保 CA 身份证书当中的信息,终端用户和依赖方能够充分信任。而身份证书的常见格式通常是以 X. 509 来进行定义,正由于这种定义方式十分的通用,所以这种格式,还会受到某些用例定义来配置文件的限制。因此,针对这个问题,终端用户为了确保身份验证的合理性,还要适当利用 CA 来完成双方之间的结算,此时 CA 就作为最受信任的第三方。在执行的过程中,CA 应通过将它的根证书包含在流行的软件当中,并通过由另一个 CA 中获取交叉签名的方式，就能获得更加广泛的信任，以此为终端用户的身份提供更高的可信度，也为后续终端通信提供可靠依据。

5.3.2　5G 通信技术的报文加密与上传的方法

根据一定的规则，将数据处理成不规则的数据，就是数据加密。除非让人们得到关键的钥匙和这个规则，不然就无法得知不规则数据的真实含义。这个一定的规则就是加密算法，而这个钥匙就是密钥。

数据加密又分为：对称密钥加密和非对称密钥加密。

对称密钥加密：双方一起持有这个密钥，按照指定的算法，发送方用这个密钥将数据加密然后再发出去；接收方则用这个密钥解密刚接收到的数据，然后得到了真实的数据含义。但由于双方都拥有这个密钥，而且内容一样，所以才叫对称密钥。

非对称密钥加密：此加密方式的密钥是一对，其中的一把钥匙，发送方用来将数据加密再发出去；接收方就用另一把钥匙将数据解密，然后得到真实的数据含义。发送者持有一把钥匙，接收方则持有另外一把，私钥就是接收方持有的钥匙，而公钥就是发送方持有的这把钥匙，两把钥匙不一样，所以才叫做非对称密钥加密，也叫做公开的密钥算法。

非对称的密钥加密的缺点是：算法非常复杂，从而导致加密大量数据所用的时间较长，只对少量数据适合加密。还由于，在加密的过程中，会添加较多的附加信息，让加密后的报文比较长，容易造成数据的分片，这样不利于网络传输，也无法辨认公钥的来源合法性和数据的完整性。

为提高终端通信的安全性，所以使用对称的密钥加密技术。把针对正在通信过程中的报文进行加密，并在加密操作过程后，结合 5G 通信的硬件设备来实现报文上传。

对称密钥加密技术，则是为了避免在报文的上传过程中，出现非法的攻击者对通信数据的窃取和攻击等行为，配电网的终端通信双方都要采用相同的密钥来实现对报文的加密及解密。和非对称的加密技术相比较，对称密钥加密技术的效率更高，对双方通信的内存空间要求也更低。

终端通信的安全性根据不同的需要，可以选择对称加密的不同算法，表 5-2 所示是三个终端通信安全等级所对应的多个对称加密方式。

表 5-2　终端通信安全等级与对应加密方式

安全等级	加密方式	密钥长度	资源消耗	运算速度
低安全性	DES 加密	56 位	中	较快
中安全性	3DES 加密	112 位	高	慢
高安全性	SMI 加密	128 位	低	快

按照以上内容完成了报文的加密后，还要配备相应的配电专用的安全芯片，以确保它在上传过程中具有稳定性。配电专用的安全芯片是在结合 5G 通信技术的基础上，根据最新自动化的安全防护方案而制定的专用安全芯片。将此芯片引入到终端安全技术当中，可对外提供 5G SPI 的通信接口与配电终端的主控 MCU 来连接通信，用来确保上述的终端用

户报文加密、身份验证、解密及签名等功能的正常运行，并协助智能配电网来完成和主站之间的身份双向验证，从而确保在终端通信过程中的各项业务数据的完整性、保密性。

5G 配电专用的安全芯片将选择带有片上的操作系统，此操作系统可在 5G 安全芯片的运行过程中能实现独立操作，还能实现对芯片、密钥信息及数据信息还有文件信息等资源的一系列管理。

在 5G 配电专用的安全芯片运行过程中，外部的 SPI 通信接口的传输指令能快速响应，业务数据还能完成解密、加密、签名等功能。同时为确保 5G 芯片在物理层面上能有更高的安全性，可在此芯片结构的内部，引入存储器保护单元、仿真随机数发生器等结构功能。

5G 芯片为了保证数据存储的可靠性，就将它的擦写次数设置到最大 10 万次，将它的最小的数据保存时间，设置到 10 天。当前逐渐广泛分布的智能配电网，由于其所在的物理环境通常没有人看守，所以终端设备很容易受到非法攻击者的威胁。因此，针对这一问题，和传统普通芯片的软密码算法相比，就要采用 5G 配电的专用芯片，对于非法攻击者的攻击能够更好地抵御。

把 CPU 当做 5G 配电专用芯片的核心处理单元，若芯片运行，CPU 就能够在存储器当中获取到相应的数值后即执行任务，再通过总线的连接方式，把操作指令传送到终端设备的各个单元模块上。由 CPU 来实现对整个程序控制的执行，在提供安全防护时，还要引入多种 5G 通信的防护技术。例如：引入能耗均衡的技术，以此确保在运行的过程中，CPU 的所有终端设备都具有能量相同的损耗；引入平顺跳转的时序技术，以此通过确保插入了伪操作的方式，来实现对真实跳转指令的掩盖，从而确保各项指令的安全运行；引入乱序跳转的插入技术，并根据输入的随机数值而随机地完成执行指令的序列。

通过对称密钥加密技术的应用，能实现对报文的加密和上传，并且执行环境能够更加安全。

5.3.3 通信安全防护和加固的方法

根据智能配电网终端的安全技术来进行设计，最终需要的是，实现配电终端里 DTU 和 FTU 的加固和通信安全防护。

针对串口数据转换、馈线终端装置、无线终端装置等设备的加固，会通过增加 5G 安全的加密芯片、硬件的安全裁剪、定制的硬件模块等方式来完成。

在 DTU 和 FTU 当中，通过内嵌安全芯片的方式，为终端通信提供密钥协商和身份认证等功能。

嵌入式的外部硬件接口，主要是安全的加密接口和通信接口这两个部分。其中，通信接口会由 2 路 10/100 Gbit/s 接口和 4 路 RS485 接口所组成，在引入了两种接口之后，终端设备就能够确保在通信传输的过程中，符合 IEEE 802.3 国际通信的传输规范标准，也能够实现 5G 通信的网络和终端设备之间的快速连接，从而确保在终端传输的业务数据安全性更高的同时，也能实现对它的通信快速传输。

为了对通信状态更加直观地进行判断，分别连接 4 个 LED 灯到连接器上，利用 LED 灯表示 4 路 RS485 接口的通信状态。当终端接收或者发送业务数据时，LED 指示灯就会开始闪烁，当出现了异常的通信状态时，LED 指示灯就显示红色，而在正常通信的时候，LED 指示灯就显示绿色，通过这样的方式可以在终端头的通信出现异常时，第一时间就能发现问题，防护策略的制定也能提供更加充足的时间。

同时，在 DTU 和 FTU 配电网的终端设备上，还能增加一个自弹式的标准 TF 卡座，此结构支持对存储卡及加密卡的识别，它的接口在机壳内部，运行过程中不能直接从外部拔除，这样会进一步提高 DTU 和 FTU 配电网的终端设备物理空间的安全，对其实现安全防护和加固。

在实际配电网运行的过程中，配电终端的 5G 配电加密模块，能将报文上传并发送到供电公司的配网主站系统，然后配电自动化的主站针对各配电终端 DTU 和 FTU 之间的通信安全进行防护，以此保障供电公司的配电自动化系统的运行安全。

6 案例实践

6.1 三门峡实施5G网络的配电网自适应差动保护基础调研

经过前期调研与分析，三门峡市目前的5G网络建设速度较快、覆盖较广。当前全市5G网络建设完成年度投资2.7亿元，全市累计开通5G基站2295个，实现了乡镇、农村热点区域覆盖、重点场景按需覆盖目标。市移动公司新开通320个700 MHz黄金频段基站，目前市联通、市电信公司与市铁塔公司仍在高效推进5G宏基站的塔杆建设，未来1～2年内，将推动三门峡市的5G网络覆盖面积更广、信号更强。

项目组在分陕路三门峡移动公司生产大楼，进行5G速率测试，测试结果显示，5G网络下测试终端下载速率达940 Mbit/s，上传速率达到135 Mbit/s，是4G网络速率的10倍，网络时延缩短至毫秒级。完全能够满足本项目信道的低时延与高带宽需求。

2021年，三门峡市全年共开展了涵盖工业、农业、文旅、城管、医疗多个领域共计83个5G项目，位居河南省5G项目数量全省第2名，陕州区的“神通碳素5G＋智慧工厂”项目，获评河南省十大建设应用案例；市城乡一体化示范区（高新区）的中原黄金冶炼厂“5G＋无人驾驶、智能配矿”行车改造项目，荣获全国绽放杯能源赛道二等奖；市教育局在市二中和崤函小学打造的5G＋智慧教育场景，分别荣获河南省绽放杯优秀奖和获评河南省5G示范应用项目……

总而言之，三门峡市具备5G建设的能力与条件，但上述所有项目的正常运行，都离不开电力系统的稳定，在5G时代，电力与5G建设更是相辅相成的关系，基于5G网络的配电网自适应差动保护技术研究与应用，能够利用5G网络切片的低时延、高精度授时等特性实现配网线路区段或配网设备的精准故障判断及快速准确定位，大幅度降低了跳闸风险与故障停电的范围和时间，减少了配电网差动保护的安全隐患。最大程度上确保供电可靠性，在利用5G技术提高电力系统稳定性的同时，助力三门峡市的5G建设，一举两得。本书核心研究问题如下所述。

6.2 基于香农定理的5G通信模块信号增强技术

传统的DTU装置无法进行5G通信，本项目需要针对现有DTU结构，在不破坏其测控、传输能力的情况下，为 DTU 装置改装差动保护模块，并针对实地配电网的信道情况调制适用于河南公司的 DTU 5G 通信模块。

5G 通信性能的提升，不能仅依靠某种单一的技术，而是需要多种技术相互配合共同实现。根据香农定理，存在以下关系：

$$C_{\text{sum}} \Leftrightarrow \sum_{\text{Cells}} \sum_{\text{Channels}} B_i \log_2\left(1+\frac{S_i}{N_i}\right)$$

式中：C_{sum}表示所有小区和信道下的传输速率总和，单位为 b/s；B_i 为信道带宽，单位为 Hz；S_i/N_i 表示信噪比。因此本项目 5G 信号增强关键技术重点研究高速率技术、低时延技术及覆盖增强技术 3 个方面。5G 技术提升容量和速率的关键因素是频谱带宽、频谱效率和小区数量。

而 5G 技术支持大规模多输入多输出(Multi-Input Multi-Output，MIMO)技术，同时现有的 5G 基站支持 128/192 天线单元，大幅度提升了 5G 的频谱效率。为进一步提升速率，可通过降低保护带开销和取消公共参考信号等方式，本项目将采用解调参考信号(Demodulation Reference Signal，DMRS)的方式，更好地支持波束赋形，同时为帧结构设计较宽的子载波间隔，缩短帧结构中的时隙，从而达到极低的传输时延，另采用快速重传机制，显著缩短业务反馈与重传时间，大幅度提升 5G 波传输速率。

DMRS 和传输的数据做相同的预编码操作之后，进行相同的信号处理，这样设置的意义是信道估计时可以将预编码器和无线信道作为一个结合的整体来估计，在接收端经过信道估计得出信道矩阵值时，不用再对发送端的预编码操作进行逆变换，减少了计算复杂度。本项目的 DMRS 设计基本原则如下：

(1) 采用权衡折中的信道估计与编码增益 DMRS 密度设计方式。增大 DMRS 密度可以提高信道估计的准确度，但是这样就会造成数据信号所占 RE 数减少，编码率增大，解调时误码率增大。因此，在 DMRS 密度设计时，需权衡信道估计和编码增益两个因素，找到一个折中点，达到既能有良好的信道估计精度，又能保证数据的正确解调。

(2) 根据不同场景，选用不同的 DMRS 复用方式。DMRS 主要通过各种复用方式来实现，复用可以将若干个独立信号通过一定规则映射到相同的信道上同时进行传输。对参考信号使用复用技术可提高信道估计性能，不同的复用方式在不同的场景下会产生不同的性能，因此需要根据场景的不同选择不同的复用方式。

(3) DMRS 占用的 RE 资源要避免与数据信号、PTRS、CSI-RS 及其他参考信号等发生冲突。目前 5G PDSCH 上 DMRS 有两种占用方式，一种是 front-load(前置)DMRS，这种方式占用一个子帧的前一个时隙通常是第 3 个或第 3、4 个 OFDM 符号，应用于信道环境较好(如时延扩展较小、多普勒频移较低等)的场景；另一种是 additional(附加) DMRS，除了占用一个子帧的前一个时隙的 OFDM 符号外，还需占用后一个时隙的 OFDM 符号，通常是第 11 个或第 11、12 个，这种方式主要应用于高多普勒频移等信道条件较差的场景，通过增大 DMRS 密度，减少信道干扰的影响，提高信道估计的准确度。

(4) 确保 DMRS 具备一定的独立性。目前 5G 提出三大应用场景：增强移动宽带(eMBB)、大规模机器类通信(mMTC)和超高可靠超低时延通信(uRLLC)，每个场景之间的信道环境都有较大差异，还要考虑单用户天线(SU-MIMO)和多用户天线(MU-MIMO)、常规CP和扩展CP等模式的区别。

(5) DMRS需要具备复杂度。要尽量保证不同层之间的DMRS图样时频域间隔保持不变，图样数保持最小，这样可以使信道估计器不用区分发射层数和用户，降低终端成本。

6.3 基于NFV与SDN技术提出端到端的配网异构数据业务切片承载技术并验证基于数据面密钥对5G网络切片进行加密的安全性

6.3.1 基于NFV与SDN技术提出端到端的配网异构数据业务切片承载技术

在项目实践中我们借助NFV(网络功能虚拟化)和SDN(软件定义网络)两种技术，按照不同的配电网差动保护业务需求，将无线接入网、承载网、核心网中独立的网络功能按照供电公司需求，如同搭建积木一样，为不同需求的用户搭建不同的端到端专用道路。

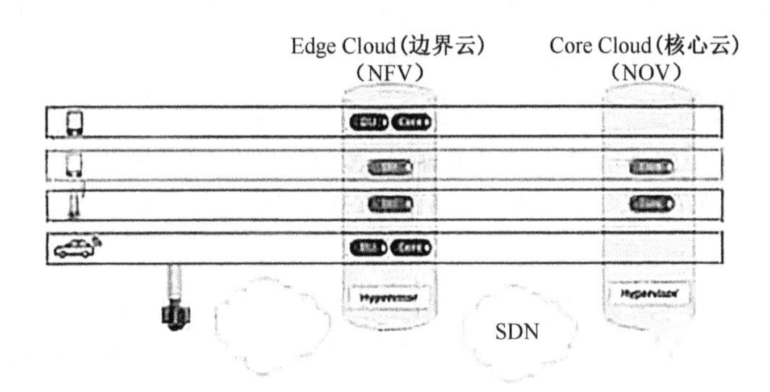

图6-1 基于NFV与SDN的配网业务端到端示意图

基于SDN与NFV的网络切片架构主要由五大部分组成：OSS(运营支撑系统)/BSS(业务支撑系统)模块、虚拟化层、SDN控制器、硬件资源层以及MANO模块。每个模块的主要功能如下：

(1) OSS(运营支撑系统)/BSS(业务支撑系统)模块

OSS/BSS模块是全局管控的角色，负责整个网络的基础设施和功能的静态配置，限制整体上对子网或者服务的资源，是整个网络的总管理模块。通过接收第三方(例如运营商、服务提供商等)需求来为虚拟化层中的网元管控模块提供定制化策略；在切片建立的过程中为切片生成相对应的切片标识符；通过分析第三方需求来对虚拟化层、SDN控制器、硬件资源和NFV管理和编排模块进行管理和配置，可及时更新这些模块配置信息，维护SDN控制器的运行环境，以便能够实时做出调整。当网络服务使用通用切片(即符合传统网络架构特点的切片)既可以满足需求，而不需要定制化切片时，OSS/BSS模块支持网络服务自动映射到设备。

(2) 虚拟化层

虚拟化层主要由核心网虚拟网元管控、接入网虚拟网元管控和虚拟资源模块组成。其中，核心网虚拟网元管控可以通过 NFV 技术将核心网中的网元进行解耦合重构，然后生成用户所需的功能网元，并能够根据需求对核心网功能网元进行动态的修改、增加、更新和释放；接入网虚拟网元管控模块可以生成多个不同制式的虚拟基站或虚拟基站群，这些虚拟基站或虚拟基站群则是所属核心网的接入网网元，也可以根据 OSS/BSS 模块和核心网虚拟网元管控模块的反馈信息来对接入网虚拟网元进行创建和释放等操作，核心网将切片标识符发送给 UE(User Equipment，用户终端)，然后 UE 通过辨识切片标识符来正确地接入所属接入网网元，从而与运营商建立通信连接。虚拟资源模块中主要包含集中式协议处理池、集中式基带处理池和射频拉远池，其中，集中式协议处理池主要包含接入网的控制面和用户面协议，通过虚拟化技术以及 SDN 技术，可实现软件定义协议栈，根据上层信令的反馈，自动生成对应的协议资源；集中式基带处理池由多个基带单元(Base Band Unit，BBU)组成，所生成的基带单元与接入网虚拟网元管控模块生成的虚拟基站和虚拟基站群具有直接的对应关系；射频拉远池由多个射频拉远单元(Remote Radio Unit，RRU)组成，基带单元与射频拉远单元通过光纤实现连接，主要的网络拓扑组网方式有星型、链型和环型等，可将这些不同组网方式形成的网络看成不同的切片，用以满足具有特定需求的租户。

(3) SDN 控制器

SDN 控制器是逻辑上可以集中或分散的控制实体。在控制平面，通过对计算硬件、存储硬件和网络硬件资源进行统一的动态调配和软件编排，实现硬件资源与编程能力的衔接；在数据平面，通过对虚拟化层的操作行为进行抽象，利用高级语言实现对虚拟化层各功能网元之间接口的定制化，从而达到面向性能要求和上层应用的资源优化配置的目标。SDN 控制器作为基于 SDN 与 NFV 的网络切片架构中的“转换单元”，按照一定的策略可以实现虚拟网络资源(虚拟化层)与真实物理资源(硬件资源层)间的映射，且此“转换单元”能够自动调整映射的策略，这样能够允许通过更好的资源利用和服务保障来满足用户需求。使用 SDN 控制器的可编程特性实现自动化，能够简化传统网络虚拟化场景中复杂的配置工作，使虚拟化技术具有更强的灵活性和弹性。

(4) 硬件资源层

主要包括计算硬件、存储硬件和网络硬件，例如服务器、操作系统、交换机、管理程序和网络资源，以及用户连接到 VNF 的物理交换机等，是支持整个通信网络的底层硬件资源池。

(5) MANO

MANO 是 NFV 的管理编排模块，主要由 VIM(虚拟化基础设施管理者)、VNFM(虚拟网络功能管理)和编排 3 个实体组成，主要负责整个网络的基础设施和功能的动态配置，完成对虚拟化层、硬件资源层的管理和编排，负责虚拟网络和硬件资源间的映射以及 OSS/BSS 对业务资源流程的实施等。首先，OSS/BSS 依据服务需求生成相关的 NS 用例，此 NS 用例中包含此服务所需的网络功能网元、网元间的接口和网元所需的网络资源；然后，MANO 按照该 NS 用例来申请所需的网络资源，并在申请到的资源上实例化创建虚拟网络功能模块的接口。MANO 实现对形成 NS 的监督和管理，通过分析实际的业务量对网络资源分配时进行缩容、扩容和动态调整,在生命周期截止时释放 NS。利用大数据驱动的网络优化实现合理的网络资源分配、自动化运维和 NS 切分,实时响应业务和网络的动态变化,保证高效的网络资源利用率和良好的用户体验。

如图 6-2 所示为基于 SDN 与 NFV 的网络切片架构图。

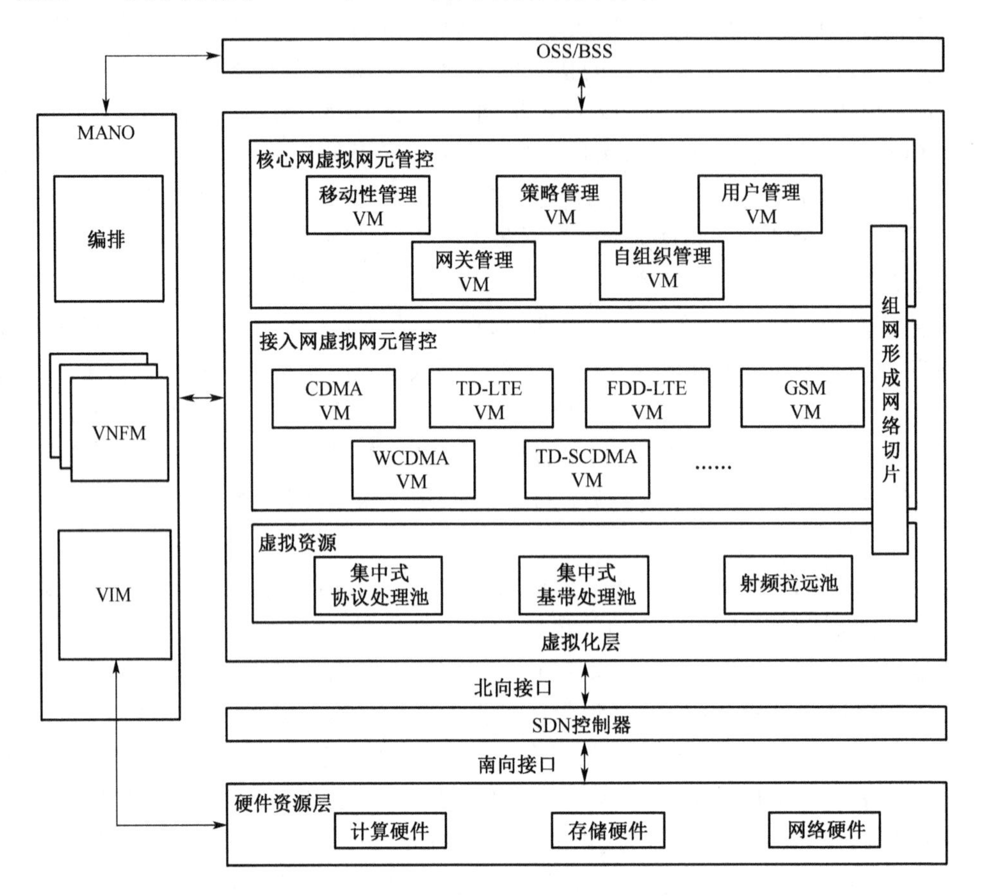

图 6-2　基于 SDN 与 NFV 的网络切片架构

6.3.2　基于数据面密钥对 5G 网络切片进行加密的安全性验证

(1) 采用数据面密钥对 5G 网络切片进行加密

由于不同配网保护业务场景下的应用不同、需求不同,因此隐私的保护能力同样需要差异化,需要保障电力隐私数据的泄露、破坏、盗取等问题。然而不同的运营商采用不同的网络设备且网络封闭,单一的网络切片安全机制的标准化定制不能达到统一编排。本项目能够使用密钥技术确保不同网络切片之间的安全问题,不同控制面密钥能够在相同的终端可以被共同分享,并且不同网络切片内可以使用不同的数据密钥,同时采用数据面密钥管理不同切片区间有利于划定最合适的切片粒度大小,合适的网络切片粒度能够显著提升整个系统的灵活性,并提升网络资源利用率。

如图 6-3 所示为采用数据面密钥对 5G 切片进行软加密的原理图。

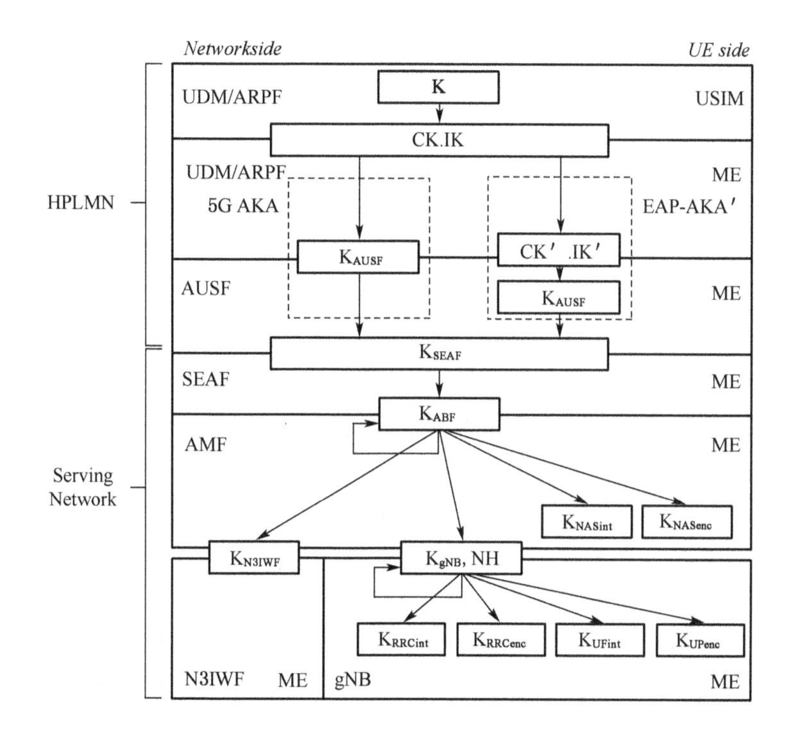

图 6-3 采用数据面密钥对 5G 切片进行软加密

(2) 5G 切片安全机制的设计

随着 5G 及其演进系统的商用和其在物联网、车联网等工业领域的融合发展,其安全问题越来越受到关注。2018 年 3 月,3GPP 发布的《5G 安全 R15 第 1 阶段标准》对此前 70 多种 5G 业务场景进行了深度解读,虽然未涉及电力行业,但却明确指出了 5G 切片的安全性能够满足电力等工业行业的安全需求。2019 年 11 月,未来移动通信论坛在世界 5G 大会上发布《以终端为中心的 5G 安全体系白皮书》,分析了 5G 中终端和系统可能遭受的安全威胁,同时提出了"以终端为中心的 5G 安全体系概念",认为终端与终端之间进行相应的加密,可以一定程度上提升 5G 网络切片的安全性。2020 年 2 月,中国信息通信研究院和 IMT-2020(5G)推进组联合发布《5G 安全报告》,系统地梳理了 5G 关键技术、典型应用场景及产业生态的安全风险,提出了 5G 网络面临的主要安全威胁有以下这些:

① 系统有效性面临的威胁。系统有效性用于评估系统在面对各种攻击时的稳健性,已知的系统有效性攻击手段主要是干扰和拒绝服务(DoS)攻击。DoS 攻击是目前最常见的一种安全威胁,其目的是令通信网络无法提供正常服务。DoS 实现手段包括对网络协议漏洞的利用,或滥用大量数据等野蛮手段耗尽被攻击网络带宽、文件系统空间容量和允许连接量等资源,使得目标计算机或网络无法提供正常服务或资源访问,导致服务系统停止响应或崩溃。移动通信系统也提供了用户设备或服务器在网络中暴露的可能,因此也会受到 DoS 攻击的威胁。当存在多个分布式攻击时,可以形成分布式拒绝服务攻击(DDoS)。DoS 和 DDoS 都是可以在不同层应用的主动攻击,包括物理层、媒体接入控制(MAC)层等,使得网络不能提供服务。

② 信息完整性面临的威胁。信息的完整性需要通信系统保证信息在传输的过程中不

被篡改或替换.中间人(MITM)攻击是常见的破坏信息完整性的攻击方式,它通过秘密控制两个合法通信方之间的通信通道,拦截、修改和替换通信消息,由于无线通信的广播特性,其更有可能受到MITM攻击。

③ 身份认证面临的安全威胁。5G身份认证面对的安全威胁主要来自网络切换漏洞与身份认证漏洞等。这是由于5G无线网络高速率与极低时延带来的不可避免的负面影响,因为5G网络会非常频繁地在不同层之间进行切换与认证,这种复杂的机制容易让5G网络受到攻击。

④ 隐私和机密性保护面临的安全威胁。隐私保护在5G网络中是一个很大的潜在威胁,这是由5G网络业务和场景多样性导致的,5G网络中的端到端切片数据流包含着广泛的个人隐私信息,可能在某些情况下导致隐私泄漏,并产生严重的安全后果。

总而言之,5G网络是一把锋利的双刃剑,其新应用、新技术,以及新空口的引入,在使网络开放性与灵活性得到保障的同时扩大了网络的攻击面,使得5G网络容易受到DoS等主动攻击,用户更容易受到侧信道攻击,从而影响系统有效性、身份认证,以及用户隐私保护容易受到MITM攻击的风险,给信息的完整性带来挑战。

5G系统主体架构,可以分为应用层、服务层与传输层。根据各层次之间的不同信息传递,可以将5G系统划分为6个安全域,其中(Ⅰ)~(Ⅴ)分别表示网络接入域、网络域、用户域、应用程序域和服务框架域,如图6-4所示。

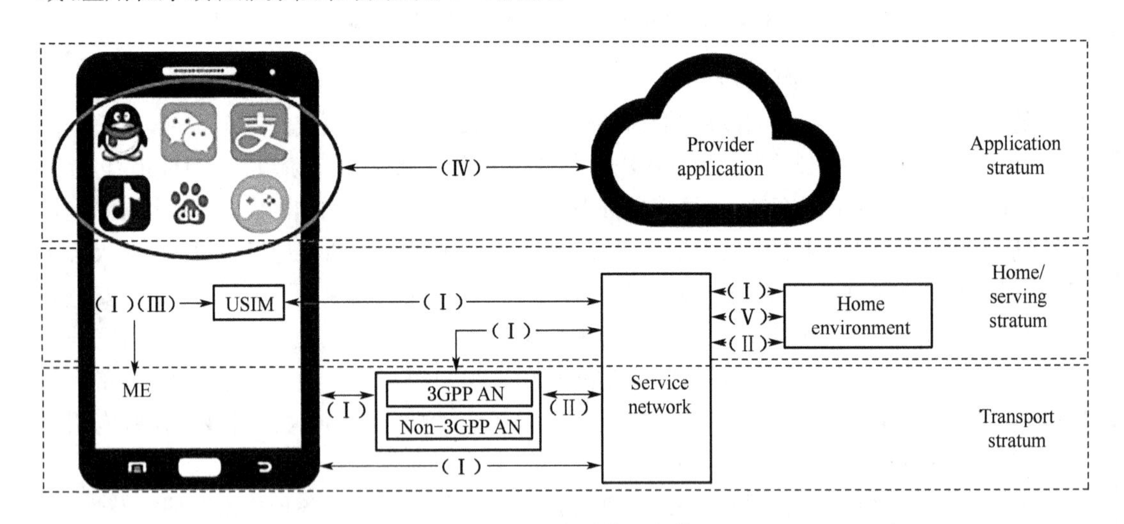

图6-4 5G安全域体系架构图

根据上述的5G安全域体系架构,我们在项目实践中5G安全架构设计从安全信任模型及密钥体系的建立、身份认证加强、安全上下文与公共陆地移动网之间安全切换机制建立、安全通道机卡配对、用户面安全提升5个方面入手,增强5G系统的身份认证,并且对网络中的数据提供更全面的完整性和机密性保护,具体措施如下:

① 建立5G安全信任模型及密钥体系

由于5G服务框架的更新,5G安全的信任模型也发生了相应的变化.用户侧由USIM和移动设备(ME)组成,网络侧由有源天线基站(AAU)、分布式单元(DU)、中心单元(Centralized Unit, CU)、安全锚定功能(SEAF)、认证服务功能(AUSF)、身份认证凭据存储库和处理函数(ARPF)和统一数据管理(UDM)组成,如图 6-5 所示。

在新的信任模型中,离核心网越近的层越被信任,离核心网越远就需要越复杂的认证过程,通用用户标识模块(USIM)离核心网最远也就需要最复杂的认证过程。

5G 的密钥体系是 5G 信任模型的重要体现,5G 的长期密钥储存在 UDM/ARPF 中,其他派生的密钥储存在 SEAF, AUSF 和 AMF 中。UDM 可以实现身份认证凭据生成、用户标识、服务和会话连续性等功能。5G 密钥体系中的派生密钥层次丰富,能够应对更复杂的无线环境。

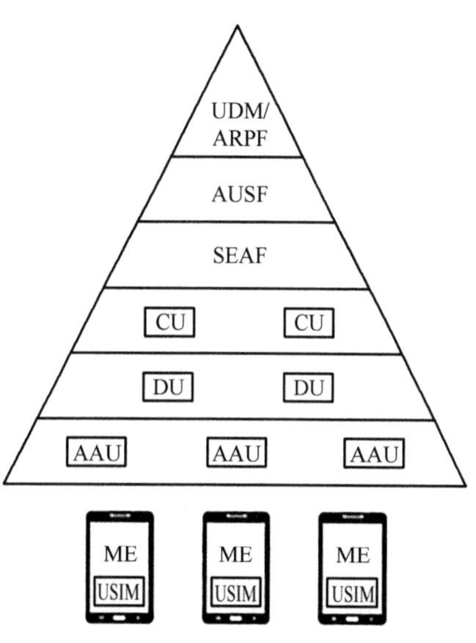

图 6-5　5G 安全信任模型

② 5G 身份认证加强

在项目中,我们采取基于 SUCI 和 SUPI 的二次认证方式强化 5G 身份认证的安全性,即在外部数据网需要的时候进行二次认证。在传统的数据网进行 LTE 身份认证的过程中,IMSI在 LTE 网络中不会经过任何加密便被清晰地发送,因此导致了传统 4G 网络各种隐私相关的攻击。而在本项目的 5G 网络中被发送的是经过加密的 SUCI,需要认证的时候会在 UDM/ARPF 中返回经过解密的 SUPI 进行身份认证,如图 6-6 所示。

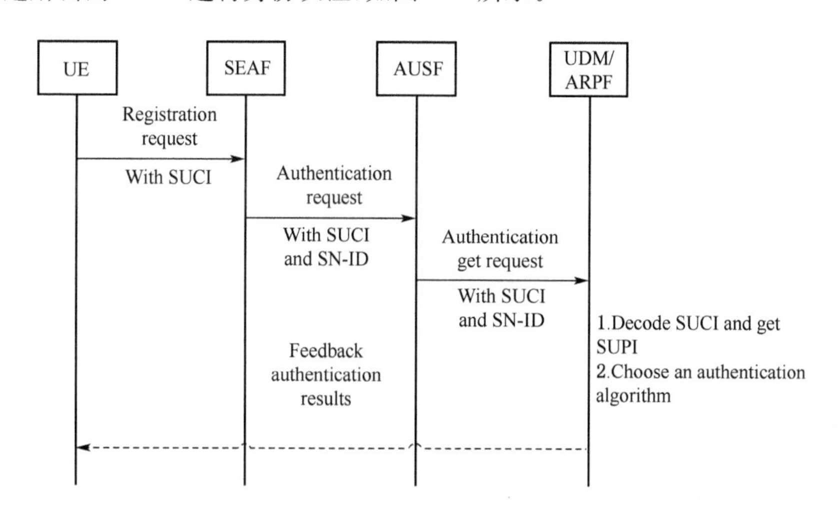

图 6-6　基于 SUCI 和 SUPI 的身份认证流程

基于 SUCI 和 SUPI 的 5G 主身份认证解决了 IMSI 暴露在无线环境中风险的同时,还能够提供二次认证,大幅度增强了身份认证安全性。

③ 安全上下文与公共陆地移动网之间安全切换机制建立

由于 5G 网络允许非 3GPP 网络的接入,并且可以支持用户分别通过 3GPP 和非 3GPP 网络在 5G 网络中注册。因此 5G 支持建立多注册网络的安全上下文管理机制,而 LTE 不支持多注册安全上下文管理,在 5G 网络中,为了确保跨网互联,即用户在不同公共陆地移动网(PLMN)之间漫游的安全性,引入安全边缘保护代理(SEPP)作为驻留在PLMN周边的实体,为跨两个不同PLMN之间交换的所有服务层信息实现应用层安全性。SEPP提供完整性保护,部分消息的重放保护和机密性保护,相互认证,授权和密钥管理。这也是新增的接口,用来增强5G网络的安全,以满足用户在不同PLMN之间频繁切换过程中的安全需求;

④ 安全通道机卡配对

为进一步增强终端和网络安全,在实施项目中我们采用基于安全通道的机卡配对方案,即采用预共享密钥来建立UICC卡应用间的安全通道,当卡应用间"安全APDU"安全通道建立完成时,整个安全通道的配对过程即成功。

该种实现方式需要用到基于证书交换的密钥协议(ETSI TS 102 484定义),用来建立用于卡应用间"安全APDU"安全通道的主SA的密钥,该密钥由基于证书的TLS握手过程产生。这一基于证书交换的密钥协议被3GPP Rel10用于中继节点安全,其定义了介于中继节点和UICC间的基于证书的安全通道。该密钥协议同样也可以被用来作为UICC和终端间进行安全绑定的方案。

应用预共享密钥进行应用间"安全APDU"安全通道的建立过程称为基于PSK的安全通道方案。在该方案中PSK需要预先提供给USIM,同时由终端厂家将相同的PSK预置于一个或多个终端中。

应用基于证书交换的密钥协议进行应用间"安全APDU"安全通道的建立过程称为基于证书的安全通道方案。在该方案中,需要通过物联网终端标识的检查来确认一对一或一对多的机卡绑定关系已经生效,如果根证书已被用于验证物联网终端,则该USIM的证书不能专用于已授权的物联网终端的列表。在该情况下,卡通过一个专用文件(EFIMEISV)存储该卡需要绑定的授权终端的IMEI(SV)值或序列。在证书校验阶段由USIM执行比对,同时该文件可以通过OTA进行更新。

文件EFpairing存储上次配对的状态,成功为OK,否则为KO,同时记录上次配对的物联网终端的IME(SV)。EFpairing中的状态信息可以被任何终端读取,但IMEI(SV)信息被ADM保护,只有运营商维护人员才能够本地读取,这样存储于卡片中的信息就为设备绑定提供了一种手段。

UICC的OTA机制用于动态更新EFIMEISV文件、可通过增加/删除授权的IMEI(SV)来动态地更改配对关系。物联网终端存储了主题名为IMEI(SV)值的证书,证书由运营商或制造商签名,UICC存储对应的根证书对其验签。终端证书和预共享密钥的提供在物联网终端和UICC初始化阶段执行。USIM可以在文件中存储多个根证书用于验证不同类型的物联网终端。

⑤ 用户面安全性提升

用户面和控制面的分离是5G核心网的重要特征,因此我们在项目中需要新的安全措施来保护用户面安全。即在PDU会话建立过程中,SMF需要向gNB提供PDU会话的用户平面(UP)安全策略。UP安全策略用于为属于PDU会话的所有无线数据承载(DRP)提供UP机密性和完整性保护,从而进一步增强用户面安全。

5G安全架构设计中新增的SEAF等安全功能单元和新的密钥体系以及基于SUCI和

SUPI 的 5G 认证程序有效地保护了身份认证的安全，防止了 IMSI 等信息在空口中的暴露风险。新增的 SEPP 安全功能增强了 PLMN 之间的信息完整性和机密性，同时也增强了用户在 PLMN 间通信的身份认证安全，保护了用户在漫游环境下的通信安全。用户面安全则是在 5G 系统用户面和控制面分离的情况下增强了用户面信息的完整性和机密性保护。总的来说，本项目中的 5G 安全架构设计有效地防止了针对 5G 系统的安全威胁，保护了用户和网络的通信安全。

6.4　基于 PT 识别与 GOOSE 通信的智能分段式开关故障识别隔离逻辑

6.4.1　故障识别与定位逻辑

本项目 5G DT 差动中的故障快速定位原理如图 6-7 所示。

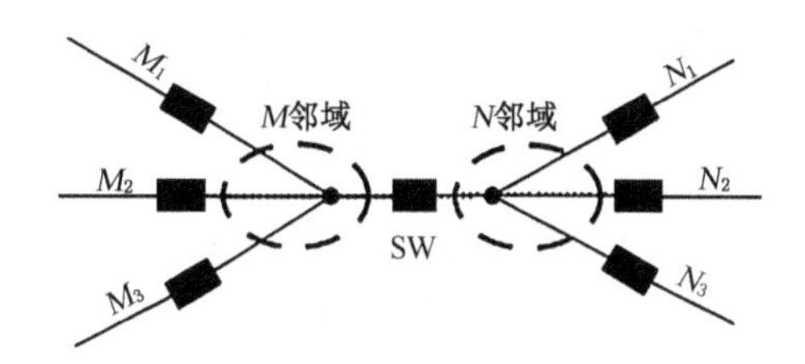

图 6-7　故障快速定位原理图

开关 SW 需与两侧的其他开关相连接，定义开关 SW 两侧的连接区域分别为 M 邻域和 N 邻域，其中每个邻域考虑最大有 3 个分支的开关接点相连接，对于变电站出口开关，因为处于馈线的首级，所以仅定义 1 个 N 邻域模型即可。这样就把复杂的配电网分离成了一个个的开关接点模型，而智能配电终端即可以以开关接点模型为单位去建模。只有 M 邻域或者只有 N 邻域中的一个端点检测到了故障电流，该区域内才发生了故障，反之，则没有发生故障。在系统中，若该故障电流出现后又消失，则开启故障快速定位功能，与邻侧的开关进行通信实现故障定位。

当配电网络发生故障时，流经本节点(非馈线)的相电流大于整定定值或零序电流大于整定定值，判定本节点故障，瞬时触发“节点故障”GOOSE 输出信号，该信号随过流状态保持，同时为保证可靠性，信号触发后状态保持最短时间应大于 300 ms。

馈线开关检测到故障时，直接跳闸并瞬时触发“过流闭锁”GOOSE 输出信号，该信号随过流状态保持，同时为保证可靠性，信号触发后状态保持最短时间应大于 300 ms。

6.4.2　故障隔离逻辑

故障隔离的逻辑框图如图 6-8 所示。

针对分支开关，可以直接进行保护判断。而对于分段开关，在通信正常情况下，若相邻故障区域内仅有一个区域有故障信号，且没有其他故障信号，则执行跳闸保护逻辑。联络

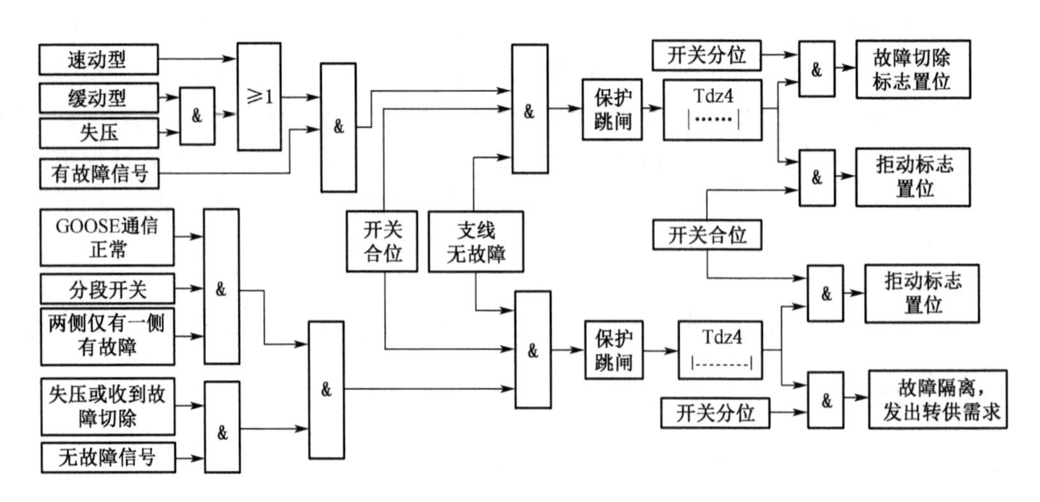

图 6-8　故障隔离逻辑框图

开关识别有两种，一种是通过 PT 进行识别；另外一种是通过 GOOSE 传递电压信号，动态搜索抵达电源开关路径，判断路径上开关状态。故障判别主要有速断、过流、零序三种，针对开关拒动，分位切除（有故障）拒动和隔离（无故障）拒动两种。为保障一次系统故障智能分布式功能只动作一次，故障隔离逻辑应设计充放电状态。

若发生通信异常，其处理方式为：当检测到邻居或自身故障信息时，进入常规保护模式，并发送异常隔离消息。

故障隔离充电完成且本节点 GOOSE 通信正常，若本节点未检测到故障且收到 M 侧或 N 侧有且仅有一个节点的“节点故障”GOOSE 信号，则经过整定延时后动作跳本节点开关，对于末端开关应按照此逻辑要求完成故障隔离。

若在开关失灵时间内开关由合变分且无流，则触发“故障隔离成功”GOOSE 输出信号；若在开关失灵时间内本节点开关仍未跳开，则触发“开关拒跳”GOOSE 输出信号。当接收到馈线开关“过流闭锁”信号时闭锁故障隔离逻辑。

6.4.3　故障切除逻辑

故障隔离充电完成且本节点 GOOSE 通信正常，当系统发生故障，若本节点非末端开关，且相电流大于整定定值或零序电流大于整定定值，M 侧和 N 侧节点中有且只有一侧的节点均未发出“节点故障”GOOSE 信号，则经过整定故障切除延时后动作跳本节点开关；若本节点为末端开关，且相电流大于整定定值或零序电流大于整定定值，且收到 M 侧和 N 侧任一节点的“节点故障”GOOSE 信号，则经过整定延时后动作跳本节点开关。

若在开关失灵时间内本节点开关仍未跳开，则触发“开关拒跳”GOOSE 输出信号。当接收到馈线开关“过流闭锁”信号时闭锁故障切除逻辑。

6.4.4　首开关失压保护逻辑

分布式 FA 功能投入、本节点为首开关且本节点 GOOSE 通信正常时，若开关合位且线路有压 3 s 后自动投入首开关失压保护，保证故障发生在电源点与首开关之间时能迅速隔离。首开关失压保护投入后若本节点两侧均无压且本节点无流，则经整定延时跳本节点开关，同时启动开关跳闸失灵判断。

若在开关失灵时间内开关由合变分且无流，则触发“故障隔离成功”GOOSE 输出信号；若在开关失灵时间内本节点开关仍未跳开，则触发“开关拒跳”GOOSE 输出信号。

6.4.5 开关失灵联跳逻辑

节点开关因常规保护或分布式 FA 动作跳闸后，经过失灵判断时间后判定为开关失灵拒跳，则触发“开关拒跳”GOOSE 输出信号，用于启动邻侧开关。当本节点收到 M 侧或 N 侧节点“开关拒跳”GOOSE 信号，且本节点开关在合位、未跳闸，则失灵联跳瞬时动作跳本节点开关。若本节点未检测到故障且跳闸成功，则触发“故障隔离成功”GOOSE 输出信号。

6.5 基于故障隔离情况与开关负荷转供自诊断的联络开关、分段开关自动合闸及供电恢复逻辑

当线路故障时，处于联络位置的开关依据故障段隔离情况及能否具备负荷转供能力做出合闸或保持分闸的判断，完成非故障区域恢复供电。整个过程应在变电站出线断路器重合闸之前完成。当同时有多个联络开关时，可对多个联络开关按设置优先级顺序进行负荷转供，其逻辑框图如图 6-9 所示。

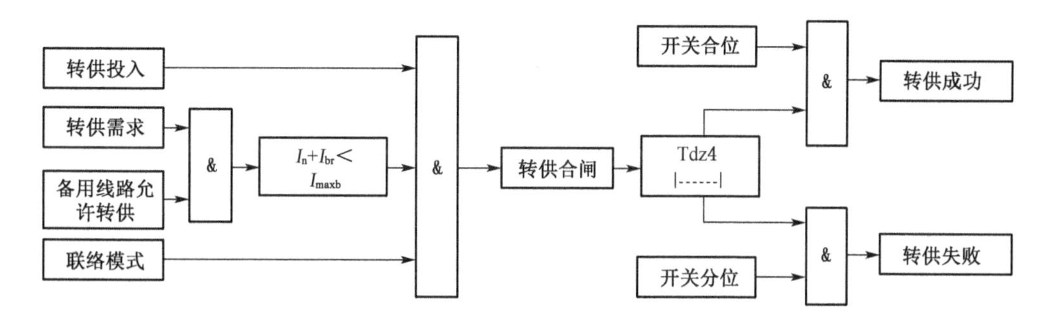

图 6-9 自愈功能逻辑框图

当配电网系统发生短路故障后，在其供电恢复的过程中，一般通过将与健全失电区域直接或间接相连的联络开关闭合，同时相应地将断电区域内的分段开关合闸，以便恢复对非故障区域的供电，并维持配电网辐射状结构。供电恢复的实质是在满足配电网各种运行约束的前提下，改变网络中联络开关和分段开关的开/合闸状态，找到实现一个或几个优化目标的失电区域恢复供电方案，属于联络开关/分段开关的开关组合优化问题。因此配电网供电恢复实质是一个多目标、多约束的非线性组合优化问题，其数学模型为：

① 最大可恢复的电负荷容量：

$$y_1 = \max\left(\sum_{i\in N}\lambda_i M_i\right)$$

其中，M_i 为断电区域负荷的大小；λ_i 为断电区域负荷 i 的权重系数，表示负荷的优先等级；N 为系统所有未恢复供电的负荷集合。

② 最少的开关操作次数：

$$y_2 = \min\left[\sum_{k\in S_s}(1-K_k)+\sum_{k\in T_s}K_k\right]$$

其中，T_s 为故障前联络开关集合；S_s 为故障前分段开关集合；K_k 为开关的状态，1 表示合闸，0 表示分闸。

③ 最小的线路网损：

$$y_3 = \min\left(\sum_{i=1}^{N_i} I_i^2 R_i\right)$$

其中，I_i 为支路有效值；R_i 为支路电阻；N_i 为整个系统的支路总数，实际计算中可取与供电恢复相关的馈线中的支路。

④ 馈线的负荷分配尽可能的均衡：

$$y_4 = \min\left(\sum_{i=1}^{M} \frac{S_i^2}{S_{i\max}^2}\right)$$

其中，S_i 为馈线 i 送端视在功率，$S_{i\max}$ 为馈线 i 的最大允许视在功率，M 为馈线的数目。

⑤ 用户平均停电时间尽可能地小：

$$y_s = \min(AITC)$$

其中 $AITC$ 为用户平均停电时间

⑥ 恢复供电的网络潮流约束：

$$\dot{U}_i\sum_{j\neq i}Y_{ij}^*\ \dot{U}_j^* = P_i + \mathrm{j}Q_i$$

其中，$P_i+\mathrm{j}Q_i$ 为节点 i 的注入功率；U_i，U_j 分别为节点 i，j 的电压，Y_{ij} 为节点 i，j 间的互导纳。

⑦ 恢复供电的支路容量制约：

$$|P_l| \leqslant P_{l\max}$$

其中，P_l 为流过支路 l 的有功功率；$P_{l\max}$ 为支路 l 的最大容量。

⑧ 恢复供电的节点电压约束：

$$U_{i\min} \leqslant U_i \leqslant U_{i\max}$$

其中，$U_{i\min}$，$U_{i\max}$ 为保证配网正常运行时节点 i 电压的最小值和最大值。

⑨ 不包括分布式电源时的辐射状供电约束：

$$P_n \in Q_m$$

其中 P_n 为已经实现供电恢复的区域，Q_m 为保证网络呈辐射状的拓扑结构合集。

完成故障隔离以后，进入转供电过程，按照转供电安全性原则，需要进行负荷试验。供电恢复方法是将各配电终端的网络拓扑、电气量等信息集中到主站，主站进行供电策略的求解，最后将供电恢复的方案下发至各智能终端执行。与集中方法不同，分布式供电恢复方法以配电网各智能配电终端为核心，通过相邻终端间信息交互与协作获得失电区域的供电恢复策略，在满足约束条件的情况下就地发送命令，以便更加快速恢复失电区域的供电。

故障隔离成功后，区域各节点向两侧依次转发“故障隔离成功”GOOSE 信号，当本节点供电恢复充电完成且在电源侧和负荷侧单侧失压后，收到“故障隔离成功”GOOSE 信号，则经过整定延时后启动本节点开关合闸，完成转供电过程。

6.6　神经网络 DTU 布设及边缘计算

6.6.1　基于神经网络智能分布式的 DTU 布设结构

在项目中我们采用神经网络智能分布式原理，根据网架结构划分设备组，分组内的每台终端都可以起到中心逻辑单元的作用，就地执行跳闸操作。各终端处理后的就地信息传送给运维中心，如图 6-10 所示。

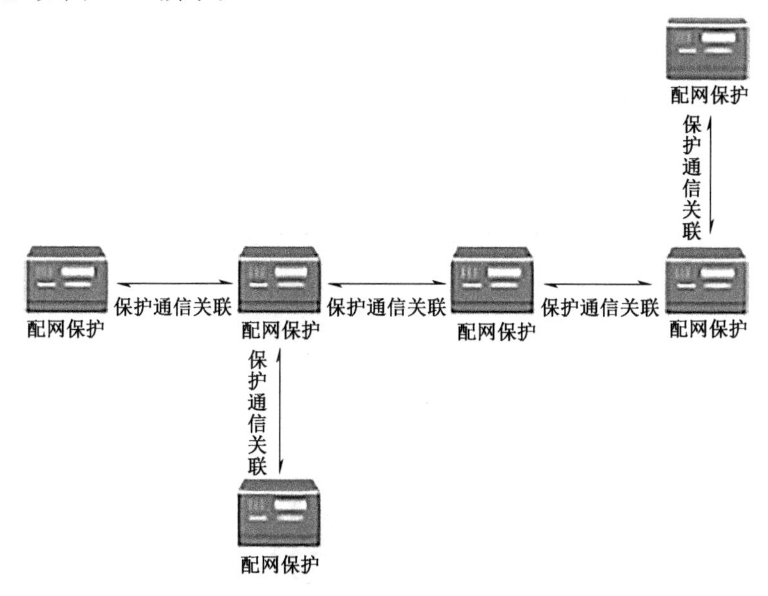

图 6-10　神经网络智能分布式 DTU 布设方式

① 搜寻供电路径方案更方便。能够快速确定故障位置，并根据确定结果，DTU 单元进行分析，精准地给出供电路径方案。

② 定位故障更快。在短时间内实现定位，分析信息，提高配电终端的工作性能。

③ DTU 单元占地面积很小，安装起来非常方便，具有灵活的结构。

在配网领域推广应用神经网络智能分布式原理，能够通过重构神经网络与智能分布式控制相结合，优化控制能力，实现整个系统的闭环运行，能够进一步缩短故障持续时间，提高供电可靠性。

6.6.2 采用5G特有的边缘计算节点能够解决配电网继电保护压力过大的问题

配电网线路复杂，突发状况极多，而当其发生故障的时候，相应冗杂的故障数据也会随之而来，这种现象会在配网的网络边缘产生海量的待处理数据，传统方式是将数据通过网络加载到远程计算基础设施（通常是远程的云服务器）进行处理和计算，再将计算结果通过网络返回前端设备。这种方式虽然降低了前端压力，但是极大地增加了通信代价，恶化了应用的响应时间，也增加了数据的安全隐患，更为重要的是，这种方式会使网络压力随处理时间而不断加剧，甚至严重影响到深度学习模型的学习效率。故如何缓解配网继电保护工作的数据处理压力，也是困扰电力系统的一个难题。

为了解决上述问题，我们在项目中采用基于5G的边缘计算节点解决配电网运维中海量数据处理的难题。5G的增强移动带宽、超高可靠低时延通信和海量机器类通信3大应用场景将显著改善边缘设备接入的数据速率、延迟、用户密度和容量，5G边缘计算接入网打通边缘智能设备与边缘计算层的数据通信，模型训练过程各边缘计算节点利用本地数据进行全模型训练，再由中心服务器进行模型参数汇集和更新的分布式训练模式，既保证了模型训练的数据集多样性，又减少了网络压力和保障了本地数据隐私，是一种非常具有潜力的深度学习边缘计算架构，能够在配电网发生故障时，更快速度地执行复杂的继电保护策略，有效减轻云端服务器处理数据的压力，如同将决策权下放到基层，能够获取更迅速的反应速度，训练模型如图6-11所示。

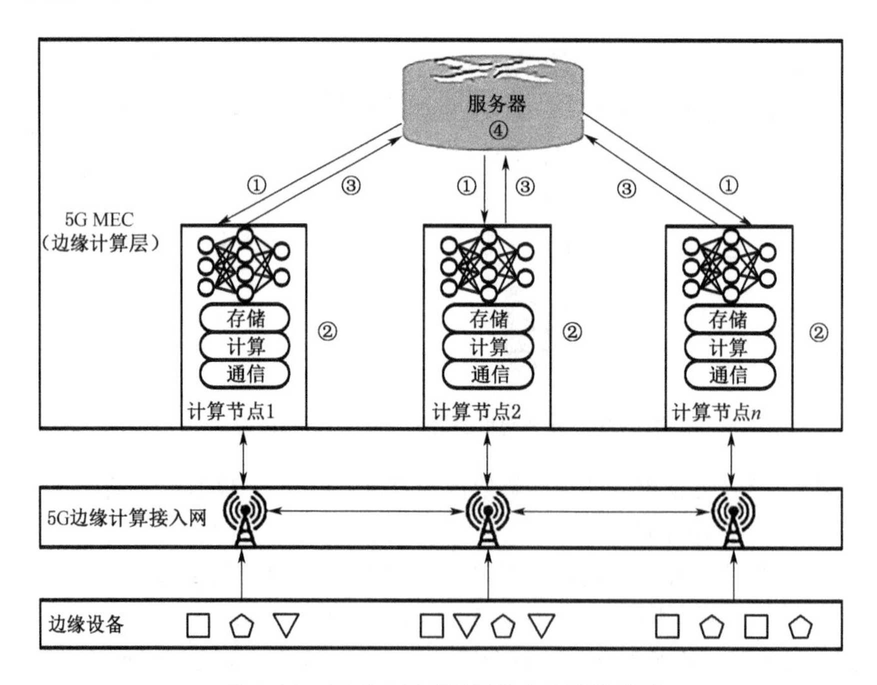

图6-11 5G特有边缘计算节点的训练模型

6.7 5G 智能分布式 DTU 系统保护设置

6.7.1 变电站出线开关保护配置

变电站出线开关投入三段式过流保护功能，其中过流Ⅰ段保护延时为 0 s，保护范围为出线开关至 FA 首端开关处。另外投入过流Ⅲ段保护，延时设定为 0.3 s，主要考虑 FA 系统故障切除时间在 150 ms 以内，当配电网系统出现故障时由 FA 系统切除故障，当 FA 系统无法切除故障时，由变电站出线开关的过流Ⅲ段保护作为后备保护完成切除故障功能。

与常规保护配置一致，过流Ⅰ段保护出线开关——首端开关处，过流Ⅱ段保护线路全长，如果出线开关至首端开关为短线路，为考虑选择性可考虑退过流Ⅰ段。

6.7.2 首端开关保护配置

首端开关除投入分布式馈线自动化功能外，还需另外投入首端开关失压跳闸保护功能，保证故障发生在电源点与首端开关之间时能迅速隔离，隔离成功后向其相邻开关发送“隔离成功”，当最近的联络开关接收到此信号时，判定是否满足供电恢复逻辑，如果满足供电恢复逻辑则进行供电恢复，否则不动作。

投入智能分布式功能和首端开关失压保护功能，智能分布式可快速定位、隔离故障，避免主干线故障扩大停电范围；首端开关失压保护可确保变电站出线开关出线故障快速隔离并恢复非故障区域供电。

6.7.3 分段开关保护配置

分段开关配置投入分布式馈线自动化功能，设定故障切除相过流定值、故障切除零序定值，所有分段开关的相过流定值可整定为同一个定值，要求此定值大于系统在任意一处短路故障时产生的短路电流；所有零序定值也可整定为同一个定值，要求此定值大于系统在任意一处单相接地产生的接地电流(经电阻接地系统，对于其他接地系统建议投入暂态接地跳闸功能)。

分段开关在本节点检测到故障的情况下，将“节点故障”信号通过 5G 通道发送至相邻开关，同时判断是否接收到相邻开关的“节点故障”信号，根据故障切除与故障隔离逻辑判断故障是否发生在本节点，并采取正确的动作方式。

投入智能分布式功能，智能分布式 DTU 可快速定位、隔离故障、供电恢复，避免主干线故障扩大停电范围，快速恢复非故障区域供电。

6.7.4 馈线开关保护配置

馈线保护配置三段式过流保护、零序过流保护、暂态接地跳闸功能。馈线开关采集到过流故障信号直接跳闸，并发送“过流闭锁”信号至其上级开关，上级开关为分段开关，分段开关采集到“过流闭锁”信号时，判定故障不处于主干线上，保护可靠不动，由馈线开关完成故障切除功能。当馈线开关拒动时，触发失灵逻辑，由上级开关失灵保护将故障越级隔离。

保护配置与常规一致，需要 FTU 发送“过流闭锁”信号至分段开关，闭锁分段开关跳闸。

6.7.5 联络开关保护配置

联络开关投入分布式馈线自动化功能，并投入“本节点供电恢复”功能。联络开关供电恢复充电完成且在电源侧和负荷侧单侧失压后，收到“故障隔离成功”GOOSE 信号，则经过整定延时后启动本节点开关合闸，完成转供电过程。

投入智能分布式 DTU，故障隔离成功后，联络开关自动合闸恢复非故障区域供电。

6.7.6 5G 智能分布式 DTU 的特点

(1) 适用性强

通过内置 5G 模组构建无线通信网，实现终端对等通信，自由组网，可灵活适应复杂多变的配电网架结构。

(2) 快速性

利用 5G 低时延特点，实现智能分布式 FA。故障检测、定位和隔离整组动作时间小于 150 ms(含断路器开断时间)，解决了配电网越级跳闸问题。

(3) 安全性高

使用 5G 切片技术、隧道技术、VPDN、数据加密等方法为数据安全提供有力保障，满足电力系统安全可靠性要求。

(4) 同步性

利用北斗技术，实现授时、定位、同步于一体。不仅完成了故障快速、精准的时空定位，同时实现了全网数据同步，为配电网中各种数据应用(如多端差动、全网接地选线等)提供无限可能。

(5) 物联网化

物联网化终端实现感知层设备广泛接入、互连互通，通过边缘计算，本地实现各类高级应用功能；与物联管理运维平台无缝连接，全面提升配电网运维质量和效率，为能源互联网赋能。

(6) 双重并独立

集中式 FA 和智能分布式 FA 各自独立组网，互不影响。分布式 FA 由配电终端就地完成，不依赖配电主站；集中式 FA 作为分布式 FA 的后备。

参考文献

[1] 中华人民共和国住房和城乡建设部. 建筑物防雷设计规范:GB 50057—2010[S]. 北京:中国计划出版社,2011.

[2] 中华人民共和国住房和城乡建设部. 通信局(站)防雷与接地工程设计规范:GB 50689—2011[S]. 北京:中国计划出版社,2012.

[3] 中华人民共和国住房和城乡建设部. 建筑设计防火规范:GB 50016—2014(2018 年版)[S]. 北京:中国计划出版社,2018.

[4] 中华人民共和国住房和城乡建设部. 通信电源设备安装工程设计规范:GB 51194—2016[S]. 北京:中国计划出版社,2017.

[5] 中华人民共和国信息产业部. 电信设备安装抗震设计规范:YD 5059—2005[S]. 北京:北京邮电大学出版社,2006.

[6] 中华人民共和国工业和信息化部. 通信设备安装工程施工监理规范:YD 5125—2014[S]. 北京:北京邮电大学出版社,2014.

[7] 中华人民共和国工业和信息化部. 通信建设工程节能与环境保护监理暂行规定:YD 5205—2014[S]. 北京:北京邮电大学出版社,2014.

[8] 中华人民共和国国家质量监督检验检疫总局,中国国家标准化管理委员会. 继电保护和安全自动装置技术规程:GB/T 14285—2006[S]. 北京:中国标准出版社,2006.

[9] 国家电网公司. 配电自动化主站系统功能规范:Q/GDW 513—2010[S]. 北京:中国电力出版社,2010.

[10] 张余. 配电网馈线自动化技术及其运用[J]. 科技创新导报,2015(27):96-97.

[11] 杨学斌,李东明. 配电网馈线自动化技术的应用及发展[J]. 中国石油和化工标准与质量,2012, 32(7): 244.

[12] 徐丙垠,李天友,薛永瑞. 配电网继电保护与自动化[M]. 北京:中国电力出版社,2017.

[13] 罗筱如. 基于复杂网络理论的电力网络鲁棒性及脆弱性分析[D]. 成都:西南交通大学,2012.

[14] Wang K, Zhang B H, Zhang Z, et al. An electrical betweenness approach for vulnerability assessment of power grids considering the capacity of generators and load[J] Physica A: Statistical Mechanics and Its Applications, 2011, 390(23/24): 4692-4701.

[15] Solé R V, Rosas-Casals M, Corominas-Murtra B, et al. Robustness of the European power grids underintentional attack[J]. Physical Review E: Statistical, Nonlinear, and Soft Matter Physics, 2007, 77: 026102.

[16] 丁理杰. 复杂电网连锁故障大停电分析与预防研究[D]. 杭州:浙江大学,2008.

[17] 曹丽华. 基于复杂系统理论的电力系统连锁故障分析和预防方法研究[D]. 长沙:湖南大学,2015.

[18] 邹儒懿. 基于大规模消纳可再生能源的电网脆弱性预测研究[D]. 北京:华北电力大学,2019.

[19] 闫丽梅. 系统的脆性理论及其在电力系统中的应用[D]. 哈尔滨:哈尔滨工程大学,2006.

[20] 陈美福,夏明超,陈奇芳,等. 主动配电网源-网-荷-储协调调度研究综述[J]. 电力建设,2018,39(11): 109-118.

[21] 陈旭,张勇军,黄向敏. 主动配电网背景下无功电压控制方法综述[J]. 电力系统自动化,2016, 40(1): 143-151.

[22] 董晓峰,苏义荣,吴健,等. 支撑城市能源互联网的主动配电网方案设计及工程示范[J]. 中国电机工程学报,2018,38(S1): 75-85.

[23] 毛彦力. 分布式光伏并网发电对配电网影响的研究[D]. 沈阳:沈阳农业大学,2016.

[24] 张光亚,赵莉莉,边小军,等. 考虑供需互动和分布式电源运行特性的主动配电网网架规划[J]. 智慧电力,2018, 46(6): 81-87.

[25] 杨景旭,羿应棋,张勇军,等. 基于加权分布熵的配电网电动汽车并网运行风险分析[J]. 电力系统自动化,2020, 44(5): 171-179.

[26] 汪小帆,李翔,陈关荣. 复杂网络理论及其应用[M]. 北京:清华大学出版社,2006.

[27] Albert R, Jeong H, Barabási A-L. Error and attack tolerance of complex networks[J]. Nature, 2000, 406: 378-382.

[28] 孙可,复杂网络理论在电力网中的若干应用研究[D]. 杭州:浙江大学,2008.

[29] 石立宝,史中英,姚良忠,等. 现代电力系统连锁性大停电事故机理研究综述[J]. 电网技术,2010, 34(3): 48-54.

[30] Kim H S, Eykholt R, Salas J D. Nonliner dynamics, delay times, and embedding windows[J]. Physica D: Nonlinear Phenomena, 1999, 127(1/2): 48-60.

[31] 郑颖. 高渗透率电动汽车接入下的配电网静态稳定性分析及有序充电策略研究[D]. 武汉:华中科技大学,2014.

[32] 张伯明,陈寿孙,严正. 高等电力网络分析[M]. 北京:清华大学出版社,2007.

[33] 杜翼,江道灼,尹瑞,等. 直流配电网拓扑结构及控制策略[J]. 电力自动化设备,2015, 35(1): 139-145.

[34] 刘国伟,赵宇明,袁志昌,等. 深圳柔性直流配电示范工程技术方案研究[J]. 南方电网技术,2016, 10(4): 1-7.

[35] 3GPP. Technical Specification 23. 501: System Architecture for the 5G System;

Stage 2 [S/OL]. [2019-12-10]. https://www.3gpp.org/ftp/Specs/archive/23_series/23.501/.

[36] 3GPP. Technical Specification 23.502: Procedures for the 5G System; Stage[S/OL]. [2019-12-10]. https://www.3gpporg/ftp/Specs/archive/23_series/23.502/.

[37] 3GPP. Technical Specification 23.503: Policy and Charging Control Framework for the 5G System; Stage 2[S/OL]. [2019-12-10]. https://www.3gpp.org/ftp/Specs/archive/23_series/23.503/.

[38] 3GPP. Technical Specification 38.300: NR; NG-RAN Overall Description[S/OL]. [2019-12-10]. https://ww.3gpp.org/ftp/Specs/archive/38_series/38.300/.

[39] 3GPP. Technical Specification 33.501: Security architecture and procedures for 5G system[S/OL]. [2019-12-10]. https://www.3gpp.org/ftp/Specs/archive/33_series/33.501/.

[40] 3GPP. Technical Specification 23.401: General Packet Radio Service (GPRS) enhancements for Evolved Universal Terrestrial Radio Access Network (E-UTRAN) access [S/OL]. [2019-12-10]. https://www.3gpp.org/ftp/Specs/archive/23_series/23.401/.

[41] 3GPP. Technical Specification 23.216: Single Radio Voice Call Continuity (SRVCC); Stage 2 [S/OL]. [2019-12-10]. https://www.3gpp.org/ftp/Specs/archive/23_series/23.216/.

[42] 3GPP. Technical Specification 22.186: Enhancement of 3GPP support for V2X scenarios; Stage1[S/OL]. [2019-12-10]. https://www.3gpp.org/ftp/Specs/archive/22_series/22.186/.

[43] IEEE. IEEE 802.1CB-2017-IEEE Standard for Local and metropolitan area networks: Frame Replication and Elimination for Reliability[R]. IEEE Std 8021CB-2017, 2017: 1-102.

[44] 3GPP. Technical Specification 22.261: Service requirements for next generation new services and markets; Stage1 [S/OL]. [2019-12-10]. https://www.3gpp.org/ftp/Specs/archive/22_series/22.261/.

[45] 3GPP. Technical Specification 23.285: Architecture enhancements for V2Xservices [S/OL]. [2019-12-10]. https://www.3gpp.org/ftp/Specs/archive/23_series/23.285/.

[46] NGMN. 5G WHITE PAPER[R/OL]. [2019-12-10]. https://www.ngmn.org/work-programme/5g-white-paper.html.

[47] 3GPP. Technical Specification 29.500: 5G System; Technical Realization of Service Based Architecture; Stage 3[S/OL]. [2019-12-10]. https://www.3gpp.org/ftp/Specs/archive/29_series/ 29.500/.

[48] IETF. RFC 8259: The JavaScript Object Notation (JSON) Data Interchange Format [S/OL]. [2019-12-10]. https://www.fc-editor.org/rfc/rfc8259.txt.

[49] ETSI. Mobile Edge Computing (MEC); Framework and Reference Architecture

[S/OL]. [2019-12-10]. https://www.etsi.org/deliver/etsi_gs/MEC/001_099/003/01.01.01_60/gs_MEC0O3v010101p.pdf.

[50] 3GPP. Technical Specification 23.288: Architecture enhancements for 5G System (5GS) to support network data analytics services[S/OL]. [2019-12-10]. https://www.3gp.org/ftp/Specs/archive/23_series/23.288/.

[51] 3GPP. Technical Specification 28.552: Management and orchestration; 5G performance measurements[S/OL]. [2019-12-10]. https://www.3gpp.org/ftp/Specs/archive/28_series/28.552/.

[52] 国家电网有限公司. 泛在电力物联网白皮书 2019[R]. 2019.

[53] IMT-2020(5G)推进组. 5G 网络安全需求与架构白皮书[R]. 2017.